高等院校通信与信息专业规划教材

通 信 导 论
第 2 版

陈金鹰　编著

机 械 工 业 出 版 社

通信技术正以前所未有的势头对人类社会和人们的生活方式产生颠覆性的影响。4G改变生活，5G改变社会，通信改变世界正成为人们的共识。4G使几乎所有人变成了低头族，5G又会怎样呢？5G+AI、5G+物联网、5G+医疗、5G+影视、5G+教育、5G+交通、5G+农业、5G+工业、5G+金融……，难以想象的应用场景即将拉开大幕之际，许多人在问，通信是什么？通信能做什么？为什么是这样？

全书共6章。第1章介绍了通信终端、交换、传输、物联网与人工智能技术的发展历程。第2章介绍了通信体系、通信终端、电话网络的基本概念。第3章介绍了不同传输介质的信道、信号调制与编码、信号滤波与电平调整的概念。第4章介绍了电话交换、数据交换及交换前沿技术。第5章介绍了有线通信技术中涉及的骨干通信网络、用户接入、网络与融合技术。第6章介绍了远距离和近距离无线传输技术。

本书内容适用于电子大类、计算机大类、自动化大类及相关专业的大专生、本科生和研究生学习，也可供其他相关专业的工程技术与管理人员或通信技术爱好者作为扩大知识面的参考书籍。

图书在版编目（CIP）数据

通信导论/陈金鹰编著．—2版．—北京：机械工业出版社，2019.6
（2024.7重印）
高等院校通信与信息专业规划教材
ISBN 978-7-111-63317-4

Ⅰ．①通…　Ⅱ．①陈…　Ⅲ．①通信理论-高等学校-教材　Ⅳ．①TN911

中国版本图书馆CIP数据核字（2019）第153241号

机械工业出版社（北京市百万庄大街22号　邮政编码100037）
策划编辑：李馨馨　　　责任编辑：李馨馨
责任校对：张艳霞　　　责任印制：常天培
北京机工印刷厂有限公司印刷

2024年7月第2版·第4次印刷
184mm×260mm·20.5印张·530千字
标准书号：ISBN 978-7-111-63317-4
定价：59.80元

电话服务　　　　　　　　　　　　网络服务
客服电话：010-88361066　　　　　机 工 官 网：www.cmpbook.com
　　　　　010-88379833　　　　　机 工 官 博：weibo.com/cmp1952
　　　　　010-68326294　　　　　金 书 网：www.golden-book.com
封底无防伪标均为盗版　　　　机工教育服务网：www.cmpedu.com

出 版 说 明

　　为了培养21世纪国家和社会急需的通信与信息领域的高级科技人才，配合高等院校通信与信息专业的教学改革和教材建设，机械工业出版社会同全国在通信与信息领域具有雄厚师资和技术力量的高等院校，组成阵容强大的编委会，组织长期从事教学的骨干教师编写了这套面向普通高等院校的通信与信息专业系列教材，并将陆续出版。

　　这套教材力求做到：专业基础课教材概念清晰、理论准确、深度合理，并注意与专业课教学的衔接；专业课教材覆盖面广、深度适中，不仅体现相关领域的最新进展，而且注重理论联系实际。

　　这套教材的选题是开放式的。随着现代通信与信息技术日新月异地发展，我们将不断更新和补充选题，使这套教材及时反映通信与信息领域的新发展和新技术。我们也欢迎在教学第一线有丰富教学经验的教师及通信与信息领域的科技人员积极参与这项工作。

　　由于通信与信息技术发展迅速，而且涉及领域非常宽，所以在这套教材的选题和编审中如有缺点和不足之处，诚请各位老师和同学提出宝贵意见，以利于今后不断改进。

机械工业出版社

高等院校通信与信息专业规划教材编委会

前　言

技术进步推动了人类进步，深入研究发现，没有哪一种技术对人类的影响能像通信技术一样深刻、广泛。在信息爆炸时代，信息的采集、处理、传输、交换、加工、挖掘、应用，源于且更依赖于通信技术的进步。

回顾通信发展史，佐证了通信对人类文明的深刻影响。从 440 万年前出现南方古猿，大约在 9 万年前人类开始"说话"，3.5 万年前开始使用语言。最原始通信语言的使用，促进了人类对知识的掌握和传播，但语言只能口口相传，只能在部落内、相近年代人之间传播，知识积累非常慢，其结果是人类文明进步缓慢。公元前 3500 年左右人类开始使用图像符号，进而演化出文字，这使知识可以异地传播并长时间保存。公元 105 年蔡伦发明了被称为四大发明之一的造纸术，使知识可以方便廉价跨地域传输，促进了世界范围内不同国家、民族之间的知识共享和传承，使人类可以学习、继承、发扬前人思想，可以做到"秀才不出门，全知天下事"，纸质文字通信开始加速人类文明进程。1831 年法拉第制造了世界上第一台电磁感应发电机，以电为基础诞生了电报、电话、计算机、通信网络，使人类逐步进入了通信时代和信息时代。1844 年电报的发明解决了信息的实时远程传输问题，1875 年电话的发明实现了实时语音远距离传输，1895 年无线电报的诞生使越洋通信和移动通信进入人类生活。在此基础上诞生的传真与广播电视带来了媒体革命，新闻的快速传播不仅提供休闲、娱乐，更使人们可即时了解世界动态，推动了社会民主、文明传播进程。1946 年计算机的出现和 1969 年网络的诞生，以及今天的云计算、数据挖掘、量子计算、区块链的出现，增加了人类获取、加工、存储信息的能力，导致了信息爆炸时代的来临。而雷达与卫星的出现延伸了人类的感知，导致了射电天文学的出现，将人类的触觉延伸到整个宇宙，人类进入探索与"外星人"通信的时代。深海通信技术的发展，使人类的触觉可伸向广袤的海洋。物联网的出现将地球上的所有物体同人类联系在一起，人类进入超感知世界。人工智能技术的出现，大量工作由智能机器完成，使人类工作效率大大提高，能有更多的时间享受生活和解决更加复杂的科学问题。

可以这样形象地描述信息爆炸：现今人类每秒钟创造的网线长度已经超过了声速，信息膨胀的速度和原子弹爆炸的速度是一样的，而且这个爆炸是持续的。今天，人们有理由相信：通信改变人类社会行为、通信颠覆世界面貌、通信铸造未来梦想。

1. 本书的内容组织

全书用 6 章的篇幅，由浅入深地介绍了通信技术的发展历程、通信网络体系与基本终端、通信传输系统、通信交换技术及有线和无线通信应用技术的相关内容。

第 1 章通信技术的发展过程，介绍了古代通信技术的发展、通信终端技术的发展、通信交换技术的发展、通信传输技术的发展、物联网与人工智能技术的发展。包括原始通信的演进、电的发明与应用；电报的产生与消亡、电话的兴起、广播电视的演进、计算机与相关应用技术的出现；电话交换的演进、数据交换的出现；电缆长途传输的发展、光纤传输的出现、无线长途传输的演进、雷达与卫星通信的出现；物联网技术的出现、人工智能技术的出现。讨论了通信技术发展过程及对人类文明与进步的影响。为读者建立一个通信体系的总体轮廓。

第 2 章通信网络体系与基本终端，介绍了通信体系、通信终端和电话网络的基本概念。包括对常见通信术语的理解、通信系统的基本概念、电话机和手机的结构与工作过程；固定电话网和移动电话网的概念、本地电话网和长途电话网及国际电话网的组织、电话网中电话号码的管理；分组数据网、电信网、接入网、长途电话网的基本概念。为读者建立起通信网络体系与基本终端的概念。

第 3 章通信传输系统基础，介绍了通信信道的概念、不同传输介质的信道、信号调制与编码、信号滤波与电平调整。包括传输信道基本概念、信道频分复用技术、时分复用技术、空分复用技术、码分复用技术、金属导线传输信道特性、光纤传输信道特性、高分子塑料导线传输信道特性、无线传输信道的特性、无线长波通信技术、中波通信技术、短波通信技术、微波通信技术、自由空间光通信技术、水下光通信技术；模拟信号的 AM 调制技术、FM 调制技术、PM 调制技术、数字信号的 2ASK 调制技术、2FSK 调制技术、2PSK 调制技术、DPSK 调制技术、PAM 调制技术、PWM 调制技术、PPM 调制技术、PFM 调制技术、模数转换技术、字符编码技术、PCM 编码技术、数字数据基带信号常用码型、数字基带传输常用码型；网络传输函数的描述、无源滤波器设计技术、有源滤波器设计技术、数字滤波器设计技术、自适应数字滤波器技术；信号电平调整的衰减器设计技术、均衡器设计技术、放大器设计技术。使读者了解信号在通信网中传输所受到的信道影响和为适应不同信道传输所要经过的加工和处理环节。

第 4 章交换技术基础，介绍了电话交换技术、数据交换技术和交换前沿技术。包括电话交换的分类与组成、程控数字电话交换技术、信令技术；电路交换与报文交换技术、分组交换技术、信元交换技术、多协议标记交换技术、移动 MPLS IP 技术；空分光交换技术、时分光交换技术、波分光交换技术、软交换技术、即时通信技术。使读者了解信号在经过通信网络交换节点时会面临的问题和所涉及的相关技术。

第 5 章有线通信应用技术，介绍了骨干通信网络技术、用户接入技术和网络与融合技术。包括 SDH 技术、PTN 技术、SDN 技术、量子通信技术、ULH DWDM 技术、光孤子通信技术；PON 接入技术、FTTx 接入技术、IPTV 技术、VoIP 技术、VoLTE 技术、VoWiFi 技术；统一通信与融合通信技术、三网融合技术、物联网技术、卫星物联网技术、车联网技术、云计算技术、区块链技术、未来通信技术。使读者了解信号在有线传输信道中传输时会面临的问题和解决这些问题所涉及的相关技术手段。

第 6 章无线通信应用技术，介绍了远距离和近距离无线传输技术。包括移动通信技术、无线智能终端技术、无线网络技术、智能无线信道获取技术、卫星导航技术、特殊无线传输技术；ZigBee 技术、Z-Wave 技术、Wibree 技术、蓝牙技术、UWB 技术、NFC 技术、60 GHz 技术、RFID 技术。其中移动通信技术涉及 WiMAX 技术、4G 技术、5G 技术、6G 技术；无线智能终端技术涉及智能手机技术、移动计算技术、移动 IP 技术；无线网络技术涉及 WiFi 技术、LiFi 技术、Ad Hoc 技术、无线网格网技术、WLAN 技术、WMAN 技术、WPAN 技术；智能无线信道获取技术涉及 SDR 技术、CR 技术、OPM 技术；卫星导航技术涉及 GPS 导航和 BD 导航技术、移动 GIS 技术；特殊无线传输技术涉及 FSO 技术、近空通信技术、深空通信技术、水下无线通信技术、地下通信技术。使读者了解信号在无线传输信道中传输时会面临的问题和所涉及的相关技术手段。

2. 本书适应的课程及课时分配

本书内容适用于电子大类、计算机大类、自动化大类及相关专业的大专生、本科生和研究生学习，也可供其他相关专业的工程技术与管理人员或通信技术爱好者作为扩大知识面的参考书籍。

本书教学共需 40 学时，不同层级和专业的学生，可根据教学大纲的安排和自己的特点进行内容的取舍。各章学习的参考学时分配为：第 1 章通信技术的发展过程，理论教学 2 学时；第 2 章通信网络体系与基本终端，理论教学 4 学时；第 3 章通信传输系统基础，理论教学 6 学时；第 4 章交换技术基础，理论教学 6 学时；第 5 章有线通信应用技术，理论教学 8 学时；第 6 章无线通信应用技术，理论教学 14 学时。

3. 第 2 版说明

《通信导论》（第 2 版）是在 2013 年第 1 版的基础上改编而来的。原第 1 版共印刷了 4 次，受到不少读者欢迎。但随着通信技术的发展，涌现出许多新技术，因此第 2 版对第 1 版各章内容进行了较大规模的调整和重写。由于本书篇幅的限制，一些新技术的介绍侧重于基本概念，主要是抛砖引玉地提出问题，对此感兴趣的读者可进一步参考相关书籍。为使用本书的教师提供了 PPT 课件、综合练习和解答。

感谢四川工业科技学院对本书的支持。感谢研究生邓鹏、李鑫、卿琦、陈俊凤、吴睿、赵耀、罗凤、邓洪权、何楷、丁松柏、李果村、吴浩等同学对第 2 版给予的支持和帮助。

作者于四川工业科技学院

目　　录

第1章 通信技术的发展过程

通信技术的发展过程，体现了人类文明从低级到高级的进化过程，也反映了人类不断探索、执着追求的进取精神，在这一漫长过程中涌现了大量可歌可泣的动人事迹，追溯这段历史，不仅有利于对通信领域所涉及相关技术的整体理解，也有利于后人更加精进，为人类进步贡献自己的力量。通信技术取得到今天的成就，其原动力在于人类的好奇心、对现状的永不满足，这促使人类不断探索、不断创新、不断前进。纵观人类社会目前所有技术领域的进步，还没有一个学科的进步像通信技术的进步一样能对人类社会文明产生如此深刻而广泛的影响。从这个意义上讲，只有通信技术的进步才是直接导致信息爆炸时代到来的根源。毛泽东同志1941年为《通信战士》杂志题词时，盛赞通信技术人员道："你们是科学的千里眼，顺风耳"。

本章主要从古代通信的发展与应用、通信终端技术的发展过程、通信交换技术的发展、通信传输技术的发展、物联网技术的发展、计算机技术、云技术、大数据与数据挖掘技术、人工智能技术等世界通信技术的发展几个方面介绍通信体系中所涉及的众多技术方面所取得的成就，并以此展示通信技术的整体面貌。

1.1 古代通信的发展与应用

1.1.1 原始通信的演进

考古发现，440万年前出现的南方古猿，被确定为是人类历史的起源。

人类的远祖大约在9万年前的某个时候开始"说话"，大约在3.5万年前的某一时期开始使用语言。语言的本质是一种信息的交流方式，是最基本、最原始的通信方式。讲话者为信息的发送方，听话者为信息的接收方。通过口腔发出的语音振动空气，振动的声波是信息的载体，声波强弱的变化是待传输的信息，承载信息的声波以大气为传输介质进行传输，接收方的耳膜接收变化的声波并还原这些信息，从而获取讲话人所要表达的思想。语言的使用，促进了人类对知识的掌握和传播。但语音通信是一种近距离、无记忆的通信方式，语言只能口口相传，面对面传授，只能在部落内、相近年代人或者可面对面接触的人之间传播，这导致不同地域间和不同时代间的原始人类之间还不能交流和通信，人类通过无数次失败和尝试所获取的知识，难以得到广泛的传播、共享和保存，因此知识积累过程很慢，人类文明进步的速度受到极大的制约。

为了实现知识的长时间记忆和保存，公元前3500年左右，人类开始使用图像符号，进而演化出文字。文字的运用是对语音通信的一大进步，可以叫作文字通信。手写文字的人是通信的发送方，文字是发送方所要传递的信息，写上文字的布、羊皮、竹简等是信息的载体，人对携带文字的载体的转移是信息的传输过程，用眼睛读取文字获取信息的人是通信的接收方。由于写在布、羊皮、竹简上的文字信息，可以长期保存和从一个地方转移到另一个地方，从而解决了信息的可记忆和远距离传输问题。因此文字的产生和运用，使人类摆脱了语音通信传播在时间和空间上受到的局限，解决了知识的异地传播和长时间保存问题。使用文字就能记录知识和经验，它比其他符号更容易让人明白、理解和保存，这对加快人类文明进步发挥了重要作用。

文字的出现使人类获取知识和信息更便捷、更容易，知识积累更多，原来依靠竹简、羊皮、丝布记录文字的方法由于成本较高，不便大规模使用，因而越来越难以满足人类的需要，公元 105 年蔡伦发明了造纸术，使这一问题得到解决。纸张的产生和运用所解决的是通信成本问题，实现的是廉价的文字通信方式。廉价的文字通信的应用使知识可以廉价地跨地域空间传输，可以跨时间长期保存。跨空间传输促进了不同国家、不同民族之间的交流，促进了世界范围内全人类的知识共享；跨时间保存有利于知识的传承，使人类可以学习、继承、发扬前人思想，使人类的知识积累大大增加，可以做到"秀才不出门，全知天下事"，人们在家中就能学习、了解、研究自然现象和自然规律，不必事事都要亲身体验，极大地加速了人类前进的步伐。从这个意义讲，纸张的发明称为人类四大发明之一并非浪得虚名。

但人类并不满足这种非实时的文字通信。现实世界所发生的事情，经过记录、传递，到达获取信息者手中时，往往已过去了很长时间，传递所能达到的范围也只限于人的脚力所能达到的范围。为了尽可能快地传递和获取信息，公元前 490 年，希腊信使裴地比第斯从马拉松跑到雅典城中央广场，跑了 42.195 公里，结果活活累死；此外，我国古代有 3000 多年利用邮驿传递信息的历史，唐朝最盛时期全国有 1639 个驿站，传递信息最快要求日驰 500 里。古代人还利用飞鸽传书以实现更快的文字通信。古人的实时通信只能以声、光为载体进行传输。我国公元前 772 年的周幽王时代，人们就学会利用烽火台的狼烟和火光调动邻近的诸侯；在冷兵器时代，军队作战时利用鸣鼓则进、鸣金则退的声波通信方式来指挥近距离军队，利用放炮为号来解决视距之外的军队实时通信问题，白天利用旗语、夜间利用火光解决视距之内军队通信问题。

1.1.2 电的发明与应用

电的发明，尤其是以电为载体的通信技术的发展，从根本上解决了远距离、可存储的实时通信问题，使信息的获取变得更加方便快捷，促进了千年封建古代的结束，使人类走向了近代文明。

尽管远在 2500 多年前，古希腊人就发现用毛皮磨擦过的琥珀能吸引一些绒毛、麦秆等一些小而轻的东西，并把这种现象称作"电"，但这并未给人类进步带来实质性影响。

公元 1600 年，英国医生吉尔伯特发现了"电力""电吸引"等许多现象，并最先使用了"电力""电吸引"等专用术语，因此许多人称他是电学研究之父。

1752 年美国科学家富兰克林通过著名的风筝实验"捕捉天电"，证明了天空的闪电和地面上的电是一回事。一年后富兰克林制造出了世界上第一个避雷针。实验中对电流现象的研究，对于人们深入研究电学和电磁现象有着重要的意义。

1800 年春季，伏打发明了著名的"伏打电池"。使人们第一次获得了可以由人来控制的持续电流，为后来对电流现象的研究提供了物质基础，并很快成为进行电磁学和化学研究的有力工具。

1820 年，丹麦哥本哈根大学的奥斯特，偶然发现一根带电的导线，能使贴近它的磁针发生偏转，而不再指向南极或者北极。

1821 年 9 月 3 日，法拉第让通电的导线在磁场中发生旋转。1831 年 10 月 17 日，他将磁转换为了电。随后制造了世界上第一台电磁感应发电机。

　　1873 年，格拉姆将发电机变成了电动机。

　　发电机给人类生活带来了巨大的变化，使人类可以自己产生电并控制电，以电为基础，诞生了后来的电报、电话、计算机、通信网络等使信息得以实时、快速、远距离传输、获取和存储的通信手段，促进人类快速进入现代文明时代。

1.2　通信终端技术的发展

1.2.1　电报的产生与消亡

1.2.1.1　电报的早期探索

　　1684 年，英国物理学家罗伯特·胡克发明了回光信号机。他建议，在通信时，把组成要传送文字的一个个字母和代表各种各样意义的编码符号，挂在高处的木框架上，让对方看到并接收下来。但这个建议一直没有能够实现，直到 1794 年 8 月 15 日，一种叫"遥望通信"的视觉通信方式才首次在法国里尔和巴黎之间使用。

　　1747 年，英国的廉·华士爵士发现有可能在金属导体上传播电流。

　　1753 年，英国人 C. M. 建议把一组 26 根的金属线互相平行，水平地从一个地方延伸到另一个地方。金属线的一端接在静电机上，在远处的一端接一个球，代表一个英文字母。球的下面挂着写有这个字母的纸片。发报时哪一条线接通电流，对方的小球便把纸片吸了起来。这就是最早关于用电进行通信的设想。

　　1790 年，法国工程师劳德·查佩兄弟根据胡克提出的视觉通信原理，成功地研制出了一个实用的通信系统，这种系统能将报文发送到全法国。1793 年，他们在巴黎和里尔之间架设了一条 230km 长的用接力方式传送信息的托架式线路。据说他们两兄弟是第一个使用"电报"这个词的人。

　　1804 年，西班牙的萨瓦设计了一种电报机，他将许多代表不同字母和符号的金属线浸在盐水中，电报接收装置是装有盐水的玻璃管，当电流通过时，盐水被电解，产生出小气泡，根据这些气泡来识别字母，从而接收到远处传送来的信息。萨瓦的这种电报接收机可靠性很差，不具实用性。后来，俄国科学家许林格设计了一种只用 8 根电线的编码式电报机，并且取得试验上的成功。

　　1832 年，俄国外交家希林制作出用电流计指针偏转来接收信息的电报机。

　　1837 年，英国人库克和惠斯通设计制造了第一个有线电报机，这种电报系统的特点是电文直接指向字母。通过不断的改进，发报速度不断提高，这种电报很快在铁路通信中获得了应用。

1.2.1.2　莫尔斯电报的出现

　　1832 年，41 岁的美国人莫尔斯在从法国学画后返回美国的轮船上，杰克逊向他展示了一种通电后能吸起铁器，一旦断电后，铁器就会掉下来的"电磁铁"，还说"不管电线有多长，电流都可以神速通过"。这使莫尔斯很快联想到：既然电流可以瞬息通过导线，那能不能用电流来传递信息呢？为此，他在自己的画本上写下了"电报"字样，立志要完成用电来传递信息的发明。回美国后，这位对电一无所知的画家放弃了绘画，全身心地投入到对电报的研制工作中。他拜著名的电磁学家亨利为师，从头开始学习电磁学知识。他买来了各种各样的实验仪器和电工工具，把画室改为实验室，夜以继日地埋头苦干。他设计了一个又一个方案，绘制了一幅又一幅草图，进行了一次又一次试验，但得到的是一次又一次失败。好几次他想重操旧业。然而，每当他拿起画笔看到画本上自己写的"电报"字样时，又为当初立下的誓言所激励，从失望中抬起头来。他冷静地分析了失败的原因，认真检查了设计思路，发现必须寻找新的方法来发送信号。

1835 年，莫尔斯研制出电磁电报机的样机。

1836 年，莫尔斯终于找到了新方法。他在笔记本上记下了新的设计方案："电流只要停止片刻，就会现出火花。有火花出现可以看成是一种符号，没有火花出现是另一种符号，没有火花的时间长度又是一种符号。这三种符号组合起来可代表字母和数字，就可以通过导线来传递文字了"。这样，只要发出两种电符号就可以传递信息，大大简化了设计和装置。莫尔斯的奇特构想，即著名的"莫尔斯电码"，是电信史上最早的编码，是电报发明史上的重大突破。

1837 年 9 月 4 日，经过不断的改进，莫尔斯制造出了发报装置由电键和一组电池组成的电报机。当按下电键，便有电流通过。按的时间短促表示点信号，按的时间长些表示横线信号。莫尔斯的收报机装置由一只电磁铁及有关附件组成。当有电流通过时，电磁铁便产生磁性，这样由电磁铁控制的笔也就在纸上记录下点或横线。这台发报机的有效工作距离为 500 m。之后，莫尔斯又对这台发报机进行了改进。

1843 年 3 月，莫尔斯计划在华盛顿与巴尔的摩两个城市之间架设一条长约 64 km 的线路，他请求美国国会资助 3 万美元作为实验经费。1844 年 3 月，国会经过长时间的激烈辩论，通过了资助莫尔斯实验的议案，电报线路终于建成了。

1844 年 5 月 24 日，是世界电信史上光辉的一页。在华盛顿国会大厦联邦最高法院会议厅里，莫尔斯亲手操纵着电报机，随着一连串的"点""划"信号的发出，远在 64 km 外的巴尔的摩城收到由"嘀""嗒"声组成的世界上第一份电报："上帝创造了何等的奇迹！"。莫尔斯电报的成功轰动了美国、英国和世界其他各国，他的电报很快风靡全球。图 1-1 为电报之父莫尔斯。

1858 年，欧洲许多国家联合给莫尔斯一笔 40 万法郎的奖金。在莫尔斯垂暮之年，纽约市在中央公园为他塑造了雕像，

图 1-1　电报之父莫尔斯

用巨大的荣誉来补偿曾使这位科学家陷于饥饿境地的过错。电报的发明，开始了用电作为信息载体的历史，是人类通信发展史上的一次巨大的飞跃。

电报发明的意义在于解决了人类出现以来一直没有解决的实时远程传输问题，使信息可跨越时间和空间的障碍进行传输。然而莫尔斯电报只是一种由发信方用有线连接方式向收信方传输编码电文的通信方式，不能解决诸如空中或海上移动目标无法建立发信方与收信方之间电线连接情况下的通信问题。此外，因为发一份电报需要先拟好电报稿，然后再译成电码，交报务员发送出去；对方报务员收到报文后，需先把电码译成文字，然后投送给收报人。这对两个电文收发报人员来讲是实时通信，但对用户来讲却是非实时的，不仅发报麻烦，要得到对方的回电，还需等待较长的时间。

虽然摩尔斯发明了电报，但他缺乏相关的专门技术。他与艾尔菲德·维尔签订了一个协议，让他帮自己制造更加实用的设备。艾尔菲德·维尔构思了一个方案，通过点、划和中间的

停顿，可以让每个字符和标点符号彼此独立地发送出去。他们达成一致，同意把这种标志不同符号的方案放到莫尔斯的专利中。这就是现在人们所熟知的美式莫尔斯电码，它被用来传送了世界上第一封电报。

1.2.1.3　无线电报的出现

1864 年，英国人麦克斯韦预言了电磁波的存在。

1887 年，德国科学家赫兹通过实验证明了无线电波的存在。

1895 年，俄国青年教师波波夫和意大利青年大学生马可尼分别发明了无线电报机。其中，马可尼在院子里进行了通信距离达到 30m 的无线电通信试验。1896 年，马可尼实现了 2 英里[⊖]无线电通信。

1897 年 5 月 18 日，横跨布里斯托尔海峡的无线电通信实验成功。马可尼在英国建立了世界上第一家无线电器材公司——英国马可尼公司。

1901 年，马可尼实现了隔着大西洋的无线电通信，使英国的无线电报能发送到大西洋彼岸，当时的天线是用风筝牵着的金属导线。

1902 年，在英国与加拿大之间正式开通了越洋无线电报通信电路，使国际电报通信跃入一个新的阶段。

1910 年，美国的克鲁姆和霍瓦德发明了手动电传打字机。

1913 年，法国物理学家贝兰制成了第一部手提式传真机，可供新闻记者使用。

2001 年 8 月 1 日，随着电话的普及，电报走向衰落。中国电信集团公司取消公众电报业务中的特急和加急业务。香港的电讯盈科于 2004 年 1 月 1 日宣布终止中国香港地区境内外所有电报服务。2006 年 1 月 27 日，美国西联国际汇款公司正式宣布停止电报业务，这标志着电报在美国彻底成为历史。

1.2.2　电话的兴起

1796 年，英国人休斯提出了用话筒接力传送语音的办法，并将其命名为 Telephone。日本人将其意译为"电话"，早期的中国人将其音译为"德律风"。

1854 年，法国人鲍萨尔设想出电话原理，6 年之后德国人赖伊斯又重复了这个设想。其原理是将两块薄金属片用电线相连，一方发出声音使金属片振动，再转换成电的形式传给对方。

1.2.2.1　电话的发明及其影响

电话的发明涉及几个重要人物的贡献，但他们的命运和对人类进步的影响却是不同的。

1. 格雷

1876 年 2 月 14 日，格雷与贝尔在同一天申报了专利，但由于在具体时间上比贝尔晚了 2 小时左右，最终败诉。格雷的设计原理与贝尔有所不同，格雷是利用送话器内部液体的电阻随声音变化而变化来获得话音电流，而受话器则与贝尔的完全相同。

2. 爱迪生

1877 年，爱迪生（见图 1-2）取得了发明碳粒送话

图 1-2　托马斯·阿尔瓦·爱迪生

⊖　1 英里=1.61 公里。

器的专利。1879 年，爱迪生制成炭精送话器，使送话效果显著提高。

贝尔、格雷、爱迪生三人的专利之争直到 1892 年才算告一段落。当时美国最大的西部联合电报公司买下了格雷和爱迪生的专利权，与贝尔的电话公司对抗。长时期专利之争的结果是双方达成一项协议，西部联合电报公司完全承认贝尔的专利权，从此不再染指电话业，交换条件是 17 年之内分享贝尔电话公司收入的 20%。

3. 梅乌奇

1849 年的一天，痴迷于电生理学研究的移居美国的意大利人安东尼奥·梅乌奇（见图 1-3），把一块与线圈连接的金属簧片插入了朋友的口中，线圈连接导线，通到另一个房间。在准备好一套器械要给朋友治疗时，通过连接两个房间的电线，他清楚地听见了从另外一个房间里传出的朋友的声音。梅乌奇马上意识到这一现象有着不寻常的意义，并立即着手研究被他称之为"会说话的电报机"的装置。其原理是，以线圈连接的金属簧片为传感器，将声音的振动转变成电流，通过导线进行传输。

图 1-3　安东尼奥·梅乌奇

1850 年至 1862 年，梅乌奇制作了几种不同形式的声音传送仪器，称作"远距离传话筒"。1860 年首次向公众展示了他的发明，并在纽约的意大利语报纸上发表了关于这项发明的介绍。可惜的是，梅乌奇生活潦倒，无力保护他的发明。当时申报专利需要交纳 250 美元的申报费用，而长时间的研究工作已经耗尽了他所有的积蓄。梅乌奇的英语水平不高，这也使他无法了解该怎样保护自己的发明。1870 年，梅乌奇患上了重病，以仅 6 美元的低价卖掉了自己发明的通话设备。为了保护自己的发明，梅乌奇试图获取一份被称作"保护发明特许权请求书"的文件。为此他每年需要交纳 10 美元的费用，并且每年需要更新一次。3 年之后，梅乌奇沦落到靠领取社会救济金度日，付不起手续费，请求书也随之失效。1874 年，梅乌奇寄了几个"远距离传话筒"给美国西联电报公司，希望能将这项发明卖给他们。但是，他并没有得到答复。当请求归还原件时，他被告知这些机器已不翼而飞。当两年后贝尔也发明了电话机并与西联电报公司签订了巨额合同时，梅乌奇为此提起诉讼，最高法院也同意审理这个案件。但由于梅乌奇于 1889 年过世，使诉讼不了了之。直到 2002 年 6 月 15 日美国国会 269 号决议才确认安东尼奥·梅乌奇为电话的发明人。如今在梅乌奇的出生地佛罗伦萨有一块纪念碑，上面写着"这里安息着电话的发明者——安东尼奥·梅乌奇"。

4. 贝尔

亚历山大·格拉汉姆·贝尔（1847-1922，见图 1-4），出生于英国苏格兰的爱丁堡，1871 年迁居加拿大，后来移民美国。受祖父、父亲毕生都从事聋哑人教育事业的家庭影响，他从小就对声学和语言学有浓厚的兴趣。21 岁时在伦敦大学攻读生理解剖学。1872 年，美国波士顿大学专门从事聋哑人语言教育的语言心理学教授的贝尔，对用电来传送声音产生了浓厚的兴趣。开始，他的兴趣是在研究电报上，最初，贝尔在

图 1-4　A.G. 贝尔

由于声音而振动的薄金属片上安装电磁开关，用电磁开关把电路断开，形成一开一闭的脉冲信号。之后，贝尔又萌生了发明一套能通过一根线路同时传送几条信息的机器的想法。他设想通过几片衔铁协调不同频率，在发送端，这些衔铁会在某一频率截断电流，并以特定频率发送一系列脉冲；在接收端，只有与该脉冲频率相匹配的衔铁才能被激活。通过几年的努力，贝尔发明了几套电报系统。有一次，当他在做电报实验时，偶然发现了一块铁片在磁铁前振动会发出微弱声音的现象，而且他还发现这种声音能通过导线传向远方。这给贝尔以很大的启发，他想，如果对着铁片讲话，不也可以引起铁片的振动吗？这就是贝尔关于电话的最初构想。贝尔发明电话的努力得到了当时美国著名的物理学家约瑟夫·亨利的鼓励。亨利对他说："你有一个伟大发明的设想，干吧！"当贝尔说到自己缺乏电学知识时，亨利说："学吧。"在亨利的鼓舞下，贝尔进行了大量研究，探索语音的组成，并在精密仪器上分析声音的振动。设想如果振动膜上的振动被传送到用炭涂黑的玻璃片上，振动就可以被"看见"了。随后贝尔开始思考有没有可能将声音振动转化成随声音变化的电流，这样就可以通过线路传递声音了。

1875 年 6 月 2 日，贝尔和沃森特正在进行电话模型的最后设计和改进，沃森特在紧闭了门窗的另一房间把耳朵贴在音箱上准备接听，贝尔在最后操作时不小心把硫酸溅到自己的腿上，他疼痛地叫了起来："沃森特先生，快来帮我啊！"没有想到，这句话通过他实验中的电话传到了在另一个房间工作的助手沃森特的耳朵里。这句极普通的话，也就成为人类第一句通过电话传送的语音而记入史册。贝尔在得知自己试验的电话已经能够传送声音时，热泪盈眶。当天晚上，他在写给母亲的信中预言："朋友们各自留在家里，不用出门也能互相交谈的日子就要到来了！"图 1-5 为早期的电话试验场景。

图 1-5　早期的电话试验

1876 年 2 月 14 日，贝尔申请专利权。1876 年 3 月 7 日，在贝尔 30 岁生日前夕，通过电线传输声音的设想得到了专利认证，专利证号码 NO：174655。至今美国波士顿法院路 109 号的门口，仍钉着块镌有"1875 年 6 月 2 日电话诞生在这里"的铜牌。

1877 年，在波士顿和纽约之间架设的 300 km 的第一条电话线路开通。第一部私人电话安装在查理斯·威廉姆斯于波士顿的办公室与马萨诸塞州的住宅之间。一年之内，贝尔共安装了 230 部电话，建立了贝尔电话公司，这是美国电报电话公司（AT&T）的前身。在此后的发展过程中，电话被不断改进。从 1878 年贝尔电话公司正式成立到 2010 年，先后出现的电话有：手持半双工电话、盒式磁力发电机电话、贝尔型磁力发电机壁式电话、木支架桌式电话、"咖啡壶式"电话、投币电话、数字机械电话、直立桌式电话、直立锥形桌面电话、20 线分离电话、磁力发电机台式电话、角落台式电话、树式桌面电话、公用电池墙式电话、门廊对讲机、数字拨号桌式电话、电台波段电话、扩音器电话、互联电话、自动收发电报壁式电话、电报传真电话、抗噪声桌面电话、交流发电振铃电话、自动拨号电话、按钮电话、智能电话、电视会议电话、刷卡电话、VoIP 网络电话、USB 电话、模拟移动电话、数字移动电话、移动电视电话、可卡网电话、网络电话等。到 20 世纪后期，贝尔系统——AT&T 的下属公司曾拥有美国电话市场份额的 80%。1984 年，由于美国司法部的反垄断诉讼，贝尔公司被迫分割成多个独立的地方贝尔公司。

5. 贝尔实验室

贝尔不仅善于科学发明与创新，也善于科技成果的转化，而后者对社会进步的影响更大。

1925 年 1 月 1 日，当时 AT&T 总裁，华特·基佛德收购了西方电子公司的研究部门，成立了一个叫作"贝尔电话实验室公司"的独立实体。AT&T 和西方电子各拥有该公司的 50% 的份额。在过去的一个世纪中，贝尔实验室为全世界带来的创新技术与产品包括：第一台传真机、按键电话、数字调制解调器、蜂窝电话、通信卫星、高速无线数据系统、太阳电池、电荷耦合器件、数字信号处理器、单芯片处理器、激光器、光纤、光放大器、密集波分复用系统、首次长途电视传输、高清晰度电视、语音合成、存储程序控制电话交换机、数据库及分组技术、UNIX 操作系统、C 和 C++语言，而由贝尔实验室推出的网络管理与操作系统每天支持着世界范围内数十亿的电话呼叫与数据连接。可以说，贝尔实验室为人类在迈向现代信息文明社会的过程中做出了巨大的贡献，共获专利两万五千多项，现在平均每个工作日获得三项多专利。下面列举几个典型事例。

（1）对射电天文学的贡献

1927 年，卡尔·央斯基到贝尔电话实验室工作。当时，无线电电话刚刚开始运营，从伦敦打电话到纽约 3 min 时间要花费 75 美元，不仅很贵，通话中还常常受电磁干扰。第一台无线电话使用的频率极低，只有 60 kHz，波长则长达 5 km。到 1929 年，频率提高到 10～20 MHz，但电话仍然受到很强的来源不明的电磁干扰。央斯基被指派去研究短波无线电通信中来自空间的无线电波的天电干扰问题。这些干扰包括来自大气中的雷电、太阳耀斑爆发引起的地球电离层的扰动和来自宇宙天体的无线电辐射。

1931 年，央斯基在美国新泽西州贝尔电话实验室研究和寻找干扰无线电波通信的噪声源时，发现除去两种雷电造成的噪声外，还存在着第三种噪声，一种很低且很稳定的"哨声"。研究中，卡尔·央斯基接收到一种每隔 23 时 56 分 04 秒出现最大值的无线电干扰信号，这微弱的电波不像是来自太阳。央斯基想到它很可能对应于星空上某一固定的点，因为观测站的天线阵无法确定噪声源的准确位置，只能大体认为与银河中心的方向相等，央斯基对这一噪声进行了一年多的精确测量和周密分析，终于确认这种"哨声"来自地球大气之外，是银河系中心人马座方向发射的一种无线电波辐射。这个意外的发现，引起了当时天文学界的震惊，同时令当时人们感到迷惑，谁也不认为一颗恒星或一种星际物质会发出如此强烈的无线电波。但是，美国的另一位无线电工程师雷伯却坚信央斯基的发现是真实的。他研制了一架直径为

9.6 m 的金属抛物面天线，并把它对准了央斯基曾经收到宇宙射电波的天空。1939 年 4 月，他们再次发现了来自银河系中心人马座方向的辐射电波，所不同的是，央斯基接收的是波长为 14.6 m 的无线电波，而雷伯接收到的是 1.9 m 的无线电波。这样，雷伯不仅证实了央斯基的发现，同时还进一步发现了人马座射电源发射出许多不同波长的射电波。

1932 年央斯基发表文章宣称：这是来自银河系中心方向的射电辐射。这是人类第一次捕捉到来自太空的无线电波，射电天文学从此诞生，这是天文学发展史上的又一次飞跃。为了纪念央斯基在 1931 至 1932 年所做出的这项贡献，在 1973 年 8 月举行的国际天文学联合会第十五次大会上，射电天文小组委员会通过决议，采用"央斯基"作为天体射电流量密度的单位，简写为"央"，并且纳入国际物理单位系统。卡尔·央斯基的发现揭开了射电天文学的序幕，图 1-6 为射电天文望远镜。

图 1-6　射电天文望远镜

（2）对晶体管发明的贡献

1947 年，贝尔实验室发明了晶体管，参与这项研究的约翰·巴丁、威廉·萧克利（William Shockley）、华特·豪舍·布拉顿（Walter Houser Brattain）于 1956 年获诺贝尔物理学奖。

（3）对信息科学的贡献

1948 年，香农发表论文《通信的数学原理》，奠定了现代通信理论的基础。他的成果是部分基于奈奎斯特和哈特利先前在贝尔实验室的成果。

（4）对宇宙大爆炸理论的贡献

1964 年，贝尔电讯实验室在新泽西州霍姆德城附近的克劳夫特山上，装设了一架不寻常的、庞大的天线，如 图 1-7 所示。两位科学家彭加斯（A. A. Penzias）和威尔逊（R. W. Wilson）用这架天线进行射电天文学研究。他们操纵自动控制装置，把天线束指向天空的各个方向。结果发现，收到的噪声总是稍微高于原来预计的数值。为了证明这不是电子线路里产生的热噪声，他们将接收的功率与一个浸泡在温度低至绝对温度 4 K 左右的液氦里的人工噪声源输出的功率相比较，证明噪声并不来自电子线路。进一步观察还发现，这种神秘的微波噪声非常稳定，无论是白天还是黑夜，也无论是春夏秋冬都同样存在。在检查原因时他们发现，在天线的"喉部"涂盖了一种"白色介电质"，原来那是一对鸽子在天线的喉部筑巢时留下的鸽子粪。他们捉住了鸽子，把它们送到贝尔实验室的威潘尼基地放掉。几天之后又有鸽子来了，只好再捉，并采取坚决措施防止它们再来。可是鸽子粪已经在天线喉部形成了一层"白色介电质"。天线上的鸽子粪当然有可能成为电噪声源。1965 年初，工作人员拆卸开天线的喉部，清除了鸽子制造的"白色介电质"，但那幽灵般的

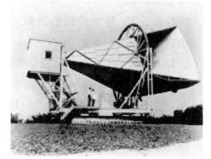

图 1-7　宇宙微波背景辐射天线

微波噪声却丝毫也没有减弱。后来又想尽了各种办法，都不能驱除这个噪声幽灵。彭加斯和威尔逊最终认为，这个噪声幽灵应当来自宇宙，他们在天空的任何一个方向上都可以接收到这种稳定不变的微波噪声。这说明宇宙背景中普遍存在着一种均匀的或各向同性的微波辐射。

宇宙背景微波辐射的发现，是科学上一项重大的成就。可是，当时彭加斯和威尔逊还并不明白他们这项发现的重大意义。这项发现实际上是宇宙"大爆炸"起源学说的一个有力证明：那各向同性的宇宙背景微波辐射，是宇宙大爆炸时所留下的"余烬"！

1948 年，阿尔发和赫尔曼根据盖莫夫发展的大爆炸理论预言了宇宙微波辐射背景的存在。20 世纪 60 年代，美国普林斯顿研究院的迪克启发了皮伯斯在这方面做进一步研究。皮伯斯在一次学术报告中详细讲述了这项研究，报告的内容又由特纳转告了另一位科学家伯克。在宇宙背景微波辐射发现后不久，彭加斯因为一件别的事情给伯克打了个电话。伯克接着就问起彭加斯，他们的天空射电测量进行得怎样了。彭加斯回答说，测量进行得很顺利，只是测量结果中有些东西弄不明白。伯克立刻就告诉彭加斯，普林斯顿研究院的物理学家皮伯斯和迪克等的想法也许可以解释他们从天线接收到的宇宙微波噪声。于是彭加斯随后就给迪克打电话。这样彭加斯才认识到自己和威尔逊发现的宇宙背景微波辐射的重大意义。经过商定，他们决定在天体物理杂志上各自发表一篇通讯。彭加斯和威尔逊宣布他们的射电天文

学观测结果，而由迪克、皮伯斯和威金森共同署名的文章则从宇宙学上进行理论解释。这两篇研究通讯发表后，在科学界引起了巨大的反响。由于给盖莫夫发展的宇宙大爆炸起源学说提供了有力的证据，彭加斯和威尔逊荣获 1978 年度的诺贝尔物理学奖。彭加斯和威尔逊的这项发现，在一定程度上带有偶然性。他们的观测并不是在宇宙起源研究的理论指导下进行的，而是在发现了结果之后，才由宇宙学家们给出理论上的解释。

（5）对激光冷却和捕获原子的贡献

1985 年，贝尔实验室的朱棣文小组用三对方向相反的激光束分别沿 x、y、z 三个方向照射钠原子，在 6 束激光交汇处的钠原子团就被冷却下来，温度达到了 240 mK。朱棣文（S. Chu）、达诺基（C. C. Tannoudji）和菲利普斯（W. D. Phillips）因在激光冷却和捕获原子研究中的出色贡献而获得了 1997 年诺贝尔物理奖，其中朱棣文是第五位获得诺贝尔奖的华人科学家。

贝尔实验室是公认的当今通信界最具创造力的研发机构，在全球拥有 10000 多名科学家和工程师。

1996 年，贝尔实验室以及 AT&T 的设备制造部门脱离 AT&T 成为朗讯科技，贝尔实验室目前有 28000 人。

1.2.2.2 移动通信的繁荣

1. 无线电的诞生

1820 年，丹麦物理学家奥斯特发现，当金属导线中有电流通过时，放在它附近的磁针便会发生偏转。接着，学徒出身的英国物理学家法拉第明确指出，奥斯特的实验证明了"电能生磁"。他还通过艰苦的实验，发现了导线在磁场中运动时会有电流产生的现象，即所谓的"电磁感应"现象。著名的科学家麦克斯韦进一步用数学公式表达了法拉第等人的研究成果，并把电磁感应理论推广到了空间。他认为，在变化的磁场周围会产生变化的电场，在变化的电场周围又将产生变化的磁场，如此一层层地像水波一样推开去，便可把交替的电磁场传得很远。

1864 年，苏格兰人麦克斯韦发表了电磁场理论，成为人类历史上预言电磁波存在的第一人。1873 年，麦克斯韦根据已知的光波特性，推断无线电波的特性，发表了著名的"电磁论"。

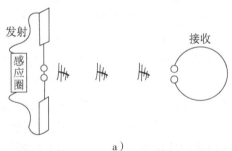

a)

1887 年，赫兹在一间暗室里做实验。他在两个相隔很近的金属小球上加上高电压，随之便产生一阵阵噼噼啪啪的火花放电。这时，在他身后放着一个没有封口的圆环。当赫兹把圆环的开口处调小到一定程度时，便看到有火花越过缝隙。通过这个实验，他得出了电磁能量可以越过空间进行传播的结论。赫兹的发现公布之后，轰动了全世界的科学界，1887 年成为近代科学技术史的一座里程碑，为了纪念这位杰出的科学家，电磁波的单位便命名为"赫兹"（Hz）。图 1-8 为赫兹进行火花实验。

赫兹的发现具有划时代的意义，它不但证明了麦

b)

图 1-8　赫兹火花实验

a）实验原理图　b）实验场景

克斯韦理论的正确性，更重要的是导致了无线电的诞生，开辟了电子技术的新纪元，标志着从"有线电通信"迈向"无线电通信"的转折点。也是整个移动通信的发源点，应该说，从这时开始，人类开始进入了无线通信的新领域。

赫兹通过闪烁的火花，第一次证实了电磁波的存在，但他却断然否定利用电磁波进行通信的可能性。他认为，若要利用电磁波进行通信，需要有一个面积相当于欧洲大陆的巨型反射镜，显然这是不可能的。

2. 无线电报的诞生

赫兹发现电磁波的消息传到了俄国一位正从事电灯推广工作的青年波波夫那里，他兴奋地说："用我一生的精力去装电灯，对广阔的俄罗斯来说，只不过照亮了很小一角，要是我能指挥电磁波，就可飞越整个世界！"

1894 年，波波夫改进了无线电接收机并为之增加了天线，使其灵敏度大大提高。1896 年，波波夫成功地用无线电进行莫尔斯电码的传送，距离为 250 m，电文内容为"海因里斯·赫兹"。

1895 年，马可尼在自家的花园里成功地把无线电信号发送了 2.4 km 的距离，他成了世界上第一台实用的无线电报系统的发明者。马可尼在少年时期就对物理和电学有着很浓厚的兴趣，读过麦克斯韦、赫兹、里希、洛奇等人的著作。

1896 年，马可尼携带着自己的装置到了英国，在那里他被介绍给邮政总局的总工程师威廉·普利斯，普利斯后来被封为爵士。这年年末，马可尼取得了世界上第一个无线电报系统领域的专利。他在伦敦、萨里斯堡平原以及跨越布里斯托尔湾成功地演示了他的通信装置。1897 年 7 月成立了"无线电报及电信有限公司"，1900 年改名为"马可尼无线电报有限公司"。这年马可尼改进了无线电传送和接收设备，在布里斯托尔海峡进行无线电通信并取得成功，把信息传播了 12 km。同年又在斯佩西亚向意大利政府演示了 19 km 的无线电信号发送。1898 年，英国举行了一次游艇赛，终点设在离岸 32 km 的海上。《都柏林快报》特聘马可尼为信息员。他在赛程的终点用自己发明的无线电报机向岸上的观众即时通报了比赛的结果，引起了很大的轰动。这被认为是无线电通信的第一次实际应用。1898 年在英吉利海峡两岸进行无线电报跨海试验成功，通信距离为 45 km。1899 年他建立起了跨越英吉利海峡的法国和英国之间的无线电通信。他在尼德尔斯、怀特岛、伯恩默斯，后来又在哈芬旅社、普尔和多塞特建立了永久性的无线电台。1899 年又建立了 106 km 距离的通信联系。1900 年 10 月在英国建立了一座强大的发射台，采用 10 kW 的音响火花式电报发射机。1900 年马可尼为其"调谐式无线电报"取得了著名的第 7777 号专利。图 1-9 为马可尼和他的无线电传送与接收设备。

图 1-9 马可尼和他的无线电传送与接收设备

1901 年 12 月的具有历史意义的一天，马可尼决定用他的发报系统证明无线电波不受地球表面弯曲的影响。这次进行的横跨大西洋的无线电报试验具有很大风险。当时许多人认为无线电波应该和光一样是直线传播的，而大西洋跨越 3700 km，这样弯曲的地球表面无论如何也不可能直接传递无线电波。可是马可尼从远距离无线电波的成功实践和发射台一端接地的事实出发，坚信有可能使定向电波沿地球表面传播。他使用 800 kHz 中波信号，第一次使无线电波越过了康沃尔郡的波特休和纽芬兰省的圣约翰斯之间的大西洋，距离为 3381 km。试验中，马可尼在加拿大用风筝牵引天线，成功地接收到了大西洋彼岸的无线电报。试验成功的消息轰动全球。1902 年和 1912 年间他还取得了数项新发明的专利权。1902 年，他在美国"费拉德尔菲亚"号邮轮的航程中试验了无线电报通信的"白昼效应"，同年取得了"磁检波器"的专利，以后的许多年中它成了标准的无线电收报机。1902 年 12 月他第一次从新斯科舍州的格莱斯湾，后又从马萨诸塞州的科德角向波特休发送了第一封完整的电文。这些早期的实验导致了在 1907 年开通了格莱斯湾和爱尔兰克利夫顿之间的第一次跨越大西洋的商业无线电报业务，从而使无线电事业达到了高峰，在这以前，还建立了意大利的巴里和门特内哥罗的阿维达里之间的短距离民用无线电报。

从 1903 年开始，从美国向英国《泰晤士报》用无线电传递新闻，当天见报。

1905 年，马可尼又取得了水平定向天线的专利，1912 年发明了产生连续电波的"间断火花"系统。到了 1909 年无线电报已经在通信事业上大显身手。在这以后许多国家的军事要塞、海港船舰大都装备有无线电设备，无线电报成了全球性的事业。

1909 年，诺贝尔物理学奖授予英国伦敦马可尼无线电报公司的意大利物理学家马可尼和德国阿尔萨斯州斯特拉斯堡大学的布劳恩，以承认他们在发展无线电报上所做的贡献。

1914 年，马可尼被任命为意大利军队的中尉，后提升为上尉。1916 年调任为海军司令部的中校。他曾是 1917 年意大利政府赴美使团的成员之一，1919 年担任巴黎和会的意大利特命全权代表。同年马可尼被授予意大利军功勋章，以表彰他在军队中的服务。战争期间马可尼在意大利服役时，对他早先在实验中使用过的短波重新进行了研究。在他和英国的合作者共同做了进一步的试验之后，于 1923 年在波尔杜电台和当时巡航于大西洋和地中海的马可尼快艇"艾列特拉"号之间做了一系列的试验。这些试验最后导致建立了远距离定向通信系统。英国政府采纳了用这种系统作为英联邦之间通信手段的方案。把英国和加拿大联系起来的第一台定向无线电台于 1926 年建成，第二年又增设了其他电台。

1931 年，马可尼开始研究更短波的传递特性，结果于 1932 年在梵蒂冈城和卡斯特尔—甘多尔福的波普夏宫之间创立了世界上第一次微波无线电话联系。两年之后马可尼在塞斯特里—累旺特演示了导航用的微波无线电航标。1935 年又在意大利对雷达原理做了实际表演，这是他早在 1922 年在纽约向美国无线电工程学院作的一篇报告中首次预言过的。

马可尼获得过许多大学的荣誉博士学位，以及许多国际荣誉和奖励，除了 1909 年和布劳恩一起获得诺贝尔物理学奖，还有英国皇家艺术学会的阿尔伯特奖章、约翰·弗利兹奖章、开尔文奖章、俄国沙皇授予的圣安娜勋章、意大利国王任命他为圣马赖斯和圣拉扎路斯荣誉海军中校、1902 年被授予意大利国王大十字勋章。1903 年马可尼还获得过罗马城的荣誉市民称号，1905 年被封为萨瓦城的文官爵位。马可尼还有许多其他荣誉称号，如 1914 年被封为意大利元老院的议员，获得过英国皇家维多利亚大十字勋章和爵位，1929 年获得了侯爵的世袭头衔。马可尼在 1937 年 7 月 20 日逝世于罗马。

1898 年，与马可尼同获诺贝尔物理学奖布的布劳恩开始从事无线电报的研究，试图以高频电流将莫尔斯信号经过水的传播发送。后来他又把闭合振荡电路应用于无线电电报，而且是第一个使电波沿确定方向发射的试验者之一。1902 年他成功地用定向天线系统接收到了定向发射的信号。布劳恩的关于无线电报的论文以小册子的形式发表于 1901 年，题目是"通过水和空气的无线电报"。第一次世界大战爆发以后，布劳恩曾被派往纽约。由于他离开了自己的实验室以及身体有病，没有可能继续进行科学研究工作。布劳恩 1918 年 4 月 20 日逝世于美国。

20 世纪 20 年代初人们发现了短波通信，直到 20 世纪 60 年代卫星通信的兴起，它一直是国际远距离通信的主要手段，并且对目前的应急和军事通信仍然很重要。

20 世纪 40 年代到 50 年代产生了传输频带较宽、性能较稳定的微波通信，成为长距离、大容量地面干线无线传输的主要手段，模拟调频传输容量高达 2700 路，也可同时传输高质量的彩色电视，而后逐步进入中容量乃至大容量数字微波传输。

20 世纪 80 年代中期以来，随着频率选择性色散衰落对数字微波传输中断影响的发现以及一系列自适应衰落对抗技术与高状态调制及检测技术的发展，使数字微波传输产生了一个革命性的变化。特别应该指出的是，20 世纪 80 年代至 90 年代发展起来的一整套高速、多状态的自适应编码调制解调技术与信号处理及信号检测技术，对现今的卫星通信、移动通信、全数字HDTV 传输、通用高速有线/无线的接入、高质量的磁性记录等诸多领域的信号设计和信号的处理应用起到了重要的作用。

3. 无线电话的诞生

1903 年，无线电话试验成功，使电话通信从此摆脱对电话线的依赖，使移动条件下的电话通信成为可能。

1904 年，"蜘蛛式"民用波段电话试验成功。

20 世纪 20 年代至 40 年代，在短波几个频段上，美国底特律市警察开始使用 2 MHz、30 ~ 40 MHz 频段的车载无线电系统。

1941 年，美国陆军开始装备和应用军用步话机进行移动状态下的电话通信。

1946 年，贝尔公司在圣路易斯城建立了采用单工方式通信的称为"城市系统"的世界上第一个公用汽车电话网。1950 年西德、1956 年法国、1959 年英国等国相继研制了公用移动电话系统。受无线电频率资源限制，早期的无线电通信只能用于军事和少数特殊行业的通信中。

4. 移动蜂窝通信的出现

1947 年，美国贝尔实验室提出了蜂窝通信的概念，将移动电话的服务区划分成若干个小区，每个小区设立一个基站，构成蜂窝移动通信系统，此举解决了移动通信中的频谱紧张问题，使人人可用手机通信成为可能。图 1-10 为蜂窝移动通信系统的原理图。

1973 年 4 月，手机的发明者——美国摩托罗拉公司的工程技术人员马丁·库帕站在纽约街头，用一个约有两块砖头大的无线电话机实现了首次民用移动通信。

1978 年，贝尔实验室的科学家们在芝加哥试验成功了世界上第一个蜂窝移动通信系统，并于 1983年正式投入商用。这是移动通信发展史上的重大发明。

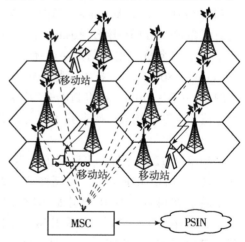

图 1-10 蜂窝移动通信系统原理图

1979 年，日本推出 800 MHz 汽车电话系统。

1980 年，瑞典等北欧四国开发出频段为 450 MHz 的 NMT 450 移动通信网。

1982 年，欧洲成立了 GSM（全球移动通信系统），任务是制订泛欧移动通信漫游标准。随后便携式电报电话的出现，为以后 GSM 移动电话系统开辟了新的天地。

1983 年，AMPS 蜂窝系统在美国的芝加哥开通。

1984年，西德完成频段为450 MHz的移动C网通信。1985年，英国开发出频段为900 MHz的全地址通信系统（TACS）。法国开发出450 MHz移动电话系统。加拿大也推出自己的450 MHz移动电话系统（MTS）。

1992年12月3日，全球第一条移动文本短信在英国发出，若干年之后，预付费业务的出现使移动电话和短信业务实现了快速增长。仅2011年，全球共发送近10万亿条文本短信。

1998年5月，爱立信、诺基亚、东芝、IBM和英特尔公司等五家著名厂商，在联合开展短程无线通信技术的标准化活动时提出了蓝牙技术，其宗旨是提供一种短距离、低成本的无线传输应用技术。Intel公司负责半导体芯片和传输软件的开发，爱立信公司负责无线射频和移动电话软件的开发，IBM和东芝公司负责笔记本电脑接口规格的开发。

2001年，ITU-D第7专题组经过一系列的技术比较以及方案论证，最终发现CDMA450方案是解决用户分散地区通信的最佳选择。"大灵通"是以SCDMA无线技术作为接入手段的固定电话业务。中国信威公司从2001年开始在大庆油田建第一个网。

2001年，日本第一大运营商NTT DoCoMo正式开通名为FOMA的第三代移动电话服务，这是3G在世界上首次大规模投入市场，代表着3G业务在全球的首次商用。

2001年8月，以法国阿尔卡特、瑞典爱立信、美国摩托罗拉、芬兰诺基亚、德国西门子这欧美几大通信设备制造商为中心，成立了无线世界研究论坛（WWRF），该论坛是一个在全球范围内探讨、研究4G标准的非营利组织。

2006年，我国的863计划已经瞄准世界高新技术的最前沿，着手开发世界上规模最大的第四代移动通信（4G）网络。

2009年初，国际电信联盟（ITU）在全世界范围内征集第四代移动通信（IMT-Advanced）候选技术。到2009年10月，ITU共计征集到了来自北美标准化组织IEEE的802.16m、日本3GPP的FDD-LTE-Advance、韩国（基于802.16m）和中国（TD-LTE-Advanced）、欧洲标准化组织3GPP（FDD-LTE-Advance）的6个候选技术。2012年1月18日下午5时，国际电信联盟在2012年无线电通信全会全体会议上，正式审议通过将LTE-Advanced和WirelessMAN-Advanced（802.16m）技术规范确立为IMT-Advanced（俗称"4G"）国际标准，中国主导制定的TD-LTE-Advanced和FDD-LTE-Advance同时并列成为4G国际标准，也标志着中国在移动通信标准制定领域再次走到了世界前列，为TD-LTE产业的后续发展及国际化提供了重要基础。

2013年12月4日，工信部正式向三大运营商发布4G牌照，中国移动、中国电信和中国联通均获得TD-LTE牌照。中国移动于2014年1月17日、中国电信于2014年2月14日、中国联通于2014年3月18日开始4G全国商用。

2009年，华为公司已经展开始了5G移动网络相关技术的早期研究，2014年日本电信营运商NTT DoCoMo正式宣布开展5G网络研究，2015年3月英国、欧盟开始了5G研究和测试，2015年9月美国移动运营商Verizon无线公司宣布将从2016年开始试用5G网络，2017年在美国部分城市全面商用。2016年诺基亚与加拿大运营商Bell Canada合作，完成加拿大首次5G网络技术的测试。2017年2月9日，国际通信标准组织3GPP宣布了"5G"的官方Logo。2017年11月，工信部发布《关于第五代移动通信系统使用3300-3600 MHz和4800-5000 MHz频段相关事宜的通知》，确定5G中频频谱，能够兼顾系统覆盖和大容量的基本需求，正式启动5G技术研发试验第三阶段工作。2017年12月21日，在国际电信标准组织3GPP RAN第78次全体会议上，5G NR首发版本正式冻结并发布。2018年2月23日，在世界移动通信大会召开前夕，沃达丰和华为宣布，两公司在西班牙合作采用非独立的 3GPP 5G 新无线标准和 Sub6 GHz 频段完成了全球首个 5G 通话测试。2018 年 6 月 13 日，3GPP 5G NR 标准 SA（Standalone，独立组网）方案在 3GPP 第 80 次 TSG RAN 全会正式完成并发布，这标志着首个真正完整意义的国际 5G 标准正式出炉。14 日，3GPP 全会（TSG#80）批准了第五代移动通信技术标准（5G NR）独立组网功能冻结。

5. 集群移动通信的产生

20 世纪 70 年代，集群移动通信系统产生，这是一种较经济、较灵活的移动通信系统，它是传统的专用无线电调度网的高级发展阶段。传统的专用无线电调度系统，其特点是整体规划性差、型号和制式混杂、网小台多、覆盖面窄、噪声干扰严重、频率资源浪费。国内外通信界普遍认为，20 世纪 80～90 年代是集群移动通信在专用无线电通信中占据比重较大的 10 年，是与蜂窝移动通信齐头并进的一种先进通信系统。美、英、法、德、日、北欧四国、加拿大及澳大利亚等国家都广泛开发和使用这一系统。图 1-11 为集群移动通信系统原理图。

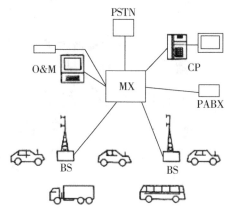

图 1-11　集群移动通信系统原理图
BS-基地台　CP-调度直通电话
MX-无线交换机　PABX-专用小交换机
O&M-网络管理系统　PSTN-市话交换机

6. 无绳电话的产生

1980 年前后，无绳电话出现了，最早的无绳电话的工作频率为 27 MHz。这些无绳电话存在下列问题：范围有限、声音质量差、噪声大、静电干扰大、安全性差，由于信道数量有限，人们很容易截获来自其他无绳电话的信号。

1986 年，美国联邦通信委员会（FCC）允许将 47～49 MHz 的频段提供给无绳电话使用，这不仅改善了它们的信号干扰问题，还降低了耗电量。但是，这些电话的工作距离仍然有限，声音质量依然很差。

1990 年，由于 43～50 MHz 的无绳电话频段日渐拥挤，FCC 提供了 900 MHz 的频段。通过此次提高频率，无绳电话的声音变得更加清晰，传播距离更远了，可供选择的信道也变得更多了。但是，无绳电话仍然十分昂贵，价格约为 400 美元。

1994 年，市场上推出了频段为 900 MHz 的数字无绳电话。数字信号提高了电话的安全性，而对模拟无绳电话的窃听则较为容易。

1995 年，人们开始在无绳电话中应用数字扩频（DSS）技术。此技术可让数字信息在接收器和座机之间通过多个频率分段传播，从而使他人几乎无法窃听无绳电话的通话内容。

1998 年，FCC 开放了 2.4 GHz 频段供无绳电话使用。此频率不仅增加了无绳电话的工作距离，还使其脱离了大多数无线电扫描仪的频段，从而进一步提高了安全性。

7. 小灵通的发展与消亡

1996～1997 年，这一阶段是小灵通技术准备期。当时为了拯救境况不佳的固定电话业务，日本试验了一种被称作 PHS 的无线本地环路（WLL）技术，但未能在日本市场取得成功。20 世纪 90 年代末，中国电信重组，移动业务分离。由于中国电信不能经营移动业务，美国 UT 斯达康公司将 PHS 技术引入国内，改名为"小灵通"。图 1-12 为小灵通系统的原理图。

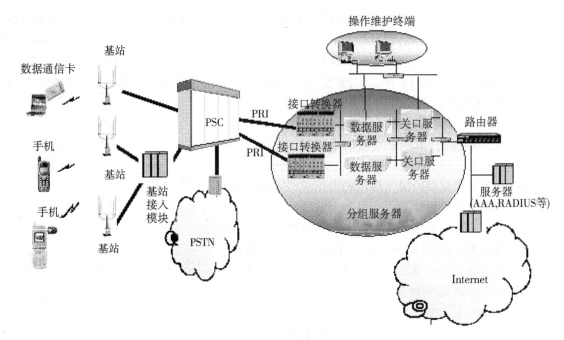

图 1-12　小灵通系统原理图

小灵通功耗小，电磁波辐射极小，对人体没有任何辐射危害，小灵通与固定电话采用相同的费率标准，并实行单向收费，这些优势致使小灵通也曾有过一段辉煌时期。但从 2007 年 1 月起，运营商开始实施手机单向收费，小灵通赖以生存的价格空间被打破，用户数开始逐年下滑。在投资方面，多年来，原中国网通共投资 292 亿元购买小灵通设备，中国电信在小灵通上共投资约 1000 亿元。

1998 年 1 月，浙江余杭区正式开通小灵通，实行单向收费，月租费 20 元，资费每分钟 0.2 元，标志着小灵通正式进入我国市场。

2000 年 6 月，信息产业部下发通知，将小灵通定位为"固定电话的补充和延伸"，这标志着限制小灵通发展的政策有所松动。

2006 年 8 月底，中国小灵通用户达到 9300 万。海外小灵通用户超过 700 万。全球范围内的小灵通用户已经突破一亿。

2007 年 11 月，小灵通用户大量减少，10 个月减少 250 万户。

2008 年 10 月，工业和信息化部无线电管理局表示，小灵通所用 1900~1920 MHz 频段今后将用于 TD-SCDMA。

2009 年 1 月，中国联通在公布 2008 年业绩预告时披露，将小灵通列入贬值资产。

2009 年 2 月，中国电信、中国联通接到工信部相关文件，2011 年前将妥善完成小灵通退市的相关工作，以确保不对 1880~1900 MHz 频段的 TD-SCDMA 系统产生有害干扰。

8. 大灵通的发展与消亡

1998 年，大灵通走出实验室大门进入市场。与小灵通 PHS 相比，CDMA450 得名大灵通，后来 SCDMA400 也被称为大灵通。CDMA450 技术后来被政策明令禁止。CDMA450 是工作在 450 MHz，以 CDMA2000 为核心的技术。SCDMA400 工作在 400 MHz，为我国 3G 标准 TD-SCD-MA 的 2G 版本。中国网通向工信部申请了 1800 MHz 的 SCDMA 频段。我国大灵通的核心技术全部掌握在北京信威公司手中，能提供大灵通终端的厂商仅有大唐和普天两家公司。

最初，CDMA450 是为了将东欧和北欧广泛使用的 NMT450 模拟移动通信系统升级至支持多媒体应用的数字移动通信系统而开发的。而且 CDMA450 技术本身具有频率低、覆盖广、室内穿透覆盖好、容量大、支持无线高速分组数据业务等特点，在覆盖范围很大、用户密度很低的情况下它的投资成本仍可以保持较低。

2001 年，ITU-D 第 7 专题组经过一系列的技术比较以及方案论证，最终发现 CDMA450 方案是解决用户分散地区通信的最佳选择。CDMA450 相对 CDMA800/1900 仅仅更换了射频模块，在技术上与其没有本质的区别，价格也几乎相当。但不一样的是，CDMA450 每个基站的覆盖面积远远超过 PHS 和 CDMA2000。

2003 年下半年开始，大灵通抓住中国网通和中国电信南北分家之后，相互渗透对方固话市场的契机，在大江南北实现规模应用。大灵通运用了中国唯一拥有自主知识产权的 3G（TD-SCDMA）核心技术，能不断地自主改进升级，具有信号覆盖好、高速移动时不掉线、环保辐射低等诸多优点，其通话质量可与手机相媲美，资费更实惠。

2008 年 10 月 15 日，中国联通和中国网通合并，合并后的新联通继续经营大灵通业务。3G 牌照发放后，各运营商在 3G 上投入大量的资金，使得运营商对现有大灵通市场的投资热情受到影响，开发商对大灵通的后续支持和技术开发也受到一定程度影响，因此从 2011 年起大灵通慢慢退出市场。

9. BP 机

1983 年，上海开通国内第一家寻呼台，BP 机进入中国。当时能够有显示中文的 BP 机能卖到 8000~9000 元。但随着手机的发展，BP 机未能使它本已老去的生命通过脱胎换骨来焕发新生，至 2000 年寻呼业发展到顶峰后便急转直下，寻呼市场日渐萎缩，到 2005 年前后，各地陆续停止了 BP 机业务，2007 年 3 月，信息产业部发展公示称，中国联通公司申请停止经营该业务。使 BP 机最终结束历史使命。随着 BP 机的全面退出通信服务，个人无线通信业务进入了手机普及的黄金时代。

1.2.3　广播电视的演进

1. 传真机的出现

1842 年，英国人亚历山大·贝恩（Alexander Bain）提出传真原理。1843 年，贝恩发明了最初的传真机 facsimile（fax）。贝恩把金属板剪切成文字形状，放在绝缘板上，然后用几只金属爪在上面擦过，爪就与文字形金属部分或绝缘板部分相接触。贝恩在每只爪上接一根电线，电线的另一端连接电报收报机，收报机上装有铅笔。爪与金属文字部分接触或脱离时，这种变化像电报信号一样经电线传向收报机，于是收报机一端的铅笔就在纸上画线。这样，许多爪同时接触到金属文字时，通过电线把这种变化传向收报机，收报机的铅笔接触到纸上，从而在纸上画出文字的形状。1843 年 5 月 27 日，传真机的原理得到了专利保护，它比电话专利整整早了 30 年。

1913 年，法国人 E. 贝兰研制出第一台传真机（见图 1-13）。

1914 年，世界上第一幅通过传真机传送的新闻照

图 1-13　早期的传真机

片出现在巴黎的一张报纸上，引起了很大的轰动。

1925 年，美国贝尔实验室利用电子管和光敏管制造出世界上第一台传真机，使传真技术进入到实用阶段。

1926 年正式开放了横贯美国大陆的有线相片传真业务，同年还与英国开放了横跨大西洋的无线相片传真业务。此后，欧美国家和日本等国相继都开放了相片传真业务，从此相片传真被广泛用于新闻通讯社传送新闻照片，随后扩展到军事、公安、医疗等部门，用来传送军事照片、地图、罪犯照片、指纹、X 光照片等。

1968 年，美国率先在公用电话网上开放传真业务，世界各国也随之相继利用电话网开放传真通信业务。使原本局限于在专用路上应用的传真机数量猛增，应用的范围迅速扩大。尤其是用于传送手写、电打印或印刷的书信、文件、表格、图形等的文件传真机，使用最为普通，发展也最快。

目前传真机的种类比较多，分类的标准也不尽相同。但传真机都具有收发传真和复印三个基本功能。

1）按照传真机的功能不同，可分为简易型传真机、标准型传真机和多功能型传真机。

2）按照传真机打印方式的不同，可分为喷墨式传真机、热转印传真机和激光传真机。

3）按照传真机记录方式的不同，可分为热敏纸传真机和普通纸传真机。

4）按照传真机的颜色不同，可分为黑白传真机、双色彩色传真机和多色彩色传真机。

5）按照传真机采用的扫描方式不同，可分为电荷耦合扫描（CCD 扫描）传真机和接触式图像扫描（CIS 扫描）传真机。

6）按照 CCITT（国际电报电话咨询委员会）制订的国际标准，可分为一类机（G1），在话路上传送一页 A4 幅面（210 mm×296 mm）文件约 6 min 时间；二类机（G2），在话路上传送一页 A4 幅面文件，约需 3 min；三类机（G3），在话路上传送一页 A4 幅面文件，约需 1 min；四类机（G4），高速文件传真机，传送一页 A4 幅面文件，只需 3 s。

在 20 世纪 70 年代以前，主要是使用一类机，20 世纪 70 年代曾经使用二类机，20 世纪 80 年代开始推广使用三类机，它的性能、功能不断完善，已逐渐成为传真通信中的主要机种。虽然三类传真机传输的是数据信号，但是它要将数据信号通过调制解调器转换成模拟信号，利用公共电话交换网传输。公共电话交换网虽然比较便宜，但是也存在着传输信道参数变化大、干扰大、接续时间长、利用率不高等缺点。四类传真机是传真机技术发展的新一代产品，它支持并兼容三类传真机的通信功能，经过适当的调制处理也可用在公用电话交换网上。彩色传真机分为双色传真机和多色传真机。双色传真机的分辨率为 12 dot/mm，用 9600 bit/s 的速率传送 1 张 A4 文件大约需要 1 min。多色传真机在发送端把彩色图像分解成三种原色发送，在接收端把信号复原。

2. 广播收音机的产生

1886 年，美国人巴纳特·史特波斐德开始无线电研究，经过十几年不懈努力，1902 年，他在穆雷广场放好传声器，由儿子在传声器前说话、吹奏口琴，他在附近的树林里放置了 5 台矿石收音机，均能清晰地听到说话和口琴声，试验获得了成功。之后又在费城进行了广播，并获得了专利权。现在，州立穆雷大学仍然竖有"无线电广播之父——巴纳特·史特波斐德"的纪念碑。

1906 年 12 月 24 日 20 点左右的圣诞节前夕，在美国新英格兰海岸附近穿梭往来的船只上，一些听惯了"嘀嘀嗒嗒"莫尔斯电码声的报务员们，忽然听到耳机中传来有人正在朗读圣经的故事，有人拉着小提琴，还伴奏有亨德尔的《舒缓曲》，报务员们纷纷把耳机传递给同伴听。果然，大家都清晰地听到说话声和乐曲声，最后还听到亲切的祝福声，几分钟后，耳机中又传出那听惯了的电码声。这是由美国物理学家费森登主持和组织的人类历史上第一次无线电广播。费森登花了 4 年的时间设计出这套广播设备，包括特殊的高频交流无线电发射机和能调制电波振幅的系统。

1920 年，美国匹兹堡的 KDKA 电台进行了首次商业无线电广播。广播很快成为一种重要的信息媒体而受到各国重视。

1921 年，美国人费里斯特、阿姆斯特朗与费森顿分别发明了再生式、外差式与超外差式电路，为现代接收机奠定了重要基础。同年，美国和欧洲的无线电业余爱好者最先进行短波无线电广播。

1925 年，美国人惠勒发明真空二极管音量自动控制电路。

1927 年，美国人布莱克发明反馈电路，5 年后普遍应用于收音机。

1933 年，阿姆斯特朗发明宽带调频原理，首次进行调频制广播。

1935 年，收音机上开始出现称为电眼的阴极射线调谐指示器。

1952 年，英国人巴克桑达尔发明收音机的负反馈音调控制电路。同年，纽约的 WQXR 电台开始立体声的 FM 广播。

1954 年，美国得克萨斯仪器公司研制出第一台晶体管收音机。20 世纪 50 年代末，美国工程师赖纳德·康最先研制出立体声广播系统。20 世纪 60 年代，蒙特利尔广播站首次应用赖纳德·康的系统进行立体声广播。

20 世纪 70 年代，多波段收音机开始流行。

20 世纪 80 年代，电调谐收音机开始大行其道。80 年代中期，微处理器进入收音机，形成电脑全自动化。这类收音机普遍带有液晶数字化频率的显示电脑控制，只需 7 秒钟就可以完成全频段的搜索选台。80 年代末，荷兰飞利浦公司研制出一只图钉大小的硅芯片调频收音机，它包含了除输入天线和扬声器外的收音机的全部电路元件。

20 世纪 90 年代初，美国庄逊电子公司研制成功一种永久电源收音机，只要在收音机顶端的圆孔内注入少量盐水，便可持续收听使用，电池寿命为 1 万小时，特殊情况也可用啤酒、苏打水、天然水等液体来代替盐水。

1995 年 4 月，香港本地公司推出其声称为全球最小的 FM 收音机，体积为 $1.5 \times 0.5 \times 0.25 \, in^3$[⊖]，可挂在耳背收听，重量约为一元硬币的重量。该机附有一个耳夹，可挂在耳背上，方便跑步或骑自行车时使用，尤其适用于户外活动。

今天，单一功能的收音机正被人们渐渐淡忘，但仍有存在的必要，常以附加功能的方式被配置于日用电子设备中，如手机、汽车、玩具等，收音机正以新的形式获得生机。

3. 电视机的诞生

1817 年，瑞典科学家布尔兹列斯发现了化学元素硒。56 年后，英国科学家约瑟夫·梅又在无意中发现了硒元素的电光作用特性，即硒能将光能（光波）转变为电能（电波），从而预示了把光变成电信号发射出去的可能性。这两大发现为后人研究发明电视提供了现实条件和理论依据。

1862 年，意大利血统的神父卡塞利在法国创造了用电报线路传输图像的方法。但他只能

⊖ 1 in = 2.54 cm。

用电报线路传输手写的书信和图画，电报线路上的其他信息干扰了他的图像，常常导致被传输的图像变成散乱的小点和短线。

1873 年，英国电器工程师史密斯发现了光电效应现象。

1883 年圣诞节，德国电气工程师尼普柯夫用他发明的"尼普柯夫圆盘"（见图 1-14）使用机械扫描方法，做了首次发射图像的实验。每幅画面有 24 行线，且图像相当模糊。

1884 年，德国人布尼科夫发明了机械扫描式电视，并登记了专利。

1897 年，德国的物理学家布劳恩发明了一种带荧光屏的阴极射线管。当电子束撞击时，荧光屏上会发

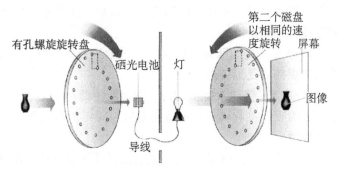

图 1-14 尼普柯夫发明"尼普柯夫圆盘"示意图

出亮光。当时布劳恩的助手曾提出用这种管子作为电视的接收管，令人遗憾的是，布劳恩却认为这是不可能的。

1900 年，在巴黎举行的世界博览会上，法国人白吉展示了传播图像的实验，称之为"电视"（Television），电视一词被沿用至今。

1904 年，英国人坎贝尔发明了一次电传一张照片的电视技术，但每传一张照片需要 10 min。

1906 年，布劳恩的两位执着的助手用阴极射线管制造出了一台画面接收机，用来进行图像重现。但他们的这种装置重现的是静止画面，应该算是传真系统而不是电视系统。

1907 年，美国科学家德福雷斯特发明了三极真空管。它可以用来产生电波，将电波调变、放大和接收。此举不仅突破了广播的技术难关，也有助于电视机的显像管设计。同年，俄国学者罗津格，得到了设计世界上第一台电子显像电视接收机的特许权。4 年后，他又制成了利用电子射束管的电视实用模型，并用它显示出了第一幅简单的电视图像。

1907 年，俄国著名的发明家罗辛也曾尝试把布劳恩发明的带荧光屏的阴极射线管应用在电视中。同年 11 月 8 日，法国发明家爱德华·贝兰在法国摄影协会大楼里表演了他研制的相片传真。

1908 年，英国坎贝尔·斯文顿、俄国罗申克提出电子扫描原理，奠定了近代电视技术的理论基础。

1908 年，英国人比德韦尔写信给《自然》杂志，在谈到电视问题时，他认为，要获得好的图像，就要在发射机里连接几万个光电池，每个电池都通过一个单独的线路同接收机的相应点相连。这封信使苏格兰血统的电气工程师坎贝尔·斯文顿非常感兴趣，他开始想办法用一根线路传输所有的信息。当时的坎贝尔·斯文顿已事业有成，他是最早用 X 射线做实验拍照的人群之一。他对电视机的研制做出了一系列努力。1911 年他获得了电视系列基础的专利。这些关于电视的基础理论在科学上充满了真知灼见，它涵盖了现代电视摄像机的最重要的工作原理。坎贝尔·斯文顿的摄像机能把在某一段时间内投射到每一个光电池元件上的全部光都储存起来。因此，当存储光的电池被阴极射线束接通，送到接收机的信息是从光电池最后接通以来投射到它上面的全部光信号，也就是用阴极射线示波器作为图像接收器。但这是理论上的一种论述和想法，坎贝尔·斯文顿在世时，没有发明相应的装置。

　　几乎是在坎贝尔·斯文顿研究电视的同时，俄罗斯彼得格勒理工学院的波里斯·罗生教授却在 1907 年制造出了自己的电视装置。他用了一台与若干年前在德国研制出的机械发射机相类似的机器作为发射器，接收机是阴极射线示波器。罗生的电视装置效果并不好，虽然能勉强看到显像管屏幕上的图像，但很不清晰。然而这个实验却强烈吸引了罗生的一个学生，即现在大百科全书中记载的电视发明人弗拉迪米尔·兹沃利金。他是一位数十年致力于电视研制的俄罗斯工程师。他在第一次世界大战期间在俄国的通信兵部队服役，1917 年他加入了俄国的无线电报和电话公司，在这期间他研究出关于获得电视信号最好方法的结论，但却避免了发射器方面的错误。1919 年兹沃利金离俄赴美研究电视。在 1923 年他获得了利用存储原理的电视摄像管的专利，1928 年兹沃利金的新的电视摄像机研制成功。

　　1922 年，美国爱达荷州 16 岁中学生非拉·法其威士在黑板上画了一个草图，称之为"电视设想图"。4 年后非拉中学毕业后，意识到稳步发展对电视的设想是成熟的，便向专利局申请电视发明专利权。恰巧，在纽约的兹沃利金关于电视的设想跟他的不谋而合。他们得到通知，要到专利局去申请，以便弄清谁是第一个发明者。非拉想到了他的中学时的老师，便请来他的老师作证，结果，非拉赢得了电视发明专利权。

　　1923 年，兹沃利金发明静电积贮式摄像管，1924 年研制的电子电视模型出现。1931 年研究成功电视显像管。同年将一个由 240 条扫描线组成的图像传送给 6 km 以外的一架电视机，再用镜子把 9 英寸显像管的图像反射到电视机前，完成了使电视摄像与显像完全电子化的过程，应当是电子电视之父。

　　1925 年 10 月 2 日，苏格兰人贝尔德，根据"尼普科夫圆盘"，发明机械扫描式电视摄像机和接收机、机动式电视。当时画面分辨率仅 30 行线，扫描器每秒只能 5 次扫过扫描区。同年贝尔德在伦敦的尔弗里厅百货商店举行世界上首次电视表演。被摄入镜头的是住在他楼下的一个公务员威廉·戴恩顿，他成为世界上第一个上电视屏幕的人。经过不断改进设备、提高技术，贝尔德的电视效果越来越好，他的名声也越来越大，引起了极大的轰动。1926 年 1 月 27 日，贝尔德第一次向人们展示了这台能以无线电播放电影的机器（见图 1-15），因其在阴极真空管中以电子显现影像而被称为电视。这台外形古怪、图像也不清晰的电视机每秒钟只可电传 30 幅画面，但它的诞生揭开了电视发展的新篇章，它是 20 世纪的标志性发明之一。后来"贝尔德电视发展公司"成立了。随着技术和设备的不断改进，贝尔德电视的传送距离有了较大的改进，电视屏幕上也首次出现了色彩。贝尔德本人则被后来的英国人尊称为电视之父。贝尔德实际上是机械电视之父。

图 1-15　贝尔德公开展示的世界上第一台电视

　　1926 年 3 月 26 日，英国人伯德成功地试验了电视影像。伯德邀请了一小批人到他在伦敦的住处参观他的试验。参观者在一个自行车灯大小的屏幕上，看见伯德从隔室播放出来的木偶影像。但伯德的发明权始终没有得到承认，不久便忧郁而死。这年，贝尔德向英国报界做了一次播发和接收电视的表演。

　　1927 年 1 月，法恩斯沃斯第一个提出了专利申请，而且在 9 月 7 日，他传输了历史上第一张电子电视图像。

1927～1929 年，贝尔德通过电话电缆首次进行机电式电视试播和首次短波电视试验，英国广播公司开始长期连续播放电视节目。

1928 年，美国通用电气公司的纽约实验台播映了第一个电视剧。

1930 年，人类实现电视图像和声音的同时发播。

1931 年，兹沃利金发明了电子扫描器，并进一步改进了电视摄影机，其显像效果远远超过了尼普柯夫发明的机械扫描盘。同年，艾伦·杜蒙又发明了阴极显像管，这在电视接收机的显像技术上，又是一项重大的改革。这年，人类首次把影片搬上电视荧幕。人们在伦敦通过电视欣赏了英国著名的地方赛马会实况转播。美国发明了每秒钟可以映出 25 幅图像的电子管电视装置。

1931 年，贝尔德应邀到美国帮助纽约两家电视台建立了非正式的电视广播。

1932 年，法国开始实验性电视广播。

1935 年，贝尔德与德国丰塞公司在柏林成立了第一家电视台。1935 年 3 月，德国柏林的实验电视台试播电视节目。1936 年 8 月，奥林匹克运动会在柏林举行，该台又播映过实况节目，观众达 15 万人。

1936 年 11 月 2 日，英国 BBC 电视台开播，这是世界上第一个定期播放电视节目的电视台，它把人类带进了电视时代。

1939 年，美国无线电公司开始播放全电子式电视。瑞士菲普发明第一台黑白电视投影机。1939 年 4 月 30 日，美国无线电公司通过帝国大厦屋顶的发射机，传送了罗斯福总统在世界博览会上致开幕词和纽约市市长带领群众游行的电视节目，成千上万的人拥入曼哈顿百货商店排队观看这个新鲜场面。

1940 年，美国人古尔马研制出机电式彩色电视系统。

1941 年 6 月，美国创立了第一家商业电视台。

1946 年秋天，一种标价 375 美元的 25 cm 黑白电视机上市，从此，电视机进入了家庭，使人们的生活方式发生了很大变化。

1949 年 12 月 17 日，开通使用第一条敷设在英国伦敦与苏登·可尔菲尔特之间的电视电缆。

1951 年，美国人 H. 洛发明三枪荫罩式彩色显像管，洛伦斯发明单枪式彩色显像管。

1954 年，美国德克萨斯仪器公司研制出第一台全晶体管电视接收机。

1966 年，美国无线电公司研制出集成电路电视机。3 年后又生产出具有电子调谐装置的彩色电视接收机。

1972 年，日本研制出彩色电视投影机。

1973 年，数字技术用于电视广播，实验证明数字电视可用于卫星通信。

1976 年，英国完成"电视文库"系统的研究，用户可以直接用电视机检查新闻，书报或杂志。

1977 年，英国研制出第一批携带式电视机。

1979 年，英国邮政局发明的世上第一个"有线电视"在伦敦开通，它能将计算机中的信息通过普通电话线传送出去并显示在用户电视机屏幕上。

1981 年，日本索尼公司研制出袖珍黑白电视机，液晶屏幕仅 2.5 in，由电池供电。

1984 年，日本松下公司推出"宇宙电视"。该系统的画面宽 3.6 m，高 4.62 m，相当于 210 in，可放置在大型卡车上，在大街和广场等需要的地方播放。系统中采用了松下独家研制的"高晖度彩色发光管"，即使白天也能在室外得到色彩鲜艳明亮的图像。

1985 年 3 月 17 日，在日本举行的筑波科学万国博览会上，索尼公司建造的超大屏幕彩色电视墙亮相。它位于中央广场上，长 40 m、高 25 m，面积达 1000 m²，整个建筑有 14 层楼高，相当于一台 1857 in 彩电。超大屏幕由 36 块大型发光屏组成，每块重 1 吨，厚 1.8 m，共有 45 万个彩色发光元件。通过其顶部安装的摄像机，可以随时显示会场上的各种活动，并播放索尼公司的各种广告性录像。

1985 年，英国电信公司（BT）推出综合数字通信网络，可向用户提供语音、快速传送图表、传真、慢扫描电视终端等功能。

1989 年，日本索尼公司开发出第一台实用型的模拟高清晰度电视（HDTV）。

1991 年 11 月 25 日，日本索尼公司的高清晰度电视开始试播。其扫描线为 1125 条，比当时的 525 条多出一倍，图像质量提高了 100%，画面纵横比由传统的 9∶12 变为 9∶16，增强了观赏者的现场感，平机视角从 10° 扩展到 30°，映图更有深度感；电视像素从 28 万增加为 127 万，单位面积画面的信息量一举提高了近 4 倍。

1995 年，日本索尼公司推出超微型彩色电视接收机（即手掌式彩电），只有手掌一样大小，重量为 280 g。具有扬声器和耳机插孔，液晶显示屏约 5.5 cm。

1996 年，日本索尼公司推向市场"壁挂"式电视：其长 60 cm、宽 38 cm，而厚度只有 3.7 cm，重量仅 1.7 kg，犹如一幅壁画。

1998 年 9 月 21 日，英国成为世界上第一个试播数字电视的国家。

从 1998 年 11 月起，美国 1576 家电视台中的 46 家电视台，在洛杉矶等 13 个大城市正式播出数字式电视节目，其中 23 家从 11 月 1 日开始在 10 个城市播出高清晰度电视节目。这标志着新的"电视时代"的开始，其影响将超出电视工业本身。

2003 年，索尼向中国市场隆重推出等离子电视。2004 年，索尼与三星推出液晶电视。2006 年，索尼拥有 60 mm 的超薄液晶电视。2008 年，索尼一款 40 in、9.9 mm 的 LED 液晶电视产品面市，内置数字地面高清接收机，属于地面数字一体机。

从 20 世纪 90 年代开始，部分标准清晰度电视开始采用 16∶9 即 1.78∶1 的屏幕宽高比，这个宽高比与 1.85∶1 的电影宽银幕几乎是一样的。到了 21 世纪初，新的高清晰度电视也采用了 16∶9 的宽高比，并且把清晰度从标准清晰度时代的 720×576 像素（PAL）大幅度提高到 1920×1080，并采用了多声道环绕声。为了应对高清晰度电视的挑战，电影必须引进新的技术标准以便在技术层面上继续保持对电视的优势，于是在 2004 年 7 月 1 日，由好莱坞七大电影公司组成的数字电影推进联盟（Digital Cinema Initiative）修订并推出了其技术文档 4.0 行业标准，规定的数字影院清晰度分为两级，即 DCI 2 K（2048×1080 像素，每秒 24 帧或 48 帧）和 DCI 4 K（4096×2160 像素，每秒 24 帧），其中 DCI 4 K（4096×2160 像素）的信息量则是高清电视的 4 倍多。因此 4 K 确保了数字电影对高清晰度电视在技术层面的优势，而这种优势是今后电影与电视竞争时绝对需要的。为了响应 DCI 的相关文件，索尼于 2004 年 10 月推出了基于其 SXRD（Silicon X-tal Reflective Display）硅晶体反射显示器件技术的数字影院 4 K 投影机 SRX-110/105。但由于当时的摄像机、存储设备等相关技术的限制，业内几乎没有能力大量制作 4 K 分辨率的影片，所以当时 SRX-110/105 只能用于工程投影和虚拟演示。

在对电视进步做出过杰出贡献的众多先驱当中，有两个人的执着值得后人记忆，即贝尔德和法恩斯沃斯。

(1) 贝尔德对电视的贡献

贝尔德出生在苏格兰海伦斯堡一个牧师家庭，从小就表现出一个发明家的天分。贝尔德曾就读于格拉斯哥大学及皇家技术学院。第一次世界大战期间，贝尔德因不适合去军队服役转而成了一家大电力公司的负责人。1906 年贝尔德雄心勃勃地开始研究电视机。由于当时贝尔德家境贫寒，没钱购置研究器材，只得就地取材，他把一只盥洗盆与从旧货摊觅来的茶叶箱相连作为实验的基础设备。箱子上安放着一台旧电机，用它来转动"扫描圆盘"。扫描圆盘是用马粪纸做成的，四周戳着一个个小孔，可以把场景分成许多明暗程度不同的小光点发射出去。这样，一台最原始的、只值几英镑的电视机便问世了。

1924 年春天，贝尔德把一朵"十字花"发射到 3 m 远的屏幕上，虽然图像忽隐忽现、十分不稳定，但是，它却是世界上第一套电视发射机和接收器。接着，为了把图像发射得更远、更清晰一点，他把几百节干电池串联起来，将电压升到两千伏，让电机转动更快，使"扫描"图像的速度加快，以达到理想的效果。但由于操作时的大意，他的左手触到了一根裸露的电线上，只觉得浑身一麻，就被弹了出去，倒在地上不省人事。幸亏被人及时发现，对他进行了抢救，贝尔德才大难不死。

第二天，伦敦《每日快报》用"发明家触电倒地"的大标题报道了他触电的新闻，也介绍了他不懈努力研究的情况。在这之后，贝尔德的实验毫无进展，甚至连吃饭都成了问题，更无钱付房租，他只得把设备上的一些零件卖掉，换钱糊口。

皇天不负有心人，经过上百次的试验，贝尔德累积了大量的经验。经过不断探索并在亲友的资助下，1925 年 10 月 2 日，贝尔德的实验有了突破，随着电机转速的增加，他终于从另一个房间的映像接收机里，清晰地收到了一个叫作比尔的表演用玩偶的脸，而且十分逼真，眼睛、嘴巴甚至眉毛和头发都清晰可见。一架有实用意义的电视机宣告诞生了。紧接着，贝尔德说服富有的公司老板戈登·塞尔弗里奇为他提供赞助，更加专心地进行对电视的研究。

1926 年 1 月，贝尔德发明的机器有了明显的改善。他立刻给英国科学普及学会写了一封信，请求该会实地观察。当贝尔德从一个房间把比尔的脸和其他人的脸传送到另一个房间时，应邀前来的专家们一致认为，这是一件难以置信的伟大发明。赞助者也很快意识到了这项发明的市场前景是广阔的，于是纷纷投资，成立了好几家公司。

1928 年春，贝尔德研制出彩色立体电视机，成功地把图像传送到大西洋彼岸，成为卫星电视的前奏。一个月后，他又把电波传送到贝伦卡里号邮轮，使所有的乘客都十分激动和惊讶。

在贝尔德发明取得成功后，曾申请在英国开创电视广播事业，英国广播公司不愿意，后经议会决定才获准。1936 年秋天，英国广播公司开始在伦敦播放电视节目。然而好景不长，1936 年贝尔德遇到了强有力的竞争对手，电气和乐器工业公司发明了全电子系统的电视。经过一段时间的比较，专家于 1937 年 2 月得出结论：贝尔德的机械扫描系统不如电气和乐器工业公司的全电子系统好，贝尔德只好另找市场。1941 年，贝尔德又研究成功了彩色电视机，然而，就在他想进一步研究新的彩色系统的时候，他突然患肺炎，不久便与世长辞。当英国广播公司 1946 年 6 月第一次播送彩色电视节目时，他没能看到。贝尔德发明的第一台电视机现陈列在英国南肯辛顿科学博物馆中。

（2）法恩斯沃斯对电视的贡献

法恩斯沃斯生于农民家庭，幼年早慧。他对他所见过的任何机械装置有着照相机般的记忆和天生的理解力。在他 3 岁时，曾经画过一张蒸汽机车的内部结构图，使他的父亲深感诧异。

1921 年，这位摩门农场男孩就已阅读过通俗技术杂志上关于早期机械式电视系统的文章。纽约和海外的实验家试图用一个旋转的凿孔圆盘扫描影像，通过一条电线或者无线电把图像传输出去，然后用第 2 个旋转的圆盘把它们转化成模糊的光和阴影的模式。年轻的法恩斯沃斯知道，这些圆盘旋转的速度永远不可能达到使一个活动形象清晰的地步，但如果采用磁化的电子束则可以做到这一点。在 1922 年他 14 岁那年，法恩斯沃斯最大的愿望就是设计出一台能够把移动的画面和声音一起传送的新颖的"收音机"。正因为没有受过电子学和工程学方面的正规教育，所以他想把图像加到收音机上的思路与当时最优秀的科学家们设想的方案是完全不同的。当时无论是纽约、伦敦还是莫斯科的科学家们都是把注意力放在"机械"电视上，而法恩斯沃斯却在设想把观看的屏幕划分成许多长条，就像耕田时的垄沟一样，让电流沿长条的各点形成黑白区域。而当这些长条互相紧密叠加起来的时候，他认为就可以使它们"画"出一幅图像。事实上，这种原理和装置至今还有它的使用价值。

法恩斯沃斯不愿抛头露面，讲话也结结巴巴。但是当他谈到他发明电子电视的希望时，却是口若悬河。在 1923 年 15 岁的时候，他高中的化学老师相信他的想法是可行的。

1925 年，弗拉迪米尔·兹沃利金早在法恩斯沃斯之前好几年就在实现他的电子电视之梦。他组装了一个部分由电子组成的系统，但这个系统十分粗糙。

在 1927 年他 19 岁的时候，法恩斯沃斯向诸多的研究"机械"电视的权威者发出了挑战，认为"他们把精力花在不该花的地方"。他确信无论如何，电子能够以机械装置不可比拟的光速移动，这样就会使图像清晰得多，而且不需要活动元件。由此，他想到如果一个画面能够转换成电子流，那么它就能像无线电波一样在空间传播，最后再由接收机重新聚合图像。银行家帮助他建立了一个由他的妻子、他的兄弟和两名工程师组成的小实验室。1927 年 1 月，法恩斯沃斯提出了他的第一个专利申请，9 月 7 日，在旧金山格林大街 202 号，他传输了历史上第一张电子电视图像。那是一张玻璃片，上面划了一道线。一年后法恩斯沃斯向记者展示他的电视机时，图像是模糊不清的，而且也不比一张邮票大多少。但是，人们可以看出图像上的物体在动。

1930 年 4 月，兹沃利金到格林大街拜会了法恩斯沃斯，希望达成一项专利出让协议。兹沃利金知道他的接收器比法恩斯沃斯的要好，他的阴极射线显像管将成为现代电视机的基石，但是兹沃利金的摄像管不如法恩斯沃斯的好。兹沃利金在他实验室中，开始对这种摄像管进行试验。1934 年，费城富兰克林学会邀请法恩斯沃斯公开展出电子电视。当游客穿过新科学博物馆漂亮的圆柱进入大理石大厅时，高兴地看到自己出现在一个小电视屏幕上。公众花 75 美分进入大会堂，在那里和舞女在整整 1 ft[⊖] 宽的荧屏上表演。经过多年不懈的努力和坎坷，法恩斯沃斯终于获得成功。第 2 年，美国专利局给他"在电视系统的发明方面有优先权"的肯定。美国专利局在 20 世纪 30 年代后期认定他才是电视的所有主要专利的持有者。1936 年，他开始试验传输娱乐节目。但是，第二次世界大战使法恩斯沃斯的希望破灭了。政府发布命令暂停出售电视机。而当电视机的生产在 1946 年恢复时，法恩斯沃斯关键性的专利即将过期。这位发明家在 6 年前放弃了对电视前途的大部分希望，到缅因州隐居起来，把几乎所有的积蓄都用来修建一所隐居地。他在 33 岁时就感到精疲力竭了。他拼命喝酒和服用镇静药来缓和他的消沉意志，结果精神失常了。

1947 年，他在历史上的地位消失殆尽。兹沃利金和萨尔诺夫成了电视之父。而早在 20 世纪 30 年代即被新闻界的报道说成是"天才"的法恩斯沃斯，却被人忘却了。1971 年法恩斯沃斯去世，历史的长镜头开始对他的贡献聚焦。美国邮政局 1983 年出了纪念他的邮票。发明家荣誉室在承认兹沃利金 7 年后，于 1984 年承认了法恩斯沃斯的地位。

⊖ 1 ft = 0.3048 m。

4. 有线电视和卫星电视的出现

20 世纪 40 年代末 50 年代初，有线电视起源于美国。有线电视又称电缆电视、共用天线电视或收费电视。它是用电缆作导线把电视节目输送给用户的电视接收机。进入 50 年代，电视节目的成本越来越高。电视经营者为了获得高额利润，除了增加广告收费之外，还想利用有线电视的技术设备和观众挑选节目的心理，于是开办了收费电视。

1945 年，英国科学家克拉克首次提出了卫星传播的构想：将装备广播、电视、电报、电话等机件的人造卫星，用强力火箭射入 3.6 万千米的太空，停留在地球同步轨道上。这样，由于卫星的反射角度广，只要有三颗这样的卫星，即可覆盖整个地球表面。各国只需自建卫星地面站，对准太空卫星，即可实现国际越洋传播。这一理论引起了科学界的关注。

1962 年 7 月 10 日，美国成功发射了"电星一号"通信卫星。7 月 23 日，"电星一号"成功地把从美国发射的电视节目传送到欧洲，又把欧洲播送的节目传送到美国，从而开创了通信卫星传播电视的新纪元。图 1-16 所示为卫星电视通信系统原理图。

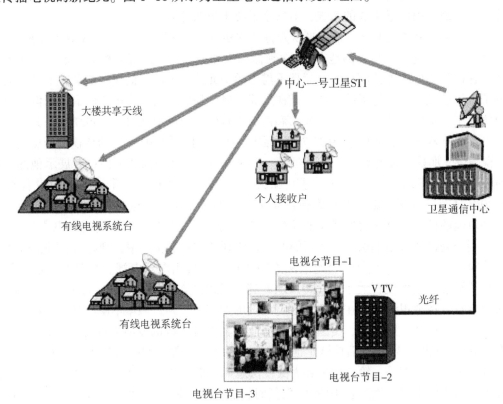

图 1-16 卫星电视通信系统原理图

1964 年 4 月，以美国为首的 18 个国家，在华盛顿签约成立了"国际电信卫星联合公司"。第二年，该公司的第一枚商业通信卫星"晨鸟"被送入大西洋上空的轨道。

1965 年 4 月 6 日，美国成功发射了世界第一颗实用静止轨道通信卫星——国际通信卫星 1 号。到目前为止，该型卫星已发展到了第八代，每一代都在体积、重量、技术性、通信能力、卫星寿命等方面有一定提高。

5. 移动电视技术的出现

1994 年，由 MPEG 和 ITU 合作制定出 MPEG-2，这是第一代音视频编解码标准的代表，目前音视频产业可以选择的信源编码标准有四个：MPEG-2、MPEG-4、MPEG-4 AVC（简称AVC，也称JVT、H.264）、AVS。MPEG-2是国际上最为通行的音视频标准。

1997年，日本无线电工商业协会成立了数字广播专家小组推进ISDB-T的研究和标准化，定位于满足各种需求的新型多媒体综合业务平台。2003年，日本开发了针对手机终端的ISDB-T标准。

进入21世纪，IPTV开始投入应用。IPTV利用计算机或机顶盒+电视完成接收视频点播节目、视频广播及网上冲浪等功能。它采用高效的视频压缩技术，使视频流传输带宽在800 kbit/s时可以有接近DVD的收视效果（通常DVD的视频流传输带宽需要3 kbit/s）。

2002年6月，国家信息产业部科学技术司批准成立数字音视频编解码技术标准工作组，任务是：面向我国的信息产业需求，联合国内企业和科研机构，制（修）订数字音视频的压缩、解压缩、处理和表示等共性技术标准，为数字音视频设备与系统提供高效经济的编解码技术，服务于高分辨率数字广播、高密度激光数字存储媒体、无线宽带多媒体通信、互联网宽带流媒体等重大信息产业应用。在2003年12月18~19日举行的第7次会议上，工作组完成了AVS标准的第一部分（系统）和第二部分（视频）的草案最终稿（FCD）和报批稿配套的验证软件。2004年12月29日，全国信息技术标准化技术委员会组织评审并通过了AVS标准视频草案。2005年1月，AVS工作组将草案报送信息产业部。3月30日，信产部初审认可，标准草案视频部分进入公示期。2004年度第一季度（第8次全体会议）正式开始"数字版权管理与保护"标准的制订，目前已近尾声。2005年初（第12次全体会议）完成了第三部分（音频）草案。

2004年，韩国的SK电讯和日本MBC公司合作在韩国推出了全球首个卫星DMB手机电视业务。

进入21世纪，我国开始中国移动多媒体广播电视业务（CMMB）。CMMB主要面向手机、PDA等小屏幕便携手持终端以及车载电视等终端，提供广播电视服务。

1.2.4 雷达的出现

1842年，多普勒率先提出利用多普勒效应可制成多普勒式雷达。

1887年，赫兹在证实电磁波的存在时，发现电磁波在传播的过程中遇到金属物会被反射回来，就如同用镜子可以反射光一样。这实质上就是雷达的工作原理。不过，当时赫兹并没有想到利用这一原理来进行无线电通信试验。

1897年，汤普森展开对真空管内阴极射线的研究。

1897年夏天，在波罗的海的海面上，俄国科学家波波夫在"非洲号"巡洋舰和"欧洲号"练习船上直接进行5 km的通信试验时，发现每当联络舰"伊林中尉号"在两舰之间通过时，通信就会中断，波波夫在工作日记上记载了障碍物对电磁波传播的影响，并在试验记录中提出了利用电磁波进行导航的可能性。这可以说是雷达思想的萌芽。直到1922年，美国科学家根据波波夫的设想，在海上航道两侧安装了电磁波发射机和接收机，当有船只经过时，通过电波马上就可以测出。这就等于在海上设置了一道看不见的警戒线。不过这种装置仍然不能算是严格意义上的雷达。

1902年，亥维赛预言在大气上层存在能反射无线电信号的电离层，即肯涅利-亥维赛层。

1904年，侯斯美尔发明电动镜，利用了无线电波回声探测的装置，可防止海上船舶相撞。

1906年，德弗瑞斯特发明真空晶体管，是世界上第一种可放大信号的主动电子元件。

1916 年，马可尼和富兰克林开始研究短波信号反射。

1917 年，沃森瓦特成功设计雷暴定位装置。

1921 年，业余无线电爱好者发现了短波可以进行洲际通信后，科学家们发现了电离层。短波通信风行全球。

1922 年，马可尼在美国电气及无线电工程师学会发表演说，题目是可防止船只相撞的平面角雷达。

1922 年，美国泰勒和杨建议在两艘军舰上装备高频发射机和接收机以搜索敌舰。

1924 年，英国阿普利顿和巴尼特通过电离层反射无线电波测量亥维赛层的高度。美国布莱尔和杜夫用脉冲波来测量亥维塞层。

1925 年，伯烈特与杜武合作，第一次成功使用雷达，把从电离层反射回来的无线电短脉冲显示在阴极射线管上。

1931 年，美国海军研究实验室利用拍频原理研制雷达，开始让发射机发射连续波，三年后改用脉冲波。

1934 年，一批英国科学家在 R. W. 瓦特的领导下对地球大气层进行研究。有一天，一个偶然观察到的现象吸引了瓦特。它发现荧光屏上出现了一连串明亮的光点，但从亮度和距离分析，这些光点完全不同于被电离层反射回来的无线电回波信号。经过反复实验，他终于弄清，这些明亮的光点显示的正是被实验室附近一座大楼所反射的无线电回波信号。瓦特马上想到，在荧光屏上既然可以清楚地显示出被建筑物反射的无线电信号，那么活动的目标例如空中的飞机，不是也可以在荧光屏上得到反映吗？1935 年研制成功第一部能用来探测飞机的雷达。后来，探测的目标又迅速扩展到船舶、海岸、岛屿、山峰、礁石、冰山，以及一切能够反射电磁波的物体。1935 年 2 月 26 日，瓦特演示雷达的可行性，1935 年 4 月，他取得英国空防雷达系统的专利。该系统是一种既能发射无线电波，又能接收反射波的装置，它能在很远的距离就探测到飞机的行动。这就是世界上第一台雷达。这台雷达能发出 1.5 cm 的微波，因为微波比中波、短波的方向性都要好，遇到障碍后反射回的能量大，所以探测空中飞行的飞机性能好。1936 年 1 月，W. 瓦特在索夫克海岸架起了英国第一个雷达站。经过几次改进后，1938 年，正式安装在泰晤士河口附近。这个 200 km 长的雷达网，在第二次世界大战中给希特勒造成极大的威胁。

1935 年，法国古顿研制出用磁控管产生 16 cm 波长的雷达，可以在雾天或黑夜发现其他船只。这是雷达和平利用的开始。

1937 年，马可尼公司替英国加建 20 个链向雷达站。同年，美国第一个军舰雷达 XAF 试验成功。

1937 年，瓦里安兄弟研制成高功率微波振荡器，又称速调管。

1939 年，布特与兰特尔发明电子管，又称共振穴磁控管。

1941 年，苏联最早在飞机上装备预警雷达。

1943 年，美国麻省理工学院研制出机载雷达平面位置指示器，可将运动中的飞机拍摄下来，他还发明了可同时分辨几十个目标的微波预警雷达。

有人认为，1942 年前日本海军没有雷达导致海军中途岛战败，确切来说是日本把雷达技术拱手让给了美国。雷达技术的原理是一个在夏威夷的日本人提出的。当他将这一技术提供给日本军方时，日本军方却因迷信大炮、巨舰不予理睬。随即这个日本人又将该技术提供给美国军方。后来日本意识到雷达技术的重要性时，美国早把这个日本人"保护"起来了，根本不允许他与其他日本人有接触。

1947年，美国贝尔电话实验室研制出线性调频脉冲雷达。

20世纪50年代中期，美国装备了超距预警雷达系统，可以探寻超音速飞机。不久又研制出脉冲多普勒雷达。

1959年，美国通用电器公司研制出弹道导弹预警雷达系统，可跟踪4900km远、965km高的导弹，预警时间为20min。

20世纪60年代，美国推出合成孔径雷达。

1964年，美国装置了第一个空间轨道监视雷达，用于监视人造地球卫星或空间飞行器。

1971年，加拿大伊朱卡等3人发明全息矩阵雷达。与此同时，数字雷达技术在美国出现。

美国国防部从20世纪70年代就开始研制、试验双/多基地雷达，较著名的"圣殿"计划就是专门为研究双基地雷达而制定的，已完成了接收机和发射机都安装在地面上、发射机安装在飞机上而接收机安装在地面上、发射机和接收机都安装在空中平台上的试验。俄罗斯防空部队已应用双基地雷达探测具有一定隐身能力的飞机。英国已于20世纪70年代末80年代初开始研制双基地雷达，主要用于预警系统。下面列举了几款比较先进的雷达。

（1）相控阵雷达

美国"爱国者"防空系统的AN/MPQ-53雷达、舰载"宙斯盾"指挥控制系统中的雷达、B-1B轰炸机上的APQ-164雷达、俄罗斯C-300防空武器系统的多功能雷达等都是典型的相控阵雷达。

（2）宽带/超宽带雷达

这类雷达工作频带很宽，美国正在研制、试验超宽带雷达，已完成动目标显示技术的研究，将要进行雷达波形的试验。

（3）合成孔径雷达

这是一种微波成像雷达，是可以产生高分辨率图像的航空机载雷达或太空星载雷达。它在早期使用透镜成像机理在胶卷底片上形成影像，目前则以复杂的雷达数据后处理方法来获得极窄的有效辐射波束，对产生的雷达图像意味着极高的空间分辨。它一般安装在移动的载体上对相对静止的目标成像，或反之。自合成孔径雷达发明以来，它被广泛应用于遥感和地图测绘。美国的联合监视与目标攻击雷达系统飞机新安装了一部AN/APY3型X波段多功能合成孔径雷达，英、德、意联合研制的"旋风"攻击机正在试飞合成孔径雷达。

（4）毫米波雷达

美国的"爱国者"防空导弹已安装了毫米波雷达导引头，目前正在研制更先进的毫米波导引头；俄罗斯已拥有连续波输出功率为10kW的毫米波雷达；英、法等国家的一些防空系统也都将采用毫米波雷达。

（5）激光雷达

美国国防部正在开发用于目标探测和识别的激光雷达技术，已进行了前视/下视激光雷达的试验，主要探测伪装树丛中的目标。法国和德国正在积极进行使用激光雷达探测和识别直升机的联合研究工作。

目前生产的雷达种类较多，用于满足不同用途的需要。

按功能对雷达进行分类有：警戒雷达、引导雷达、制导雷达、炮瞄雷达、机载火控雷达、测高雷达、盲目着陆雷达、地形回避雷达、地形跟踪雷达、成像雷达、气象雷达等。

按工作体制对雷达进行分类有：圆锥扫描雷达、单脉冲雷达、无源相控阵雷达、有源相控阵雷达、脉冲压缩雷达、频率捷变雷达、MTI 雷达、MTD 雷达、PD 雷达、合成孔径雷达、噪声雷达、冲击雷达、双/多基地雷达、天/地波超视距雷达等。

按工作波长对雷达进行分类有：米波雷达、分米波雷达、厘米波雷达、毫米波雷达、激光/红外雷达等。

按测量目标坐标参数对雷达进行分类有：两坐标雷达、三坐标雷达、测速雷达、测高雷达等。

在雷达的发展过程中，亥维赛是一个值得纪念的人物。1850 年 5 月 18 日生于伦敦的亥维赛像爱迪生一样，没有受过中等教育，而且也有听力障碍，但在他舅父惠斯通的鼓励下，他系统地自修，将数学用于研究电路，取得了重要成果，并扩充了麦克斯韦的电磁理论。也许是由于他未受正规教育的缘故，他使用了自己创造的数学符号和自己发现的数学方法，这就遭到了其他物理学家的蔑视。例如，他在许多物理学家，特别是开尔文都不用矢量符号的地方用了矢量符号。为此，他不得不自费发表自己的论文。赫兹发现无线电波以后，亥维塞用自己的数学方法研究波动，发表了一部三卷巨著《电磁理论》。他在书中预言说上层大气层中存在一个带电层，他的预言仅比肯涅利晚几个月。现在常把这个带电层称作肯涅利—亥维塞层。

1.2.5 录音录像的产生

1877 年，爱迪生发明旋转锡箔圆筒留声机，并于次年获得美国专利。

1887 年，美国人埃米尔·贝利纳发明滚筒式留声机（见图 1-17），第二年发明盘式留声机和唱片。

1898 年，丹麦年轻电机工程师瓦尔德马·波尔森利用磁性变化的原理，用钢琴线制造了一部"录话机"，并获得专利。1900 年巴黎的世界博览会中，波尔森展出了他的录话机，虽然早在十年前就已经有著名歌唱家的录音圆筒出售，科学家仍对录话机大感兴趣，Franz Josef 皇帝还留下一段谈话，成为现存最早的磁性录音数据。

图 1-17　埃米尔·贝利纳发明的滚筒式留声机

1900 年，圆盘留声机发明人柏林纳到美国设厂生产机器，波尔森也想跟进，但资金不足，最后工厂落入商人查尔斯·鲁德手中。有生意头脑的鲁德以录话机录制美国总统的谈话，又协助纽约警方侦破黑社会谋杀案，使得录话机声名大噪。德国海军透过丹麦买了几部录话机用在船舰上，第一次世界大战期间他们就用来记录摩斯密码，导致美国运兵船被德国击沉，战后鲁德被以叛国罪起诉，但到他九十几岁去世前仍在诉讼中，这是录音机史上的一段《间谍外传》。

1926 年，美国电影业在瓦纳克第的协助下设计出一种与无声影片同步的电唱机，生产出用电唱机放声的有声电影。

1927 年，德国人 Fritz Pfleumer 成功地以粉状磁性物质涂布在纸带或胶带上进行录音，希望能取代当时的钢线录音机。当时英国 BBC 广播公司使用由录话机改良的巨型 Blattnerphone 钢带录音机。这种录音机可切断钢带重新焊接来进行剪辑，但焊接点总会有轰然巨响，操作时又怕焊点断裂而钢片横飞，所以德国人发展的磁带安全又理想。

1927 年，美国的有声电影新闻公司发明了将声音调制在电影胶卷上的方法。

1931 年，英国工程师布龙莱茵研制出横槽和直槽的双音迹立体声唱片。美国贝尔电话实验室首次通过电话线传送立体声交响乐。

1932 年，BASF 成功开发出可大量生产的录音带，他们与德国最大的电机制造商 AEG 合作，希望在 1934 年的柏林无线电展览中推出磁音机（Magnetophon），BASF 并先行制造了 50 km 的录音带。

20 世纪 40 年代初，德国研制出具有高频偏磁和良好机械传输性能的磁带录音机。

1942 年，美国无线电公司发明唱片自动换片器。

1947 年，安培提供全轨式的录音机，不久就出现了每次只用磁带一半宽度的半轨式录音机。工程人员把磁带的内容又在唱片上刻了一次，再以唱片播出，如此持续了半年多，没想到这居然是后来音乐唱片制作的标准模式。

1948 年，美国古尔马克等人发明慢转密纹唱片。

1949 年，美国的 Magnecord 公司开发出一种双轨式的立体声录音机。

1953 年，Ampex 在磁带录音的基础上，成功开发出彩色录像机，此后 20 年间独霸市场。

1954 年，美国生产出双迹磁带立体声录音机。AudiosphErl 也发行了第一卷商业性质的立体声录音带，音响世界正式进入立体声时代，并间接推动了立体声唱片的发展。

20 世纪 50 年代，一位发明家乔治·伊什就把一个 5 in 的盘带装到塑料盒中，再加上一些压轮与导杆，使它很容易就能使用，这项发明就是"匣式录音带"。

1955 年，美国无线电公司宣布实验成功磁带彩色录像机。

1956 年，美国菲舍无线电公司研制出具有晶体管放大器的磁带录音机。

1958 年，美国安皮克斯公司生产出商用彩色录像机。

1958 年，RCA 推出一种复杂的"革命性"盒带，大小像袖珍本书籍一样，可以多个叠放起来，如自动换片机一样的自动换带。

1961 年，CBS 则推出一种自动换带的装置，它将录音带尾端固定于卷盘，头端在播放时卷入机内，唱完后自动卷回盒内，体积非常小。

1963 年，荷兰飞利浦公司发明盒式磁带录音机，三年后开始大量上市。

1963 年，Earl Muntz 进一步改良伊什的设计，大量用于汽车、轮船之上。此外，Muntz 在匣式录音机中使用了四声轨的录音头，原本是要延长播放时间，后来却意外地成为四声道音响的优良存储设备。

1964 年，真正成功的产品是荷兰飞利浦公司北美分公司 Norelco 所推出的"携带录音机"，也就是现在所说的卡式录音机。

1965 年，雷·杜比博士发明了杂音抑制系统，为卡式带开创了一条生路。

1966 年，诺尔科推出了家庭用的卡式录音座，安培随即推出商业用卡式音乐带。

1970 年，英国 DECCA 公司研制出黑白电视录像盘。

1972 年，荷兰飞利浦公司研制出用激光器拾音的彩色电视录像盘。

1977 年，日本研制出脉码调制的立体声数字录音机。

1992 年，MP3（MPEG Audio Layer3）正式成为标准。

1995 年，德国青年 Karlheinz Brandenburg 的博士论文中提出 MP3 技术，德国 Fraunhofer 学院决定将 MP3 作为使用 MPEG 标准 Audio Layer3 规格音乐格式文件的后缀名。2000 年，德国将未来奖授予 MP3 技术的发明者卡尔海因茨．勃兰登堡和另外两名合作者。由德国总统亲手颁发的德国未来奖是德国奖励科技发明和创新的最高荣誉奖，奖金为 50 万马克。

1997 年，韩国三星公司的部门总经理 Moon 出差，在从美国回到汉城的飞机上，在笔记本电脑上看同事发的一份由图像、文字、音乐合成的简报。忽然想到，要是将电脑上的音乐播放系统取下，独立发展成一个产品，这不是最佳的音乐随身听吗。可惜半年后，发生亚洲金融风暴。三星公司受到巨大的冲击，统领一万多人的 Moon 先生被迫提早退休。但是，Moon 却把这个想法带到另一家 1995 年从三星分离出来的韩国企业世韩公司，并在 1998 年推出第一台 MP3 播放器 MPman F10。

在留声机的发展过程中，埃米尔·贝利纳是对留声机有着重要贡献的人物。

埃米尔·贝利纳是一位德国发明家，唱盘式留声机的创始者。1851 年 5 月 20 日出生于德国的汉诺威。他的第一份工作是印刷工，然后是一家布店的店员。那时他就显示出发明家的天分，他发明了一种更合理的织布机。1870 年，19 岁的贝利纳移民到美国，并进入库珀学院学习物理。

1876 年，当贝尔在费城举行的美国独立一百周年庆祝博览会上展示自己发明的电话时，许多发明者都设法想要改进它。贝利纳在 1877 年研究出了一个简单的送话器，使声音更为清晰，他为此申请了专利。波士顿的贝尔电话公司购买了他的专利，并招聘他进入电话公司。

1883 年，贝利纳离开电话公司，回到华盛顿，住在哥伦比亚大街，并建立了一个试验室。在这里，他发明了唱盘式留声机，即所谓 gramophone，并于 1887 年 9 月 29 日申请到了专利。1888 年，他首次在费城的富兰克林学院展示了这种留声机。同时代的发明家爱迪生于 1877 年发明了唱筒式留声机，称为 phonograph（希腊文意为声音记载者），而 gramophone 较 phonograph 无论在方便性和实用性上都更具有优越性，价格低廉，易于复制。

1893 年，贝利纳与朋友们一起创立了"美国留声机公司"，使唱盘式留声机公司商业化。1895 年，一个费城的商业集团出资 2.5 万美元，建立了贝利纳留声机公司，贝利纳得到了少数的股权，而专利权也归公司所有。开始，留声机的销售量低于公司的期望。公司很快明白，他们需要改进，为它安装发条式的马达。为了更好地掌握市场，贝利纳又与纽约的弗兰克·西曼建立了商业伙伴关系，由西曼组建的"国家留声机公司"来代理他的生产线和广告。但是不久，西曼为了更多的利润，自己又成立了一家留声机公司，生产取名为 zon-o-phone 的留声机。贝利纳认为这违反了协议，双方发生纠纷。西曼暗中做了手脚，与贝利纳的竞争对手哥伦比亚留声机公司沟通，起诉贝利纳在某些方面侵犯了爱迪生的专利权。法庭判定，禁止贝利纳在美国市场销售他的留声机，贝利纳不得不在 1900 年把公司迁移到加拿大的蒙特利尔。

1900 年 6 月 16 日，贝利纳为公司注册了 hmv 的商标，即一只小狗在听一架留声机中它主人的声音的图案。这幅由画家弗郎西斯·巴罗创作的作品一直沿用了 70 余年。在蒙特利尔的第一个年头，贝利纳生产了 2000 个录音，1901 年，他销售了 200 万张唱片。此后的几年，蒙特利尔的贝利纳留声机公司生产了许多型号的留声机，包括 a 型、b 型（ideal）、e 型（bijou）、c 型（grand）、victrola 等。工厂还生产 7 in、10 in 和 12 in 的唱片。早期的唱片都是单面的，另一面是 hmv 图案，一直到 1908 年出现双面录音的唱片为止。第一次世界大战后，贝利纳公司得到了巨大的扩张。

1924 年，贝利纳留声机公司被胜利留声机公司收购，而胜利留声机公司又于 1929 年被美国广播公司（RCA）并购，成为 RCA Victor。

为开拓欧洲市场，贝利纳于 1898 年在英国伦敦创建了"留声机公司"。1898 年 12 月，贝利纳又与他的兄弟约瑟夫在家乡德国的汉诺威创建了"德国留声机公司",即 DGG,并且在这里,建立了唱片工厂。在 DGG 创业的头一个十年中,工厂每年的年产量都达到数百万张唱片。

英国留声机公司在 1931 年与哥伦比亚留声机公司合并,组成 EMI。而 DGG 后来也辗转与西门子、飞利浦发生了深刻的关系。

到目前为止的世界最为知名的几大唱片商标,几乎都与贝利纳有关联,他被称为"唱片之父"。1929 年 8 月 3 日,埃米尔·贝利纳先生因心脏病发作逝世。

1.2.6 计算机及相关技术的发展

1. 计算机的发展

远在公元前一千多年的商代,中国就创造了十进制的记数方法。到了周代,发明了当时最先进的被称为算筹的计算工具,这是一种用竹、木或骨制成的颜色不同的小棍。计算每一个数学问题时,通常编出一套歌诀形式的算法,一边计算,一边不断地重新布棍。中国古代数学家祖冲之用算筹计算出圆周率在 3.1415926 和 3.1415927 之间。这一结果比西方早一千年。珠算盘是中国的又一独创,也是计算工具发展史上的第一项重大发明。这种轻巧灵活、携带方便、与人民生活关系密切的计算工具,最初大约出现于汉朝,那时叫珠算。珠算到唐朝时改成框式,珠子穿成串并固定在框子上,变为整体结构,改名为算盘。据史料考证,算盘到元朝已趋成熟。珠算盘不仅对中国经济的发展起过有益的作用,而且传到日本、朝鲜、东南亚等地区,经受了历史的考验,至今仍在使用。

1878 年,在俄国工作的瑞典发明家奥涅尔制造出手摇计算机,这是一种齿数可变的齿轮计算机。奥涅尔计算机的主要特点是它利用齿数可变的齿轮,代替了莱布尼兹的阶梯形轴。其中,字轮与基数齿轮之间没有中间齿轮,数字直接刻在齿数可变齿轮上,设置好的数字在外壳窗口中显示出来。这是后来流行几十年的台式手摇计算机的前身。奥涅尔后来在俄国批量生产他研制的计算机。国外的许多公司也纷纷按照类似的结构原理生产计算机,其中最著名的是德国的布龙斯维加公司,他们从 1892 年起投产,到 1912 年,年产量已高达 2 万台。在 19 世纪 80 年代,各种机械计算机都采用键盘置数的办法。键盘式计算机在进行除法运算时,要注意听信号铃声,当减去除数的次数过头时,就会响铃,提醒操作都将多减的次数补回来。

1905 年,德国人加门开始在键盘置数的计算机中,采用"比例杠杆原理",计算机操作时噪声小,而且在做除法时不用去注意铃响了。这种计算机逐渐成为流传很广的一种机械计算机。在 20 世纪最初的二三十年间,手摇计算机已成为人类主要的一种计算装置。

1936 年荷兰飞利浦公司制造了一种二进制手摇机械式计算机。手摇式机械计算机由于结构简单,操作方便,曾经普遍使用,并延续了较长的时间。

20 世纪 30~40 年代,美国、德国、英国及另外一些国家开始研究用机器代替人工进行计算。

1943 年 3 月由英国人汤米·费劳尔斯博士负责开始研制世界第一台电子计算机"科洛萨斯",1944 年 1 月 10 日开始运行。"科洛萨斯"计算机呈长方体状,长 4.9m,宽 1.8m,高 2.3m,重约 4t。它的主体结构是两排机架,上面安装了 2500 个大小形状如同电灯泡的电子管。它利用打孔纸带输入信息,由自动打字机输出运算结果,每秒可处理 5000 个字符。它的耗电量为 4500 W。研制"科洛萨斯"计算机的主要目的是破译经"洛伦茨"加密机加密过的密码。当时使用其他手段破译这种密码需要 6~8 个星期,而使用"科洛萨斯"计算机则仅需 6~8 小时,因而自它投入使用后,德军大量高级军事机密很快被破译。据称,"科洛萨斯"比

ENIAC 计算机问世早两年多，在二战期间曾破译了大量德军机密，战争结束后，它被秘密销毁了，因此无法考证其真实性，英国伦敦泰晤士河南岸的帝国战争博物馆展览中有对"科洛萨斯"的记述。尽管第一台电子计算机诞生于英国，但英国没有抓住由计算机引发的技术和产业革命的机遇。相比之下，美国抓住了这一历史机遇，鼓励发展计算机技术和产业，从而崛起了一大批计算机产业巨头，大大促进了美国综合国力的发展。

1945 年，美国宾夕法尼亚大学莫尔学院开始研制第一台全自动"电子数字积分计算机"，如图 1-18 所示。第二次世界大战期间，美国军方要求宾州大学莫奇来博士和他的学生爱克特设计以真空管取代继电器的"电子化"电脑——ENIAC（Electronic Numerical Integrator and Calculator，电子数字积分器与计算机），1946 年 2 月 14 日，世界上第一台计算机 ENIAC 在美国宾夕法尼亚大学诞生。ENIAC 最初专门用于火炮弹道计算，后经多次改进而成为能进行各种科学计算的通用计算机。这部机器使用了 18000 多只电子管，10000 多只电容器，7000 多

图 1-18　第一台电子数字计算机（ENIAC）

只电阻，长 50 in，宽 30 in，占地 170 m^2，重达 30 t，耗电 140~150 kW。这台完全采用电子线路执行算术运算、逻辑运算和信息存储的计算机，运算速度比继电器计算机快 1000 倍，每秒可从事 5000 次的加法运算，运行了九年之久。由于过度耗电，据传 ENIAC 每次开机，整个费城西区的电灯都为之黯然失色。另外，真空管的损耗率相当高，几乎每 15 min 就可能烧掉一支真空管，操作人员须花 15 min 以上的时间才能找出坏掉的管子，使用起来极不方便。曾有人调侃道："只要那部机器可以连续运转五天，而没有一只真空管烧掉，发明人就要额手称庆了"。

1951 年 6 月 14 日，埃克特-莫奇利计算机公司的机器 UNIVAC（UNI Versal Automatic Computer）交付美国人口统计局使用。后来它投入了当时竞选总统的统计分析工作。投票结束刚 2 个小时，UNIVAC 在分析了 5%的选票后就预告了艾森豪威尔将当选下任总统。这条又快又准的消息披露后引起西方的轰动。

1959 年，美国人基尔比和诺伊斯发明了集成电路。

1969 年，美国国防部高级研究计划署（ARPA）提出了研制 ARPA 网的计划，1969 年建成并投入运行，标志着计算机网络通信的发展进入了一个崭新的纪元。

1974 年，首次提出传输控制协议/互联网协议（TCP/IP），成为当代互联网的基础。

1977 年，美国科学家研制出超大规模集成电路。

1984 年，美国苹果计算机公司推出了第一台多媒体计算机。

1981 年，美国 Microsoft 公司开发出磁盘操作系统（MS-DOS），同年美国 IBM 公司选定 MS-DOS 作为其新设计的个人计算机 IBM-PC 的基本操作系统，又将其命名为 PC-DOS。

1983 年，Microsoft 公司开始研制 Windows 系统。

1993 年，美国政府提出建设国家"信息高速公路"的建设计划。

1996 年，由 26 岁的 Yair Goldfinger 担任技术总监，27 岁的 Arik Vardi 担任行政总裁，25 岁的 Sefi Vigiser 及 24 岁的 Amnon Amir 这 4 个以色列人发明了 IM。软件取名 ICQ，英文"I SEEK YOU"简称，中文意思是：我找你。这是一款网络即时讯息传呼软件，支持在互联网上聊天、发送消息、网址及文件等功能。最初的种子基金是向其中一位发明者的父亲借贷的，并

在美国硅谷开始了创业历程。后来，美国在线公司三年内分两次共向其投入 4 亿多美元，使 ICQ 技术得到进一步发展和完善。2001 年 5 月，全球 ICQ 的用户就已经达到 1 亿。

1996 年 2 月 26 日，英国电信（BT）宣布推出面向大众的互联网接入服务。

2003 年，英特尔公司开发出"迅驰"（Centrino）移动计算技术。

2004 年，VoIP 技术成为互联网应用领域的一个热门话题。

2009 年，美国提出以物联网为基础的"智慧地球"概念并上升至美国的国家战略，被认为是确立全球竞争优势的关键战略。

2. 云计算的出现

2006 年 8 月 9 日，谷歌首席执行官埃里克·施密特在搜索引擎大会首次提出"云计算"（Cloud Computing）的概念。早在 2006 年之前，随着各方面投入的加大和研发的不断加深，谷歌就已经拥有了成熟完整的云计算技术架构——硬件网络方面应用了自己设计的机架架构、服务器刀片、数据中心、全球网络连接，软件系统方面开发完善了操作系统、文件系统 GFS、并行计算架构 MapReduce、并行计算数据库 BigTable 以及开发工具等云计算系统关键部件。

3. 大数据的数据挖掘的提出

1980 年，著名未来学家托夫勒在其所著的《第三次浪潮》中将"大数据"称颂为"第三次浪潮的华彩乐章"。《自然》杂志在 2008 年 9 月推出了名为"大数据"的封面专栏。从 2009 年开始"大数据"成为互联网技术行业中的热门词汇。最早应用"大数据"的是麦肯锡公司（McKinsey）对"大数据"进行收集和分析的设想。麦肯锡公司看到了各种网络平台记录的个人海量信息具备潜在的商业价值，于是投入大量人力物力进行调研，在 2011 年 6 月发布了关于"大数据"的报告，该报告对"大数据"的影响、关键技术和应用领域等都进行了详尽的分析。维克托·迈尔-舍恩伯格（Viktor Mayer-Schönberger）是最早洞见大数据时代发展趋势的数据科学家之一，被誉为"大数据商业应用第一人"，所著《大数据时代》是国外大数据研究的先河之作，他早在 2010 年就在《经济学人》上发布了长达 14 页的对大数据应用的前瞻性研究。

1989 年 8 月，第 11 届国际人工智能联合会议的专题讨论会上首次出现了知识发现（KDD）这个术语，而数据挖掘（Data Mining）则是知识发现（KDD）的核心部分，它指的是从数据集合中自动抽取隐藏在数据中的那些有用信息的非平凡过程，这些信息的表现形式为：规则、概念、规律及模式等。进入 21 世纪，数据挖掘已经成为一门比较成熟的交叉学科。起初各种商业数据是存储在计算机的数据库中的，然后发展到可对数据库进行查询和访问，进而发展到对数据库的即时遍历。数据挖掘使数据库技术进入了一个更高级的阶段，它不仅能对过去的数据进行查询和遍历，并且能够找出过去数据之间的潜在联系，从而促进信息的传递，涉及海量数据搜集、强大的多处理器计算机、数据挖掘算法三种基础技术。

4. 量子计算机的提出

1969 年史蒂芬·威斯纳最早提出"基于量子力学的计算设备"。而关于"基于量子力学的信息处理"的最早文章则是由亚历山大·豪勒夫（1973）、帕帕拉维斯基（1975）、罗马·印戈登（1976）和尤里·马尼（1980）发表。20 世纪 80 年代一系列的研究使得量子计算机的理论变得丰富起来。1982 年，理查德·费曼在一个著名的演讲中提出利用量子体系实现通用计算的想法。紧接着 1985 年大卫·杜斯提出了量子图灵机模型。人们研究量子计算机很重要的一个初衷是探索通用计算机的计算极限。当使用计算机模拟量子现象时，因为庞大的希尔伯特空间而数据量也变得庞大。一个完好的模拟所需的运算时间则变得相当可观，甚至是不切实际的天文数字。理查德·费曼当时就想到如果用量子系统所构成的计算机来模拟量子现象则运算时间可大幅度减少，从而量子计算机的概念诞生。

1994 年，贝尔实验室的专家彼得·秀尔（Peter Shor）证明量子计算机能完成对数运算，而且速度远胜传统计算机。这是因为量子不像半导体只能记录 0 与 1，可以同时表示多种状态。如果把半导体计算机比成单一乐器，量子计算机就像交响乐团，一次运算可以处理多种不同状况，因此，一个 40 位元的量子计算机，就能解开 1024 位元的电子计算机花上数十年解决的问题。

2000 年，IBM 公司宣布研制出利用 5 个原子作为处理器和存储器的量子计算机。

2012 年 10 月 9 日，瑞典皇家科学院宣布，将 2012 年诺贝尔物理学奖授予法国物理学家塞尔日·阿罗什和美国物理学家戴维·瓦恩兰，以表彰他们在量子物理学方面的卓越研究。

2018 年 6 月，美国众议院科学委员会就一项新的长达 10 年的国家量子计划（NQI）提出法案，而白宫也计划正式启动新的领导小组，以指导联邦政府在量子科学领域发挥应有的作用。鉴于主要科学机构呼吁国会加快对量子研究的投入，参议院支持并批准了一项庞大的"国防政策法案"，其中一项规定就是，指示五角大楼制定并实施这项新量子科学计划。

5. 区块链的出现

1991 年，由 Stuart Haber 和 W. Scott Stornetta 第一次提出关于区块的加密保护链产品，随后 Ross J. Anderson 于 1996 年、Bruce Schneier 和 John Kelsey 在 1998 年均发表了相关文章。与此同时，Nick Szabo 在 1998 年进行了电子货币分散化的机制研究，他称此为比特金。2000 年，Stefan Konst 发表了加密保护链的统一理论，并提出了一整套实施方案。

2008 年 10 月，在中本聪的原始论文中，"区块"和"链"这两个字是被分开使用的，而在被广泛使用时被合称为区块-链，到 2016 年变成一个词："区块链"。在 2014 年 8 月，比特币的区块链文件大小达到了 20 千兆字节。

2014 年，"区块链 2.0"成为一个关于去中心化区块链数据库的术语。区块链 2.0 技术跳过了交易和"价值交换中担任金钱和信息仲裁的中介机构"。它们被用来使人们远离全球化经济，使隐私得到保护，使人们"将掌握的信息兑换成货币"，并且有能力保证知识产权的所有者得到收益。第二代区块链技术使存储个人的"永久数字 ID 和形象"成为可能，并且对"潜在的社会财富分配"不平等提供解决方案。

2016 年 1 月 20 日，中国人民银行数字货币研讨会宣布对数字货币研究取得阶段性成果。会议肯定了数字货币在降低传统货币发行等方面的价值，并表示央行正在探索发行数字货币。

2016 年，俄罗斯联邦中央证券所（NSD）宣布了一个基于区块链技术的试点项目。许多在音乐产业中具有监管权的机构开始利用区块链技术建立测试模型，用来征收版税和世界范围内的版权管理。

2016 年 7 月，IBM 在新加坡开设了一个区块链创新研究中心。2016 年 11 月，世界经济论坛的一个工作组举行会议，讨论了关于区块链政府治理模式的发展。在 2016 年，行业贸易组织共创了全球区块链论坛，这就是电子商业商会的前身。

集成电路、计算机的快速发展，与所有做出贡献的人相比，下列公司和个人所做出的贡献是不容忽视的。

1. 集成电路的创始人基尔比

基尔比从小就对各种电气设施很感兴趣。中学时，他就利用残次零件组装了一台收音机。1941 年 6 月中学毕业以后，基尔比报考在电气工程方面最负盛名的 MIT，录取线是 500 分，基尔比不幸考了 497 分而未能如愿，只好进了伊利诺大学。但入学不久，就爆发了珍珠港事件，基尔比应征入伍，参加陆军通信兵团，被派往印度东北的一个军事基地负责修理无线电设备。这些设备既笨重又不可靠，更不适用于亚洲丛林地区。为此，基尔比在加尔各答的黑市上采购了一卡车无线电元件，改进了这种收发报机，使它既小巧又可靠。战后基尔比重返大学，并于1947年毕业并取得电气工程学士学位。然后他在威斯康星州的密尔沃基进入Globe-Union公司的Centralab工作，这个公司主要生产电视机、收音机、助听器的电气元件，基尔比负责用丝网印刷技术制造电路板。在这个工作中基尔比萌发了将各种电气元件集成在一起使之微型化的思想。他到马凯特大学旁听有关晶体管的所有研究生课程，也听过晶体管发明人之一巴丁的报告，阅读了他能找到的一切有关晶体管的资料。1952年，Centralab用2万5千美元从贝尔实验室购买了晶体管的生产许可证，并把基尔比送到贝尔实验室去参加了一个培训班。回来以后，基尔比投入了晶体管的生产过程。他一方面受晶体管的能力所鼓舞，另一方面也意识到它太多的元件和太多的连线影响到它的实际应用的局限性。如美军的B-29轰炸机上需要上千个晶体管和上万个无源器件，这使价格、体积、可靠性和速度都大受影响。为此，基尔比决定离开Centralab，虽然他在这里工作得不错，取得了包括用块滑石封装的晶体管和低钛酸盐电容等几个专利，但这里的环境条件无法实现他更高的追求。他看中了位于达拉斯的德州仪器公司(TI)，并于1958年春天来到这家公司。TI公司在1954年生产出了第一台晶体管收音机和第一只硅晶体管，在业界有很大影响。基尔比进入TI时，TI正受军方的委托进行"微组件"的研究。微组件的目标也是微型化，但其方案是将标准元件通过内部连线相连接而形成功能模块。基尔比觉得这不是一个彻底的解决办法，他要另辟蹊径。当年7月，在TI公司几乎所有员工都去度假避暑之时，只有基尔比因初来乍到还没有这个权利，他正好充分利用机会在实验室做实验。当同事们回到公司时，基尔比的方案已经酝酿成熟。他找到他的老板阿特柯克，向他介绍了把晶体管、二极管、电阻、电容等元件都做在一块半导体晶片上以形成电路的设想。阿特柯克当时正热衷于微组件，对基尔比的"幻想"并不很热情，但他感觉到这个新来的伙计说不定会干出什么大事来，因此答应基尔比继续按自己的思路去实验，但要求他尽快完成一个样品。经过近2个月的努力，1958年9月，集成在一块0.5 in长、一把折叠刀那么宽的锗晶片上的相移振荡器终于完成。TI公司的首脑们都聚集到实验室来，当基尔比接通电源，紧张地旋动同步调节旋钮，在示波器上终于出现了漂亮的正弦波形的时候，TI公司的首脑们意识到了这位上岗不到半年的年轻人为公司创造出了一个划时代的产品——集成电路诞生了。1959年2月6日，TI公司向专利局提出了专利申请，1959年3月，在纽约举行的工业发明博览会上，TI公司宣布了它的集成电路。基尔比的成功促进了仙童公司的"神童"们在同一方向上的研究，当年7月30日，诺伊斯也提出了专利申请。有趣的是，基尔比的专利虽然申请在前，却在1964年6月23日才被批准，而诺伊斯的申请却在1961年4月26日就被批准了。这引起了一场发明权的诉讼，最后法院判两个专利都有效，因而使集成电路成为一项同时发明，基尔比和诺伊斯共享了"集成电路之父"的荣誉。

集成电路首先被成功地用于改进民兵式导弹。TI公司则致力于将集成电路推向民用，由基尔比领头研制集成电路的手持式计算机。计算机的样机1966年就完成了，但推向市场的Pocketronic却迟至1971年4月才问世，主要是输出设备遇到困难，基尔比最后发明了半导体热打印系统才解决了这个难题。Pocketronic的重量只有1.1 kg，售价仅250美元，获得极大成功，1972年在美国售出500万台，此后，其售价逐年下降，1972年底降至100美元，1976年降至25美元，1980年降至10美元。在世界范围内，售出的Pocketronic达1亿台之多。

基尔比于1971年离开TI公司，从事咨询工作并继续其发明创造，也曾在德州农业和机械大学当教授。其间，基尔比曾在美国能源部的资助下从事太阳能的开发利用，建立了几个大型系统。但由于石油价格的下跌，太阳能项目未被重视，因此基尔比这方面的成果未能商业化。

1982 年，基尔比入选美国发明家名人堂（National Inventors Hall of Fame）。1989 年，基尔比和诺伊斯共享金额为 35 万美元的由美国工程院设立的最高奖查尔斯·斯塔克·德拉普尔奖，该奖以惯性制导技术发明人 Charles Stark Draper 命名。1993 年基尔比获得金额约合 30 万美元的由日本政府设立的用于奖励高科技的京都奖。2000 年获得约 50 万美元诺贝尔物理奖的一半。基尔比是美国工程院院士。他既是美国科学奖章（National Medal of Science）的获得者，又是美国技术奖章（National Medal of Technology）的获得者，同时获得这两种奖章的人极为罕见。基尔比曾数次到中国访问，最近一次是 2001 年 5 月底、6 月初，他率领国际微电子学专家代表团到我国进行了学术交流活动。

2. 苹果公司及乔布斯

1971 年，16 岁的史蒂夫·乔布斯（Steve Jobs）和 21 岁的史蒂芬·沃兹涅克（Stephen Wozniak）经朋友介绍而结识。1976 年，乔布斯成功说服沃兹装配机器之余跟他去推销，他们另一位朋友，罗·韦恩（Ron Wayne）也加入，三人在 1976 年 4 月 1 日组成了苹果电脑公司。同年 5 月，乔布斯与一间本地电脑商店店主保罗·泰瑞尔订购 50 部后来被称为 Apple I 的设备，并在交货时支付每部 500 美元。乔布斯取得了这份订单后，出售自己贵重物品进行筹款，并且说服大型电子零件分销商店铺信用部经理，先给零件后付款，最终乔布斯成功地完成这笔交易。1977 年 1 月，苹果电脑公司正式注册成为"苹果电脑公司"。同年，沃兹成功设计出 Apple II。乔布斯将公司扩充并向银行贷款，但韦恩因为冒险投资失败导致的心理阴影而退出了（另一说法为韦恩为了健康选择放弃疯狂的工作）。不久，麦克·马库拉注资 9.2 万美元并和乔布斯联合签署了 25 万美元的银行贷款。1977 年 4 月，苹果公司推出人类历史上第一台个人电脑 Apple II。苹果公司 1980 年 12 月 12 日公开招股上市。1983 年苹果公司推出新型电脑 Apple Lisa，具有 16 位 CPU、滑鼠、硬盘，以及支持图形用户界面和多任务的操作系统，并且随机捆绑了 7 个商用软件，这是全球首款将图形用户界面和鼠标结合起来的个人电脑。1984 年 1 月 24 日，Apple Macintosh 发布，该电脑配有全新的、具有革命性的操作系统，成为计算机工业发展史上的一个里程碑。1985 年，乔布斯获得了由里根总统授予的国家级技术勋章。乔布斯坚持苹果电脑软件与硬件的捆绑销售，致使苹果电脑不能走向大众化之路，加上 IBM 公司推出的个人电脑抢占了大片市场，使乔布斯新开发的电脑节节惨败，总经理和董事们便把这一失败归罪于董事长乔布斯，经由苹果公司董事会决议撤销了乔布斯的经营大权，乔布斯 1985 年 9 月 17 日愤而辞去苹果公司董事长职位，卖掉自己苹果公司股权之后创建了 NeXT-Computer 公司。不久，Windows 95 系统诞生，苹果电脑的市场份额一落千丈，几乎处于崩溃的边缘。1985 年 10 月 24 日，时任苹果 CEO 的约翰·斯卡利签下苹果有史以来最坏的合同。他同意微软如果继续为苹果生产软件（如 Word，Excel）就允许微软使用部分苹果图形界面技术，导致微软的 Windows 的介入。1989 年推出销量欠理想的笔记本 Macintosh Portable。此外，苹果也开发出世界上第一台 PDA-Apple Newton，以及后来激发开发人员开发 wiki 的 HyperCard 软件。1990 年，在乔布斯离开苹果电脑后任开发主管的让-路易·加西，随着苹果的销售下滑其政策开始引起广泛争议并最终将其拉下马。加西将产品线推向更"开放"和更高价的两个方向，致使苹果产品的售价越来越高。1993 年苹果推出 Newton，创造了个人数字助理（Personal Digital Assistance，PDA）一词。1993 年约翰·斯卡利辞去 CEO 职位，迈克尔·斯平德勒接任。他在任期间大力推广低端电脑如 Macintosh Classic、Macintosh II si、Macintosh LC，以及执行继续生产 Apple Newton 及开发 Copland 操作系统的政策，他也曾参与苹果与 IBM、SUN、飞利浦的并购谈判。1994 年，苹果推出了 Power Mac 系列。这款处理器使用 RISC（精简指令集运算）结构，它超过了之前 Mac 所使用的 Motorola 680x0 系列。苹果的系统软件经过调整，能让大部分为旧处理器编写的程序在 PowerPC 系列上以模拟模式运行。1996 年，吉尔·阿梅里奥接任 CEO 职位。1997 年 8 月 6 日，微软使用 1.5 亿美元购买苹果公司非投票股票以换取苹果放弃控告微软侵犯版权的官司和以后每一部 Macintosh 上内置 Internet Explorer。微软同时宣布了继续支持它在 Mac 版本上的 Office 系列，并很快成立了 Macintosh 软件部门。这一措施扭转了微软之前 Mac 版软件较 PC 版落后的情况，同时也让它获得数个大奖。

1997 年，乔布斯创办的 NeXTComputer 公司被苹果公司收购，乔布斯再次回到苹果公司担任董事长。2001 年，苹果推出了 Mac OS X，一个基于乔布斯的 NeXTStep 的操作系统。它最终整合了 UNIX 的稳定性、可靠性、安全性和 Macintosh 界面的易用性，并同时以专业人士和消费者为目标市场。2001 年 10 月 23 日，苹果推出的 iPod 数码音乐播放器大获成功，配合其独家的 iTunes 网络付费音乐下载系统，一举击败索尼公司的 Walkman 系列成为全球占有率第一的便携式音乐播放器，随后推出的数个 iPod 系列产品更加巩固了苹果在商业数字音乐市场不可动摇的地位。2001 年 5 月，苹果宣布开设苹果零售店。2002 年初，苹果初次展示了新款的 iMac G4。2004 年 8 月 31 日，苹果展示了基于 G5 处理器的 iMac 型号。2005 年 6 月 6 日 CEO 乔布斯宣布从 2006 年起 Mac 的产品将开始使用英特尔所制造的 CPU。2006 年 4 月 5 日，苹果电脑推出允许采用英特尔微处理器的 Mac 电脑运行微软 Windows XP 的软件 Boot Camp。2006 年 8 月 29 日，苹果电脑公司发布声明，Google 公司首席执行官埃里克·施密特已加入苹果公司董事会。2006 年，乔布斯发表了第一部使用英特尔处理器的台式电脑和笔记本电脑 iMac 和 MacBook Pro。2006 年，推出第六代 iPod 数码音乐播放器和第二代 iPod nano 数码音乐播放器。2007 年，苹果推出了 iPhone 和第三代 iPod nano 超薄数码音乐播放器及 iPod touch。不到 3 个月，苹果公司便成了世界上第三大移动电话的出厂公司。2008 年，史蒂夫·乔布斯发布了 MacBook Air、iPod nano 第四代、iPod touch 第二代、新设计的 MacBook 和 MacBook Pro，以及全新的 24 英寸 Apple LED Cinema Display。2008 年 7 月 11 日，苹果公司推出 iPhone 3G，iOS2x 版正式提供全球语言。2009 年，苹果发布了重新设计的 17 英寸屏幕的 MacBook Pro 笔记本电脑。3 月 3 日推出升级版的 iMac，同时升级更新的包括 Mac mini 和 Mac Pro。2009 年 6 月 25 日，推出 iPhone 3GS，加入了指南针、摄像等功能。2009 年 9 月 10 日，更新全线 iPod 产品（iPod touch、iPod classic 和 iPod nano），其中第五代 iPod nano 支持摄像和收音机功能，推出 iTunes 9，正式推出 Snow Leopard 系统。2010 年 1 月 27 日，苹果推出了 iPad。4 月 3 日推出 iPad 系列产品（Wi-Fi，Wi-Fi+3G）；6 月苹果发布了第四代 iPhone 手机 iPhone 4。2011 年 3 月 2 日推出 iPad 2 系列产品（Wi-Fi，Wi-Fi+3G）；10 月 5 日推出 iPhone 4S、iOS 5、iCloud。同时发布 8G 版 iPhone 4。

2011 年 8 月 24 日，乔布斯辞去苹果公司首席执行官职位，董事会任命原首席运营官提姆·库克为公司的新任首席执行官，乔布斯当选为董事长。10 月 5 日，乔布斯逝世。库克接手后大致上依照乔布斯时代的方向继续营运公司。在随后的几年中陆续发布新一代移动操作系统 iOS 6、全新 MacBook Pro 笔记本电脑、新一代 iPhone 5 以及 iPod touch 5、新的 Mac Pro、iOS 7、OSX 10.9、iPhone 5c 和 iPhone 5s、iPhone 6、iPhone 6 Plus 以及苹果首款可穿戴智能设备 Apple Watch、iPad Air 2、iPad mini 3、视网膜屏 iMac、新款 Mac mini 以及 iOS 8.1 和 Yosemite

系统。2018 年 8 月 2 日晚间，苹果盘中市值首次超过 1 万亿美元，股价刷新历史最高位至 203.57 美元，当前涨幅超过 1%。

3. 微软公司与比尔·盖茨

1955 年 10 月 28 日，比尔·盖茨出生于美国西海岸华盛顿州的西雅图的一个家庭，父亲威廉·亨利·盖茨是当地的著名律师，他过世的母亲玛丽·盖茨是银行系统董事，他的外祖父 J. W. 麦克斯韦曾任国家银行行长。比尔和两个姐姐一块长大，曾就读于西雅图的公立小学和私立的湖滨中学，在他 13 岁时就开始了电脑程序设计。

20 世纪 70 年代，还在哈佛大学读书的盖茨与他的高中校友保罗·艾伦一起为 Altair 8800 电脑设计 Altair BASIC 解译器。Altair 是第一台商业上获得成功的个人电脑，而 BASIC 语言是一种易用易学的电脑程序设计语言，盖茨与艾伦所开发的 BASIC 版本就是后来的 Microsoft BASIC，后来成了 Microsoft Quick BASIC 和 Visual Basic。1975 年，19 岁的比尔·盖茨从哈佛大学退学，和保罗·艾伦一起卖 BASIC 语言程序编写本。后来，盖茨和艾伦搬到阿尔伯克基，并在当地一家旅馆房间里创建了微软公司。

1977 年，微软公司搬到西雅图的贝尔维尤（雷德蒙德），在那里开发 PC 编程软件。1980 年，IBM 公司选中微软公司为其新 PC 编写关键的操作系统软件，这是公司发展中的一个重大转折点。由于时间紧迫、程序复杂，微软公司以 5 万美元的价格从西雅图的一位程序编制者帕特森（Tim Patterson）手中买下了 QDOS 操作系统使用权，在进行部分改写后通过 IBM 向市场发售，将其命名为 Microsoft DOS。IBM-PC 的普及使 MS-DOS 取得了巨大的成功，因为其他 PC 制造者都希望与 IBM 兼容。MS-DOS 在很多家公司被特许使用，因此 80 年代，它成了 PC 的标准操作系统。到 1984 年，微软公司的销售额超过 1 亿美元。随后，微软公司继续为 IBM、苹果公司以及无线电器材公司的计算机开发软件，但在 1991 年后，由于利益的冲突，IBM、苹果公司已经与 Microsoft 反目。1983 年，保罗·艾伦患霍奇金氏病离开微软公司，后来成立了自己的公司。艾伦拥有微软公司 15% 的股份，至今仍列席董事会。1986 年，公司转为公营。盖茨保留公司 45% 的股权，这使其成为 1987 年 PC 产业中的第一位亿万富翁。

微软公司的拳头产品 Windows98/NT/2000/Me/XP/Server2003···/Windows 10 成功地占有了从 PC 到商用工作站甚至服务器的广阔市场，为微软公司带来了丰厚的利润。公司在 Internet 软件方面也是后来居上，抢占了大量的市场份额。在 IT 软件行业流传着这样一句告诫："永远不要去做微软想做的事情"。可见，微软的巨大潜力已经渗透到了软件界的方方面面，简直是无孔不入，而且是所向披靡。微软生产的软件产品包括：MS-DOS 和称为"视窗"的图形操作系统 Windows、Microsoft Office、Windows 的默认浏览器 Internet Explorer、网页编辑软件 FrontPage、用于播放音频和视频的程序 Windows Media Player、用于 .NET 环境编程的相应开发工具 Visual Studio.NET、在线服务微软网络（Microsoft Network，MSN）、综合登入服务系统的平台 MSN Hotmail、即时信息客户程序 MSN Messenger、MCSE 考核（全称"微软认证系统工程师"）。虽然微软总体上是一家软件公司，它也生产一些电脑硬件产品，通常用来支援其特殊的软件商品策略：如微软鼠标，用来鼓励更多用户使用微软操作系统的图形用户界面（GUI），因此鼠标的流行帮助更多用户使用 Windows。2001 年公司推出的 Xbox 游戏机标志着公司开始进入价值上百亿美元的游戏终端市场，这个市场之前一直由索尼（Sony）和任天堂（Nintendo）两家公司主导。

微软的成功也是个人电脑发展的序幕，微软产品的主要优点是它的普遍性，让用户从所谓的网络效应中得益。公司目前在60多个国家设有分支办公室，全世界雇员人数接近44000人。福布斯发布2017年度世界富豪排行榜时，60岁的比尔·盖茨以750亿美元排名第一。

1.3 通信交换技术的发展

1.3.1 电话交换的演进

在两个或多个电话机之间，通过改变不同通话线路间的连接来实现用户之间通话的接通过程，称为电话交换。实现电话交换的设备，称为电话交换机。如果只有两部电话，只要一对电话线就够了。如果有1000部电话，要使其中任两部电话通话，需要499500对电话线路。为了节省电话线路的投资，电话交换就显得十分必要了。只要每部电话都同电话局相连，用户通过电话交换设备实现通话，就能大大减少电话线路的数量，于是电话交换诞生了，电话交换完成的是电话通信路由的交换。

1877年，在电话机问世后的第二年，简单的人工电话交换设备就出现了。当年5月17日，在美国波士顿华盛顿大街的霍姆斯公司里，一台由波士顿警备公司安装的电话交换机开始使用，这是世界上最早的人工电话交换机。使用它的目的，是把公司客户中的4家银行与一名电工技师的报警系统连接起来，白天接通电话，晚上作为自动报警系统。有了人工电话交换机，就可以由话务员通过人工方法使电话相互接通。

1878年1月28日，美国康涅狄格州的纽好恩开通了第一个市内电话交换所，当时只有20个用户。第一台人工电话交换机是由电话发明人贝尔和格雷在发明电话机的同时设计出来的。在人工电话交换台上有许多塞孔，通过线路分别与各用户的电话机联通。用户通过话机将呼叫号码告诉交换台，话务员用带插头的塞绳连接两个用户塞孔便可把用户和呼叫方的电话接通。人工电话交换机又称总机，包括磁石式和供电式交换机两种类型，如图1-19和图1-20所示。

图 1-19 磁石式电话交换机

图 1-20 供电式电话交换机图

1878 年 9 月 1 日，埃玛 . M. 娜特成为世界上第一位女性接线员。

1879 年底，电话号码出现。

1881 年，意大利罗马、法国巴黎、德国柏林先后开通了各自的第一个电话网络。

1889 年 3 月 12 日，美国堪萨斯市的实业家史端乔最先获得步进制交换机的关键部件的专利，并提出了步进制交换机的原理。此前他发觉，电话局的话务员不知是有意还是无意，常常把他的生意电话接到他的竞争者那里，使他的多笔生意因此丢掉。为此他大为恼火，发誓要发明一种不要话务员接线的自动接线设备。1892 年 11 月 3 日，用史端乔发明的接线器制成的"步进制自动电话交换机"在美国印第安纳州的拉波特城投入使用，这便是世界上第一个自动电话局。不久，这台交换机就以"不需要话务员小姐、不要态度"而闻名。有了它，不需手工操作就能自动处理用户的呼叫和电话的接通工作。从此，电话通信跨入了一个新时代。步进式交换机是靠用户的拨号脉冲控制选择器完成先上升、后旋转的动作，使弧刷与触点接触构成通路，可连通 99 个用户。但是，这种滑动接点的接续方法，存在元件磨损大、寿命低、速度慢、杂音大等缺点。

1896 年，拨号电话问世，使自动交换机的作用能更有效地发挥出来。有了步进制交换机，原来由话务员根据用户呼叫接通对方电话的操作就被用户发出的拨号信号代替。在步进制交换机中，一种称为选择器的大型设备代替了接线员。用户拨出对方的号码后，选择器就会按照这个号码自动"寻找"对方的电话线，并正确地搭接到对方的电话线路上。后来西门子公司把选择器改为两个电磁铁，称为西门子式步进制交换机。

1912 年，办公用排列机出现，这种排列机通过主机可同时带有 17 个电话分机，每个分机都可以打出去，并且分机之间也可互相接通，这与用户小交换机 PBX 相似。

1915 年前后，贝尔公司同时开发出旋转式和升降式两种步进制交换机。

1919 年，瑞典的电话工程师帕尔姆格伦和贝塔兰德发明了"纵横制接线器"，并申请了专利。1923 年，瑞典首先制造出可实际使用的纵横制接线器。1926 年，瑞典制造出第一台大容量纵横制电话交换机。1929 年，瑞典松兹瓦尔市建成了世界上第一个大型纵横制电话局，拥有 3500 个用户。纵横制交换机是机电式交换机中最完善的一种，它的接续元件为纵横接线器，控制元件为继电器。纵横制交换机使用纵横接线器进行接线，其工作方式与继电器相似。纵横制交换机采取交换和控制两种功能分离的方式，可以大大简化通话接续部分的电路，控制接线部分可以公用。它的接线器采用贵金属推压式接点，比步进制可靠、杂音小、通话质量好，此外还有机件不易磨损、寿命长、障碍少、维护简单、功能多、组网灵活方便、容易实现长途电话自动化等优点。20 世纪 50~60 年代，纵横制交换机在世界各地得到广泛的应用。然而，纵横制交换机仍未跳出机械动作的圈子，纵横制交换机耗费贵金属较多，制造成本高，机房占地面积大。因此，当计算机技术兴起后，它逐步被电子自动交换机取代。

20 世纪 60 年代，电话交换进入了电子交换时代。开始采用晶体管电子元件代替电磁继电器，用干簧管接线器代替纵横制接线器。干簧管接线器工作速度较高，能与电子元件的控制电路配合工作。

1965 年 5 月，由美国贝尔公司计算机控制的 1 号电子交换机问世，这是世界上第一部开通使用的程控电话交换机。在程控交换机的控制中，使用了专门的电子计算机，人们根据需要把预先编制好的程序存入计算机后即可自动完成电话的交换功能。1965 年美国萨加桑纳开通的 2000 门空分程控电话交换机，从 1965 年到 1975 年这 10 年间，绝大部分程控交换机都是空分的、模拟的。

1970 年，世界上第一部程控数字交换机在法国巴黎开通投入商用试验，这标志着数字电话的全面实用和数字通信新时代的到来。采用时分复用技术和大规模集成电路，解决了数字电话信号的交换问题。

1996 年，美国政府与大学分别提出下一代网络（NGN）技术。

1997 年，贝尔实验室提出软交换的概念。

2010 年，随着软交换技术的兴起，传统程控电话交换设备逐渐被软交换设备取代。

2006 年，软件定义网络（Software Defined Network，SDN）诞生于美国 GENI 项目资助的斯坦福大学 Clean Slate 课题，斯坦福大学 Nick McKeown 教授为首的研究团队提出了 OpenFlow 的概念用于校园网络的试验创新，后续基于 OpenFlow 给网络带来可编程的特性，SDN 的概念应运而生。

2007 年，斯坦福大学的学生 Martin Casado 领导了一个关于网络安全与管理的项目 Ethane，该项目试图通过一个集中式的控制器，让网络管理员可以方便地定义基于网络流的安全控制策略，并将这些安全策略应用到各种网络设备中，从而实现对整个网络通信的安全控制。

2008 年，基于 Ethane 及其前续项目 Sane 的启发，Nick McKeown 教授等人在 ACM SIGCOMM 发表了题为《OpenFlow：Enabling Innovation in Campus Networks》的论文，首次详细地介绍了 OpenFlow 的概念。该篇论文除了阐述 OpenFlow 的工作原理外，还列举了 OpenFlow 几大应用场景。基于 OpenFlow 为网络带来的可编程的特性，Nick McKeown 教授和他的团队进一步提出了 SDN 的概念。2009 年，SDN 概念入围 Technology Review 年度十大前沿技术，自此获得了学术界和工业界的广泛认可和大力支持。

2009 年 12 月，OpenFlow 规范发布了具有里程碑意义的可用于商业化产品的 1.0 版本。如 OpenFlow 在 Wireshark 抓包分析工具上的支持插件、OpenFlow 的调试工具（Liboftrace）、OpenFlow 虚拟计算机仿真（OpenFlowVMS）等也已日趋成熟。

2011 年 3 月，在 Nick Mckeown 教授等人的推动下，开放网络基金会（ONF）成立，主要致力于推动 SDN 架构、技术的规范和发展工作。4 月，美国印第安纳大学、Internet2 联盟与斯坦福大学 Clean Slate 项目宣布联手开展网络开发与部署行动计划（NDDI），旨在共同创建一个新的网络平台与配套软件，以革命性的新方式支持全球科学研究。NDDI 利用了 OpenFlow 技术提供的 SDN 功能，并将提供一个可创建多个虚拟网络的通用基础设施，允许网络研究人员应用新的因特网协议与架构进行测试与实验，同时帮助领域科学家通过全球合作促进研究。

2012 年 4 月，ONF 发布了 SDN 白皮书（Software Defined Networking：The New Norm for Networks），其中的 SDN 三层模型获得了业界广泛认同。7 月，软件定义网络（SDN）先驱者、开源政策网络虚拟化私人控股企业 Nicira 以 12.6 亿被 VMware 收购。Nicira 是一家颠覆数据中心的创业公司，它基于开源技术 OpenFlow 创建了网络虚拟平台（NVP）。VMware 的收购将 Casado 十几年来所从事的技术研发全部变成了现实——把网络软件从硬件服务器中剥离出来，也是 SDN 走向市场的第一步。这年，SDN 完成了从实验技术向网络部署的重大跨越：覆盖美国上百所高校的 Internet2 部署 SDN；德国电信等运营商开始开发和部署 SDN；谷歌宣布其主干网络已经全面运行在 OpenFlow 上，并且通过 10G 网络连接分布在全球各地的 12 个数据中心，使广域线路的利用率从 30% 提升到接近饱和。从而证明了 OpenFlow 不再仅仅是停留在学术界的一个研究模型，而是已经完全具备了可以在产品环境中应用的技术成熟度。年底，AT&T、英国电信（BT）、德国电信、Orange、意大利电信、西班牙电信公司和 Verizon 联合发起成立了网络功能虚拟化产业联盟（Network Functions Virtualization，NFV），旨在将 SDN 的理念引入电信业。

2013 年 4 月，思科和 IBM 联合微软、Big Switch、博科、思杰、戴尔、爱立信、富士通、英特尔、瞻博网络、NEC、惠普、红帽和 VMware 等发起成立了 Open Daylight，与 Linux 基金会合作，开发 SDN 控制器、南向/北向 API 等软件，旨在打破大厂商对网络硬件的垄断，驱动网络技术创新力，使网络管理更容易、更廉价。Open Daylight 项目的范围包括 SDN 控制器、API 专有扩展等，并宣布要推出工业级的开源 SDN 控制器。

2014 年，逐渐开始有公司报道在生产环境应用了 SDN。其中以 Facebook 最具有代表性，Facebook 不仅公布了数据中心网络架构，还开源了 FBOSS（交换机操作系统）和 Wedge（TOR 交换机）作为其主导的 Open Compute Project 的一部分。

2015 年，Google 确认在其 Jupiter & Andromeda 项目里采用 SDN 来管理大规模环境。Google 指出，其 SDN 基于三个元素：白盒交换机，SDN 控制器和 Clos 架构设计。这与 Facebook 的架构类似，大规模网络架构中，似乎都倾向于采用这些 SDN 元素构建网络。并且，具有一定研发实力的公司都倾向于自研自建网络架构，而不是完全依赖网络设备商。

2017 年，VMware 宣布其 NSX 有 2400+客户，带来 10 亿美元销售额。这是商用 SDN 领域披露的最大一笔销售额。

1.3.2 数据交换的出现

20 世纪 60 年代早期，由唐纳德·戴维斯和保罗·巴兰发明分组交换。提出通过把用户消息分割成段，并通过网络分别发送，这是巴兰和戴维斯最重要的创新。

1961 年，美国麻省理工学院的伦纳德·克兰罗克博士发表了分组交换技术的论文，该技术后来成了互联网的标准通信方式。

1969 年，美国国防部开始启动具有抗核打击性的计算机网络开发计划 "ARPANET"。

1971 年，位于美国剑桥的 BBN 科技公司的工程师雷·汤姆林森开发出了电子邮件。此后 ARPANET 的技术开始向大学等研究机构普及。

1972 年，由 CCITT 组织正式提出综合业务数字网（Integrated Services Digital Network，IS-DN）这一数字电话网络国际标准，随后又提出了宽带综合业务数字网（Broadband Integrated Services Digital Network B-ISDN）。B-ISDN 是在 ISDN 的基础上发展起来的，可以支持各种不同类型、不同速率的业务，不但包括连续型业务，还包括突发型宽带业务，其业务分布范围极为广泛，包括速率不大于 64 kbit/s 的窄带业务（如语音、传真），宽带分配型业务（如广播电视、高清晰度电视），宽带交互型通信业务（如可视电话、会议电视），宽带突发型业务（如高速数据等）。

1973 年，文顿·瑟夫作为斯坦福大学的助教组织学生做了因特网最初的设计工作，通过采用具有扩展性的通信协议 TCP/IP，能够将不同网络相互连接。直到 20 年以后，网景公司正式推出了万维网服务，使普通人能随意使用网络。文顿·瑟夫等被誉为 "互联网之父"（见图 1-21）。

1983 年，ARPANET 宣布将把过去的通信协议 NCP（网络控制协议）向新协议 TCP/IP（传输控制协议/互联网协议）过渡。

1984 年，国际电话电报咨询委员会（CCITT）推荐帧中继（Frame Relay，FR）为一项标准，另外，由美国国家标准协会授权的美国 TIS 标准委员会也对帧中继做了一些初步工作。

图 1-21 文顿·瑟夫

20 世纪 80 年代末，CCITT 提出了宽带综合业务数字网的概念，并提出了异步传输模式（ATM）。

20 世纪后期，出现了数字数据网（DDN）技术。

1988 年，贝尔实验室一位工程师设计了一种方法，可以让数字信号加载到电话线路未使用频段，这就实现了在不影响语音服务的前提下在普通电话线上提供数据通信。但是贝尔的管理层对这个设计并不热心，因为如果用户安装两条线路会带来更多的利润。这一状况直到 20 世纪 90 年代晚期有线电视公司开始推销宽带互联网访问时才得到改善。当意识到大多数用户绝对会放弃安装两条电话线访问互联网，贝尔公司才搬出他们已经讨论了 10 年的 xDSL 技术，以争夺有线电视网络公司的宽带市场份额。xDSL 技术包括非对称用户数字线（ADSL）、高速用户数字线（HDSL）、速率自适应数字用户线路（RADSL）、对称数字用户线路，标准版 HDSL（SDSL）、超高速用户数字线（VDSL）。ADSL 的上传速率达到 604 kbit/s ~ 1 Mbit/s，下行速率可达 8 Mbit/s，是普通 56 K 调制解调器的 150 倍。VDSL 的最大上行速率达 19.21 Mbit/s，下行速率可达 155 Mbit/s。

1988 年，美国伊利诺斯大学的学生（当时）史蒂夫·多那开始开发电子邮件软件 "Eudora"。

20 世纪 90 年代后期，美国提出软交换的概念。软交换是一种功能实体，为下一代网络（NGN）提供具有实时性要求的业务的呼叫控制和连接控制功能，是下一代网络呼叫与控制的核心。

1991 年，CERN（欧洲粒子物理研究所）的科学家提姆·伯纳斯·李开发出了万维网（World Wide Web），并设计了图形化浏览器，包含一个所见即所得 HTML 编辑器，为了避免同 WWW 混淆，这个浏览器后来改名为 Nexus。

1993 年，伊利诺斯大学美国国家超级计算机应用中心的学生马克·安德里森等人开发出了真正的浏览器 "Mosaic"。

1994 年，马克·安德里森带领 Mosaic 的程序员成立了网景公司，并发布了第一款商业浏览器 Netscape Navigator。此后互联网开始得以爆炸性普及。

1995 年，微软针对 Netscape 发布了自己的浏览器 IE，第一场浏览器之战爆发。

1996 年，挪威最大的通讯公司 Telenor 推出了 Opera，并在两年后进军移动市场，推出 Opera 的移动版。

2003 年，苹果 Safari 浏览器登场，推出自己的 Webkit 引擎，该引擎非常优秀，后来被包括 Google、Nokia 之类的厂商用于手机浏览器。

2004 年，Firefox 推出 Firefox 1.0 浏览器。2008 年，Google 发布了自己的浏览器。

2006 年，朱利安·阿桑奇在墨尔本念大学时，创办了 "维基解密"，他被称为 "黑客罗宾汉"，也有人称他引爆了 "第一次网络世界大战"。阿桑奇及其他的 "维基解密" 同事们的重要创新不仅在于不断提升网络攻防技术，促进了人们对网络安全的重视。更重要的是研制了一种软件，使上网人员在向 "维基解密" 上传各种文件后，可以消除自己的上网痕迹，从而在网上泄密后不会被发现和逮捕。这一技术的后果是全球所有的人，包括美国掌握绝密情报的人都可向维基网站传输美国的绝密情报而不会被美国官方发现，于是一场针对揭发美国各种有损他国利益的行为不断在 "维基解密" 网站上曝光，给美国带来巨大麻烦。由此给人们带来的启示是，未来的战争也可能以网络战的形式对他国造成无法挽回的损失。

阿桑奇于 1971 年出生在澳大利亚北部昆士兰的汤什维尔。出生后不到一年，父母离婚。阿桑奇两岁时，母亲与一个艺术家朋友再婚。阿桑奇九岁生日后不久，他的父母分居了，随后便离了婚。童年时，由于阿桑奇的父母开办了一个流动演出公司，阿桑奇从小就过着吉普赛人式的流浪生活，长期接受家庭式教育，到他 14 岁时，他和母亲已经搬了 37 次家，他在中小学阶段一共上过 37 个学校，还上过 6 个大学。也许正是这种颠沛流离的生活造就了他不安分的冒险性格。16 岁时，阿桑奇就成了黑客，朋友形容其智商"接近天才"。他成立过"国际破坏者"黑客组织，多次入侵美国国防部等政府机构网站。1991 年，20 岁的阿桑奇与黑客好友们闯入加拿大一家电信公司的网络终端，随后他被逮捕并承认了 25 项指控。法官最终以"智能好奇"为理由只判决他支付小额的赔偿金。随后，阿桑奇开始在墨尔本大学学习数学和物理，但不久就退学。他在 2006 年与 9 名董事会成员创办"维基解密"这一以揭秘为职业的网站，在这个没有总部、没有办公地址、没有电话的组织中，阿桑奇是唯一对外公开身份的人。为"维基解密"工作的编辑，都是世界各地的志愿者，通过网络保持联系，但大多数都互不相识。"维基解密"致力于揭露政府、企业腐败行为，每天贴出 30 份以上机密文件。网站声称，在这里，检举人、新闻记者可以揭发各种腐败行为，而不用担心雇主和政府的报复。阿桑奇认为，透露公共治理机构的秘密文件和信息，对大众来说是件有益的事。由于"维基解密"通过各种渠道搜集信息，它也成为美国及其他一些政府的眼中钉，美国决定追捕"维基解密"的创始人朱利安·阿桑奇。阿桑奇则说，政府和大机构隐藏了太多秘密，自己无意损害任何一个国家的利益，但"维基解密"还是卷入了大约 100 场官司，有人指责阿桑奇打着自由的旗号损害国家利益。2007 年肯尼亚大选时，阿桑奇曾经通过"维基解密"爆过一些政客的料，随即就遭遇了危险。一天晚上他刚睡下，几名匪徒就闯进房间，命令他趴在地上，他瞅准时机跳起来大喊招来保安才逃过此劫。2010 年 8 月 20 日瑞典政府指控阿桑奇涉嫌强奸，并对他发出逮捕令。阿桑奇在网站上为自己喊冤，称这种指控是没有根据的，是"维基解密"让他招惹此祸。一日之后，瑞典政府又戏剧化地火速撤销了逮捕令。为了逃命，他在全球漂泊，不断搬家：肯尼亚、坦桑尼亚、澳大利亚、美国和欧洲各国都有他的足迹，有时甚至一连几天住在机场。阿桑奇说"既然下定决心要走这条路，我就毫不妥协，也因此陷入一个极为特殊的境地"。阿桑奇始终不放弃挖掘机密，他相信，只有通过解密，才能对抗靠隐瞒真相维持霸权的政府。他的日常生活犹如特工，使用昂贵的加密手机，经常变装出行，入住酒店使用假名登记，在沙发或地板上睡觉，付账用现金而非信用卡，拮据时得跟朋友借钱。

互联网始人蒂姆·伯纳斯·李及其贡献：

1990 年蒂姆·伯纳斯·李（Tim Berners-Lee）成为第一个使用超文本来分享资讯并发明了首个网页浏览器（World Wide Web）的人，他建立的世界上第一个网站是 http：//info. cern. ch/，并于 1991 年 8 月 6 日上网，它解释了万维网是什么，如何使用网页浏览器和如何建立一个网页服务器。1996 年底美国《研究和发展杂志》授予蒂姆"年度科学家"称号。2017 年，他因"发明万维网、第一个浏览器和使万维网得以扩展的基本协议和算法"而获得 2016 年度的图灵奖。

蒂姆的父母都参与了世界上第一台商业电脑，曼彻斯特 1 型（Manchester Mark I）的建造，1973 年中学毕业后进入牛津大学王后学院深造，1976 年他从牛津大学物理系获得一级荣誉学位。毕业后，曾经供职于英国一些高技术公司，从事集成电路和系统设计研究。1984 年一个偶然的机会，他进入瑞士日内瓦的欧洲原子核研究会（CERN）建立的粒子实验室。该实验室的首席研究员是华裔物理学家、诺贝尔奖获得者丁肇中。在这里蒂姆接受了一项极富挑战性的工作：为了使欧洲各国的核物理学家能通过计算机网络及时沟通传递信息进行合作研究，委托他开发一个软件，以便使分布在各国各地物理实验室、研究所的最新信息、数据、图像资料可供大家共享。软件开发虽非蒂姆的本行，但强有力的诱惑促使他勇敢地接受了这个任务。其实，早在牛津大学主修物理时蒂姆就不断地思索，是否可以找到一个"点"，能像人脑那样透过神经传递、自主做出反应。经过艰苦的努力，他编制成功了第一个高效局部存取浏览器"Enquire"，并把它应用于数据共享浏览等。1989 年 3 月，蒂姆向 CERN 递交了一份立项建议书，建议采用超文本技术（Hypertext）把 CERN 内部的各个实验室连接起来，在系统建成后，将可能扩展到全世界。此后又花 2 个月重新修改建议书，最终得到了上司的批准，获得一笔经费，购买了一台 NEXT 计算机，并率领助手开发试验系统。在 20 世纪 80 年代后期超文本技术已经出现，当时还有国际超文本学术会议，每次都有上百篇的有关超文本的论文问世，但没有人能想到把超文本技术应用到计算机网络上来，超文本只是一种新型的文本而已。机遇偏爱有准备的人。有一次蒂姆端着一杯咖啡，走在实验室走廊上经过怒放的紫丁香花丛，盛夏幽雅的花香伴随着醇香的咖啡味飘入实验室，霎那间蒂姆脑中灵感迸发：人脑可以透过互相连贯的神经传递信息，为什么不可以经由电脑文件互相连接形成"超文本"呢？1989 年仲夏之夜，蒂姆成功开发出世界上第一个 Web 服务器和第一个 Web 客户机。虽然这个 Web 服务器简陋得只能说是 CERN 的电话号码簿，它只是允许用户进入主机以查询每个研究人员的电话号码，但它实实在在是一个所见即所得的超文本浏览/编辑器。1989 年 12 月，蒂姆为他的发明正式定名为 World Wide Web，即人们熟悉的 WWW；1991 年 5 月，WWW 在 Internet 上首次露面，立即引起轰动，获得了极大的成功被广泛推广应用。

20 世纪 60 年代在就诞生了国际互联网 Internet，但长期以来由于连接到 Internet 需要经过一系列复杂的操作，网络的权限也很分明，而且网上内容的表现形式极为端单调枯燥，这使其没有迅速流传开来。Web 通过一种超文本方式，把网络上不同计算机内的信息有机地结合在一起，并且可以通过超文本传输协议（HTTP）从一台 Web 服务器转到另一台 Web 服务器上检索信息。Web 服务器能发布图文并茂的信息，甚至在软件支持的情况下还可以发布音频和视频信息。此外，Internet 的许多其他功能，如 E-mail、Telnet、FTP、WAIS 等都有可通过 Web 实现。美国著名的信息专家《数字化生存》的作者尼葛洛庞帝教授认为：1989 年是 Internet 历史上划时代的分水岭。

1992 年，蒂姆和他的研究伙伴曾向欧洲权威的律师咨询，考虑开放"网软"公司（Web-soft）销售网络浏览器软件，但他最后放弃了这个决定。因为蒂姆当时预见到一旦他的浏览/编辑器问世，势必引起网络软件大战，使国际互联网陷入割据分裂，为了他所钟爱的 WWW 事业，他决定在 WWW 的百家争鸣中扮演一个技术直辖市的角色，而不是角逐财富的商人。

20 世纪 90 年代以来国际互联网的发展正如蒂姆所预见的，网景与微软的浏览器之争，被称为万维网第一商战，快速膨胀的网络已有瘫痪之虞。为此在 1994 年，蒂姆创建了非营利性的万维网联盟 W3C（World Wide Web Consortium），邀集 Microsoft、Netscape、Sun、Apple、IBM 等共 155 家互联网上的著名公司，致力达到 WWW 技术标准化的协议，并进一步推动 Web 技术的发展。蒂姆坚持 W3C 最基本的任务是维护互联网的对等性，让它保有最起码的秩序。

当时，NCSA Mosaic 是一个先在 UNIX 运行的图像浏览器，很快便发展到在 Apple Macintosh 和 Microsoft Windows 也能运行，1993 年 9 月发表了 1.0 版本。后来，NCSA 中 Mosaic 项目的负责人马克·安德森（Marc Andreesen）辞职并建立了网景通讯公司。1994 年 10 月，网景公司发布了旗舰产品 Navigator（导航者）。但第二年 Netscape 的优势就被削弱了。因为错失了因特网浪潮的微软在这个时候匆促地购入了 Spyglass 公司的技术，改成 Internet Explorer，掀起了软件巨头微软和网景之间的浏览器大战，这同时也加快了万维网的发展步伐。这场战争把网络带到了千百万普通计算机用户面前，但也显露了因特网商业化后这两家公司是如何妨碍统一标准制定的。微软和网景都在产品中加入了许多互不兼容的 HTML 扩展代码，并试图以这些特点来取胜。1998 年，网景公司承认其市场占有率已跌至无法挽回的地步，这场战争便随之而结束。微软能取胜的其中一个因素是它把浏览器与其操作系统一并出售，这也使它面对反垄断诉讼。网景公司以开放源代码迎战，创造了 Mozilla。但这个并不能挽回 Netscape 的市场占有率。在 1998 年底美国在线收购了网景公司。2003 年，微软宣布不会再推出的独立的 Internet Explorer，但却会变成视窗平台的一部分；同时也不会再推出任何 Macintosh 版本的 Internet Explorer。不过，于 2005 年初，微软却改变了计划，并宣布将会为 Windows XP、Windows Server 2003 和即将发布的 Windows Vista 操作系统推出 Internet Explorer 7。2015 年 7 月 29 日，微软宣布在全球 190 个国家地区推送平板电脑与 PC 的 Windows10 免费升级。较之此前的 XP、Windows 8，其中一项最大的改变就是采用了全新的 Edge 浏览器，Edge 引擎正式登场。以 Windows 10 强大的市场覆盖率，这就意味着，兼容 Edge 引擎，将会是众多浏览器急需面对的问题。

1.4　通信传输技术的发展

1.4.1　电缆长途传输技术的发展

1832 年，沙俄退伍军官许林格将电报线路埋在地下，6 根导线之间彼此用橡胶绝缘后同放在玻璃管内，这就是世界上最早的一条地下电缆。

1844 年 3 月，莫尔斯得到美国国会拨款，架设了一条从华盛顿到巴尔的摩的长约 64 km 的电报线路，这是世界上最早的一条有实际使用意义的明线架空通信线路。

19 世纪中叶，有线电报在欧洲大陆开始应用。

1850 年 8 月 28 日，第一条海底电缆由约翰和雅各布·布雷特兄弟俩在法国的格里斯·奈兹海角和英国的李塞兰海角之间的公海里敷设，但是，只拍发了几份电报就中断了。原来，有个打鱼人用拖网钩起了一段电缆，并截下一节高兴地向别人夸耀这种稀少的"海草"标本，惊奇地说那里装满了金子。

1851 年 11 月，世界上第一条铠装海底电报电缆敷设成功，开创了国际电报通信的新篇章。

1855 年，英国著名物理学家威廉·汤姆逊发表了海底电缆信号衰减理论。并在实践中解决了这个难题，英国政府因而于 1866 年封他为爵士，1907 年又加封他为开耳文勋爵。

1858 年，经过两年来的试验，第一条横跨大西洋的海底电缆于 8 月 5 日敷设完工，8 月 12 日在美国和英国之间播发了第一份海缆电报。但是在一个月后由于报务员的错误，而导致电缆绝缘击穿而损坏。第二条跨越大西洋电缆长 3700 km，比第一条重 3 倍，它的敷设工程由英国"东方巨轮"号承担。但在敷设了 1000 km 电缆后，电缆突然折断。

1866 年，第二条跨越大西洋的电缆敷设完成，并于 7 月 27 日送出第一份电报。

1878 年~1879 年，贝尔架设了波士顿至纽约的 300 km 长途电话线路，但音量较低。

1880 年，美国纽约敷设了第一条电话电缆，其结构如图 1-22 所示。

图 1-22　市话电缆

1897 年，英国物理学家瑞利（Rayleish）绘制了同轴电缆设计草图。

1901 年，电话电缆加感技术首次在英国引进。

1914 年 2 月 26 日，通过地下电缆打通世界上第一个长途电话。

1915 年 1 月 25 日，第一条跨区电话线在纽约和旧金山之间开通。它使用了 2500 吨铜丝，13 万根电线杆和无数的装载线圈，沿途使用了 3 部真空管扩音机来加强信号。

1915 年，德国人 K. W. 瓦格纳和美国人 G. A. 坎贝尔各自发明滤波器，为载波电话的出现创造了条件。

1918 年，架空明线载波电话付诸实用。

图 1-23 海底电缆

1921 年，第一条海底同轴电话电缆敷设于美国福罗里达州基韦斯特与古巴哈瓦那之间（见图 1-23）。

1936 年，在同轴电缆线路上开通了 12 路载波电话（见图 1-24）。

1937 年，英国人里夫斯首次提出用脉冲编码调制来进行数字语音通信的思想。

1941 年在同轴电缆线路上实现了每对同轴管开通 480 路载波电话。

1943 年，英国邮局在昂克纳和爱因岛之间铺设了第一条带有增音机的同轴电缆，可以通 48 路电话。

1950 年，第一条带有增音机的国际电话电缆敷设于美国基韦斯特与古巴哈瓦那之间。全长 222 海里，可通 24 路电话。

图 1-24 同轴电缆结构

1954 年，一条长 300 海里的海底电话电缆敷设于苏格兰的阿伯丁和挪威的卑尔根之间。这是当时世界上最长的海底电话电缆。

1956 年，第一条跨大西洋电话电缆（TAT-1）带有 36 条电路的增音机，从英国敷设到纽芬兰，并在 9 月 25 日开通。连接英、美、加三国，全长 4230 km。

1962 年，美国研究成功了脉码调制设备，用于电话的多路化通信。

1963 年 12 月，当时世界上最长的海底电话电缆系统开通。它敷设于加拿大的温哥华与澳大利亚的悉尼之间，距离为 8076 海里，有 80 个电话话路。

1964 年，在一条 1948 年敷设在英国与比利时之间的海缆上加装了晶体管增音器，这使电缆的容量从 216 个通路增加到 420 个通路。这也是晶体管设备第一次用在海底电话网络上。

1967 年 10 月，第一个 480 路海底电话系统敷设于挪威与丹麦之间。

1970 年代，一对小同轴管可提供 2700 或 3600 个话路；一对中同轴管可提供 10800~13200 个话路。

1983 年，一条 3277 海里长的跨大西洋电缆投入使用，它的容量为 4200 对电话通路。

1984 年，一条长 7500 海里、有 1000 个增音器、可提供 1380 个电话电路的电缆敷设在加拿大与澳大利亚两国之间。

1985 年，从欧洲经中东至东南亚敷设了一条 14000 km 的海底电缆。

1986 年，完成了从新加坡经印尼到澳大利亚的海底电缆，全长 4560 km。此前已完成新加坡经香港到中国台湾省的海底电缆。从此完成了贯通欧亚澳美的海底电话电缆，总长超过 22700 km。

进入 21 世纪，随着光纤和数字通信技术的成熟，有线载波通信设备逐渐退出应用市场。

1.4.2 激光与量子通信技术的演进

1. 光纤与激光通信技术的发展

（1）光纤与激光通信技术的演进

1870 年，英国科学家廷德尔在皇家学会上表演了一个实验装置。他用光照亮盛水器内壁小孔，让水从孔内流出，使大家看到光不再直线前进，而是顺着水流弯曲传送。

1880 年，美国科学家贝尔发明了第一个光电话，可以说是现代光通信的开端。在光电话中，他将弧光灯的恒定光束投射在传声器的音膜上，随声音的振动而得到强弱变化的反射光束，形成对光的调制，在大气中传输 200 m 后，接收端的硅电池对收到的信号进行解调制，还原成原始语音信号，从而实

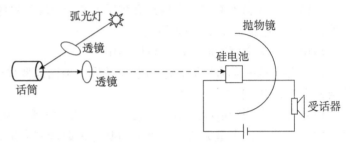

图 1-25　贝尔电话系统

现了通信，如图 1-25 所示。1881 年贝尔发表了论文《关于利用光线进行声音的复制与产生》。贝尔的光电话和烽火报警一样，都是利用大气介质作为光的传输通道，光波传播易受雨、雾、雪天气候的影响，使可见度和距离缩短。由于没有可靠的、高强度的光源，没有稳定的、低损耗的传输媒介，不能使光拐弯，这些致命的缺陷，使贝尔的光电话始终没有实用化。

1917 年爱因斯坦提出了一套全新的技术理论"光与物质相互作用"。认为在组成物质的原子中，有不同数量的粒子（电子）分布在不同的能级上，在高能级上的粒子受到某种光子的激发，会从高能级跳到（跃迁）到低能级上，这时将会辐射出与激发它的光子相同性质的光，而且在某种状态下，能出现一个弱光激发出一个强光的现象。这被叫作"受激辐射的光放大"，简称激光。

1930 年，德国人兰姆用石英纤维代替水流，做了光的弯曲传送实验，并叙述了纤维光导的特性。

1951 年，英国霍布金斯等人进一步研究了图像在一束可弯曲的玻璃纤维内传送的规律，成功地制造出了纤维内窥镜。这种纤维内窥镜在光学研究和医疗工作中得到了广泛的应用。

1951 年，美国物理学家查尔斯·哈德·汤斯设想如果用分子，而不用电子线路，就可以得到波长足够小的无线电波。分子具有各种不同的振动形式，有些分子的振动正好和微波波段范围的辐射相同。例如在适当的条件下，氨分子每秒振动 24 亿次（24 GHz），因此有可能发射波长为 1.25 cm 的微波。他设想通过热或电的方法，把能量泵入氨分子中，使它们处于"激发"状态。然后，再设想使这些受激的分子处于具有和氨分子的固有频率相同的很微弱的微波束中，这样，一个单独的氨分子就会受到这一微波束的作用，以同样波长的束波形式放出它的能量，这一能量又继而作用于另一个氨分子，使它也放出能量，最后就会产生一个很强的微波束。最初用来激发分子的能量就全部转变为一种特殊的辐射。

1953 年 12 月，汤斯和他的学生阿瑟·肖洛终于制成了按上述原理工作的一个装置，产生了所需的微波束。这个过程被称为"受激辐射的微波放大"。按其英文的首字母缩写为 M.A.S.E.R，并由之造出了单词"maser"（脉泽）。1958 年，当他们将氙光灯泡所发射的光照在一种稀土晶体上时，晶体的分子会发出鲜艳的、始终会聚在一起的强光。根据这一现象，

他们提出了"激光原理",即物质在受到与其分子固有振荡频率相同的能量激发时,都会产生这种不发散的强光,即激光。他们为此发表了重要论文,并获得1964年的诺贝尔物理学奖。

1960年5月15日,美国加利福尼亚州休斯实验室的科学家西奥多·梅曼宣布获得了波长为0.6943 μm的激光,这是人类有史以来获得的第一束激光,梅曼因而也成为世界上第一个将激光引入实用领域的科学家。7月7日,西奥多·梅曼宣布世界上第一台激光器诞生。梅曼的方案是,利用一个高强闪光灯管来激发红宝石。由于红宝石在物理上只是一种掺有铬原子的刚玉,所以当红宝石受到刺激时,就会发出一种红光。在一块表面镀上反光镜的红宝石的表面钻一个孔,使红光可以从这个孔溢出,从而产生一条相当集中的纤细红色光柱,当它射向某一点时,可使其达到比太阳表面光强1000万倍的激光。

1960年,苏联科学家尼古拉·巴索夫发明了半导体激光器。半导体激光器的结构通常由p层、n层和形成双异质结的有源层构成。其特点是:尺寸小、耦合效率高、响应速度快、波长和尺寸与光纤尺寸适配、可直接调制、相干性好。

1966年,当时工作于英国标准电信研究所的英籍华人高锟(K. C. Kao)博士发表"光通信"基础理论,提出以一条比头发丝还要细的光纤代替体积庞大的千百万条铜线,用以传送容量几近无限的信息,当时被外界笑称为"痴人说梦"。因为直到20世纪60年代中期,优质光学玻璃的损耗仍高达1000 dB/km。为降低损耗,他深入研究了光在石英玻璃纤维中的严重损耗问题,发现这种玻璃纤维引起光损耗的主要原因是其中含有过量的铬、铜、铁与锰等金属离子和其他杂质,其次是拉制光纤时工艺技术造成了芯、包层分界面不均匀及其所引起的折射率不均匀、一些玻璃纤维在红外光区的损耗较小。该理论于20世纪90年代被广泛利用,促进了长途大容量通信的大发展,高锟被誉为"光纤之父",并于2009年10月6日获诺贝尔物理学奖。1996年,中国科学院紫金山天文台将一颗于1981年12月3日发现的国际编号为"三四六三"的小行星命名为"高锟星"。

1970年,在高锟理论的指导下,美国的康宁公司拉出了第一根损耗为20 dB/km的光纤。1972年,随着光纤制备工艺中的原材料提纯、制棒和拉丝技术水平的不断提高,康宁公司研制成功4 dB/km梯度折射率的高纯石英多模光纤。

1970年,美国贝尔实验室、日本电气公司(NEC)和苏联先后突破了半导体激光器在低温(-200℃)或脉冲激励条件下工作的限制,研制成功室温下连续工作的镓铝砷(GaAlAs)双异质结半导体激光器(短波长)。虽然寿命只有几个小时,但为半导体激光器的发展奠定了基础。由于光纤和激光器同时问世,拉开了光纤通信的帷幕,所以有人把1970年称为光纤通信的"元年"。

1973年,半导体激光器寿命达到10万小时(约11.4年),外推寿命达到100万小时,完全满足实用化的要求。

1974年,美国的贝尔实验室将光纤损耗降低到1.1 dB/km。

1976年,日本电报电话公司将光纤损耗降低到0.47 dB/km,并研制成功发射波长为1.3 μm的铟镓砷磷(InGaAsP)激光器。

1976年,在进一步设法降低玻璃中的OH^-(氢氧根)含量时,发现光纤的衰减在长波长区有1.31 μm和1.55 μm两个低损耗窗口。

1976年,美国在亚特兰大进行了世界上第一个实用光纤通信系统的现场试验,系统采用GaAlAs激光器作为光源,多模光纤作为传输介质,速率为44.736 Mbit/s、传输距离约10 km,这一试验使光纤通信向实用化迈出了第一步。

1977 年，世界上第一个商用光纤通信系统在美国芝加哥和圣塔摩尼卡之间的两个电话局之间开通，使用直径 0.1 mm 左右的多模光纤，波长 0.85 μm，速率为 44.736 Mbit/s，能同时开通 8000 路电话。

1978 年，日本开始了 32.064 Mbit/s 和 97.728 Mbit/s 的光纤通信实验。

1979 年，美国 AT&T 和日本 NTT 均研制出了波长为 1.35 μm 的半导体激光器和发射波长为 1.55 μm 的连续振荡半导体激光器。日本也做出了 0.2 dB/km，波长为 1.55 μm 的超低损耗光纤，同时进行了 1.31 μm 的长波长多模光纤传输系统的现场试验。

1980 年，原材料提纯和光纤制备工艺得到不断完善，从而加快了光纤的传输窗口由 0.85 μm 移至 1.31 μm 和 1.55 μm 的进程。特别是制出了已接近理论值的波长为 1.55 μm 衰减系数为 0.20 dB/km 的低衰减光纤。与此同时，为促进光纤通信系统的实用化，人们又及时地开发出适用于长波长的光源，即激光器、发光管和光检测器。应运而生的光纤成缆、光无源器件、性能测试及工程应用仪表等技术的日趋成熟，都为光纤光缆作为新的通信传输媒质奠定了良好的基础。

1981 年以后，世界各发达国家将光纤通信技术大规模地推入商用。

1991 年，Lucent 公司第一个提出密集型光波复用 DWDM 技术。即将一组光波长用一根光纤进行传送，或在一根特定的光纤中，多路复用单个光纤载波的紧密光谱间距，以实现高速的光纤数据传输。1995 年后 DWDM 成为国际上主要的研究对象，朗讯贝尔实验室认为商用的 DWDM 系统容量最高能够达到 100 Tbit/s 的传输容量。

2. 光孤子通信技术的演进

1981 年，Hasegawa 和 Kodama 提出将光纤中的光孤子作为信息载体用于通信，构建一种新的光纤通信方案，称光孤子通信。光孤子通信就是利用一种特殊的 ps 数量级上的超短光脉冲（光孤子）作为载体，实现长距离无畸变的通信，在零误码率的情况下，信息传递可达上万里。众多试验表明，它可以用于海底光缆通信等，而且适合与 WDM 系统结合构成超高速大容量的光通信，当单信道速率达到 40 Gbit/s 以上时，光孤子通信的优势得以充分体现。早在 1834 年英国海军工程师 Scott Russell 就观测到水中存在孤波，1965 年人们先后发现了自聚焦空间孤子与非线性介质波导中的传输孤子，这种孤子不仅不失真地传播，而且像粒子那样经受碰撞仍保持原来的形状而继续存在，称为光孤子。1973 年，Hasegawa 和 Tappert 首次从理论上推断，无损光纤中能形成光孤子。1980 年，贝尔实验室的 Mollenauer 等人用实验方法在光纤中观察到了孤子脉冲。

3. 量子通信技术的出现

1993 年，C. H. Bennett 提出了量子通信的概念。

2008 年，欧盟发布了《量子信息处理与通信战略报告》，提出了欧洲量子通信的分阶段发展目标，包括实现地面量子通信网络、星地量子通信、空地一体的千公里级量子通信网络等。

2010 年，日本联合欧洲多个研究组在东京建设了东京量子密码网络，集中展示最新成果，在 90 km 的现场光纤上实现了量子密钥分发和通信应用。

2016 年 8 月 16 日，国际上首颗量子科学实验卫星"墨子号"在酒泉卫星发射中心成功发射，为我国引领世界量子通信技术发展，开展检验量子物理基本问题前沿研究，奠定了坚实的科学与技术基础。

2016 年底，连接北京、上海的高可信、可扩展、军民融合的光纤量子保密通信骨干网"京沪干线"全线贯通，将推动量子通信技术在国防、政务、金融等领域的应用，带动相关产业发展。"墨子号"量子卫星与"京沪干线"结合，将初步构建我国天地一体的广域量子通信基础设施，全面服务于国家信息安全。

1.4.3 无线长途传输的演进

1. 无线长途传输技术的发展

1895 年，马可尼在院子里进行无线电通信试验获得成功，通信距离为 30 m。

1896 年，马可尼实现了 3.2 km 远的无线电通信。

1901 年，英国用风筝牵着的金属导线作为天线，实现了横跨大西洋的无线电传输。

1902 年，亥维赛预言在大气上层存在能反射无线电信号的电离层，即肯涅利-亥维赛层。

1906 年，德弗瑞斯特发明真空晶体管，是世界上第一种可放大信号的主动电子元件。

1916 年，马可尼和富兰克林开始研究短波信号反射。

1921 年，业余无线电爱好者发现了短波可以进行洲际通信后，科学家们发现了电离层。短波通信风行全球。

20 世纪 40 年代到 50 年代产生了传输频带较宽，性能较稳定的微波通信，成为长距离大容量地面干线无线传输的主要手段，模拟调频传输容量高达 2700 路，也可同时传输高质量的彩色电视，而后逐步进入中容量乃至大容量数字微波传输。20 世纪 80 年代中期以来，随着频率选择性色散衰落对数字微波传输中断影响的发现以及一系列自适应衰落对抗技术与高状态调制与检测技术的发展，使数字微波传输产生了一个革命性的变化。特别是 20 世纪 80 年代至 20 世纪 90 年代发展起来的一整套高速多状态的自适应编码调制解调技术与信号处理及信号检测技术的迅速发展，对现今的卫星通信，移动通信，全数字 HDTV 传输，起到了重要的作用。

1954 年 7 月，美国海军利用月球表面对无线电波的反射进行了地球上两地电话的传输试验。并于 1956 年在华盛顿和夏威夷之间建立了通信业务。

1955 年对流层散射通信在北美试验成功。

1980 年代，美国海军学院就研制出一种用于海岛与海岸之间进行图像和数据交换的大气激光传输通信系统。这种系统具有 8 MHz 的带宽，可以传送 25 路数据和一路视频信号。

20 世纪 80 年代后期，随着同步数字系列（SDH）在传输系统中的推广应用，出现了 N× 155 Mbit/s 的 SDH 大容量数字微波通信系统。

1986 年美国投入使用极低频电台，设备总跨度为 258 km，天线总长 135 km，天线的一头在威斯康星州，另一头在密歇根州。

1995 年美国与日本进行了联合试验，实现了日本菊花-6 卫星与美国大气观测卫星相距 39000km 间的双向自由空间激光通信。

1998 年，巴西 AVIBRAS 宇航公司研制了一种便携式半导体激光大气通信系统。这是一种通过激光器联通线路的军用红外通信装置，其外形如同一架双筒望远镜，在上面安装了激光二极管和传声器。使用时，一方将双筒镜对准另一方即可实现通信，通信距离为 1 km，如果将光学天线固定下来，通信距离可达 15 km。

1998 年，巴西 AVIBRAS 宇航公司研制了一种便携式半导体激光大气通信系统。这是一种通过激光器联通线路的军用红外通信装置，其外形如同一架双筒望远镜，在上面安装了激光二极管和传声器。使用时，一方将双筒镜对准另一方即可实现通信，通信距离为 1 km，如果将光学天线固定下来，通信距离可达 15 km。

2. 雷达的出现

1842 年，多普勒率先提出利用多普勒效应的多普勒式雷达。

1887 年，赫兹在证实电磁波的存在时，发现电磁波在传播的过程中遇到金属物会被反射回来，就如同用镜子可以反射光一样。这实质上就是雷达的工作原理。不过，当时赫兹并没有想到利用这一原理来进行无线电通信试验。1888 年，赫兹利用仪器成功产生无线电波。

1897 年，汤普森展开对真空管内阴极射线的研究。

1897 年夏天，在波罗的海的海面上，俄国科学家波波夫在"非洲号"巡洋舰和"欧洲号"练习船上直接进行 5 km 的通信试验时，发现每当联络舰"伊林中尉号"在两舰之间通过时，通信就中断，波波夫在工作日记上记载了障碍物对电磁波传播的影响，并在试验记录中提出了利用电磁波进行导航的可能性。这可以说是雷达思想的萌芽。

1904 年，侯斯美尔发明电动镜，利用了无线电波回声探测的装置，可防止海上船舶相撞。直到 1922 年，美国科学家根据波波夫的设想，在海上航道两侧安装了电磁波发射机和接收机，当有船只经过时，通过电波马上就可以测出。这就等于在海上设置了一道看不见的警戒线。不过这种装置仍然不能算是严格意义上的雷达。

1917 年，沃森瓦特成功设计雷暴定位装置。

1922 年，马可尼在美国电气及无线电工程师学会发表演说，题目是可防止船只相撞的平面角雷达。同年，美国泰勒和杨建议在两艘军舰上装备高频发射机和接收机以搜索敌舰。

1924 年，英国阿普利顿和巴尼特通过电离层反射无线电波测量亥维赛层的高度。美国布莱尔和杜夫用脉冲波来测量亥维塞层。

1925 年，伯烈特与杜武合作，第一次成功使用雷达，把从电离层反射回来的无线电短脉冲显示在阴极射线管上。

1946 年，美国用雷达接收月球表面回波。

1931 年，美国海军研究实验室利用拍频原理研制雷达，开始让发射机发射连续波，三年后改用脉冲波。

1934 年，一批英国科学家在 R. W. 瓦特的领导下对地球大气层进行研究。有一天，一个偶然观察到的现象吸引了瓦特。它发现荧光屏上出现了一连串明亮的光点，但从亮度和距离分析，这些光点完全不同于被电离层反射回来的无线电回波信号。经过反复实验，他终于弄清，这些明亮的光点显示的正是被实验室附近一座大楼所反射的无线电回波信号。瓦特马上想到，在荧光屏上既然可以清楚地显示出被建筑物反射的无线电信号，那么活动的目标例如空中的飞机，不是也可以在荧光屏上得到反映吗？1935 年研制成功第一部能用来探测飞机的雷达。后来，探测的目标又迅速扩展到船舶、海岸、岛屿、山峰、礁石、冰山，以及一切能够反射电磁波的物体。1935 年 2 月 26 日，瓦特演示雷达的可行性，1935 年 4 月，他取得英国空防雷达系统的专利。该系统是一种既能发射无线电波，又能接收反射波的装置，它能在很远的距离就探测到飞机的行动。这就是世界上第一台雷达。这台雷达能发出 1.5 cm 的微波，因为微波比中波、短波的方向性都要好，遇到障碍后反射回的能量大，所以探测空中飞行的飞机性能好。1936 年 1 月，W. 瓦特在索夫克海岸架起了英国第一个雷达站。经过几次改进后，1938 年，正式安装在泰晤士河口附近；这个 200 km 长的雷达网，在第二次世界大战中给希特勒造成极大的威胁。

1935 年，法国人古顿研制出用磁控管产生 16 cm 波长的雷达，可以在雾天或黑夜发现其他船只。这是雷达和平利用的开始。

1937年，马可尼公司替英国加建20个链向雷达站。同年，美国第一个军舰雷达XAF试验成功。

1937年，瓦里安兄弟研制成高功率微波振荡器，又称速调管。

1939年，布特与兰特尔发明电子管，又称共振穴磁控管。

1941年，苏联最早在飞机上装备预警雷达。

1943年，美国麻省理工学院研制出机载雷达平面位置指示器，可将运动中的飞机拍摄下来，他还发明了可同时分辨几十个目标的微波预警雷达。

1947年，美国贝尔电话实验室研制出线性调频脉冲雷达。

20世纪50年代中期，美国装备了超距预警雷达系统，可以探寻超音速飞机。不久又研制出脉冲多普勒雷达。

1959年，美国通用电器公司研制出弹道导弹预警雷达系统，可发跟踪4900 km远，966 km高的导弹，预警时间为20 min。

20世纪60年代，美国推出合成孔径雷达。

1964年，美国装置了第一个空间轨道监视雷达，用于监视人造地球卫星或空间飞行器。

1971年，加拿大的伊朱卡等3人发明全息矩阵雷达。与此同时，数字雷达技术在美国出现。

3. 卫星及导航技术的发展

1945年10月，英国人 A. C. 克拉克提出静止卫星通信的设想。

1957年10月4日，苏联成功地发射了第一颗人造卫星"卫星1号"。它不仅标志着航天时代的开始，也意味着一个利用卫星进行通信的时代即将到来。

1958年12月，美国人利用"斯科尔"卫星进行录音带音响传输。

1960年8月，美国国防部把"回声1号"（Echo Ⅰ）卫星发射到距离地面高度约1600 km的圆形轨道上，进行延迟中继通信试验。这是世界第一个"无源通信卫星"，因为这颗卫星上没有电源，故称之为"无源卫星"。它只能将信号反射回地面，被地面上的其他地点所接收到，从而实现通信。1960年10月，美利用"信使1B"卫星进行延迟中继通信。

1961年，苏联为执行"金星-1"探测计划，研制出第一代深空测控系统"冥王星"。20世纪70年代先后研制了第二代深空测控系统"土星-MC"、第三代深空无线电系统"量子-D"、第四代深空无线电系统"木星"。美国航空航天局1958年建成了深空网（DSN），用来沟通星际飞船执行任务的全球各地的网站，提供所有深空飞行任务通信。

1962年7月，美国国家航空宇航局（NASA）发射了"电星1号"。这颗卫星上装有无线电收发设备和电源，可对信号接收、处理、放大后再发射出去，大大提高了通信质量。这颗卫星在美国缅因州的安多弗站与英国的贡希利站和法国的普勒默—博多站之间成功地进行了横跨大西洋的电视转播和传送多路电话试验。

1962年8月，苏联进行东方3号、东方4号宇宙飞船间通信，以及宇宙电视试验。

1963年5月，美国发射了"西福特"铜针卫星。卫星进入轨道后把4亿个铜针均匀地撒在3600 km高的轨道上造成一条人工的"电离层"。用来反射无线电信号供地面上两点之间的无线电通信。

1963年11月，美日利用"中继1号"卫星成功地进行了横跨太平洋的有源中继通信。

1964年8月，美国发射了"同步3号"（Syncom Ⅲ）卫星。这是世界上第一颗试验性静止卫星。10月，美国利用"同步3号"卫星向全世界转播了东京奥林匹克运动会的实况电视，轰动世界。

1965 年 4 月，美国把"晨鸟"卫星送到大西洋上空的地球同步轨道上，该卫星后改名为"国际通信卫星—Ⅰ"。它可开通 240 路电话，几乎代替了大西洋海底电缆。并能 24 小时连续工作。从此，卫星通信进入了实用阶段。与此同时，苏联国内的通信卫星"闪电"则使用大椭圆轨道，其倾角为 65°，远地点高度为 4 万 km，近地点高度为 480 km。以此进行国内电视转播。

1966 年 10 月至 1967 年 9 月，4 颗"国际通信卫星——Ⅱ"升空，通信容量为 400 个双向话路，通信能力遍及环球。星体直径 1.42 m，高 0.67 m，重 86 kg，电源功率 75 W，寿命 3 年。

1968 年 9 月至 1970 年 7 月，8 颗"国际通信卫星—Ⅲ"升空，通信容量为 1200 个双向话路。星体直径 1.42 m，高 1.04 m，重 152 kg，电源功率为 120 W，寿命 5 年。

1971 年 1 月至 1975 年 5 月，8 颗"国际通信卫星——Ⅳ"升空，通信容量达 5000 个双向话路。星体直径 2.38 m，高 2.28 m，总高 5.28 m，重 700 kg，电源功率 400 W 寿命 7 年。

1975 年至 1979 年，2 颗"国际通信卫星—ⅣA"升空，每颗有 20 个转发器，通信容量为 6250 个双向话路和 2 路彩色电视，寿命仍为 7 年。

20 世纪 70 年代起研制出了中小容量（如 8 Mbit/s、34 Mbit/s）的数字微波通信系统，这是通信技术由模拟向数字发展的必然结果。

1973 年，摩托罗拉公司推出个人通信工具——移动手机，标志着无线电话通信进入普通人可使用的时代，此前的无线通信只能由军队、航空、航运、邮电等大型企业和部门掌握。1977 年，美国海军提出了卫星-潜艇通信系统的方案，与美国国防研究远景规划局开始执行联合战略激光通信计划。

1980 年至 1984 年，3 颗"国际通信卫星—Ⅴ"升空，每颗有 27 个转发器，通信容量为 12000 个双向话路加 2 路彩色电视。第一次采用了三轴稳定和太阳电池板技术。电池功率为 1742 瓦，设计寿命 7 年。

1986 年，开始发射"国际通信卫星—Ⅵ"，卫星重量为 1689 kg，频谱再用 6 次，有效带宽为 3680 MHz，具有 34 个转发器，可同时传送 3 万个双向话路加 3 路彩电。

20 世纪 90 年代开始，"国际通信卫星—Ⅶ"升空，使用了大量的窄波束，并开发应用了 5 种新技术。该卫星可同时传送 10 万个双向话路加 4 路彩色电视。

2016 年，航天科技集团提出鸿雁星座计划，将由 60 颗低轨道小卫星及全球数据业务处理中心组成，具有全天候、全时段及在复杂条件下的实时双向通信能力。在航天科技集团的 2018 年商业航天布局中，鸿雁星座的规模提升到了"300 余颗低轨道小卫星"。工程具体将分 3 期建设，最终形成全球低轨移动互联网卫星系统。

2016 年 9 月，航天科工集团提出"虹云工程"。虹云工程脱胎于航天科工之前提出的"福星计划"，计划发射 156 颗在 1000 km 运行的低轨小卫星，组网构建一个星载宽带全球互联网络。

2018 年 12 月，鸿雁、虹云首颗试验星发射成功。

4. 卫星导航技术的发展

20 世纪 70 年代，美国陆海空三军联合研制出新一代空间卫星导航定位系统 GPS。经过 20 余年的研究实验，耗资 300 亿美元，到 1994 年 3 月，全球覆盖率高达 98% 的 24 颗 GPS 卫星星座已布设完成。美国政府从 2000 年才开始放宽民间使用 GPS 系统的限制。图 1-25 为 GPS 卫星分布示意图，图 1-26 为 GPS 导航地图。

2003 年 5 月 26 日，欧盟及欧洲航天局通过了伽利略计划的第一部分，包括于 1999 年从法国、德国、意大利及英国四国各自提出的不同概念，经四国的工程师将之整合而成的共同概念设计。2005 年 12 月 28 日，格林尼治时间清晨 5 点 19 分，"伽利略"系统的首颗实验卫星"GIOVE-A"由俄罗斯"联盟-FG"火箭从哈萨克斯坦的拜科努尔航天中心发射升空。伽利略卫星导航正式运营时间被一再推迟，计划数量为 30 颗。

1982 年至 1995 年间，苏联共发射了 64 颗 GLONASS 卫星定位系统卫星。

2000 年 10 月 31 日，中国西昌卫星发射中心成功发射北斗导航试验卫星北斗-1A。到 2012 年 10 月 25 日，已发射的 16 颗北斗导航卫星组网运行，形成区域服务能力。根据计划，北斗卫星导航系统于 2013 年初向亚太大部分地区提供正式服务。预定 2020 年左右，建成覆盖全球的北斗卫星导航系统，规划相继发射 5 颗静止轨道卫星和 30 颗非静止轨道卫星，建成覆盖全球的北斗卫星导航系统。

2018 年 12 月，我国的北斗三号卫星定位系统部署基本完成，正式对全球服务。

5. 深空通信技术的发展

1980 年起，美国海军以几乎每两年一次的频率，进行了 6 次海上大型蓝绿激光对潜通信试验，这些试验包括成功进行的 12000 m 高空对水下 300 m 深的潜艇的单工激光通信试验，以及在更高的天空、长续航时间的模拟无人驾驶飞机与以正常下潜深度和航速航行的潜艇间的双工激光通信可行性试验，证实了蓝绿激光通信能在天气不正常、大暴雨、海水浑浊等恶劣条件下正常进行。

进入 21 世纪以来，随着美国"机遇号""勇气号"火星探测器成功登陆火星，"卡西尼号"探测器飞抵土星并成功释放"惠更斯号"探测器着陆土卫六，深空探测越来越成为人类关注的焦点。

6. 深海通信技术的发展

1981 年 5 月，美国通用电话电子公司用一架大型飞机在 12000 m 左右的高度向水下潜艇发出一道短促而明亮的蓝绿色光束，进行了一次名为"蓝绿通信"的对潜通信试验。

2012 年 6 月 28 日 5 时 29 分，"蛟龙"号在西太平洋的马里亚纳海沟进行了 7062 m 下潜试验。所采用的高速数字化水声通信，可向母船传输文字、语音、图像，是"蛟龙"号的另一先进技术。即使水声通信出现故障，还有一套水声电话备用。这标志着我国深海通信取得新进展。

1.5 物联网与人工智能技术的发展

1.5.1 物联网技术的出现

1999 年 MIT Auto-ID Center 提出物联网概念，即把所有物品通过射频识别等信息传感设备与互联网连接起来，实现智能化识别和管理。

1999 年，中科院启动了传感网研究，与其他国家相比具有同发优势。

2003 年，美国《技术评论》提出物联网技术将是未来改变人们生活的十大技术之首。

21 世纪初期，ZigBee 技术出现，这是一种新兴的短距离、低速率、低功耗无线网络技术，它是一种介于无线标记技术和蓝牙之间的技术提案。

2004 年，日本总务省提出 u-Japan 构想中，希望在 2010 年将日本建设成一个"任何时间、任何地方、任何事物、任何人"都可以上网的环境。同年，韩国政府制定了 u-Korea 战略（见图 1-26），韩国信通部发布《数字时代的人本主义：IT839 战略》以具体响应 u-Korea。

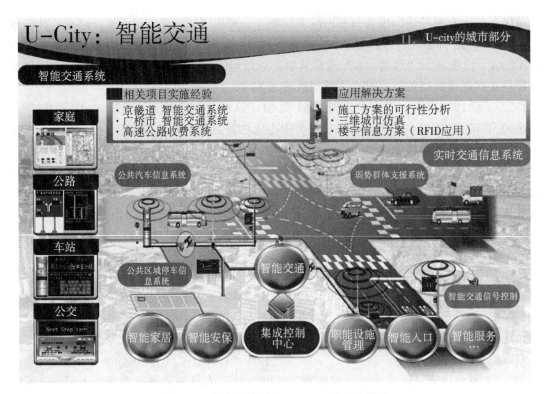

图 1-26 韩国政府制订 u-Korea 战略示意图

2005 年 1 月，美国芯片和软件开发商 Zensys 公司与其他 60 多家厂商在拉斯维加斯举办的 CES（Consumer Electronics Show）上宣布成立一个新的联盟——Z-Wave 联盟，该联盟推出了一款低成本、低功耗（耗电量极低）、结构简单、基于射频的、适用于网络的高可靠性的双向无线通信协议，即 Z-Wave 技术。

2005 年 11 月，在突尼斯举行的信息社会世界峰会上，国际电信联盟发布了《ITU 互联网报告 2005：物联网》，报告指出，无所不在的"物联网"通信时代即将来临，世界上所有物体，从轮胎到牙刷、从房屋到纸巾都可以通过因特网主动进行交换。射频识别技术、传感器技术、纳米技术、智能嵌入技术将得到更加广泛的应用。

2005 年，欧盟委员会在 eEurope 计划上提出旨在创建无所不在的网络社会的 i2010 计划，并于 2009 年 6 月制定并公布了 14 个行动计划，确保欧洲在构建传感网过程中起主导作用。

2008 年 11 月，IBM 提出"智慧的地球"概念，即"互联网+物联网智慧地球"，以此作为经济振兴战略。

2009 年 6 月，欧盟委员会提出针对物联网的行动方案，方案明确表示在技术层面将给予大量资金支持，在政府管理层面将提出与现有法规相适应的网络监管方案。

2009 年 8 月，温家宝总理在无锡考察传感网产业发展时明确指示要早一点谋划未来，早一点攻破核心技术，并且明确要求尽快建立中国的传感信息中心，或者叫"感知中国"中心。同年成立物联网网络标准工作组。

2010 年，上海世博会上，物联网率先在上海浦东国际机场防入侵系统中得到应用。上海浦东机场防入侵系统敷设了 3 万多个传感节点，覆盖了地面、栅栏和低空探测，可以防止人员的翻越、偷渡、恐怖袭击等攻击性入侵。

2013 年 1 月 29 日，中国的住房城乡建设部公布首批国家智慧城市试点名单，并与试点城市及其上级人民政府签订共同推进智慧城市创建协议。首批国家智慧城市试点共 90 个，其中地级市 37 个，区（县）50 个，镇 3 个。试点城市经过 3 ~ 5 年的创建期后，住建部将组织评估，对评估通过的试点城市（区、镇）进行评定，评定等级由低到高分为一星、二星和三星。据规划，在"十二五"后三年，国家开发银行与住房城乡建设部合作投资智慧城市的资金规模将达 800 亿元。

1.5.2 人工智能技术的兴起

20 世纪 40 年代，诞生了人工智能的概念。在那个时期的一些科幻小说、科幻电影里，经常有关于人工智能的描述，如超级机器人、超级计算机、光脑等。

1943 年，Warren McCulloch 和 Walter Pitts 两位科学家提出了"神经网络"的概念，正式开启了人工智能（AI）的大门。虽然在当时仅是一个数学理论，但是让人们了解到计算机可以如人类大脑一样进行"深度学习"，让人造神经元网络实现逻辑功能。

1950 年，一位名叫马文·明斯基的大四学生与他的同学邓恩·埃德蒙一起，建造了世界上第一台神经网络计算机。这也被看作是人工智能的一个起点。同年，被称为"计算机之父"的阿兰·图灵提出了一个举世瞩目的想法——图灵测试。按照图灵的设想：如果一台机器能够与人类开展对话而不能被辨别出机器身份，那么这台机器就具有智能。这一年，图灵还大胆预言了真正具备智能机器的可行性。

1955 年 8 月 31 日，John McCarthy、Marvin Minsky、Nathaniel Rochester 和 Claude Shannon 四位科学家联名提交了一份《人工智能研究》的提案，首次提出了人工智能的概念，其中的 John McCarthy 被后人尊称为"人工智能之父"。

1956 年，在达特茅斯学院举办的一次会议上，计算机专家约翰·麦卡锡提出了"人工智能"一词。后来，这被人们看作是人工智能正式诞生的标志。会后不久，麦卡锡从达特茅斯搬到了 MIT，与明斯基共同创建了世界上第一座人工智能实验室，MIT AI LAB 实验室。

20 世纪 60 年代，麻省理工学院的一名研究人员发明了一个名为 ELIZA 的计算机心理治疗师，可以帮助用户和机器对话，缓解压力和抑郁，这是语音助手最早的雏形。语音助手可以识别用户的语言，并进行简单的系统操作，

某种程度上来说，语音助手赋予了人工智能"说话"和"交流"的能力。

20 世纪 50 年代至 70 年代是人工智能的"推理时代"。这一时期，计算机被广泛应用于数学和自然语言领域，用来解决代数、几何和英语问题。一般认为只要机器被赋予逻辑推理能力就可以实现人工智能。有很多学者认为："二十年内，机器将能完成人能做到的一切"。不过此后人们发现，只是具备了逻辑推理能力，机器还远远达不到智能化的水平。

1986 年，出现了人工智能数学模型方面的重大发明，其中包括著名的多层神经网络和 BP 反向传播算法等。

1987 年，美国召开第一次神经网络国际会议，宣告了这一新学科的诞生。

1989 年，出现了能与人类下象棋的高度智能机器。此外，其他成果包括能自动识别信封上邮政编码的机器，就是通过人工智能网络来实现的，精度可达 99% 以上，已经超过普通人的水平。

20 世纪 80 年代，卡耐基·梅隆大学为 DEC 公司制造出了专家系统，这个专家系统可帮助 DEC 公司每年节约 4000 万美元左右的费用，特别是在决策方面能提供有价值的内容。受此鼓

励，很多国家包括日本、美国都再次投入巨资开发所谓第 5 代计算机，当时叫作人工智能计算机。

20 世纪 70 年代至 90 年代是人工智能的"知识工程时代"。这一时期，人们认为要让机器变得有智能，就应该设法让机器学习知识，于是专家系统得到了大量的开发。后来人们发现，把知识总结出来再灌输给计算机相当困难。如想要开发一个疾病诊断的人工智能系统，首先要找许多有经验的医生总结出疾病的规律和知识，随后让机器进行学习，但是在知识总结的阶段已经花费了大量的人工成本，机器只不过是一台执行知识库的自动化工具而已，无法达到真正意义上的智能水平进而取代人力工作。

1993 年，作家兼计算机科学家 Vernor Vinge 发表了一篇文章，首次提到了人工智能的"奇点理论"。他认为未来某一天人工智能会超越人类，并且终结人类社会，主宰人类世界，被其称为"即将到来的技术奇点"。Vernor Vinge 是最早的人工智能威胁论提出者，后来者还有霍金和特斯拉 CEO 马斯克。

1997 年，IBM 的超级计算机"深蓝"战胜了当时的国际象棋冠军 Garry Kasparov，引起了世界的轰动。虽然它还不能证明人工智能可以像人一样思考，但它证明了人工智能在推算及信息处理上要比人类更快。这是 AI 发展史上人工智能首次战胜人类。

2000 年至今是人工智能的"数据挖掘时代"。随着各种机器学习算法的提出和应用，特别是深度学习技术的发展，人们希望机器能够通过大量数据分析，从而自动学习出知识并实现智能化水平。这一时期，随着计算机硬件水平的提升，大数据分析技术的发展，机器采集、存储、处理数据的水平有了大幅提高。特别是深度学习技术对知识的理解比之前浅层学习有了很大的进步。

2012 年 6 月，谷歌研究人员 Jeff Dean 和吴恩达从 YouTube 视频中提取了 1000 万个未标记的图像，训练一个由 16000 个电脑处理器组成的庞大神经网络。在没有给出任何识别信息的情况下，人工智能通过深度学习算法准确地从中识别出了猫科动物的照片。这是人工智能深度学习的首次案例，它意味着人工智能开始有了一定程度的"思考"能力。

2013 年，邢波研究小组在训练巨大模型的时候，需要把模型分解到不同机器上，每个机器完成一个子任务，子任务间必须有效通信，才能保证整体任务不失败。最后结果不仅可以保障大型模型程序在很细颗粒度下的正确性，有时候还能实现令人吃惊的加速收敛曲线效果，这是传统的完全同步运行程序无法达到的结果。同年，卡耐基·梅隆大学对这个分布式机器学习系统做了开源发布，并命名为 Petuum。到 2015 年 7 月，一共发布了 5 个版本。现在只用 5 台 Petuum 机器就可在 37 小时内处理完了 1 亿个网络节点，而 1000 台 Hadoop 机群预期可能要跑 400 个小时。

2016 年 3 月，谷歌的 AlphaGo 机器人以 4:1 战胜围棋世界冠军李世石，此次人机大战，引起了全球前所未有的关注，开启了人工智能的新纪元。

2017 年 6 月，全球人工智能企业总数达到 2542 家，其中美国拥有 1078 家，占据 42.4%；中国其次，拥有 592 家，占据 23.3%。

2018 年 3 月，在平昌冬奥会火炬传递仪式上，全身有 41 个关节，每分钟能走 65 步的机器人 HUBO，利用机械臂上的工具切割墙壁并接过火炬，此举也开创了奥运史上首次使用机器人传递圣火的新纪录。开幕式上，由 1218 架英特尔 Shooting Star 无人机展示的无人机灯光秀，让全世界观众感受到了科技的魅力，此举不但创造了奥运会历史上首次无人机灯光秀，同时也创造了"同时放飞数量最多无人机"的吉尼斯世界纪录。值得一提的是，这

1218 架无人机只需一名"飞手"进行控制。由平昌冬奥会的应用程序 Genie Talk 与韩国机器人公司 Future robot 共同打造的翻译机器人，利用人工智能技术，可自动对语音和图像进行识别和翻译，为那些沟通存在一定障碍的外国运动员、游客等提供高质量的翻译服务。

小结

本章介绍了古代通信技术的发展、通信终端技术的发展、通信交换技术的发展、通信传输技术的发展、物联网与人工智能技术的发展。包括原始通信的演进、电的发明与应用；电报的产生与消亡、电话的兴起、广播电视的演进、计算机与相关应用技术的出现；电话交换的演进、数据交换的出现；电缆长途传输的发展、光纤传输的出现、无线长途传输的演进、雷达与卫星通信的出现；物联网技术的出现、人工智能技术的出现。此外，对为通信技术的进步发挥过重要作用的人物也做了一些介绍，希望激发更多爱好通信的读者学习他们对科学孜孜不倦的奋斗与献身精神，为人类进步做出自己的贡献。

思考题

1-1 什么发明导致了信息文明的第一次突破性的进展？

1-2 信息文明的第二次突破是什么？为什么说这是世界电信史上光辉的一页？

1-3 为什么说电话是信息文明的第三个突破？完成这次突破的领军人物有哪些？

1-4 为什么说赫兹在 1887 年进行的实验成为近代科学技术史上的一座里程碑？

1-5 波波夫和马可尼对电信技术发展的贡献体现在什么地方？

1-6 贝尔德和兹沃利金、法恩斯沃斯对媒体的革命的贡献体现在什么地方？

1-7 雷达与卫星通信出现的意义是什么？

1-8 什么技术导致了信息文明的第四次突破？为什么？

1-9 基尔比对推动电子技术发进步的贡献是什么？

1-10 谁被誉为互联网之父？

1-11 云计算和物联网出现的意义是什么？

1-12 史端乔对电话交换技术发展的贡献是什么？

1-13 谁被誉为是光纤之父，发明光纤的意义是什么？

1-14 规划中的北斗卫星导航系统是如何构成的？

1-15 蛟龙号潜水器采用什么方式与水面进行通信？

1-16 贝利纳的主要成就是什么？

1-17 物联网是如何提出来的？

1-18 谁最早洞见大数据商业应用？

1-19 数据挖掘最早在哪里出现？

1-20 量子计算机的概念是如何诞生？

1-21 区块链的概念是如何诞生？

1-22 人工智能技术是如何的兴起的？

第2章 通信网络体系与基本终端

随着通信技术的发展和通信技术应用的普及，传统意义上的通信概念正面临新的挑战，通信一词所包括的内容也不断扩大，而且这一趋势还在加强。本章通过对通信体系基本概念、通信网络基本概念和通信终端基本概念的讨论，试图为读者建立一个基本的通信整体概念模型，然后介绍最常见的通信终端所涉及的基本问题。

2.1 通信体系

2.1.1 对常见通信术语的理解

今天，几乎无人不享受通信为人类生活所带来的便利，通信一词对大多数人来说也是耳熟能详，但也常常存在一些认识上的误区，本节对若干容易混淆的概念加以说明。

1. 什么是消息

消息（Message）以标记、文字、图片、声音、影像等表现的人们对世界的感知和认识，或用某种自然方式所表达的某一事件的发生。讯息也用 Message 表示，定义为由一组相关联的有意义的符号（语言、文字、图像等）组成，能表达某种完整意义的信息，可以声、光、电的形式出现，讯息可以承载消息。

2. 什么是信号

信号（Signal）是运载消息的工具，是消息的载体。信号通常以电、磁、光、波等形式表现标记、文字、图片、声音、影像等内容，是消息的电磁表现形式。

例如，古代人利用点燃烽火台而产生的滚滚狼烟，向远方军队传递敌人入侵的消息。这里，有敌入侵是要传递的消息，滚滚狼烟是信号，是消息的载体，属于光信号；当人们说话时，声波传递到别人的耳朵，使别人了解自己的意图，这里说话的内容是消息，声波是信号，属于声信号；同样，各种无线电波、四通八达的电话网中的电流等，是用变化的电波或电流等来向远方表达各种消息，属于电信号。人们通过对光、声、电信号进行接收，获取对方所要表达的消息。

3. 什么是信息

信息（Information）是以某种形式的承载方式所表达的讯息中的人们所不确定的有效消息内容。对不同的人而言，信息的价值是不同的。信息是可以用数量来表示的，根据仙农定理，不太被人们所了解或知道的讯息所含信息的量值就大；反之，如果讯息中的内容已被人们所了解，则该讯息就不含信息，或该讯息所含信息量低。

信息具有如下特征：

（1）信息与载体的不可分性

信息需要以某种载体来承载其中所要表达的内涵，但信息的内容又与物质载体无关。

（2）信息的客观性

无论借助于何种载体，信息都不会改变其所反映对象的属性。如气象预报无论是通过广播、电视、报纸，还是通过其他载体，反映的都是自然世界的客观变化。

（3）信息的价值性

信息是一种特殊资源，具有使用价值。信息的价值性有赖于对信息进行正确的选择、理解和使用，只有在与某种有目的的活动相联系时，其价值才能体现出来。

（4）信息的时效性

信息的时效性是指信息从发出、接收到进入利用的时间间隔及其效率。信息的时效性与信息的价值性密不可分。任何有价值的信息，只在一定的条件下才起作用，离开一定的条件，信息将会失去应有的价值。

（5）信息的可扩充与可压缩性

随着时间的推移和事物的运动、发展、变化，信息经过不断地开发利用，会扩充、增值，成为重要的资源。同时，经过加工整理、精炼、浓缩，可将信息内容物化在不同的物质载体上，因此，信息又有可压缩性。

（6）信息的可替代性

信息的可替代性一方面是指信息的物质载体形态是可以相互替代的，如语言信息经过记录变成文字信息，就是文字信息替代了语言信息；另一方面是指信息的利用可以替代资本、劳动力和物质资料。

（7）信息的可传递性与可扩散性

信息的可传递性是指信息可以借助一定的物质载体传递给感受者、接收者的特性。信息可以进行空间和时间上的传输，传输速度越快，效用就越大。信息的可扩散性与信息传递技术的发展密切相关，传递技术发展得越快，信息扩散的速度越快。随着信息传播手段和技术的提高，信息的扩散性表现得越来越突出。

（8）信息的无形性与无损耗性

信息的无形性是指信息看不见、摸不着、不占空间、容易积累。信息的无损耗性是指信息不是物质实体，在使用的过程中没有物质损耗，信息本身的损耗在于随着时间的增长，信息被人们获取后，信息量减少。某些信息在使用过程中还会产生新的补充信息，发生"增值"现象，甚至有些历史信息虽然已过时，但在许多领域仍有利用的价值。

（9）信息的可开发性

虽然信息是一种客观存在，但它的质量高低、适用程度和效用大小取决于信息资源的利用度，取决于对无效信息的过滤、有效信息的获取以及提炼信息的水平等。经过筛选、整理、概括、归纳、扩充，可以使信息更精炼，含量更丰富，价值更高。

（10）信息的共享性

信息的可共享性指的是通过传递，信息迅速为大多数人接收、掌握和利用。

信息广泛地存在于自然界和人类社会，种类繁多，大体可分五种类型：

1）按时间划分，可分为历史信息和未来信息。

2）按内容划分，可分为社会信息、自然信息、机器信息。

3）按信息产生的先后和加工与否划分，可分为原始信息和加工信息。原始信息即通常讲的"第一手材料"，这是最全面、最基本、量最大的信息资料，是信息工作的基础。对原始信息进行不同程度的加工处理，就可成为适应不同对象、不同层次需要的加工信息。

4）按行业划分，可分为工业信息、农业信息、商业信息、金融信息、军事信息等。

5）按性质划分，可分为定性信息和定量信息。定性信息主要反映事物的性质，定量信息主要反映事物的数量关系。二者都是信息构成必不可少的因素。

4. 什么是通信

《现代汉语词典》第 5 版 1365 页中对通信的解释是：通信指利用电波、光波等信号传送文字、图像等。通信传递的"信"指的是信息（Information）。

广义上对通信的解释是：人与人或人与自然之间通过某种行为或媒介进行的信息交流与传递，无论采用何种方法，使用何种媒质，将信息从一个地方准确安全地传送到另一个地方。

实现通信的手段包括：以视觉、声音传递为主的古代的烽火台、击鼓、旗语等，以书信传递为主的古代驿站快马接力、信鸽、邮政等，和以现代电信号方式进行的通信等。

通信专业中所讲的通信，基本上采用电信这个概念中所指的通信内涵。但随着现代技术的发展，电信概念中所指的通信已不能完整反映通信所面临的新问题。因为电信概念中所涉及的只是电磁系统，并没有包括非电磁系统，如声学系统，这样水下声通信系统就不属于通信的范畴。

因此对通信更广泛的认识可以这样定义：通信是指将信息源端获取的信号转换为电信号并进行某种电的处理，使之适合于特定的传输信道，在信宿端再将信号还原为原来信号的过程。

过去有许多人常将通讯与通信混用，但通讯指对原始讯息未进行加工就进行直接传递到接受人群的过程。通讯所传递的是的"讯"，指消息（Message），表达的是对讯息的传输过程。目前的新标准中，通讯一词已被通信所取代。

5. 什么是电信

国际电信联盟对电信（Telecommunication）的定义为：使用有线电、无线电、光或其他电磁系统的通信。利用任何电磁系统，包括有线电信系统、无线电信系统、光学通信系统以及其他电磁系统，采用任何表示形式，包括符号、文字、声音、图像以及由这些形式组合而成的各种可视、可听或可用的信号，从发信者向一个或多个接收者发送信息的过程，都称为电信。所以说电信是通信的一种方式。

2.1.2 通信系统的基本概念

1. 通信系统、通信工程与通信技术

（1）什么是通信系统

通信系统是对用以完成信号采集、信号传输、信号路由交换及信号还原等通信过程中所包括的各个环节的总称。

按照通信业务的不同，通信系统又可分为电话通信系统、数据通信系统、传真通信系统和图像通信系统等。

按照通信使用的信道的不同，通信系统又可分为有线通信系统、无线通信系统。

图 2-1 所示为通信系统的硬件部分。这里的通信系统包括信源、发信设备、信道、交换设备、收信设备、信宿以及传输过程中受到噪声干扰。

通信系统的任务是对通信系统组成部分中的各要件进行研究，以达到最可靠、最有效、最方便、最经济的实现通信目标。

在图 2-1 所示的通信要件所组成的通信网络中，包涵了三大要素：终端系统、传输系统和交换系统。其中，信源和信宿为终端系统。广义的终端系统包括电话机、手机、计算机、PDA、电视机、收音机、电台、传感器等；发信/收信设备及信道为传输系统，传输系统包括光纤传输系统、无线传输系统、卫星传输系统等；交换系统包括程控交换机、FR/ATM 交换机、路由器等。

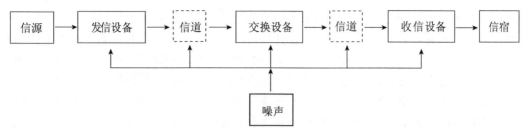

图 2-1　通信系统组成

在通信系统的组成中，除了图 2-1 中包括的可见的硬件设备外，还包括协调这些设备进行有序化工作的规程和约定，如各种信令、协议、标准等。

（2）什么是通信工程

通信工程（Communication Engineering）是研究和实现通信过程中的信息采集、信号处理、信息传输、信道交换原理和应用的学科。通信工程是电子工程在信息处理领域的一个重要分支，同时也是其中的一个基础学科。

通信工程是信息科学技术中发展迅速并极具活力的一个专业，尤其是数字移动通信、光纤通信、Internet 网络通信、物联网通信，使人们在传递信息和获得信息方面达到了前所未有的便捷程度。通常高校中所开设的通信工程专业主要学习通信技术、通信系统和通信网等方面的知识，培养能在通信领域中从事研究、设计、制造、运营及在国民经济各部门和国防工业中从事开发、应用通信技术与设备的人才。通信工程专业的学生毕业后可从事有线通信、无线通信、通信终端、大规模集成电路、智能仪器及应用电子技术领域的研究，可从事通信工程项目的研究、设计、技术引进和技术开发工作。近年来的毕业生集中在通信系统、高科技开发公司、科研院所、设计单位、金融系统、民航、铁路及政府和大专院校等。通信工程专业在人才培养方面更着重加强基础、拓宽专业、跟踪前沿、注重能力培养，培养德、智、体全面发展，具有扎实的理论基础和开拓创新精神，能够在电子信息技术、通信与信息技术、通信与系统和通信网络等领域中，从事研究、设计、运营、开发的高级专门人才。

（3）什么是通信技术

通信技术是为实现通信工程任务而开展的相关科学技术、科学方法的理论研究和学术活动。

2. 通信网

通信网可这样定义：将分布在多个地点的多个用户通信终端设备、交换节点设备和连接这些终端与节点的传输设备有机地组织在一起的，在相应通信软件支持下按约定的信令或协议完成任意用户间信息交换的系统。

通信网的功能就是要适应用户的通信需求，以用户满意的方式沟通网络中任意两个或多个用户之间的信息。按照通信网传输内容和服务对象的不同，通信网可分为不同的具有一定特点的专用网。

3. 通信终端

通信终端是用于感知欲传输信息或接收这些被传输信息的电子设备的总称。根据通信终端在通信过程中的地位和作用的不同，可将通信终端分为传输终端和用户终端。根据终端处理信号的不同，又可分为模拟终端和数字终端。

（1）用户终端

用户终端是通信用户用来所获取和采集信号或这些信号经传输后将信号还原为原始信号的设备。

传统意义上的通信用户终端主要指用于用户传统通信的电话机、电报机、传真机、电台、手机等。但后来随着计算机技术的发展，计算机网络出现，要求进行计算机之间的数据传输和路由分配，因此计算机也被纳入通信用户终端的范畴，计算机网则与传统电信网融合，属于整个通信网的内容之一。近年来，随着电信网、计算机网、电视网三网的融合，用户家庭中的电视机不仅仅只是用于看电视和听收音机，并具备了通电话、上网的功能，因此电视机、收音机也可纳入用户终端，而电视网则纳入更广泛意义上的通信网的范畴。而随着物联网的出现，要求将各种传感器与人类活动联系起来，实现任何时间、任何地点、任何方式与任何人或任何物通信。这样，各种传感器也被纳入更加广义的通信用户终端的范畴，物联网则纳入更广泛意义的通信网的范畴。

根据用户终端是否可移动，用户终端又可进一步细分为固定终端（电话机、传真机、电视机、计算机）和移动终端（电台、手机、收音机、便携式电脑）。

（2）传输终端

传输终端是将用户终端传来的信号进行集中处理使之适合大容量长途传输的靠近传输网一侧的设备。如电信公司的光纤终端设备、载波终端设备、卫星地面站设备等。

2.2 电话通信终端的基本概念

通信终端是感知自然界中各种物理信号或还原传输后的信号的设备。在通信过程中，首先由用户终端设备将各种承载信息的物理表现形式转化为电信号的表现形式，然后经传输终端将这些电信号转化为适应信道特征的某种物理信号进行传输、交换路由，最后由接收端的传输终端将这些物理信号还原为原始电信号，再由用户终端还原为原始的物理表现形式或人类需要的某种表现形式。

最常见的用户通信终端是电话机和手机，两者本质上是一种声波/电信号转换器，是一种能将声音转化为电信号或将电信号还原为声音的终端设备。收音机也是一种将电信号还原为声音的终端设备，由播音员的送话器将语音转化为电信号。类似地，电视机是进行图像还原的终端设备；计算机则是发起或接收传输的数据，并能在显示器上显示或还原为文字和图像的终端设备。物联网中的各类传感器则是将监测到的温度、湿度、压力、气体、速度等转化为电信号的终端设备。

由于计算机终端、电视机终端、传感器终端等的相关技术均能在相应的专业书籍中找到详细的介绍，限于本书篇幅考虑，下面只对电话机、手机终端做些简单介绍。

2.2.1 电话机的基本原理与工作过程

1. 电话机的工作过程

电话通信是一个声能与电能相互转换的过程。电话发送端采集话音的设备叫送话器，电话接收端获取声音的设备叫受话器。当两个用户要进行通信时，最简单的形式就是将发信端的送话器与接收端的受话器用一对线路连接起来，如图 2-2 所示。下面以炭精砂式送话器和动圈式受话器的通信过程为例来说明电话的通信原理。

1）当发话者拿起电话机的送话器，对着送话器讲话时，声带的振动激励空气振动，形成声波。

2）声波作用于送话器的鼓膜上，使送话器中的炭精砂受到随声波大小变化的挤压。压紧时，电阻增大，松弛时电阻减小。当送话器的两个电极接上电压源时，就会在送话器的两个电极间产生随声音大小变化的电流，称为语音电流。

3）语音电流在电阻两端产生语音电压，经电容耦合，语音电压沿着线路传送到对方电话机的受话器内。

4）对方受话器作用与发方送话器刚好相反，电流流经受话器的电磁线圈，产生随语音电流变化的磁力，吸引受话器上的金属杆运动，并由金属杆带动鼓膜振动，从而将语音电流转化为声波，通过空气传至人的耳朵中。这样，就完成了最简单的通话过程。

在图2-2所示的最简单的通信系统中，A端只能发信，B端只能收信，这种通信方式称为单向通信或单工通信方式。如果要让A端和B端都能发信和收信，就需要两套这样的设备，每一端都有一个送话器和受话器。

通信双方既能发信又能收信的通信方式称为双向通信，或双工通信方式。这时，为实现双向通信就需要四条传输线，故称四线通信方式，此时两根线用作发信，另两根线用作收信，每对线上传输的信号都是单向的。

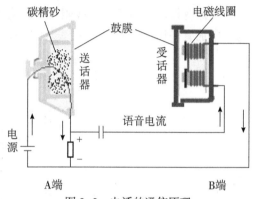

图2-2 电话的通信原理

如果将四条传输线合并为两根线进行传输，称为二线通信方式，此时这两根线上传输的信号是双向的。

在二线通信方式中，如果简单地将每一端的送话器和受话器串接起来，则每端送话器的电流会流过自己一方的受话器，结果自己就能听到很大的自己的讲话声音，而对方的声音由于经过传输线的衰减，声音很弱。当自己听到自己很大的声音时，会自然地减小声音，使对方听到的声音更小。

发信方的声音被自己从受话器中听到，这个声音叫作侧音。侧音对通信是有害的，它不仅消耗了电能，还使发信方听到自己的回声，会感到很难受，并严重影响接收对方信号，必须设法消除。

用于消除侧音的电路叫消侧音电路。消侧音电路可分为感应线圈式和电子式两大类，其基本原理都是将送话器和受话器放在电桥电路的两个对臂方，利用电桥平衡原理使受话器和送话器器件两端的电压差为零，从而消除侧音，如图2-3所示。

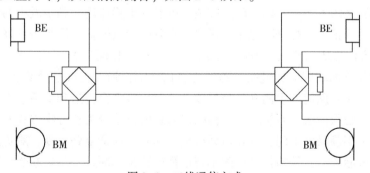

图2-3 二线通信方式

传统的机械拨盘式电话机大多采用感应线圈式消侧音电路；现代按键式电话机的通话电路具有放大器，消侧音功能则是由晶体管、电阻和电容等电子元器件组合来完成，故称为电子式消侧音电路，其形式主要为电桥平衡式。下面以感应线圈式消侧音电路为例说明消侧音电路的工作原理。

感应线圈式消侧音电路原理图如图 2-4 所示，图 2-5 为对应的等效电路。送话器 BM 多采用高灵敏度的炭粒式话筒，由于它自身具有放大能力，所以通话电路无需加放大器。炭精砂式话筒需要 12~80 mA 的直流偏置，其电流由外线输入经 $L_1 \rightarrow N_1 \rightarrow BM \rightarrow L_2$ 构成回路。感应线圈 T 具有耦合交流信号、隔直流作用，因此直流电流不会流过受话器 BE，可以减少电话网直流损耗。图 2-4 中的阻容元件 R_1、R_2、C_1 构成平衡网络，用以平衡线路阻抗 Z_L，与感应线圈一起完成消侧音作用。由于电话线阻抗多呈电容性，为了使平衡网络特性接近外线路特性，故平衡网络中加有平衡电容 C_1。Z_L 代表外线路阻抗，Z_P 代表 R_1、R_2、C_1 组成的平衡网络的阻抗。

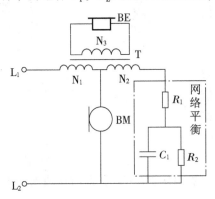

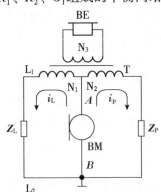

图 2-4 感应线圈式消侧音电路　　　图 2-5 感应线圈式消侧音等效电路

消侧音原理：送话时 BM 为信号源，产生两路电流，一路电流为 i_L 经 $N_1 \rightarrow Z_L \rightarrow B$ 端，该电流是送往对方话机的有效电流；另一路为 i_P 经 $N_2 \rightarrow Z_P \rightarrow B$ 端，该电流消耗在平衡网络内。如果在设计电路时，选择合适的平衡网络元件参数，使流过 N_1 的电流 i_L、与流过 N_2 的电流 i_P 大小相等方向相反，则使 N_1 绕组与 N_2 绕组的磁通量相等，即 $i_L N_1 = i_P N_2$，这样两个绕组的交变磁通就能互相抵消，线圈 N_3 中便无感应电动势产生，受话器中听不到发话声音，达到消侧音的目的。

实际上，由于电话用户距电信公司的距离不同，电话线的长度是不同的，而平衡网络的阻抗是固定的，故不能做到对所有话机中消侧音电路的电桥平衡，所以要完全消除侧音是不可能的，因此电话机受话回路中仍存在微弱的侧音。在实际使用中，也不要求将侧音完全消除，只要把侧音减弱到原来的 1/20~1/40，已足够消除侧音的干扰作用，剩余微小的侧音可便于监听话机的送话情况是否正常，维修时也是利用侧音来判断检查通话电话是否良好。

受话时，语音信号从 L_1 输入，语音电流通过 $N_1 \rightarrow BM \rightarrow L_2$ 端和 $N_1 \rightarrow N_2 \rightarrow$ 平衡网络 $\rightarrow L_2$ 端，在 N_1、N_2 上感应电压方向相同，通过铁（磁）心将信号耦合到二次 N_3，受话器 BE 发声。

除侧音外，在拨号期间产生的脉冲信号或双音频信号也会传送到受话放大器，使耳机发出震耳的声音，因此必须设法消除拨号音。消除拨号音的方法分为全静噪方式和部分静噪方式两种。全静噪方式采用静噪电子门，它在电话机拨号期间将通话电路阻断，避免过强的拨号信号输入受话器。部分静噪方式是指拨号期间不将通话电路全部断开，只切断受话回路来消除拨号音的方法。

通话性能较好的电话机，还具有自动音量调节功能，其作用类似于收音机、电视机的 AGC 电路。当通话距离远近不同时，通话信号强弱差异较大，通过自动调节送话与受话电路的增益，能使通话音量保持相对稳定。图2-6为话机中包括各功能模块的框图。

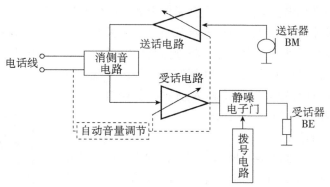

图2-6 话机中包括各功能模块的框图

2. 送话器的结构与原理

送话器常称为话筒或"麦克风"（MIC）。送话器是在声波作用下，产生与输入声波相对应的电信号的声/电转换器件。送话器的种类很多，电话机早期普遍采用的是炭精砂粒送话器，目前广泛使用的是驻极体送话器和动圈式送话器。

（1）驻极体送话器

驻极体送话器具有非线性失真小、频带宽、噪声小和价格低廉等特点，现已广泛应用在按键式电话机上。

① 基本结构

驻极体送话器是采用驻极体材料制作的声/电转换器。通常物体在外加电场的作用下，其表面会产生极化电荷，而且大多数物体在外加电场撤去后，其表面电荷随之消失。但有些物质即使电场撤除，其表面的电荷却几乎能永久地保留下来。这种在外电场作用下极化带电并能几乎永久保持这种状态的物质称为驻极体材料。

驻极体送话器由驻极体头和阻抗变换器组成，其基本结构如图2-7所示。送话器的振动膜片由驻极体材料制成，膜片卡在一个金属环上，然后固定在外壳上。膜片的一面镀有金属层作为话筒的前电极，膜片的后侧装有金属平板作为后电极，膜片与后电极间有一间隔为几十微米的空气隙。驻极体头具有高达几百兆欧的输出阻抗，因此要在它的输出端接一阻抗匹配网络，以降低其输出阻抗，通常是用场效应晶体管输出电路来实现这一功能。实际的驻极体送话器总是把场效应晶体管装在圆柱形的送话盒里，装配结构如图2-8所示。

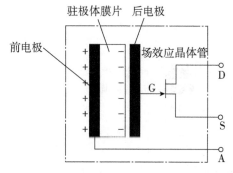

图2-7 驻极体送话器的基本结构

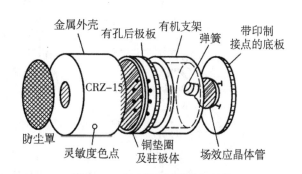

图2-8 驻极体送话器装配结构

驻极体膜片与后电极相距很近且相互绝缘，组成了一个电容器，容量一般为 $10\sim30\,\mathrm{pF}$。

② 工作原理

由于驻极体表面极化电荷的作用,在金属极板表面产生异号感应电荷。当膜片在声波作用下向内弯曲时,驻极体与后电极间的空气隙减小,后电极上的感应电荷增多,两电极之间的电位差升高;反之,膜片振动向外弯曲时,驻极体与后电极间的空气隙增大,后电极板上感应电荷减少,两电极之间的电位差降低。这样就产生了随声波变化的音频信号。这一微弱的信号电压直接输入场效应管栅极(G),经放大后由漏极(D)或源极(S)输出。

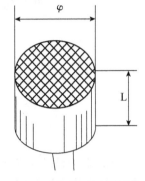

图 2-9 驻极体送话器的外形

③ 驻极体送话器的使用

驻极体送话器的外形如图 2-9 所示。目前国内生产的送话器常见尺寸有 $\phi9.7\,\text{mm}\times6.7\,\text{mm}$ 和 $\phi10.5\,\text{mm}\times7.8\,\text{mm}$ 两种。驻极体送话器的引出线有两条和三条之分,如图 2-10 所示,两条引线是将驻极体头的接地端与场效应晶体管的源极连接在一起,只能接成漏极输出方式。三条引线是将驻极体头的接地端、场效应晶体管的漏极和源极分别引出,可接成源极输出方式或漏极输出方式。由于送话器内部包含有场效应晶体管,因此必须外加 $1.5 \sim 12\,\text{V}$ 的直流电压才能工作,电路的各种接法如图 2-11 所示。驻极体送话器的 A 端是与金属屏蔽外壳相接通的,因此无论哪种接法,A 端都应良好接地,否则可能会产生交流干扰声。

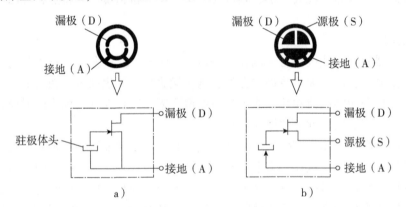

图 2-10 驻极体送话器电极排列图

a) 二端接线驻极体送话器 b) 三端接线驻极体送话器

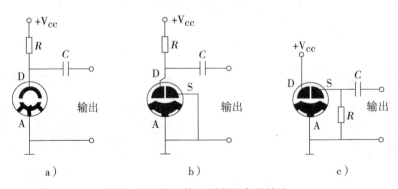

图 2-11 驻极体送话器的各种接法

a) 二引出线漏极输出接法 b) 三引出线漏极输出接法 c) 三引出线源极输出接法

（2）动圈式送话器

① 基本结构

动圈式送话器的基本结构与普通扬声器类似，如图 2-12 所示。圆形的振动膜片外缘固定在送话器外壳上，振动膜片的中间粘连着一个线圈，线圈处于永久磁铁与极靴的间隙中，当膜片振动时，带动线圈沿磁铁轴向往复振动。

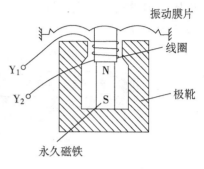

图 2-12 动圈式送话器的基本结构

动圈式送话器与扬声器的不同之处在于，它的线圈阻抗比扬声器高，通常为 $200 \sim 300 \, \Omega$。由于线圈与振动膜片粘在一起振动，为了提高送话灵敏度，要求线圈越轻越好。线圈大多是无骨架的，用很细的漆包线自粘而成。漆包线一层一层紧凑地排线，绕制的精度极高。另外，扬声器的振动膜片是采用纸盆，而动圈式送话器的振动膜片通常用的是聚酯塑料薄膜，它是由热压成型再冲切而成的。

② 工作原理

根据电磁感应定律，在一个恒定的磁场中，线圈切割磁力线运动时，在线圈中产生感应电流。当声波作用于送话器的振动膜片，膜片带动线圈做切割磁力线运动时，线圈中就会产生音频电流。由于线圈的振动是由声波推动的，所以产生的感应电流的频率取决于声波的频率，感应电流的振幅也取决于振动的幅度。

③ 电气性能

动圈式送话器音频响应相当宽，一般为 $60 \sim 6000 \, Hz$，而且频率响应曲线平坦、光滑，是一种音质很好的声/电转换器件。动圈式送话器要用较大的永久磁体才能获得较高的灵敏度，一般可通过提高电话机送话电路的放大倍数来降低对送话器灵敏度的要求。另外，动圈式送话器不适于在交变电磁场较强的环境中使用，会受干扰而产生交流声。

3. 受话器的结构与原理

受话器也称为听筒或耳机，是一种电/声转换器件，它能按音频电流的变化规律产生相应的声波振动。按照能量转换原理及结构，受话器可分为动圈式、压电式和电磁式等类型。

（1）动圈式受话器

动圈式受话器的工作原理与普通电动扬声器相同，基本结构可参见动圈式送话器。当线圈通过音频电流时，线圈受磁场作用力将垂直磁场移动。在图 2-12 中，当音频电流从线圈 Y_1 端流入，从 Y_2 流出时，根据左手定则，线圈将向下移动；当音频电流方向改变时，则线圈向上移动。线圈上、下运动就带动膜片发出声音。

（2）压电式陶瓷受话器

将压电材料经高温烧制为陶瓷，再加直流高压极化，就成了压电陶瓷片。当给压电片加上交变电压时，压电片会变形产生机械振动，这种现象称为负压电效应；反过来，如果给压电片加上机械压力使它变形，则又会产生电压，这种现象称为正压电效应。压电受话器正是利用了压电片的负压电效应来实现电/声转换的。

① 基本结构

压电式陶瓷受话器主要由振动片、卷口铜圈、前盖板和基座组成，图 2-13 所示为常见压电式陶瓷受话器的内部结构图和零件图。

压电式陶瓷片是用氧化铅、氧化钛和少量的锆作为原料加进胶合剂，经一定的工序制成薄圆片，并经电压极化处理，使压电陶瓷片的两个面具有一定的电压极性，两表面还涂有银层作为电极。然后将两片压电陶瓷片按相反的极性对称地粘在一个直径稍大一点的薄铜圆片的上、下两面，使之成为一体，作为受话器的振动膜片。两压电陶瓷片的外层相连作为一个引出端，中间铜片作为另一个引出端，振动膜片的示意图如图2-14所示，用两条细引线分别接至受话盒的接线柱上。

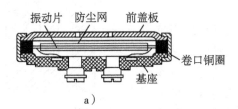

a）

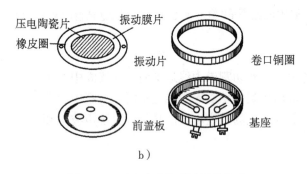

b）

图2-13 压电式陶瓷受话器的构造
a）结构图 b）零件图

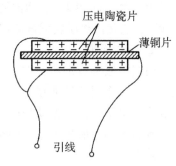

图2-14 压电振动膜片示意图

② 工作原理

在单个压电陶瓷片上加入一交流电压，当外加电压与极化方向相同时，就使极化强度增大，压电片沿径向伸长，如图2-15a所示。反之，当外加电压与极化方向相反时，压电片沿径向收缩，如图2-15b所示。

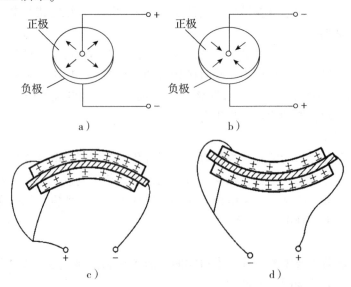

a）   b）

c）   d）

图2-15 陶瓷受话器的工作原理

如果薄铜片两面粘着一对极化方向相反的压电陶瓷片，当音频电流为正半周时如图 2-15c 所示，加到振动片引线的电压极性为左正右负，外加电压方向与上陶瓷片的极化方向一致，与下陶瓷片的极化方向相反，因而使上陶瓷片径向伸张，下陶瓷片径向收缩，则整个振动片向上凸出。当音频电流为负半周时如图 2-15d 所示，加到振动片引线的电压极性为右正左负，由于电压方向改变了，此时上陶瓷片径向收缩，下陶瓷片径向伸张，则整个振动片向下凸出。当输入为不断变化的音频电流时，使电压方向不断变化，则振动薄片随着弯曲振动，从而激励空气发出声音来。

2.2.2 手机的基本原理与工作过程

1. 手机的基本组成部分

手机的种类很多，本节以 GSM 手机为例进行说明。GSM 手机主要由射频模块、逻辑音频模块、界面模块和供电模块组成。其中，射频模块包括天线及天线开关、接收电路、发射电路、频率合成电路，接收电路中又包含接收高频处理（滤波、放大、混频）和接收中频处理（滤波、放大、解调）电路，发射电路中又包含发射高频处理（功率放大、滤波）和发射中频处理（调制、滤波、放大）电路，频率合成电路中又包含接收本振 RXVCO、发射本振 TXVCO、时钟电路；逻辑音频模块包含接收音频处理电路、CPU、存储器（版本、码片、暂存）、发射音频处理电路；界面模块包括受话器、送话器、显示屏、SIM（UIM）卡、振动器、振铃、键盘、指示灯电路；供电模块包括射频供电、逻辑供电、充电供电电路，手机电路框图如图 2-16 所示。

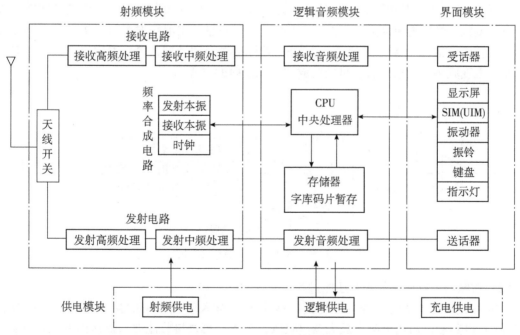

图 2-16 手机电路框图

2. 手机的基本工作原理

（1）语音信号的处理与发射过程

在界面模块中的送话器 MIC 将 300~3400 Hz 的语音信号转换为模拟电信号，再经 A/D 转换和 PCM 编码变为数字信号。然后送入逻辑音频模块进行数字信号处理（DSP），即进行语音编码、信道编码、语音加密、交织、突发脉冲形成等，对带有发射信息、处理好的数字信号进行 GMSK 编码并分离出 4 路 TX I/Q 信号送到射频模块的发射电路。4 路 TX I/Q 信号在发射中频调制器中被调制在中频载波上，得到发射中频信号 TX-IF。该信号一路输出到发射高频处理电路，另一路与频率合成电路的接收本振 RXVCO 和发射本振 TXVCO 的差频在鉴相器（PD）内进行鉴相，得到一个包含发射数据的脉动直流信号 TX-CP，用以控制发射本振 TXVCO 的输出频率的准确性，如图 2-17 所示，该电路一般被集成在中频 IC 内部或前端 IC 中。其中的发射本振 TXVCO 由振荡器和锁相环共同完成发射频率的合成（GSM：890~915 MHz，DCS：1710~1785 MHz），发射本振的输出一路经过缓冲放大后，送到前级功放电路，经过功率放大后，从天线发射出去；另一路送回发射变换（IC），在其内部与 RXVCO 经过 MIX 混频后得到差频作为 TX-IF 的参考频率。调制器和解调器有的集成在一个 IC 内，有的分别集成在两个 IC 中。完成 I/Q 调制的中频信号在发射高频处理电路中经环路低通滤波器 LPF、前置放大器、功率放大器放大，使天线获得足够的功率，最后由天线将信号发射出去。功放的启动和功率控制由一个功率控制 IC 来完成，功率放大器输出的功率的大小受来自中频 IC 的控制信号控制，功放的输出信号经过微带线耦合取回一部分信号送到功控电路，经过高频整流后得到一个反映功放大小的直流电平 U，与来自基站的基准功率控制参考电平 AOC 进行比较，如果 $U<$AOC，功率控制输出脚电压上升，控制功放的输出功率上升，反之控制功放的输出功率减少。

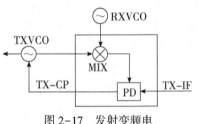

图 2-17　发射变频电

实现 GSM 手机发射功能的发射机有三类：超外差一次混频发射机、超外差二次混频发射机、直接变频线性发射机来完成。图 2-18 所示为超外差一次混频发射机，语音信号的处理与发射过程：语音信号经 A/D 转换后，由 DSP 进行逻辑音频处理，再由发射电路进行中频、高频调制，上变频为射频信号后，再经功放和天线发射的过程。

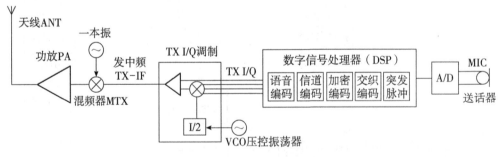

图 2-18　超外差一次混频发射机

（2）射频信号解调制与语音还原过程

手机天线感应基站的信号，经过天线匹配电路进入射频模块的接收电路，经接收滤波（RX-FL）电路滤波后由低噪声放大器（LNA）放大，再过接收滤波后被送到混频器（MIX），与来自本机振荡电路输出的压控振荡信号进行混频，经中频滤波器（RX-IL）得到接收中频信号（RX-IF），经过中频放大（IFA）后在解调器中进行正交解调，得到接收基带（RX I/Q）信号，接收基带信号在逻辑音频模块电路中经 GMSK 解调，进行去交织、解密、信道解码等 DSP 处理，再由界面模块进行 PCM 解码、D/A 转换还原出模拟语音信号，推动受话器送入人耳。

GSM 手机接收电路一般采用以下三种类型的接收机：

超外差一次混频接收机，即输入射频信号和一本振混频得到中频信号。

超外差二次混频接收机，又称双超外差接收机，这种接收机中有两个混频器，第一次混频是射频信号 RF 与一本振信号混频得到二者的差额为一中频信号 IF1，第二次混频为中频信号 IF1 与二本振信号混频得到二者的差额为二中频 IF2。

直接变频线性接收机，又称零中频接收机，直接解调出 I/Q 信号，所以只有收发共用的调制解调载波信号振荡器（SHFVCO），其振荡频率直接用于发射调制和接收解调（收、发时振荡频率不同）。零中频指信号直接由 RF 变到基带，不经过中频的调制解调方法。

图 2-19 所示为超外差一次混频接收机将射频信号解调制并还原成语音的过程。

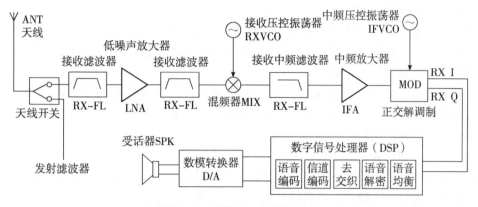

图 2-19 超外差一次混频接收

天线为接收和发射共用。天线开关主要完成接收和发射信号的双工切换，为防止相互干扰，通过控制信号完成接收和发射的分离，控制信号来自 CPU 的 RX-EN（接收启动）、TE-EN（发射启动），或由它们转换而得来；此外天线开关还要完成双频和三频的切换，使手机在某一频段工作时，另外的频段空闲，控制信号主要来自切换电路。天线开关连接接收滤波和发射滤波。有的机器采用双工滤波器，将接收信号和发射信号分离，防止强的发射信号对接收机造成影响，双工器包含一个接收滤波器和发射滤波器，它们都是带通滤波器（BPF）。

接收带通滤波器只允许某一频段中的频率通过，而对于高于或低于这一频段的成分进行衰减，高频低噪声放大器 LNA 只允许 GSM：935~960 MHz 或 DCS：1805~1880 MHz 的频段进入接收机，得到纯净的射频信号进入混频器。

低噪声放大器（LNA）一般位于天线和混频器之间，是第一级放大器，所以叫接收前端放大器或高频放大器。主要完成对接收到的高频信号进行第一级放大，以满足混频器对输入的接收信号幅度的要求，提高接收信号的信噪比；此外放大管的集电极上加了由电感（L）与电容（C）组成的并联谐振回路，选出所需要的频带，所以叫选频网络或谐振网络。一般采用分离元件或前端 IC。

混频器（MIX）实际上是一个频谱搬移电路，它将包含接收信息的射频信号（RF）转化为一个固定频率的包含接收信息的中频信号，由于中频信号频率低而且固定，容易得到比较大而且稳定的增益，提高接收机的灵敏性。混频后会产生许多新的频率，利用接收中频滤波器从中选出需要的中频，滤除其他成分，然后后送到中放。

中频放大器（IFA）是接收机的主要增益来源，一般为共射极放大器，带有分压电阻和稳定工作点的放大电路。

多数手机的解调制器采用对零中频进行正交解调，得到四路基带 I/Q 信号，其中 I 信号为同相支路信号，Q 信号为正交支路信号，两者相位相差 90°，所以叫正交。从天线到 I/Q 解调，接收机完成全部任务。测量接收机都是测试 I/Q 信号，测到 I/Q 信号，说明前面包括本振电路在内的各部分电路都没有问题，接收机已经完成其接收任务，这是射频模块和逻辑音频模块电路的分水岭。

数字信号处理（DSP）接收基带（I/Q）信号在逻辑音频模块电路中经 GMSK 解调制，包括进行去交织、解密、信道解码、语音均衡等 DSP 处理。

界面模块完成最后的 PCM 解码、D/A 转换还原模拟语音信号，推动受话器将声波送入人耳。

（3）频率合成 SYN 的概念

频率合成技术是利用一块或少量晶体，采用综合或合成手段获得大量不同的工作频率，这些频率具有接近石英晶体的稳定度和准确度。频率合成的基本方法分为：直接频率合成、锁相环频率合成、直接数字频率合成。

直接频率合成：使用谐波发生器、倍频器、分频器、混频器等部件对基准频率进行加、减、乘、除的基本运算，然后用滤波器滤出所需频率。一般很少使用。

锁相环频率合成：利用锁相环路（PLL）的特性，使 VCO 输出频率与基准频率保持严格的比例关系，并得到相同的频率稳定度。

直接数字频率合成：利用计算机直接生成所需要的频率，在微电脑的控制下自动分频。

锁相环是一种以消除频率误差为目的的反馈控制电路，主要由鉴相器（PD）、低通滤波器（LPF）、压控振荡器（VCO）三部分组成，其作用是使压控振荡器输出的振荡频率与规定基准信号的频率和相位都相同（同步）。如图 2-20 所示为锁相环频率合成器的原理图。

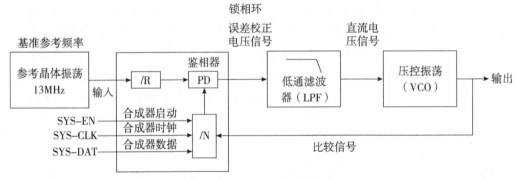

图 2-20　锁相环频率合成框图

锁相环中的鉴相器（PD）是一个相位比较器，压控振荡器（VCO）输出的振荡频率送回一个取样信号与基准参考频率进行鉴相，使鉴相器送出一个与相位误差成比例的误差电压，利用该电压控制压控振荡器的输出频率。锁相环是否工作及输出频率的高低，受基准参考频率和设置信号 SYS-EN、SYS-CLK、SYS-DAT 控制。

在手机中，一本振和二本振都是收发共用电路，均采用锁相环路。

手机中有 32.768 kHz、13 MHz 两个基本的时钟。其中，32.768 kHz 用于手机休眠时的实时时钟和用于提供时间显示的时钟；13 MHz 作为整个系统的主时钟，控制逻辑电路各个部件同步工作，13 MHz 还经锁相环产生一本振和二本振所需时钟信号。一本振的振荡频率与射频信号相接近，在逻辑电路的控制下，自动跟踪信道。一本振信号在手机电路中分为三路输出：一是去接收电路的第一混频器，与高频放大后的接收信号进行混频，得到二者的差频，即中频信号；二是去发射混频；三是返回一个取样信号去 PLL 的鉴相电路与基准时钟信号 13 MHz 鉴相，得到误差信号去控制接收本振的准确性。

有两种电路方式获得 13 MHz 基本时钟：其一是由一个 13 MHz 石英晶体、集成电路、外接元件构成晶体振荡电路；其二是由 13 MHz 的晶体及变容二极管、晶体管、电阻、电容等构成的 13 MHz 振荡电路。可以将 PLL 全部集成在一个模块上，组成一个完整的晶体振荡电路，直接输出 13 MHz 时钟信号。有些品牌的手机的基准时钟是将 26 MHz 进行 2 分频得到 13 MHz。

（4）逻辑音频模块中的 CPU 和存储器

CPU 内部结构包括控制器、运算器、寄存器，对外接口主要有地址总线 AB（单向传输）、数据总线 DB（双向传输）、控制总线 CB（单向传输），CPU 在时钟 CLK 和复位 RST 信号控制下，主要完成操作控制、程序控制、时间控制、数据加工。存储器有 ROM（包括 EPROM、EEPROM）和 RAM 两类。EPROM 存储手机主程序，如基本程序、功能程序、监控程序、版本或中文字库、外围参数。EEPROM 以二进制代码的形式存储手机的资料，如手机的机身码、检测程序、功率控制（PA）、数模转换（DAC）、自动增益控制（AGC）、自动频率控制（AFC），以及手机的随机资料等。

2.3 电话网络

2.3.1 市话网的基本概念

1. 电话网的概念

电话网（Telephone Network）是传递电话信息的通信网，是一种面向连接的、可以进行交互式语音通信、开放电话业务的通信网。

由于过去电话业务主要由电信部门提供，故常将公共交换电话网（Public Switched Telephone Network，PSTN）称为电话网。此外，还有专门为某些部门内部电话通信组建的电话网，如铁道、电力、航空、军队、公安内部用的电话网，这些电话网使用范围受限，常称为专用通信网或专用电话网。

根据电话终端是否可移动，电话网又可分为固定电话网和移动电话网。由于早期的电话都是固定电话，所以电话网常指固定电话网，而对移动电话网进行了专门定义。

电话网经历了由模拟电话网向综合数字电话网的演变。电话网除了电话业务，还可以兼容许多非电话业务。

数字电话网与模拟电话网相比，在通信质量、业务种类、为非话业务提供服务、实现维护、运行和管理自动化等方面都更具优越性。现在电话网正在向综合业务数字网、宽带综合业务数字网以及个人通信网方向发展。采用光纤接入的电话网将不仅能提供电话通信，还能按照用户的要求，同时提供数据、图像等多种多样的服务。在发展到个人通信网时，还可以向用户提供在任何地点、任何时间与任何个人进行任何方式的通信服务。

最早的电话通信形式只是两部电话机中间用导线连接起来便可通话，但当某一地区电话用户增多时，要想使众多用户相互间都能两两通话，便需设一部电话交换机，由交换机完成任意两个用户的连接，这时便形成了一个以交换机为中心的单局制电话网。在某一地区或城市，随着用户数继续增多，便需建立多个电话局，然后由局间中继线路将各局连接起来，形成多局制电话网。

电话网从设备上讲是由交换机、局间中继电路与传输电路和用户线与电话机之类的用户终端设备三部分组成的。

按电话使用范围分类，电话网可分为本地电话网、国内长途电话网和国际长途电话网。

本地电话网（Local Telephone Net work，LTN）是指在一个统一号码长度的编号区内，由端局、汇接局、局间中继线，以及用户线、电话机组成的电话网。从地域范围来看，本地电话网包括在大、中、小城市和区县一级的电话网络。例如北京市本地电话网的服务范围包括市区部分、郊区部分和所属 10 个县城及其农村部分。因此北京市本地电话网是一个大型本地电话网。

国内长途电话网是指连接全国各城市之间用户进行长途通话的电话网，网中各城市都设一个或多个长途电话局，各长途局间由各级长途线路连接起来。国内长途电话网用于提供城市之间或省际电话业务，一般与本地电话网在固定的几个交换中心完成汇接。我国的长话网目前按省级交换中心和地市级交换中心两个等级进行组织。

国际长途电话网是指将世界各国的电话网相互连接起来进行国际通话的电话网。为此，每个国家都需设一个或几个国际电话局进行国际去话和来话的连接。一个国际长途通话实际上是由发话国的国内网部分、发话国的国际局、国际电路和受话国的国际局以及受话国的国内电话网等几部分组成的。

在电话网中增加少量设备也还可以传送传真、中速数据等非话业务。

电话网的网络结构基本分为网状网和分级汇接网两种形式。网状网为各端局各个相连，适用于局间话务量较大的情况；分级汇接网为树状网，话务量逐级汇接，适用于局间话务量较小的情况。

2. 本地电话网的组织

由于本地电话网的范围包括一个较大城市及其所辖的郊区、郊县城镇及所属农村，故常将本地电话网称为市话网。

本地电话网按照所服务区域内人口的多少分为几类：人口上千万的特大城市本地电话网、人口在 100 万以上的大城市本地电话网、人口在 30 万~100 万的中等城市本地电话网、人口在 30 万以下的小城市本地电话网、县城及所辖农村范围的县级本地电话网。

本地电话网一般采用的结构有以下几种：一级为端局间采用网状连接；二级、三级为将电话网分区，采用分区汇接方式。我国本地电话网采用二级结构，分区汇接方式。

电话的汇接是指地位或级别相同的电话局或电话网的来话线路或去话线路统一连接到一个指定的专门与外地电话局相连接的电话局或电话网的电路组织方式。如果一个电话局接收一个外地打来的电话，则该电话叫来话，该线路叫来话线路，对方电话局叫来话局。反之，一个电话局往另一个电话局打电话，则称该电话为去话，该线路为去话线路，该电话局为去话局。

在电信网上采用的汇接方式主要有去话汇接、来话汇接、来去话汇接、集中汇接、主辅汇接等，如图 2-21 所示。

本地电话网路由选择原则为：先选直达路由，再选迂回路由。选迂回路由时应尽量选择汇接次数少的路由。

本地电话网中接入的用户交换机是电话网的一种补充设备。用户交换机主要用于社会集团内部通信，它也可按一定方式接入公共电话网，可以和公共交换电话网内的用户进行电话通信。用户交换机进入本地公用网可采用半自动直拨入网方式、全自动直拨入网方式、混合入网方式。

3. 电话网中电话号码的管理

市话网中的每个用户都有一个属于自己的固定电话号码，该号码是全球唯一的，是一种不可再生资源。对电话号码的管理是指对电话资源的分配和使用规则，有固定电话和移动电话两

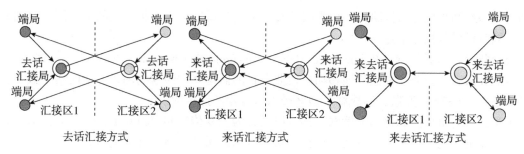

图 2-21 本地电话网的汇接方式

种方案，两者的号码分配规则基本相同。

（1）国际电话号码分配体制

国际电信联盟（ITU）曾经试图提出一个全球通用的标准，但是目前世界上不同地区的电话号码分类形式各不相同。例如，ITU 建议成员国家采用"00"作为国际接入号，然而美国和加拿大以及其他国家却采用北美的电话号码分类计划。澳大利亚也有自己的标准。

国际电信联盟制定的《E.164 国际电信网编号》标准具体定义了国家区号并限制了一个完整的国际电话号码的最大长度。每个号码表明了一个国家或一组国家，每个国家可以自己定义国内电话的分类。根据《E.164 国际电信网编号》标准，固定电话号码的组织结构为：

国际或国内接入号+国家区号+地区号+本地号码

国际或国内接入号是只有拨打国际和国内非本地电话时才需要输入的电话号码。最常用的国内接入号是"0"，最常用的国际接入号是"00"。

国家区号是代表一个国家名称的电话号码，只有拨打某一国家的电话时才需要输入。

地区号是代表一个地区名称的电话号码，固定电话只有拨打国内非本地电话时才需要输入。

本地号码是代表本地网内某一用户名字的电话号码，任何时候都需要输入。

如果拨打本地和长途电话的方式不同，称这种电话组织方式为开放拨号系统。在这种系统中，拨打同一个城市或地区的号码，呼叫方只需要拨本地号码，但如果拨打区域外的号码，则需要加拨区号。区号之前有一个长途码"0"，而国际长途则可以省去国内长途码。

如果拨号用户的电话号码长度是固定的标准，称这种电话号码组织方式为封闭拨号系统。在这种系统中，拨打所有地区电话用户的呼叫方式都是相同的，即使是在同一地区的用户也如此。这种方式主要用于小国家或地区，不需要地区号。因此长途码也可以省略。

（2）我国电话号码分配体制

按照我国电话号码分配体制，我国采用开放拨号系统，地区号码和用户电话号码长度采用不等位制，一个完整的国内电话号码总长度为 11 位，这样一来，拨打国际电话的一般顺序是：

国际冠码+国际电话区号+国内电话区号+开放电话号码

例如，如果从国外拨打成都理工大学校内用户的电话，其拨号为"00 86 28 8407 xxxx"，其中 00 为国际冠码，我国的国际长途电话区号为 86，成都地区的长途区号为 28，成都市电信公司第四分公司编号为 84，成都理工大学校内用户交换机编号为 07，xxxx 为用户电话号码。如要从四川省外拨打成都该用户的电话，其拨号为"028 8407 xxxx"，其中 0 为国内长途冠码，28 为成都地区的长途区号。如果要从成都拨打成都该本地用户的电话，就不用再拨打 028 了。

4. 公众陆地移动通信网

移动电话网（Mobile Telephone Network）是指在移动台（手机）之间提供直连链路，或在移动台与基站间提供接入链路，利用无线信道并通过移动电话交换机构成的电话网。目前移动电话已同时提供数据通信业务。

公众陆地移动通信网（Public Land Mobile communication Network，PLMN）是由政府或它所批准的经营者，为公众提供陆地移动通信业务目的而建立和经营的网络。该网络一般与公众交换电话网（PSTN）互联，形成整个地区或国家规模的通信网。

无论是固定电话网和移动电话网，都是以话音为主要传送和交换对象，满足人们对话音通信的基本需求，网络的核心是电话交换机。移动电话网属于市话管理的范畴。

目前我国使用的手机号码为 11 位，其中各段的含意为：前 3 位表示网络识别号，第 4~7 位表示地区编码，第 8~11 位表示用户号码。一般是前 7 位决定位置。

例如：1347284 上海；1367854 贵州都匀；1340556 江苏扬州。

手机号码被称为 MSISDN：MSISDN = CC（国家码）+NDC（7 位国内目的地号码）+SN（4 位用户号码）。手机的 139、136、135 叫网络识别号，代表提供移动业务的不同移动通信公司，后面四位叫归属用户位置寄存器（HLR）号代表用户所在地区的移动公司编码。7 位国内目的码中的前 3 位的分配为：

移动：134、135、136、137、138、139、150、151、157（TD）、158、15 *** 7、188。

联通：130、131、132、152、155、156、185、186。

电信：133、153、180、189、（1349 卫通）。

2.3.2　电信网的组成与分类

1. 分组数据网

数据网（Data Network）定义：提供数据通信业务的网络。

分组数据网适合于不同类型、不同速率的计算机与计算机、计算机与数据终端、数据终端与数据终端之间的通信，从而实现存储在计算机内的信息资源共享，同时还可以在分组交换数据网上开发各种增值业务。

分组数据网的优点在于：它可以是一种点对多点的网络，因而能实现多方通信，大大提高线路利用率；分组数据网数据速率高、信息传递安全、可靠；其网络使用的收费与距离无关，按信息量、使用时间收费，对异地通信优越性更明显；检错、纠错能力强；通过申请帐号、密码（NUI），可实现全国漫游。

分组交换数据网所提供的服务包括基本业务、任选业务和新业务。

分组交换数据网适合于银行、保险、证券、海关、税务、零售业及其他需要实现计算机联网的公司、企业、事业单位。

分组交换数据网的通达地点：

1）国内大部分地、市以上城市和部分乡镇、县级市。

2）国际包括港、澳、台、欧美日等部分国家和地区。

2. 电信网的组成

电信网（Telecommunication Network）是指利用有线、无线或二者结合的电磁、光电系统，传递文字、声音、数据、图像或其他任何媒体信息的网络。也可以说电信网是构成多个用户相互通信的多个电信系统互联的通信体系，是人类实现远距离通信的重要基础设施，利用电缆、无线、光纤或者其他电磁系统，传送、发射和接收标识、文字、数据图像、声音或其他信号。

电信网由终端设备、传输链路设备和交换设备三要素构成，运行时还应辅之以信令系统、通信协议以及相应的运行支撑系统。现在世界各国的通信体系正向数字化的电信网发展，正逐渐代替模拟通信的传输和交换，并且向智能化、综合化的方向发展。但是由于电信网具有全程全网互通的性质，已有的电信网不能同时更新，因此，电信网的发展是一个逐步改进和升级的过程。

3. 电信网的分类

按网络功能来划分，整个电信网分为三个部分：传输网、交换网和接入网。

按电信业务的种类不同，电信网分为：电话网、互联网、数据通信网、传真通信网、图像通信网、有线电视网等。

按服务区域范围不同，电信网分为：本地电信网、农村电信网、长途电信网、移动通信网、国际电信网等。

按传输媒介种类的不同，电信网分为：架空明线网、电缆通信网、光缆通信网、卫星通信网、用户光纤网、低轨道卫星移动通信网等。

按交换方式不同，电信网分为：电路交换网、报文交换网、分组交换网、宽带交换网等。

按结构形式不同，电信网分为：网状网、星形网、环形网、栅格网、总线网等。

按信息信号形式不同，电信网分为：模拟通信网、数字通信网、数字模拟混合网等。

按信息传递方式不同，电信网分为：同步转移模式（STM）的综合业务数字网（ISDN）和异地转移模式（ATM）的宽带综合业务数字网（B-ISDN）等。

在我国，电信网是指原邮电部建设、管理的网，如传统的电话交换网（PSTN）、数字数据网（DDN）、帧中继网（FR）、ATM网等。目前的电信网应指由电信、移动、联通公司为大众提供通信业务而建设的通信网络。

在公共交换电话网络（Public Switched Telephone Network，PSTN）里，目前一些通信主干线均已实现光纤化，而用户网大多为铜线，一般只用来传输4kHz的模拟话音信号或9.6kbit/s的低速数据，即使加上调制解调器，最高也只能传34kbit/s的数据信号，但PSTN网覆盖面很广，连通全国的城市及乡镇。它是一个低速的、模拟的、规模巨大的网。

数字数据网（Digital Data Network，DDN）可提供固定或半永久连接的电话交换业务，速率为$n \times 64$kbit/s，它的传输通道对用户数据完全透明，它可通过网管中心比较容易地完成多点连接的建立。DDN适合于传输实时多媒体通信业务。

在帧中继（FramErllay，FR）网，以统计复用技术为基石，且进行包传输、包交换，速率一般在64kbit/s~2.048Mbit/s内，它可以使多个不同连接，复用同一个信道实现资源共享帧中继网，适合传输非实时多媒体通信业务。帧中继技术是在OSI第二层（数据链路层）上用简化的方法传送和交换数据单元的一种技术。它是一种面向连接的数据链路技术，为提供高性能和高效率数据传输进行了技术简化，它靠高层协议进行差错校正，并充分利用了当今光纤和数字网络技术。

在ATM网里，ATM是支持高速数据网建设、运行的关键设备，ATM采用短的、53字节固定长度的数据包作为传输信息的单元，53字节中有48字节为信息的负荷，5字节用作标识虚电路和虚通道等的控制和纠错信息。ATM支持最高622Mbit/s的传输速率，ATM所组成的网络不仅可传话音，而且可传数据、图像，包括高速数据和活动图像。ATM网络在20世纪90年代以后出现，是面向连接的网络。

X.25网络是第一个面向连接的网络，也是第一个公共数据网络，它可以是公共网，也可是专用网。其数据分组包含3字节头部和128字节数据部分。它运行10年后，20世纪80年代被无错误控制、无流控制、面向连接的帧中继网络（FR）所取代。X.25协议是CCITT（ITU）

建议的一种协议，它定义终端和计算机到分组交换网络的连接。分组交换网络在一个网络上为数据分组选择到达目的地的路由。X. 25 是一种很好实现的分组交换服务，传统上它是用于将远程终端连接到主机系统的。这种服务为同时使用的用户提供任意点对任意点的连接。来自一个网络的多个用户的信号，可以通过多路选择通过 X. 25 接口而进入分组交换网络，并且被分发到不同的远程地点。一种称为虚电路的通信信道在一条预定义的路径上连接端点站点通过网络。虽然 X. 25 吞吐率的主要部分是用于错误检查开销的，X. 25 接口还可支持高达 64 kbit/s 的线路，CCITT 在 1992 年重新制定了这个标准，并将速率提高到 2 Mbit/s。

综合业务数字网（Integrated Services Digital Network，ISDN）是一个数字电话网络国际标准，是一种典型的电路交换网络系统。它通过普通的铜缆以更高的速率和质量传输语音和数据。因为 ISDN 是全部数字化的电路，所以它能够提供稳定的数据服务和连接速度，不像模拟线路那样对干扰比较明显。在数字线路上更容易开展更多的模拟线路无法或者比较困难保证质量的数字信息业务。例如除了基本的打电话功能之外，还能提供视频、图像与数据服务。ISDN 需要一条全数字化的网络用来承载只有 0 和 1 两种状态的数字信号，与普通模拟电话最大的区别就在这里。

CCITT 对 ISDN 的定义是：ISDN 是以综合数字电话网（IDN）为基础发展演变而成的通信网，能够提供端到端的数字连接，用来支持包括语音和会话在内的多种电信业务。

CHINANET 是邮电部门经营管理的基于 Internet 网络技术的中国公用 Internet，是中国的 Internet 骨干网。通过接入国际 Internet，而使 CHINANET 成为国际 Internet 的一部分。通过 CHINANET 的灵活接入方式和遍布全国各城市的接入点，可以方便地接入国际 Internet，享用 Internet 上的丰富资源和各种服务。

智能网（IN）是在通信网上快速、经济、方便、有效地生成和提供智能业务的网络体系结构。它是在原有通信网络的基础上为用户提供新业务而设置的附加网络结构，它的最大特点是将网络的交换功能与控制功能分开。由于在原有通信网络中采用智能网技术可向用户提供业务特性强、功能全面、灵活多变的移动新业务，具有很大的市场需求，因此，智能网已逐步成为现代通信提供新业务的首选解决方案。智能网的目标是为所有通信网络提供满足用户需要的新业务，包括 PSTN、ISDN、PLMN、Internet 等，智能化是通信网络的发展方向。

支撑网（Supporting Network）是现代电信网运行的支撑系统。一个完整的电信网除有以传递电信业务为主的业务网之外，还需有若干个用来保障业务网正常运行、增强网络功能、提高网络服务质量的支撑网络。支撑网是利用电信网的部分设施和资源组成相对独立于电信网中的业务网和传送网的网络。支撑网对业务网和传送网的正常、高效、安全、可靠地运行、管理、维护和开通起支撑和保证作用。支撑网中传递相应的监测和控制信号。支撑网包括同步网、公共信道信令网、传输监控和网络管理网等。建设支撑网的目的是利用先进的科学技术手段全面提高全网的运行效率。中国电信的三大支撑网分别为七号（No. 7）公共信道信令网、数字同步网以及电信管理网。

电信管理网（Telecommunication Management Network，TMN），主要包括网络管理系统、维护监控系统等。电信管理网的主要功能是根据各局间的业务流向、流量统计数据有效地组织网络流量分配；根据网络状态，经过分析判断进行调度电路、组织迂回和流量控制等，以避免网络过负荷和阻塞扩散；在出现故障时根据告警信号和异常数据采取封闭、启动、倒换和更换故障部件等，尽可能使通信及相关设备恢复和保持良好运行状态。随着网络不断地扩大和设备更新，维护管理的软、硬件系统将进一步加强、完善和集中，从而使维护管理更加机动、灵活、适时、有效。国际电信联盟（ITU）在 M. 3010 建议中指出，电信管理网的基本概念是提供一个有组织的网络结构，以取得各种类型的操作系统（OS）之间，操作系统与电信设备之间的互连，采用商定的具有标准协议和信息的接口进行管理信息交换的体系结构，提出 TMN 体系结构的目的是支撑电信网和电信业务的规划、配置、安装、操作及组织。

数字同步网由节点时钟设备和定时链路组成物理网络，为业务网络提供同步参考信号。实现业务网同步，是现代通信网络必不可少的重要组成部分，它能准确地将同步信息从基准时钟向同步网络的各个节点传递，调节网络时钟，保持同步，满足电信网络传递业务信息对传输、交换、数据的性能要求，保证通信网中各种业务运行的基础。

目前，随着宽带互联网的普及应用，DDN、FR、X. 25、ISDN、IN 已退出应用市场。

2.3.3　接入网的基本概念与组成结构

接入网是指骨干传输网络到用户终端之间的所有设备。其长度一般为几百米到几千米，因而被形象地称为"最后一公里"。由于骨干传输网一般采用光纤结构，传输速度快，因此，接入网便成为整个网络系统的瓶颈。接入网的接入方式包括普通电话线接入、光纤接入、有线电视电缆中的光纤同轴电缆混合接入、无线接入和以太网接入等方式。

根据国际电联关于接入网框架建议（G. 902），接入网是由业务节点接口（SNI）和相关用户网络接口（UNI）组成的，为传送电信业务提供所需承载能力的系统，经管理接口（Q3）进行配置和管理。因此，接入网可由三个接口界定，即网络侧经由 SNI 与业务节点相连，用户侧由 UNI 与用户相连，管理方面则经 Q3 接口与电信管理网（TMN）相连。原则上对接入网可以实现的 UNI 和 SNI 的类型和数目没有限制。接入网不解释信令。用户接入网在通信中的位置如图 2-22 所示。

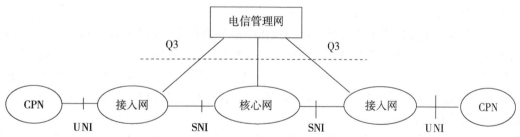

图 2-22　用户接入网在通信中的位置

CPN（Customer Premises Network）是指从用户驻地业务集中的地点到用户终端的传输及线路等相关的设施，简称用户驻地网。

业务节点是提供业务的实体，可提供规定业务的业务节点有本地交换机、租用线业务节点或特定配置的点播电视和广播电视业务节点等。

SNI 是接入网和业务节点之间的接口，可分为支持单一接入的 SNI 和综合接入的 SNI。支持单一接入的标准化接口主要有提供 ISDN 基本速率（2B+D）的 V1 接口和一次群速率（30B+D）的 V3 接口，支持综合业务接入的接口目前有 V5 接口，包括 V5.1、V5.2 接口。

接入网与用户间的 UNI 接口能够支持目前网络所能够提供的各种接入类型和业务，接入网的发展不应限制现有的业务和接入类型。接入网对用户和业务节点的入口如图 2-23 所示。

接入网的管理应该纳入电信管理网络（TMN）的范畴，以便统一协调管理不同的网元。接入网的管理不但要完成接入网各功能块的管理，而且要附加完成用户线的测试和故障定位。

接入网负责将电信业务透明传送到用户，具体而言，接入网即为本地交换机与用户之间的连接部分，通常包括用户线传输系统、复用设备、交叉连接设备或用户/网络终端设备。而实际上提供业务的实体就是业务节点。

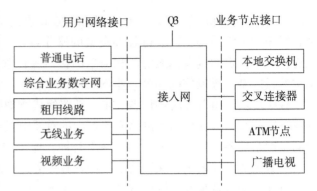

图 2-23　接入网对用户和业务节点的接口

接入网的结构可分为如下 4 种：

1）总线型结构　指以光纤作为公共总线、各用户终端通过耦合器与总线直接连接的网络结构。其特点是共享主干光纤，节约线路投资，增删节点容易，动态范围要求较高，彼此干扰小。缺点是损耗积累，用户接收的信号对主干光纤的依赖性强。

2）环形结构　指所有节点共用一条光纤链路，光纤链路首尾相连自成封闭回路的网络结构。特点是可实现自愈，即无须外界干预，网络可在较短的时间自动从失效故障中恢复所传业务，可靠性高。缺点是单环所挂用户数量有限，多环互通较为复杂，不适合 CATV 等分配型业务。

3）星形结构　这种结构实际上是点对点方式，各用户终端通过位于中央节点具有控制和交换功能的星形耦合器进行信息交换。特点是结构简单，使用维护方便，易于升级和扩容，各用户之间相对独立，保密性好，业务适应性强。缺点是所需光纤多、成本较高，组网灵活性较差，对中央节点的可靠性要求极高。

4）树形结构　类似于树枝形状，呈分级结构，在交接箱和分线盒处采用多个分路器，将信号逐级向下分配，最高级的端局具有很强的控制协调能力。特点是适用于广播业务。缺点是功率损耗较大，双向通信难度较大。

传统的接入网主要以铜缆的形式为用户提供一般的语音业务和少量的数据业务。随着社会经济的发展，人们对各种新业务特别是宽带综合业务的需求日益增加，一系列接入网新技术应运而生，其中包括应用较广泛的以现有双绞线为基础的铜缆新技术、混合光纤/同轴（FHC）网技术和混合光纤/无线接入技术、无线本地环路技术（WLL/DWLL）及以太网到户技术。因此接入网的实现技术包括：

1）双绞线为基础的铜缆新技术　过去，用户接入网技术主要是由多个双绞线构成的铜缆组成。

2）混合光纤/同轴（HFC）网　混合光纤/同轴网是一种基于频分复用技术的宽带接入技术，它的主干网使用光纤，采用频分复用方式传输多种信息，分配网则采用树状拓扑和同轴电缆系统，用于传输和分配用户信息。

3）FTTx+ETTH　FTTH+ETTH 是一种光纤到楼、光纤到路边、以太网到用户的接入方式。它为用户提供了可靠性很高的宽带保证，真正实现了千兆到小区、百兆到到楼单元和十兆到家庭，并随着宽带需求的进一步增长，可平滑升级实现百兆到家庭而不用重新布线。完全实现多媒体通信和交互式视像等业务，是目前的主流方式。

4）无线用户环路接入网　无线用户环路又称为"无线用户接入"，它是采用微波、卫星、无线蜂窝等无线传输技术，实现在用户线盲点偏远地区和海岛的多个分散的用户或用户群的业务接入。它具有建设速度快、设备安装快速灵活、使用方便等特点。在使用无线的情况下，用户接入的成本对传输距离、用户密度均不敏感。因此对于接入距离较长，用户密度不高的地区较为适用。

随着电信行业和电信网业务市场的开放，电信业务功能、接入技术的不断提高，接入网也伴随着发展，主要表现在以下几点：

1）接入网的复杂程度在不断增加　不同的接入技术间的竞争与综合使用，以及要求对大量电信业务的支持等，使得接入网的复杂程度增加。

2）接入网的服务范围在扩大　随着通信技术和通信网的发展，本地交换局的容量不断扩大，交换局的数量在日趋减少，在容量小的地方，改用集线器和复用器等，使接入网的服务范围不断扩大。

3）接入网的标准化程度日益提高　在本地交换局逐步采用基于 V5. X 标准的开放接口后，电信运营商可更加自由地选择接入网技术及系统设备。

4）接入网应支持更高档次的业务　市场经济的发展，促使商业和公司客户要求更大容量的接入线路用于数据应用，特别是局域网互联，要求可靠性、短时限的连接。

5）支持接入网的技术更加多样化　尽管目前在接入网中光传输的含量在不断增加，但如何更好地利用现有的双绞线仍受重视。然而，对要求快速建设的大容量接入线路，则可选用无线链路。

6）光纤技术将更多的应用于接入网　随着光纤覆盖扩展，成本的下降，光纤技术正将日益增多地用于接入网，100 Mbit/s 的光纤入户已很普及，1000 Mbit/s 光纤入户正加速实施，以实现统一的宽带全光网络结构，因此，电信网络将真正成为 21 世纪信息高速公路的坚实网络基础。

2.3.4　长话网的组成与分类

1. 长途电话网的概念

长途电话网（Toll Telephone Network）简称长途网，是一种能提供不同编号区用户间的长途电话业务和接入国际长途电话业务的电话网。长途网负责县以上城市之间的长途电话业务，也包括部分诸如话路数据、用户传真等之类的非话业务。

长途网是用传输设施把各个分散的电话局有组织地相互连接起来的电信系统实体。传输设施是指用以实现终端设备与交换设备，以及两交换局之间的连接，提供话音和信号的传输通路。传输设施包括架空明线、电缆、光缆、SDH 系统、脉码调制设备以及无线传输设备、数字微波、卫星通信系统等。

2. 长途电话网的组成

在由原邮电部门所管理的我国长途电话网中，其基本网络构成为四级网，分别为 C1～C4，如图 2-24 所示。

长途电话交换中心指长途网在每一个长途编号区设置的长途电话交换局，简称长途局，负责汇集本编号区内的长途电话，进行长途电话的接续。

C1 为大区交换中心。到 1992 年年底我国共有 8 个 C1 局，包括北京、天津、沈阳、上海、南京、广州、西安、成都。有 3 个国际局，包括北京、上海和广州。现设为六大区交换中心，即西安、北京、沈阳、南京、武汉、成都，另设天津、重庆、广州、上海作为四大辅助中心。大区交换中心的长途电话区号只用 2 位表示。如北京为 10、广州为 20、上海为 21、天津为 22、重庆为 23、沈阳为 24、南京为 25、武汉为 27、成都为 28、西安为 29。

C2 为省长途交换中心，C3 为地区、市长途交换中心，C4 为大城市的区、县长途交换中心，如图 2-24 所示。过去曾将乡镇一级邮电支局称为 C5 级，现已通过接入网的 V5 接口将其

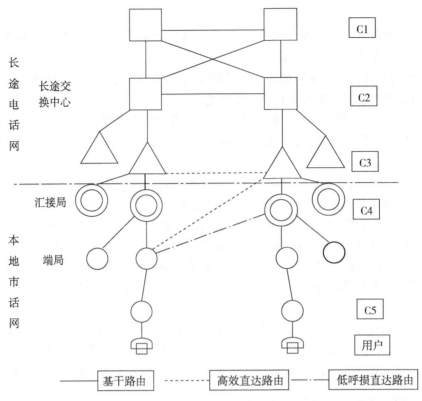

图 2-24　长途电话网的分级和路由

合并到 C4 级或 C3 级。C4 级或 C3 交换机通常直接与用户电话相接，称为端局。而将端局与长途交换中心相接的交换局称为汇接局，汇接局的交换机通常不直接与用户电话机相接。

地区、市长途交换中心的长途区号由 3 位构成，县级长途交换中心的长途区号由 4 位数字构成。这种不等位的长途区号分配方案是保证长途区号+本地电话号码的总号码为 11 位，大城市的长途区号位数少，则可为本地市话提供更多的电话号码资源。县级城市人口相对较少，故长途区号位数适当增加。

国际局也分三级，CT1 国际中心局、CT2 国际汇接局、CT3 国际出入局。

3. 长途电话网的路由组织

长途电话网的路由是指在两个交换局之间建立一个呼叫连接或传送消息的途径。它可以由一个电路群组成，也可以由多个电路群经交换局串接而成。一条路由是由一个没有阻塞的全利用度的电路群组成的。路由分类方法有以下几种：

1）按呼损来分　可将路由分为高效路由和低呼损路由。高效路由指该路由上的呼损会超过规定的呼损指标，其话务量将会溢出到其他路由上。低呼损路由指组成该路由的电路群的呼损不大于规定的标准。

2）按路由选择来分　可将路由分为直达路由、迂回路由、多级迂回路由和终端路由。多级迂回路由指多次更换选择的迂回路由。终端路由是只完成终端话务的路由。

3）按连接两交换中心在网中的地位分　可将路由分为基干路由、跨区路由和跨级路由。基干路由是构成网络基干结构的路由，是特定交换中心之间所构成的路由。基干路由上的电路群的呼损≤1%，其话务量不应溢出到其他路由上。

长途路由的选择原则是：先选高效直达路由，在高效直达路由忙时，选迂回路由。选择顺序是"自远而近"，即先在被叫端"自下而上"选择，然后在主叫端"自上而下"选择；最后选择基干路由上的最终路由。

我国长途电话网的演进方向是向无级动态网发展。

无级动态网是指电话网中的各个节点交换机处于同一等级，不分上、下级，且网络中的路由选择方式不是固定的，而是随网上话务量变化状况或其他因素而变化。

我国长途电话网向无级动态网的过渡采取逐步过渡方式，即由现在的长途四级网的C1 与 C2 合并为 DC1，C3 与 C4 合并为 DC2，成为二级长途网，如图 2-25 所示。最后过渡为无级长途网。这样我国电话网就成为二级电话网，三个层面的电话网形式，即长途电话网、本地电话网、用户接入网。

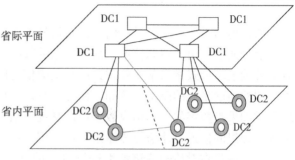

图 2-25 二级长途网的网络结构

小结

本章介绍了通信体系基本概念、通信终端的基本概念、电话网络基本概念，让读者熟悉通信工程中一些最常见和最常用的名词和概念，并对通信系统的基本组成有所了解。包括对常见通信术语的理解、通信系统的基本概念、电话机和手机的结构与工作过程；固定电话网和移动电话网的概念、本地电话网和长途电话网及国际电话网的组织、电话网中电话号码的管理；分组数据网、电信网、接入网、长途电话网的基本概念。使读者对日常通信中要实现两个电话用户间的通信，电话信号可能需要经过的市话网、接入网和长话网有所了解，对电信网的组织结构有一个基本的映像。

思考题

2-1 通信与通讯的区别是什么？通信与电信的区别是什么？

2-2 通信系统是如何进行分类的？

2-3 什么是通信终端？举例说明。

2-4 信息、信号与消息的区别是什么？举例说明。

2-5 通信系统由哪些要素组成？

2-6 电话网的种类有哪些？

2-7 电话机如何实现语音与电信号的转换？

2-8 电话号码是如何编制的？

2-9 分组数据网的作用是什么？

2-10 电信网是如何组成和分类的？

2-11 接入网的作用和组成是什么？

2-12 长途电话网是如何组织的？

2-13 什么是无级动态网？我国长途电话网结构的发展方向是什么？

第 3 章　通信传输系统基础

通信传输系统完成信号从信号源到信号目的地的传输任务。在传输过程中，信号将经过一定的信号通道。由于不同信道对信号传输的效率是不同的，为了让信号最有效地传输，就需要对信号的表现形式做出某些处理，使其适应信道的特点。不同的信道和信号的表现形式，导致了不同的通信系统的产生。例如，信号在有线介质中传输，构成的是有线通信系统；信号的表现形式如果是数字的，则构成数字通信系统。信道资源是有限的，但人们对信道的要求则是无限的，理想的信道是让信号传输距离远、传输信号容量大、传输信号不失真、传输信号覆盖范围广等。本章在对传输信道特性进行讨论的基础上，对为适应信道特征而对信号所进行的调制、编码、滤波、电平调节等通信过程和所涉及的基本概念进行了讨论。

3.1　通信信道的概念

信道是实现双方通信的关键环节，只有通过信道的传输，才能完成通信任务。采用何种信道来承载传输中的信息，导致了不同通信技术的发展，以及与之相适应的通信系统。借助于对信道的研究，可以帮助建立通信系统的总体概念。

3.1.1　信号的传输信道

1. 传输信道概念

传输信道是以传输介质为基础的信号通道。构成信道的传输介质可以是有线介质或无线介质。抽象地看，信道是指定的一段电信号频带，它让信号通过，同时又给信号以限制和损害。信道为信号传输提供了通路，是沟通通信双方的桥梁。

通常将信号的传输介质称为狭义信道。狭义信道仅指传输媒体本身，如明线、电缆、光纤、微波、短波等有线信道和无线信道。从更深的意义讲，狭义信道指能够传输信号的任何抽象的或具体的通路。

广义信道包括狭义信道和通信系统中的一些信号转换装置的集合体，如调制信道、编码信道，如图 3-1 所示。

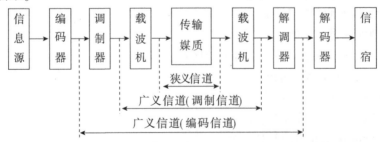

图 3-1　信道的概念

2. 信道分类

（1）按照信道传输信号的种类分类

按照信道传输信号的种类不同，可将信道分为模拟信道和数字信道。

模拟信道的特点：允许传输波形连续变化的模拟信号，包括恒参信道和变参信道。通信质量受传输失真、信道噪声影响。

数字信道的特点：只允许传输离散取值的数字信号；通信质量受数字信号的比特差错率影响，只要噪声或信号的失真小于判决电平就能通过再生恢复原来的信号。

（2）按照信道上信号传送方向与时间的关系分类

按照信道上信号传送方向与时间的关系不同，可将信道分为单工、半双工、全双工信道。

1）单工制信道 单工制信道指通信双方在某一时间段内，只能选择一方发信另一方收信的通信方式。

图 3-2 是无线电步话机之间进行单工通信的方向切换示意图。图中收、发信切换是利用按键 PTT 控制收信和发信，任一时刻用户只能处于发信或收信的其中一种状态。当电台甲发话时，先按下"收发控制按钮"PTT，这时电台甲发信机处于发射状态，电台乙则应松开 PTT 处于接收状态，这样才能收信。电台乙回答时，电台乙应按下 PTT，电台甲松开 PTT，电台甲才能收听 B 方发话。

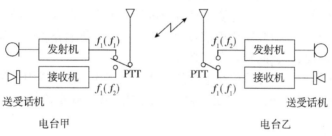

图 3-2 单工制通信方式

单工制又分同频单工和异频单工两种。通信双方收、发使用同一频率的称为同频单工；收、发使用不同频率的称为异频单工。图 3-2 中括号内的 f_1、f_2 为异频单工。

这种制式常用于简单的专用调度系统，如公安、部队的对讲指挥通信或车辆无线调度系统等。

2）半双工制信道 半双工制信道指通信的一方可同时发信和收信，而通信的另一方只能在一段时间内选择或者发信，或者收信，不能同时进行发信或收信。如图 3-3 所示为无线电步话机基地台与移动台间的半双工制通信方式，图中基地台可同时收信和发信，但移动台只能选择发信或收信的其中之一。

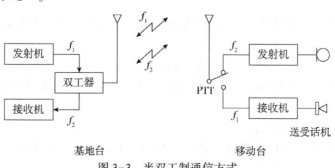

图 3-3 半双工制通信方式

3）双工制信道　双工制信道指通信双方均可同时收信和发信的工作方式，即任一方可在发信的同时接收对方的信号。在图3-4所示的基地台与移动台间的通信过程中，双方不必按键发话，像普通电话机一样使用方便。

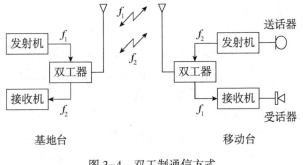

图3-4　双工制通信方式

模拟蜂窝移动通信系统、GSM及CDMA数字蜂窝移动通信系统等都采用了频分双工体制。

单工、半双工、双工制各有其特点，究竟采用哪一种方式应根据不同通信系统的实际需要来选定。

（3）按照对信道的占有程度分类

按照对信道的占有程度不同，可将信道分为专用或租用信道和公共交换信道。

专用或租用信道指连接两点或多点用户的传输信道为固定线路；公共交换信道指对信道的利用需要通过交换机转接才能获得，这种信道是公用的、可为大量用户服务的信道。

（4）按照信道中对信号进行导向的介质分类

按照信道中对信号进行导向的介质是否有形可见，可将信道分为有线信道和无线信道。

有线信道指以有形的导向介质传输信号的信道。在有线传输介质中，信号的电磁波沿着固定介质进行传播，如双绞线、同轴电缆、光纤等。

无线信道指以无形非导向介质传输信号的信道。在无线传输介质中，信号的电磁波在自由空间中传播，如地波传播、短波电离层反射、超短波及微波视距传播、卫星中继、红外线传播、光波视距传播等。

3. 信道容量计算

信道容量指在给定条件下信道所能提供的模拟信号频带宽度或数字信号最大传输速率。模拟信道容量单位为赫兹（Hz），数字信道容量单位为比特/秒（bit/s）。信道容量分为有扰模拟信道的信道容量和有扰数字信道的信道容量。

（1）有扰模拟信道的信道容量

有扰模拟信道的信道容量由香农信道容量公式决定。

根据香农定理，如果信息源的信息速率 R 小于或者等于信道容量 C，那么，在理论上存在一种方法可使信息源的输出能够以任意小的差错概率通过信道传输。

该定理还指出：如果 $R>C$，则没有任何办法传递这样的信息，或者说传递这样的二进制信息的差错率为1/2。

可以严格地证明，在被高斯型白噪声干扰的信道中，传送的最大信息速率 C 由下面的公式确定：

$$C = B \times \log_2(1 + S/N) \tag{3-1}$$

式中，B 是信道带宽，单位是 Hz；S 是信号功率，单位是 W；N 是噪声功率，单位是 W；C 的单位为 bit/s。

式（3-1）通常称为香农公式。

香农公式中的 S/N 为无量纲单位，如：$S/N = 1000$ 表示信号功率是噪声功率的 1000 倍。当讨论信噪比 S/N 时，常以分贝（dB）为单位。公式如下：

$$SNR = 10 \times \lg(S/N)$$

或
$$S/N = 10^{(SNR/10)} \tag{3-2}$$

式（3-1）表明，信道带宽 B 限制了比特率的增加，在 C 一定的前提下，B 越大，SNR 就越小。信道容量 C 还取决于系统信噪比以及编码技术种类。

【例 3-1】 信道带宽 $B = 3\,\text{kHz}$，信噪比为 $S/N = 1000$，则
$$C = 3000 \times \log_2(1+1000) \approx 30\,\text{kbit/s}$$

香农定理的几点重要结论：

1）任何一个信道都有它的信道容量。

2）信道容量 C 与带宽 B 和信噪比 S/N 有关。

3）当信道的噪声为高斯白噪声时，香农公式中的噪声功率不是常数，而与 B 有关。若噪声功率 $N = n_0 B$，n_0 为单位频带内的噪声功率，则有
$$C = B \times \log_2(1 + S/n_0 B) \tag{3-3}$$

若 B 趋近于无穷大，则信道容量 C 将为
$$C \approx 1.44 \frac{S}{n_0} \tag{3-4}$$

4）如果考虑到信道容量 $C = I/T$，I 为传输的信息量，T 为传输时间，代入香农公式得
$$I = T \times B \times \log_2(1 + S/N) \tag{3-5}$$

当 S/N 一定时，对于给定的信息量 I 可以用不同的带宽 B 和传输时间 T 的组合来进行传输。

【例 3-2】 如有一幅图片拟在模拟电话信道上进行数字传真。该图片约有 2.25×10^6 个像素，设每个像素有 16 个亮度等级，且各亮度等级是等概率出现的。若模拟电话信道的带宽和信噪比分别为 $3\,\text{kHz}$ 和 $30\,\text{dB}$，则在此模拟信道上传输这幅传真图片所需的最小时间计算过程如下：

每个像素所包含的信息量为 $\log_2 16\,\text{bit} = 4\,\text{bit/s}$

一幅图片需要传输的信息量为 $I = 2.25 \times 10^6 \times 4\,\text{bit} = 9 \times 10^6\,\text{bit/s}$

设此图片的传输时间为 T，则图片信息的传输速率（bit/s）为 $R = 9 \times 10^6 / T$

模拟电话信道容量为 $C = B \times \log_2(1 + S/N) = 3000 \times \log_2(1 + 10^{(30/10)})\,\text{bit/s} = 29.9 \times 10^3\,\text{bit/s}$

由于应有 $R \leq C$，如取 $R = C$，则可求所需最小时间 $T_{\min} = I/C = 9 \times 10^6 / 29.9 \times 10^3\,\text{s} \approx 301\,\text{s}$

（2）有扰数字信道的信道容量

典型的数字信道是一个平稳、无记忆、对称、离散的信道。

平稳指对任何码元来说，正确或错误传输的概率都与发生的时间无关；无记忆指接收到的第 i 个码元仅与发送的第 i 个码元有关，而与发送的第 i 个码元以前的其他码元无关；对称指任何码元正确传输和错误传输的概率与其他码元一样，在错误传输时一个码元错成其他码元的概率都相同；离散指时间上的离散性，即信道上传输的信号可以划分为码元。

【例 3-3】 在有扰对称二进制信道中，当发送"1"和"0"的概率均为 1/2 时，设 ε 表示码元错误传输的概率，收到一个符号所能得到的最大信息量为
$$1 + \varepsilon \times \log_2 \varepsilon + (1-\varepsilon)\log_2(1-\varepsilon)\,(\text{比特/符号}) \tag{3-6}$$

式中，$\varepsilon \times \log_2 \varepsilon + (1-\varepsilon)\log_2(1-\varepsilon)$ 为传输差错引起的信息量损失。所以有扰对称二进制信道的信道容量为
$$C = [1 + \varepsilon \log_2 \varepsilon + (1-\varepsilon)\log_2(1-\varepsilon)]r \tag{3-7}$$

式中，r 为发送端每秒发送的符号数。

设信息源由符号 0 和 1 组成，顺次选择两符号构成所有可能的消息。如果消息传输速率是每秒 1000 个符号，且两符号的出现概率相等，在传输中，若干扰引起的差错是：平均每 100 个符号中有一个符号不正确，则这时传输信息的速率计算如下：

$$\varepsilon = 1/100 = 0.01$$

$$C = \left[1 + \varepsilon\log_2\varepsilon + (1-\varepsilon)\log_2(1-\varepsilon)\right]r$$

$$= \left[1 + 0.01\log_2(0.01) + 0.99\log_2(0.99)\right] \times 1000\,\text{bit/s} = 919\,\text{bit/s}$$

3.1.2 信道的复用

信道复用的目的在于提高信道的使用效率，实现在同一信道上多人同时通信而互不干扰。目前对信道进行复用的方式主要有频分复用、时分复用、空分复用、码分复用。如果将这些利用结合起来，可构成不同的信道复用组合。

1. 频分复用

频分复用（Frequency-Division Multiplexing，FDM）是为了使若干独立信号能在一条公共通路上同时传输，而将独立信号分别配置在分立的不同信道传输频段上的复用方式。

实现频分复用的方法是将传输信道总的有效频率范围划分成若干个子频带，或称子信道，每一个子信道传输 1 路独立信号。频分复用要求总频率宽度大于各个子信道频率之和，同时为了保证各子信道中所传输的信号互不干扰，应在各子信道之间设立隔离带，以保证各路独立信号互不干扰。

频分复用技术的特点是所有子信道传输的信号以并行的方式工作，每一路信号传输时可不考虑传输时延，因而频分复用技术取得了非常广泛的应用。频分复用技术除传统意义上的频分复用外，近年来又研究出正交频分复用（OFDM），如图 3-5 所示。

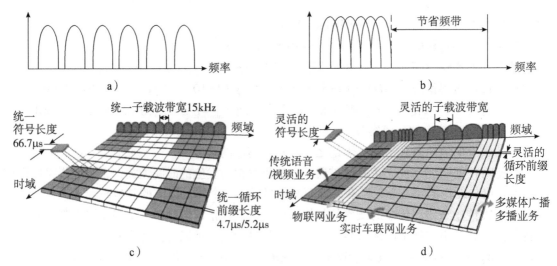

图 3-5 频分复用技术

a）传统的 FDM 多载波频谱 b）OFDM 多载波频谱 c）OFDM 时频资源分配 d）F-OFDM 时频资源分配

正交频分复用（Orthogonal Frequency Division Multiplexing，OFDM）实际是一种多载波数字调制技术。OFDM 全部载波频率有相等的频率间隔，它们是一个基本振荡频率的整数倍，正交指各个载波的信号频谱是正交的。

OFDM 可以结合分集、时空编码，干扰和信道间干扰抑制以及智能天线技术，最大限度地提高系统性能。包括 V-OFDM、W-OFDM、F-OFDM、MIMO-OFDM 等类型。OFDM 中的各个载波是相互正交的，每个载波在一个符号时间内有整数个载波周期，每个载波的频谱零点和相邻载波的零点重叠，这样便减小了载波间的干扰。由于载波间有部分重叠，所以它比传统的 FDM 提高了频带利用率。OFDM 的时频资源分配方式如图 3-5c 所示，在频域子载波带宽是固定的 15 kHz（7.5 kHz 仅用于 MBSFN），而子载波带宽确定之后，其时域符号长度（66.7 μs）、循环前缀（Cyclic Prefix, CP）长度（4.7 μs/5.2 μs）等也就基本确定了。

在 OFDM 传播过程中，高速信息数据流通过串并变换，分配到速率相对较低的若干子信道中传输，每个子信道中的符号周期相对增加，这样可减少因无线信道多径时延扩展所产生的时间弥散性对系统造成的码间干扰。另外，由于引入保护间隔，在保护间隔大于最大多径时延扩展的情况下，可以最大限度地消除多径带来的符号间干扰。如果用循环前缀作为保护间隔，还可避免多径带来的信道间干扰。

在传统的频分复用（FDM）系统中（见图 3-5a），整个带宽分成 N 个子频带，子频带之间不重叠，为了避免子频带间相互干扰，频带间通常加保护带宽，但这会使频谱利用率下降。为了克服这个缺点，OFDM 采用 N 个重叠的子频带，如图 3-5b 所示，子频带间正交，因而在接收端无须分离频谱就可将信号接收下来。

在第五代移动通信（5G）的空口技术中，还采用了 F-OFDM（Filtered OFDM）技术，F-OFDM 能为不同业务提供不同的子载波带宽和循环前缀长度的配置，如图 3-5d 所示，以满足不同业务的时频资源需求，通过优化滤波器的设计，可以把不同带宽子载波之间的保护频带最低做到一个子载波带宽。

OFDM 系统比 FDM 系统要求的带宽要小得多。由于 OFDM 使用无干扰正交载波技术，单个载波间无须保护频带，这样使得可用频谱的使用效率更高。另外，OFDM 技术可动态分配在子信道中的数据，为获得最大的数据吞吐量，多载波调制器可以智能地分配更多的数据到噪声小的子信道上。

目前 OFDM 技术已被广泛应用于音频和视频领域以及民用通信系统中，主要的应用包括：非对称的数字用户环线（ADSL）、数字视频广播（DVB）、高清晰度电视（HDTV）、无线局域网（WLAN）和第四代（4G）移动通信系统等。

在传统的频分复用技术中，典型的应用是长途载波通信。在这种复用技术中，一条对称电缆中可传输 60 路载波电话，一条小同轴电缆中可传输 3600 路载波电话，在一条同轴电缆中可传输 10800 路载波电话。

采用频分复用技术的模拟微波载波电话通信系统，每个收发信机可以工作于 60 路、960 路、1800 路或 2700 路通信。

载波电话是将发送端若干个电话线路传来的音频信号，通过多次调制，将这些音频信号搬移到不同的频段上，经线路和增音设备传送到接收端。再经解调制后由带通滤波器选出各路音频信号。由于用滤波器将各路信号按频率分开，因此许多路电话可同时在一对导线上传输而互不干扰，这就是频分复用带来的好处。

大容量和中容量的载波电话采用多级调制和解调方式，这样可减小过渡带和电路实现的难度。图 3-6 所示为经多级调制的国产 1800 路载波系统频谱图。

人耳能识别的声波范围为 20 Hz～20 kHz，但语音的主要信息集中在 0.3～3.4 kHz 内。CCITT 将 0.3～3.4 kHz 的语音频段定义为语音基带信号。为防止相邻信道的干扰，以 0.0～0.3 kHz 和

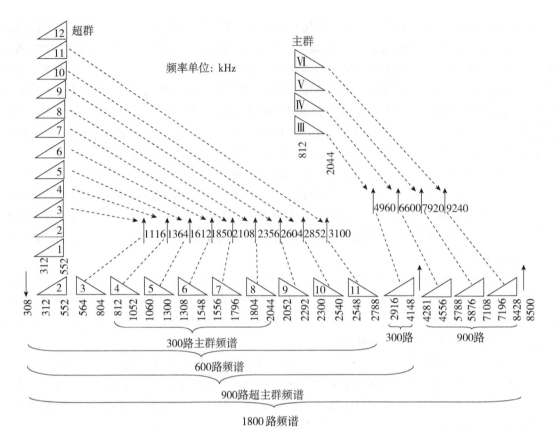

图 3-6 国产 1800 路载波系统频谱

3.4~4 kHz 为隔离带，而将为 0~4 kHz 作为 1 路基带的带宽来计算。

载波电话中的多路调制方式中，以 4 kHz 为基带作为多路载波电话中各路的带宽。载波通信系统采用多级调制方式将多个电话基带调制后，分别组成前群、基群、超群、主群、超主群等。在载波通信中，一个话路或一个信道被称为 1 路或单路。3 路称为前群（中国规定为 12~24 kHz）；国际规定 12 路电话为一个基群（60~108 kHz）；60 路电话称为一个超群（312~552 kHz）；300 路称为一个主群（812~2044 kHz）；900 路称为超主群等。高次群由若干低次群调制组合而成。

有线载波电话通信系统主要由终端设备、增音设备和传输线路组成。

1）终端设备 又称终端站，由发送部分、接收部分和相应的载频供给电路组成。发送部分将各路音频信号经一次或多次调制后汇接在一起，组成线路传输频带。接收部分将对方传输来的线路频带，经一次或多次解调，分别还原为各路音频信号。载频供给电路用于供给各级调制所用的载波频率和导频。导频是用于监视群路信号传输过程中电平大小而加入的频率。

2）增音设备 又称增音站，增音站主要由线路放大器、均衡器（或均衡系统）和自动电平调节设备（或调节系统）组成。线路放大器用于补偿信号在线路传输中的损耗。均衡器主要用于校正在传输过程中线路和设备所引起的某些部分频率特性偏差。自动电平调节设备的作用是借助于线路导频以调节随时间而变化的电平偏差。埋在地下或装在地下井内的增音设备，不需要维护人员经常看管，称为无人值守增音机或简称无人增音机。有人增音站的增音设备一般都装有远距离供电系统（或称遥供系统）、故障定位系统（或称遥测系统）和电缆漏气报警系统

（或称遥信系统）。根据需要，增音设备可以设有自动转换的备用系统，以提高系统的可靠性。图 3-7 所示为终端站与中间有人增音站和中间无人增音站的分布关系图。

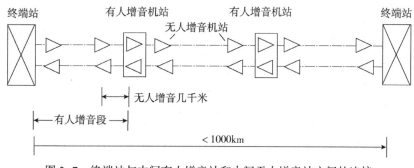

图 3-7　终端站与中间有人增音站和中间无人增音站之间的连接

3）传输线路　有架空明线、电缆、海底电缆以及电力线等。

载波电话通信系统按传输介质的不同主要有四类。

1）明线载波电话　发话和受话采用不同的信号传输频段，在明线的同一对导线上传输，有单路、3 路、12 路和高 12 路载波电话等。用明线传送载波电话因受串扰和无线电波干扰等影响以及气候影响，进一步扩大容量受到限制。

2）对称电缆载波电话　发话和受话多采用相同频段分别在两对电线中传输。话路容量有 12 路、24 路、60 路和 120 路。受衰减和串扰影响，进一步扩大容量受到限制。

3）同轴电缆载波电话　发话和受话一般采用相同频段，分别在同一电缆中的两根同轴管中传输。小同轴电缆载波电话的话路容量有 300 路、960 路、2700 路、3600 路。中同轴电缆载波电话的话路容量系列，国际上常用的有两种：一种是 960 路、2700 路和 10800 路；另一种是 1860 路或 1920 路、3600 路和 10800 或 13200 路。我国采用的是 1800 路和 4380 路。此外还有单管中同轴电缆载波电话，话路容量有 120 路、300 路等。

4）海底电缆载波电话　采用单电缆单同轴管传输，发话与受话采用不同频段，话路容量可达数百路至数千路。

模拟微波载波电话通信系统实现群路信号的调制与解调制与有线载波通信系统基本相同，所不同的是在接近信道侧，微波载波设备将待发送到无线信道上的群频谱信号调制到波长为 1 m~0.1 mm（频率为 0.3 GHz~3 THz）的微波频段，接收端再用相同的载波将微波信号解调制回原来的群频谱频段信号。目前各国的通信设备已使用到 2、4、5、6、7、8、11、15、20 GHz 等各频段，我国的数字微波通信已有 2、4、6、7、8、11 GHz 各频段的设备。

利用微波视距传播以接力站的接力方式实现微波通信，也称微波中继通信。微波接力系统由两端的终端站及中间的若干中继接力站组成，以延长微波传输距离，为地面视距点对点通信。各站收发设备均衡配置，站距约 50 km，天线直径 1.5~4 m，半功率角 3°~5°，发射机功率 1~10 W，接收机噪声系数 3~10 dB（相当噪声温度 290~261 K）。微波中继接力传输设备，相当于有线传输载波通信系统中的有人增音机。

卫星通信中，卫星地面站执行相当于微波发/收设备的任务，卫星上的通信设备相当于地面微波通信的中继接力站，负责接收并放大信号，然后中转发送回地面。

2. 时分复用

时分复用（Time-Division Multiplexing，TDM）是为了使若干独立信号能在一条公共通路上传输且互不影响，而将其分别配置在分立的周期性的时间间隔上的复用方式。

时分复用采用同一物理连接的不同时段来传输不同的信号，也能达到多路传输的目的。时分多路复用以时间作为信号分割的参量，故必须使各路信号在时间轴上互不重叠。4 路时分复用系统的示意图如图 3-8 所示。

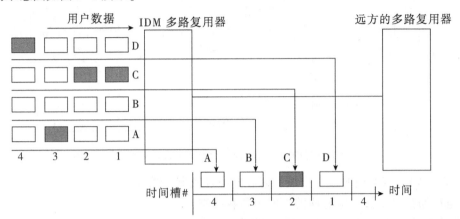

图 3-8　4 路时分复用系统的示意图

时分多路复用适用于数字信号的传输。由于信道的比特传输率超过每一路信号的数据传输率，因此可将信道按时间分成若干片段轮换地给多个信号使用。每一时间片由复用的一个信号单独占用，在规定的时间内，多个数字信号都可按要求传输，从而实现了一条物理信道上传输多个数字信号。假设每路输入的信号的数据比特率是 64 kbit/s，传输 4 路信号时线路的传输比特率为 256 kbit/s。

TDM 方式目前又分为同步时分和异步时分复用系统两种。

同步时分复用系统又可分为准同步系列 PDH 和同步系列 SDH。PDH 常用于接入网，SDH 常用于光纤通信等骨干网络。

异步时分复用系统又称统计时分复用系统，可分为虚电路方式（如 X.25、帧中继、ATM）和数据报方式（如 TCP/IP）。

公共电话传输网络（PSTN）系统目前采用 PDH 和 SDH 结合的方式，在小用户接入及交换网络中采用 PCM/PDH，在核心骨干网络采用 SDH。

目前世界上存在两类的 PDH 标准：

1）基于 13 折线 A 律压缩的 30/32 路 PCM 系统，这种标准又称为欧洲标准，用于欧洲、中国、俄罗斯等国家。

2）基于 15 折线 μ 律压缩的 24 路 PCM 系统，这种标准又称为北美标准，用于北美、日本、我国台湾等国家和地区。

同步（Synchronous）时分多路复用（TDM）的时间片是预先分配好的，而且是固定不变的，因此各种信号源的传输定时是同步的。而异步时分多路复用（TDM）允许动态地分配传输媒体的时间片。

目前，利用电信号实现时分复用的方式可以实现单根光纤 100 Gbit/s 以上的传输速率，但是由于技术复杂，价格十分昂贵。所以要想进一步提高光通信系统的通信容量，人们把研究的热点集中在了光波分复用（WDM）和光时分复用（OTDM）两种复用方式上。

WDM 是在一根光纤上复用多个不同波长的光信号，在接收端分别对不同波长进行解复用。OTDM 在一根光纤上只传输一个波长的光信号，它首先要求光脉冲必须是 RZ 码，各路光信号通过占用不同时隙复用成一路，即在一路光脉冲之间插入几路相对于第一路具有不同时延的光脉冲，以提高单根光纤的传输速率。WDM 和 OTDM 各有其优点，因此可以预见，WDM 与 OTDM 相结合将更大地提高光通信容量，成为未来光通信发展的一个趋势。

3. 空分复用

空分复用（Space-Division Multiplexing，SDM）是为了使若干独立信号能在一条公共通路上传输，而将其分别配置在分立的空间区域上的复用方式。空分复用通过空间的分割来区别不同的用户，如图 3-9 所示。

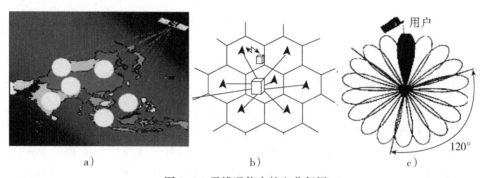

图 3-9　无线通信中的空分复用

a）卫星通信中的 SDM　b）蜂窝通信中的 SDM　c）智能天线中的 SDM

在有线传输中，空分复用指多对电线或光纤共用 1 条缆的复用方式。比如 5 类线就是 4 对双绞线组合成一条缆、市话电缆中包括几十对、几百对双绞线组合成一条市话电缆。能够实现空分复用的前提条件是光纤或电线的直径很小，可以将多条光纤或多对电线做在一条缆线内，既节省外护套的材料又便于使用。

在蜂窝移动通信中，空分复用指将一个大的区域分割成若干个小区，每个相邻小区使用不同的载波频率，在不相邻的小区，这些载波频率可再次使用而不会形成相邻区域的同频干扰。在 TD-SCDMA 中的智能天线技术中，采用自适应阵列天线，在不同的用户方向上形成不同的波束，每个波束可提供一个无其他用户频率干扰的唯一信道。卫星通信中也是利用空分复用实现频率资源的再利用。

4. 码分复用

码分复用（Code-Division Multiplexing，CDM）是为了使若干独立信号能在一条公共通路上传输，而将其配置成某些相互正交的信号的复用方式。

码分复用的原理是基于扩频技术，将需要传送的具有一定信号带宽的信息数据用一个带宽远大于信号带宽的高速伪随机码（PN）进行调制，使原数据信号的带宽被扩展，再经载波调制并发送出去；接收端使用完全相同的伪随机码，与接收的宽带信号做相关处理，把宽带信号还原成原信息数据的窄带信号，即完成宽带信号的解扩，从而完成发送端与接收端间的通信。码分复用中分配给每个用户的 PN 码是不同的相互正交的码序，经调制和复用后，接收方只能用与发方相同的 PN 码解调输入信号才能有输出，否则输出为零，从而实现从混合的多路信号中还原预定的某路信号。如图 3-10 所示。

码分多路复用技术主要用于无线通信系统，如移动通信系统中的 CDMA 调制。它不仅可以提高通信的语音质量和数据传输的可靠性以及减少干扰对通信的影响，而且增大了通信系统的容量。笔记本电脑或个人数字助理（PDA）以及掌上电脑等移动性计算机的联网通信使用了这种技术。

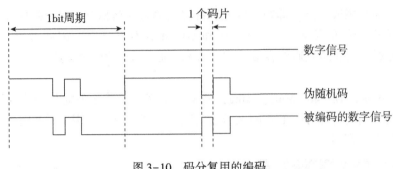

图 3-10 码分复用的编码

3.2 不同传输介质的信道

信道是由介质构成的，除了信号在外层宇宙空间中以近似真空传播外，通常的传输介质是由物质组成的。构成信道的介质成分不同，对电磁波的传输损耗是不同的。理想的信道应该是对承载的信息在全频段内无损耗的，或者即使有损耗，但对全频段信号的损耗是一致的。然而，现实中的不同信道对信号的衰减频率特性是不一样的，这就导致了有的信号在传输过程中损耗大，有的信号的损耗小，造成传输信号的失真，为保证接收端所收到的信号的一致性，只能限制所传输信号的频率宽度，导致通信系统的容量下降。研究传输介质是为了帮助探索新的更有效的信号传输途径，并以此找到提高通信质量和效率的方法。

信道是信号传输的通道，如果信号在某种信道上传输，信号会受到某种约束，则称这种信道为导向信道。反之，如果信号在信道上传输不会受到约束，则称这种信道为非导向的信道。信道对信号的约束，限制了信号的传输方向，使其只能沿信道规定的方向传输。如金属导线构成的信道，使信号只能沿导线传输；而在无线传输信道中，信号则不受此约束，只根据天线结构的不同，可在相应的各个方向上传输。

3.2.1 导向传输介质信道

1. 金属导线传输信道

由金属导线构成的传输信道包括架空明线、电话线、市话电缆、对称电缆、同轴电缆等。

（1）通信电缆

传输电话、电报、传真文件、电视和广播节目、数据和其他电信号的电缆。通信电缆具有信号传输频带较宽、通信容量大、传输稳定性好、保密性好、受外界干扰小，但不易检修等特点。通信电缆可传输电话、电报、数据和图像等信号，通信电缆是各种通信用电缆的总称。

根据通信电缆的用途和使用范围，通信电缆可分为六大系列产品，即市内通信电缆（包括纸绝缘市内话缆、聚烯烃绝缘聚烯烃护套市内话缆）、长途对称电缆（包括纸绝缘高低频长途对称电缆、铜心泡沫聚乙烯高低频长途对称电缆以及数字传输长途对称电缆）、同轴电缆（包括小同轴电缆、中同轴和微小同轴电缆）、海底电缆（可分为对称海底和同轴海底电缆）、射频电缆（包括对称射频和同轴射频）、光纤电缆（包括传统的电缆型、带状列阵型和骨架型三种）。

通信电缆在军事辞海中的解释：由多根互相绝缘的导线或导体构成缆芯，外部具有密封护套的通信线路。有的在护套外面还装有外护层。有架空、直埋、管道和水底等多种敷设方式。按结构分为对称、同轴和综合电缆；按功能分为野战和永备电缆（地下、海底电缆）。

（2）电话线

电话线是经由市话分线盒接到用户家庭的连线，由两根金属导线绞合在一起构成，阻抗 600 Ω，传输音频信号可达数千米。

（3）网线

网线又称双绞线，由两根互相绝缘的铜导线以均匀对称的方式扭绞在一起作为一条通信链路。常见的互联网用的双绞线共有 4 对，既可传输模拟信号，也可传输数字信号。如图 3-11 所示。双绞线进行绞合的目的是减少相邻导线间的电磁耦合干扰，绞合的密度越大，抗干扰能力越强。双绞线具有较高的容性阻抗，信号衰减较大，传输距离有限，有辐射，容易被窃听。双绞线分为非屏蔽双绞线（UTP）和屏蔽双绞线（STP）。非屏蔽双绞线外皮材质为塑料，不具有屏蔽能力，易受外部的电磁干扰。根据双绞线的数据传输速率可分为 5 类线。其中 3 类线的数据传输速率可达 16 Mbit/s，4 类线数据传输速率可达 20 Mbit/s，5 类线的数据传输速率可达 100 Mbit/s。6 类线数据传输速率可达 1 Gbit/s，7 类线数据传输速率可达 10 Gbit/s 屏蔽双绞线外皮材质为金属，具有屏蔽能力，价格比 UTP 贵。双绞线特性阻抗为 100 Ω、120 Ω、50 Ω。

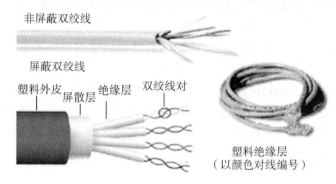

图 3-11　网线

（4）市话电缆

市话电缆是一种用于在电话分线盒到电话交换机之间传输近距离音频信号的通信的电缆。常将几十至上千对双绞线做在一根市话电缆中，便于施工敷设，如图 3-12 所示。

（5）长途电缆

长途电缆是一种用于在长途传输设备之间远距离传输大容量高频载波和数字信号的传输电缆。长途电缆包括长途对称电缆（最多可传输 60 路载波信号）、小同轴电缆（最多可传输

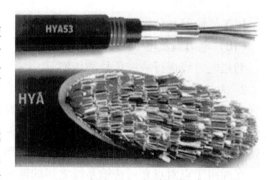

图 3-12　市话电缆

3600 路载波信号）、中同轴电缆（最多可传输 10800 路载波信号）、海底电缆（最多可传输 10800 路载波信号）。海底电缆比陆地电缆增加了抗拉和防水性能。

（6）对称电缆

对称电缆是由若干对叫作芯线的双导线在一根保护套内制造成的。为了减小各对导线之间的干扰，每一对导线都做成扭绞形状，称作双绞线。双绞线为两根线径各为 0.32~0.8 mm 的铜线，经绝缘等工艺处理后，绞和而成。对称电缆分非屏蔽双绞线和屏蔽双绞线两种。对称电缆的芯线比明线细，直径为 0.4~1.4 mm，故其损耗较明线大，但是性能较稳定。对称电缆在

有线电话网中广泛用于用户接入电路。对称电缆幅频特性为低通型，导线间的串扰随频率升高而增加，因而复用程度不高，其结构如图3-13a所示。

外绝缘层　外层导体　内绝缘层　内导体

a)　　　　　　　　　　b)

图3-13　对称电缆与同轴电缆

a) 对称电缆　b) 同轴电缆

（7）同轴电缆

同轴电缆由外绝缘层、外导体、内绝缘层和内导体四个部分组成，绝缘性能较好，误码率较低，如图3-13b所示。同轴电缆分为基带同轴电缆和宽带同轴电缆。特性阻抗为50 Ω的同轴电缆称为基带同轴电缆，用于传输数字信号，距离可达1 km，传输速率为10 Mbit/s；特性阻抗为75 Ω的同轴电缆称为宽带同轴电缆，如长途载波通信用的小同轴电缆、中同轴电缆和共用天线电视系统CATV中的标准传输电缆。同轴电缆可用于传输模拟信号和数字信号。同轴电缆具有信号传输频带较宽（60 kHz到数十兆赫兹）、传输速率较高、损耗较低、传输距离较远（在CATV中其信号频率在300~450 MHz时，传输距离可达100 km）、辐射低、保密性好、抗干扰能力强、架设安装方便、容易分支、宽带电缆可实现多路复用传输等优点。主要应用于长途电话传输、电视转播、近距离的计算机系统连接、局域网络。

（8）视频电缆

用于传输电视信号的电缆，常见的为有线电视的闭路线，属同轴电缆。

（9）射频电缆

用于传输射频信号的电缆，属同轴电缆。

（10）电力载波电线

利用电力线进行载波信号的传输。

2. 光纤传输信道

光纤信道（Fiber Channel，FC）指用光纤作导向媒质的光传输通道。光纤信道不仅可用来传输模拟信号和数字信号，而且可以满足视频传输的需求，其数据传输率能达上百Gbit/s。在不使用中继器的超长距离通信中，传输范围能达到上千公里。

光缆用于点对点光纤传输系统之间的连接。含1根光纤的光缆称单纤，有2根光纤的称双纤，目前已能将上千芯光纤组合在一条光缆中，如图3-14a所示。

光纤有两种传输模式：多模传输方式和单模传输方式。在多模传输方式中，许多条不同角度入射的光线在一条光纤中传输，由于角度不同，光线在光纤中走过的路径长度不同，导致脉冲宽度展宽，故只适合于短距离传输。对于单模传输方式，纤芯中仅有某一角度的射线通过，脉冲宽度可以很窄，因此数据传输速率高，适合用于长距离大容量的主干光缆传输系统。

光纤传输设备按光纤模式来分可分成多模光纤传输设备和单模光纤传输设备。

（1）多模传输光纤

多模光纤传输设备所采用的发光器件是LED，通常按波长可分为850 nm和1300 nm两个波

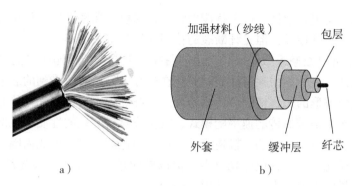

图 3-14 光纤导线

a) 多芯光缆 b) 光纤结构

长，按输出功率可分为普通 LED 和增强 LED（ELED）。多模光纤传输所用的光纤，其线径有 62.5 mm 和 50 mm 两种。

决定多模光纤传输距离的主要因素是光纤的带宽和 LED 的工作波长。例如，如果采用工作波长 1300 nm 的 LED 和线径为 50 μm 的光纤，其传输带宽是 400 MHz·km，链路衰减为 0.7 dB/km，如果基带传输频率为 150 MHz，对于出纤功率为 -18 dBm，接收灵敏度为 -25 dBm 的光纤传输系统，其最大链路损耗为 7 dB，并设定 ST 连接器损耗 2 dB（两个 ST 连接器），光学损耗裕量 2 dB，则理论传输距离 L 为

$$L = (7\,dB - 2\,dB - 2\,dB)/(0.7\,dB/km) = 4.2\,km$$

而根据光纤的带宽计算传输距离 L 为

$$L = B/F = 400\,MHz \cdot km/150\,MHz = 2.6\,km$$

其中，B 为光纤带宽；F 为基带传输频率。那么实际传输测试时，传输距离 $L = 2.6\,km$，由此可见，决定传输距离的主要因素是多模光纤的带宽。

（2）单模传输光纤

单模传输设备所采用的光器件是 LD，通常按波长可分为 850 nm 和 1300 nm 两种，按输出功率可分为普通 LD、高功率 LD、DFB-LD（分布反馈光器件）。单模光纤传输所用的光纤最普遍的是 G.652，其线径为 9 μm。

1310 nm 波长的光在 G.652 光纤上传输时，决定其传输距离的是衰减因数。因为在 1310 nm 波长下，光纤的材料色散与结构色散相互抵消后总的色散为 0，在 1310 nm 波长上有微小振幅的光信号能够实现宽频带传输。

1550 nm 波长的光在 G.652 光纤上传输时衰减因数很小，决定其传输距离的主要是色散因数。

光纤系统已广泛用于承载数字电视、语音和长途数字通信，在商用与工业领域，光纤已成为地面传输标准。光缆还因重量轻、直径小、使用安全等特点，正应用于光控飞行控制系统取代线控飞行系统。

光纤是能够传导光波的非常纤细的柔软的介质，直径为 2~125 μm。按光纤制作的材料不同，可将光纤分为玻璃光纤和塑料光纤。

玻璃光纤：纤芯及包层均用玻璃，损耗小，成本高。用于远距离宽带传输。

塑料光纤：纤芯为玻璃，包层为塑料，损耗大，成本低，用于短距离基带传输。

光纤的结构如图 3-14b 所示。光纤的特点在于：衰减少、中继距离长、带宽宽、传输速率

高、传输能力强、不受电磁干扰、抗干扰能力强、无辐射、保密性好、重量轻、容量大、十分适合多媒体通信、抗腐蚀性好，但光纤断裂的检测和修复都很困难。

图 3-15 所示为光纤衰减系数随波长变化的曲线。影响光纤传输质量的主要因素是光纤的损耗特性和频带特性。光纤的损耗特性表示光能在光纤中传输时所受到的衰减程度，光纤的频带特性直接影响传输波形的失真情况和传输容量。光纤的频带特性与光纤传光时的色散性能有关。色散特性指光纤中信号的传输速率随模式、波长或材料变化的性质。色散分为模间色散和模内色散。模间色散指模式之间的传输速度差异；模内色散指单一模式内因波长或材料引起的传输速度差异。多模光纤中两种色散均存在，但以模间色散为主；单模光纤只存在模内色散。色散特性对传输质量的影响体现在传输波形的畸变上。

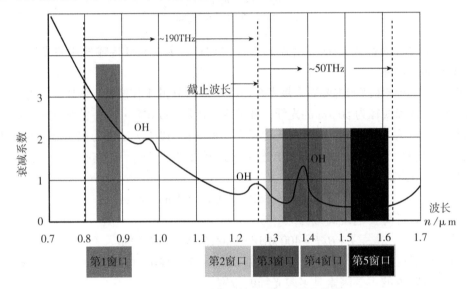

图 3-15　光纤衰减系数随波长变化的曲线

3. 高分子塑料导线传输信道

利用高分子塑料导线进行电信号传输是一种新兴的传输技术，高分子塑料导线的导电是由于材料内部有能传递电流的自由电荷，这些自由电荷包括电子、空穴、正离子、负离子。其导电性与微观物理量载流子浓度、迁移率成正比。大多数高分子的导电属于离子导电和电子导电。

电子导电包括共轭高分子、高分子的电荷转移复合物、高分子的自由基（离子化合物）、有机金属聚合物等，导电机理类似于金属电导。

离子导电的导电离子的来源分两种：一种是一些带有强极性原子或基团的高分子中，本身解离产生导电离子；另一种是外来因素，一般是合成、加工、使用过程中杂质解离而使高分子导电。

高分子材料根据其电导形成的机制不同可归结成两类：一类为结构型导电高分子材料；另一类是复合型导电高分子材料。

复合型导电高分子材料指物理改性后具有导电性的材料，一般是将导电性材料改性后掺混于树脂中制成的，分为炭黑填充型和金属填充型。具有省力、经济，成形制品和屏蔽化一次完成、无须二次加工、无须特殊设备、屏蔽性能长期稳定、安全可靠的特点，应用较广泛。

结构型导电高分子材料是带有共轭双键的结晶性高聚物，通过离域 π 电子来导电，最早发现的聚乙炔就是这种导电方式。代表物质有聚乙炔、聚吡咯、聚噻吩、聚苯胺、聚对苯撑、聚对苯撑乙烯撑、聚钛氰铜等，这些物质经掺杂后有较高的导电率，其应用范围十分广泛，但有不稳定、难加工、成本高的缺点，在整个导电高分子材料中所占比重较低。

图 3-16 所示为聚乙炔分子导线内部结构模型，其中图 3-16a 为高分子塑料导线导电模型结构，图 3-16b 为高分子塑料导线分子结构模型。高分子塑料导线的功能主体是其共轭部分，它在外电场作用下的变化将直接影响高分子塑料导线的性质和功能，这里假设匀强电场施加于 C1→C10 方向。由于共轭作用，聚乙炔分子在无外电场时呈平面构型。在引入外电场后这一几何特征不会发生改变，但分子的 C=C 键和 C-C 键的键长却会发生变化，双键随场强增大而伸长，单键随场强增大而缩短。

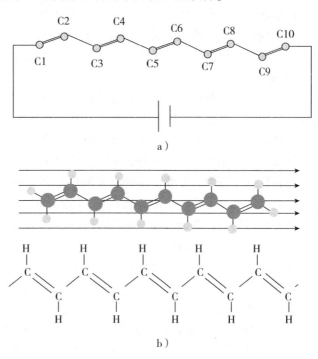

图 3-16　聚乙炔分子导线内部结构模型
a）高分子塑料导线导电模型结构
b）高分子塑料导线分子结构模型

在共轭体系中，π 电子具有离域性和流动性，因此外电场会使 π 电子向正电势方向移动，在分子内形成偶极，最终生成新的电子分布，进而影响到分子的几何构型。双键长度的变化受到碳原子上所荷负电的排斥作用和共轭作用双重影响。当正电场施加在 C1 端时，π 电子向 C1 端的流动不仅导致了 C1 端双键的共轭性增强，而且还积累了更多的负电荷。分子导线的另一端在负电场作用下，使 C10 端共轭性降低，但所荷负电也减少。在电场的作用下，分子导线中的双键增长，单键缩短，从而导致分子的共轭性增强。分子中双键和单键的变化与电场的平方呈线性关系。

在共轭有机分子中 σ 电子无法沿主链移动的，而 π 电子虽较易移动，但也相当定域化。通过移去主链上部分电子（氧化）或注入数个电子（还原），这些空穴或额外电子可以在分子链上移动，使此高分子成为导电体。如掺杂碘和钠的聚合物：

氧化掺杂（p-doping）：$[CH]_n + 3x/2\ I_2 \longrightarrow [CH]_{n}x^+ + x\ I_3^-$

还原掺杂（n-doping）：$[CH]_n + x\ Na \longrightarrow [CH]_{n}x^- + x\ Na^+$

添补后的聚合物形成盐类，产生电流的原因并不是碘离子或钠离子而是共轭双键上的电子移动。碘分子从聚乙炔抽取一个电子形成 I_3^-，聚乙炔分子形成带正电荷的自由基阳离子，在外加电场作用下双键上的电子更容易移动，结果使双键上的电子沿分子移动形成电流。

由上可见，高分子塑料导线中电子是在分子链上移动，并不是任意移动的，在主轴方向之外的其他方向上是不能移动的。因此即使在垂直主轴方向施加电场也不会形成电流，即在垂直电流传输方向上，高分子塑料导线具有对电的绝缘性，不存在趋肤效应和集束效应，有利于高频信号的传输，使分子导线的信号传输频率可达 2 GHz。可用于电信网、广电网、互联网、电力网、物联网信号的合并传输，形成五网融合。

在高分子塑料导线 2 GHz 的信号传输频率范围内，除 700~890 MHz 处有一个 30 dB 的衰减峰值外，整体衰减在 0.3~0.4 dB，是比较平坦的，而且频率越低，衰减越小，这一特点有利于传输使用较多的市电，减少能量的传输消耗。

据测试，采用炭黑填充的复合型导电高分子材料导线时，直流电阻为 32 Ω/km，这已接近铜线和铝线的电阻。当用这种分子导线代替金属导线接入 220 V 交流市电进行电灯照明试验时，其亮度与金属电线供电无明显区别。可将 0~100 Hz 范围的频谱作为电力传输，包括传输直流和 50 Hz 或 60 Hz 的交流市电。

利用高分子塑料导线的低频传输衰减较小的特点，可直接用来代替电话线进行音频信号的传输。当用一段高分子塑料导线取代电话线进行实际测试时，结果表明：其传输的音质效果与金属电话线无明显区别。但分子导线径向的绝缘性，使其增加了抗电磁干扰的能力，避免电话线之间串扰，在用作 ADSL 的传输线时，可增加 ADSL 信号的传输距离并提高数据传输速度。

在物联网传输中，主要传输的是控制信号和感知信号，其特点是数据量不大，对传输速率要求不高，因此可采用 1~3 kHz 范围的 Modem 频率段。虽然这个频段落到了话音频段内，但物联网使用时间短，与语音重叠的频率只有两个，相互影响不大。对要求比较严格的应用情况，可采用 3~4 MHz 范围的频谱。此外，还可如目前许多应用一样，直接将物联网的数据放在互联网上传输，不专门分配频谱。

视频业务传输所占频谱较宽，根据 GYT 180-2001 HFC 网络上行传输物理通道技术规范、双向有线电视及交互信号系统的频率配置建议、国际标准 GYfr 106—1999 规定如图 3-17 所示：5~87 MHz 用于数据传输和保护带，87~108 MHz 用于广播业务。110~1000 MHz 用于模拟电视、数字电视和数据业务。其中，110~862 MHz 频段分配用于广播电视信号传输，5~80 MHz 及 900~1000 MHz 两个频段可用于宽带双向数据通信信号传输，即通过频率复用使有线电视网络在承载广播电视信号的同时也可传输宽带数据信号。因此可将高分子塑料导线的 5~1000 MHz 频段分配给视频业务使用，尽管 DS37~DS60 频道落入分子导线的衰减带，但因下行频段并未全部使用，可避开这一频段而使用其他空闲频段。试验表明，将高分子塑料导线与有线电视的同轴电缆芯线和外层屏蔽线分别相接，高分子塑料导线另一端与电视视频输入端相接，电视画面质量未发生明显变化，说明分子导线传输高频信号的能力是符合要求的。这里未考虑阻抗匹配的问题，因为分子导线不存在径向电流，故没有两导线间的电容、电导影响。

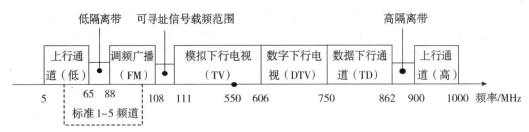

图 3-17　视频业务传输所占频谱

3.2.2　非导向传输介质

3.2.2.1　无线传输信道的特性

1. 无线电信号的传输途径

电信号在自由空间进行由近向远传播的信道是无导线引导的，故称为无线传输。在这种介质中传输的不是导线中的电子，而是以电磁波的扩展方式进行能量的传输。无线传输适用于长距离或不便布线的应用场合。

当信号可以在传输介质的各个方向上传播时，称该介质是非导向的。例如信号在空间传输或在水中传播及地下岩层中传播。

信号的非导向传输以两种方式衰减信号的能量。一种是在信号的传输方向上的固有衰减，如同信号在导线上的衰减一样。信号的频率不同，其衰减的程度通常是不一样的，信号在传输过程中受频率衰减特性和距离衰减特性的影响。另一种对信号的衰减是能量密度随距离增加而呈现的衰减，这是非导向传输介质所特有的。例如天线发出的信号能量为 P，当信号传输到距离为 R 的地点时，其能量被分散到半径为 R 的球面上，能量密度与距离平方的倒数成正比，这在导向传输介质中是没有的，即使在真空环境，没有信号的传输衰减也会因能量密度减少，使相同尺寸的天线接收到的能量密度随距离的增加而减少。此外，在大气介质或水下介质中，信号受到的干扰远比在导向传输介质中受到的干扰大。

自由空间中电磁波在传输路径中的衰落计算公式如下：

$$L_{bs} = 32.5 + 20\lg f + 20\lg d \tag{3-8}$$

其中，L_{bs} 为自由空间损耗（dB）；d 为传输距离；f 为电磁波频率。

接收站接收设备接收到的无线电信号强度计算公式如下：

$$R_{SS} = P_t + G_t + G_r - L_c - L_{bs} \tag{3-9}$$

其中，R_{SS} 为信号接收强度；P_t 为发射机发射功率；G_t 为发射机的发射天线增益；G_r 为接收机的接收天线增益；L_c 为电缆和缆头的衰耗；L_{bs} 为自由空间损耗。

电磁波在自由空间信道中传播时，不同信号频率的传输路径可能不同，因此到达接收点所受到衰减不能用统一的公式进行衡量，而是按频段分别进行估算，并根据不同的频段采用与之相适应的通信方式和技术处理措施，由此形成了长波通信、短波通信、微波通信、卫星通信、光波通信等。图 3-18 反映了地球表面附近不同频率的传输路径和特点。其中长波主要在地面传播，中波、短波通过电离层反射传播，微波通过中继接力传播。电波在各种媒介及其分界面上传播的过程中，由于反射、折射、散射及绕射，其传播方向经历各种变化，由于扩散和媒介的吸收，其场强不断减弱。为使接收点有足够的场强，必须掌握电波传播的途径、特点和规律，并有针对性地采取相应的措施，才能达到良好的通信效果。

从图 3-18 中可见，电离层指距地面大约 50~2000 km，处于电离状态的高空大气层。上疏下密的高空大气层，在太阳紫外线、太阳日冕的软 X 射线和太阳表面喷出的微粒流作用下，大气气体分子或原子中的电子分裂出来，形成离子和自由电子，这个过程叫电离。产生电离的大气层称为电离层。电离层分为 D、E、F1、F2 四层。D 层高度 60~90 km，白天可反射 2~9 MHz 的频率。E 层高度 85~150 km，这一层对短波的反射作用较小。F 层对短波的反射作用最大，F 层又可进一步分为 F1 和 F2 两层。F1 层高度 150~200 km，只在日间起作用，F2 层高度大于 200 km，是 F 层的主体，日间夜间都支持短波传播。

电离层的浓度对工作频率的影响很大，当电离层浓度高时，对高频反射强；当电离层浓度低时，对低频反射强。电离的浓度以单位体积中自由电子数，即电子密度来表示。

电离层的高度和浓度一方面随地区、季节、时间、太阳黑子活动等自然因素的变化而变化，另一方面也受到地面核试验、高空核试验以及大功率雷达等人为因素影响而变化，因此短波通信的频率也必须随之改变。一般在太阳活动性大的一年采用无线电波波段中的长波通信，在太阳活动性小的一年采用无线电波波段中的短波。

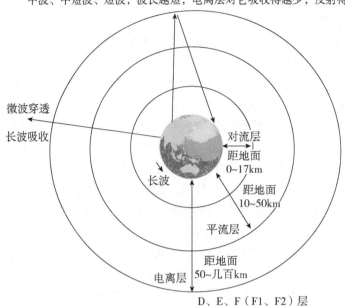

中波、中短波、短波，波长越短，电离层对它吸收得越少，反射得越多

图3-18　电磁波在地球表面附近不同频率的传输路径和特点

2. 无线电波常见的传播方式

（1）地波传播

沿大地与空气的分界面传播的电波叫地表面波，简称地波。其传播途径主要取决于地面的电特性。地波在传播过程中，由于能量逐渐被大地吸收，很快减弱，波长越短，减弱越快，因而传播距离不远，但地波不受气候影响，可靠性高。超长波、长波、中波无线电信号均利用地波进行传播，短波近距离通信也利用地波进行传播。

（2）直射波传播

直射波又称为空间波，是由发射点经空间直线传播到接收点的无线电波。直射波的传播距离一般限于视距范围，在传播过程中，直射波的强度衰减较慢。利用直射波传播进行通信的有超短波和微波通信方式。在地面进行直射波通信，其接收点的场强由两部分组成：一部分经由发射天线直达接收天线，另一部分由地面反射后到达接收天线，如果天线高度和方向架设不当，容易造成相互干扰，例如引起电视图像的重影。制约直射波通信距离的因素主要是地球表面弧度和山地、楼房等障碍物，因此超短波和微波天线要求尽量高架。

（3）天波传播

天波是由天线向高空辐射的电磁波，遇到大气电离层折射后返回地面的无线电波。电离层只对短波波段的电磁波产生反射作用，因此天波传播主要用于短波远距离通信。

（4）散射传播

散射传播是由天线辐射出去的电磁波投射到低空大气层或电离层中不均匀介质时产生散射，其中一部分到达接收点。散射传播距离远，但是效率低，不易操作，使用并不广泛，但它的保密性强，常用于军事通信。

3. 无线通信的频率划分

表3-1给出了无线电频段的划分。表3-2给出了各无线电频段的应用领域。

表 3-1　无线电频段的划分

波段名称		频率	波长
γ （Gamma rays）	伽马射线	300 EHz～30 EHz	1 pm～10 pm
HX （Hard X-rays）	硬 X 光	30 EHz～3 EHz	10 pm～100 pm
SX （Soft X-Rays）	软 X 光	3 EHz～300 PHz	100 pm～1 nm
EUV （Extreme Ultraviolet）	远紫外线	300 PHz～30 PHz	1 nm～10 nm
NUV （Near Ultraviolet）	近紫外线	30 PHz～3 PHz	10 nm～100 nm
NIR （Near Infrared）	近红外线	3 PHz～300 THz	100 nm～1 μm
MIR （Moderateinfrared）	中红外线	300 THz～30 THz	1～10 μm
FIR （Far Infrared）	远红外线	30 THz～3 THz	10～100 μm
Radio waves：无线电波			
THF （Tremendously High FreqUency）	至高频	3 THz～300 GHz	10 dmm～1 mm
EHF （Extremely High Frequency）（Microwave）	极高频	300～30 GHz	1 mm～1 cm
SHF （Super High Frequency）（Microwaves）	超高频	30～3 GHz	1 cm～1 dm
UHF （Ultrahigh Frequency）	特高频	3 GHz～300 MHz	1 dm～m
VHF （Very High Frequency）	甚高频	300～30 MHz	1 m～1 dam
HF （High Frequency）	高频	30～3 MHz	1 dam～1 hm
MF （Medium Frequency）	中频	3 MHz～300 kHz	1 hm～1 km
LF （Low Frequency）	低频	300～30 kHz	1～10 km
VLF （Very Low Frequency）甚低频（VLF）	甚低频	30～3 kHz	10～100 km
VF （Voice Frequency）、（Ultralow Frequency ULF）	音频/特低频	3～300 Hz	100～1 Mm
SLF （Super Low Frequency）	超低频	300～30 Hz	1～10 Mm
ELF （Extremely Low Frequency）	极低频	30～3 Hz	10～100 Mm
TLF （Tremendously Low Frequency）	至低频	3～0.3 Hz	100～1 GMm
TEF （Tremendously Extremely Low Frequency）	至极低频	0.3～0 Hz	1～10 GMm

表 3-2　各无线电频段的应用领域

频带号	频带名称	波段名称	传播特性	主要用途
1	至极低频（TEF）	极至长波或千兆米波		
0	至低频（TLF）	至长波或百兆米波		
1	极低频（ELF）	极长波		
2	超低频（SLF）	超长波		
3	特低频（ULF）	特长波		
4	甚低频（VLF）	甚长波	空间波为主	海岸潜艇通信、远距离通信、超远距离导航、远距离导航
5	低频（LF）	长波	地波为主	越洋通信、中距离通信、地下岩层通信、中距离导航
6	中频（MF）	中波	地波与天波	船用通信、业余无线电通信、移动通信
7	高频（HF）	短波	天波与地波	远距离短波通信、国际定点通信
8	甚高频（VHF）	米波（超短波）	空间波	电离层散射（30～60 MHz）、流星余迹通信、人造电离层通信（30～144 MHz）、对空间飞行体通信、移动通信

（续）

频带号	频带名称	波段名称	传播特性	主 要 用 途
9	特高频（UHF）	分米波	空间波	小容量微波中继通信（352~420 MHz）、对流层散射通信（0.7~1 THz）、中容量微波通信（1.7~2.4 THz）
10	超高频（SHF）	厘米波	空间波	大容量微波中继通信（3.6~4.2 GHz）、大容量微波中继通信（5.85~8.5 GHz）、数字通信、卫星通信、国际海事卫星通信（1.5~1.6 GHz）
11	极高频（EHF）	毫米波	空间波	再入大气层时的通信、波导通信
12	至高频（THF）	丝米波或亚毫米波	空间波	自由空间激光通信

其中，频率约为 300 MHz~300 GHz 的无线电波频段，又称为微波频段，波长在 1 m~0.1 mm 之间的电磁波。这段电磁频谱包括分米波、厘米波、毫米波和亚毫米波等波段。在雷达和常规微波技术中，常用拉丁字母代号表示更细的波段划分（见表3-3）。

表3-3　常用拉丁字母代号表示的更细的波段划分

波 段 名 称	频 率 范 围	波 长 范 围
P 波段	230~1000 MHz	1300.00~300.00 mm
L 波段	1~2 GHz	300.00~150.00 mm
S 波段	2~4 GHz	150.00~75.00 mm
C 波段	4~8 GHz	75.00~37.50 mm
X 波段	8~12 GHz	37.50~25.00 mm
Ku 波段	12~18 GHz	25.00~16.67 mm
K 波段	18~27 GHz	16.67~11.11 mm
Ka 波段	27~40 GHz	11.11~7.50 mm
U 波段	40~60 GHz	7.50~5.00 mm
E 波段	60~90 GHz	5.00~3.33 mm
F 波段	90~140 GHz	3.33~2.14 mm
Q 波段	30~50 GHz	10.00~6.00 mm
V 波段	50~75 GHz	6.00~4.00 mm
W 波段	75~110 GHz	4.00~2.73 mm
D 波段	110~170 GHz	2.73~1.76 mm

微波通常具有穿透、反射、吸收三个基本特性。对于玻璃、塑料和瓷器，微波几乎是穿越而不被吸收；对于水和食物等就会吸收微波而使自身发热，因此可用微波来杀菌、消毒、烹调；而对金属类物体，则会反射微波，因此可用作雷达探测。

广义上说电磁权是国家主权的一个重要组成部分。因此在世界范围内各国对无线电频谱的划分均是由国家控制和统一管理的。我国的频谱管理是由工信部下属的无线电管理局负责。而在国际上则主要由国际电联无线电通信部门（ITU-R）负责协调国际无线电频谱的业务划分。有了无线电频谱规划后，各国对使用其规划频率的无线电产品均有型号核准的认证要求。例如美国的 FCC 认证，日本的 TELEC 认证，中国的 SRRC 认证等。

我国无线电应用目前可划分为 42 种业务，其中包括固定业务、移动业务、广播业务、无线电导航业务等。而每种业务都必须在特定的无线电频率划分内进行业务的开展。

3.2.2.2 无线通信的分类

1. 长波通信

长波通信是利用波长长于 1 km，频率低于 300 kHz 的电磁波进行信号传输的无线电通信，亦称低频通信。它可细分为长波（10~1 km）、甚长波（100~10 km）、特长波（1000~100 km）、超长波（10000~1000 km）和极长波（10 万 km~1 万 km）波段的通信。

（1）长波通信的特点

长波（LF）通信用天波或地波形式传播，也可在地面与高空电离层之间形成的波导中传播，主要沿地球表面以地波的形式传播，传播比较稳定。在用地波进行信号传输时，其损耗主要与大地的电导率有关，在海面上长波的地波传播损耗较小。依不同的辐射功率和波长，传播的距离达数百至数千公里甚至上万千米。波长越长，传输衰减越小，穿透海水和土壤的能力也越强，但相应的大气噪声也越大。在 150 kHz 以上的频率高端，大气噪声较小，天线效率较高，被用于海上通信，也适用于地下通信。在 30~60 kHz 的频率低端，地波能穿透一定深度的海水，多用于海上通信、水下通信、地下通信和导航等。由于传播稳定，受太阳耀斑或核爆炸引起的电离层干扰的影响小，也可用于防电离层干扰的备用通信手段。此外，长波还用于传播频率标准。

（2）甚长波通信的特点

甚长波（VLF）通信亦称甚低频通信，使用波长范围为 10~100 km，频率为 3~30 kHz 的电磁波，但通常使用的是 10~30 kHz 频段。甚长波主要靠大地与电离层低端之间形成的波导进行传播。波长越长则衰减越小，穿透海水或土壤的能力也越强，但同时大气噪声也越大。由于波长远大于天线几何尺寸，天线辐射电阻很小，容抗很大。为了匹配，天线一般都加上很大的电感负载以减小容抗，致使天线庞大。为了调谐，回路中还要串联电感电容、电感和电阻形成高 Q 值谐振回路。因此，甚长波通信的特点是系统庞大、Q 值高、回路电压很高、通带较窄，低端往往只有几十、通信速率低，发射机功率一般从十几千瓦到数兆瓦。甚长波传播稳定，受太阳射电爆发或核爆炸等引起的电离层干扰的影响较小，适用于远距离水下通信、防电离层干扰的备用通信和地下通信等。

（3）超长波通信的特点

超长波（SLF）通信也称超低频通信，波长范围为 10000~1000 km，频率为 30~300 Hz 的电磁波，传播十分稳定，在海水中的传播衰减约为甚长波的十分之一，频率为 75 Hz 时，衰减约为 0.3 dB/m，因而对海水穿透能力很强，可深达 100 m 或更多，主要用于海岸对深潜潜艇的远距离指挥通信。由于超长波通信的工作频率极低，波长长达数千千米，天线主要采用长达数十千米的两端接地的埋地导线，选用电导率极低的地区作为发射场地，形成等效环形天线。尽管如此，天线效率仍然很低，发射机功率在数兆瓦情况下辐射功率也只有几瓦。采用最小移频键控（MSK）和卷积编码技术，用计算机进行信号处理，可以在低信噪比下接收。但大气噪声很高，信号很弱，通信速率特别低，一个码元要长达数秒到数十秒。

2. 中波通信

中波通信指利用波长为 1000~100 m，频率为 300~3000 kHz 的电磁波进行的无线电通信。中波波段是无线电通信发展初期使用的波段之一。中波通信的电磁波既可利用地波传播，也可利用天波传播。白天，由于电离层 D 层对中波的强烈吸收，使其不能依靠电离层反射的天波传播，主要靠地波传播。工作频率越低，地面电导率越高，地波传播距离越远。若发信机功率为 1 kW，中波频段低端的电波在海洋上传播的通信距离可达 1000 km，频段高端的电波在旱地上传播的通信距离约为 100 km。夜间，电离层 D 层消失，E 层的电子密度下降，高度上升，对中波的吸收急剧减少。此时，中波通信除靠地波传播外，还可靠天波传播。若发信机功率为 1 kW，天波传播的通信距离可达数千公里，但接收场强不够稳定。与短波通信相比，中波通信受电离层干扰、极光、磁暴的影响要小得多。

根据国际电信联盟（ITU）《国际无线电规则》的频率划分，526.5 ~ 1606.5 kHz 频段的中波用作广播，广播频段以下的中波常用于中近程无线电导航，飞机、舰船的无线电通信及军事地下通信等。广播频段以上的中波也用作飞机、舰船通信等外，还用于无线电定位，在军事上还常用于近距离的战术通信。

3. 短波通信

短波通信指利用波长为 100 ~ 10 m，频率为 3 ~ 30 MHz 的电磁波进行的无线电通信。短波通信中所发射的电波要经电离层的反射才能到达接收设备，通信距离较远，是远程通信的主要手段。由于电离层的高度和密度容易受昼夜、季节、气候等因素的影响，所以短波通信的稳定性较差，噪声较大。目前，它广泛应用于电报、电话、低速传真通信和广播等方面。

电离层最高可反射 40 MHz 的频率，最低可反射 1.5 MHz 的频率。根据这一特性，短波工作频段被确定为 1.6 ~ 30 MHz。

短波的基本传播途径有两个：一个是地波，一个是天波。

地波沿地球表面传播，其传播距离取决于地表介质特性。海面介质的电导特性对于地波传播最为有利，短波地波信号可以沿海面传播 1000 km 左右；陆地表面介质电导特性差，对地波衰耗大，而且不同的陆地表面介质对地波的衰耗程度不一样，潮湿土壤地面衰耗小，干燥沙石地面衰耗大。短波信号沿地面最多只能传播几十千米。地波传播不需要经常改变工作频率，但要考虑障碍物的阻挡，这与天波传播是不同的。

短波的主要传播途径是天波。短波信号由天线发出后，经电离层反射回地面，又由地面反射回电离层，可以反射多次，因而传播距离很远，可达几百至上万千米，而且不受地面障碍物阻挡。但天波很不稳定。在天波传播过程中，路径衰耗、时间延迟、大气噪声、多径效应、电离层衰落等因素，都会造成信号的弱化和畸变，影响短波通信的效果。图 3-19 所示为三线式宽频带短波基站天线。

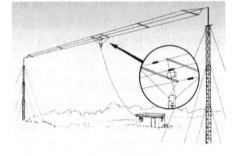

图 3-19　三线式宽频带短波基站天线

短波是唯一不受网络枢纽和有源中继系统制约的远程通信手段，一旦发生战争或灾害，各种通信网络都可能受到破坏，卫星也可能受到攻击。无论哪种通信方式，其抗毁能力和自主通信能力均不如短波；在山区、戈壁、海洋等地区，以及超短波覆盖不到的地区，主要依靠短波通信；与卫星通信相比，短波通信不用支付话费，运行成本低。

4. 微波通信

微波通信指使用波长在 0.1 mm 至 1 m 之间的电磁波进行的通信。当两点间直线距离内无障碍物时就可以使用微波进行通信。利用微波进行通信具有容量大、质量好并可传至很远的距离，因此是国家通信网的一种重要通信手段，也普遍适用于各种专用通信网。微波通信包括地面微波接力通信、对流层散射通信、流星余迹通信、卫星通信、空间通信及工作于微波频段的移动通信。图 3-20 所示为微波通信塔架及天线。微波通信由于其频带宽、容量大、可以用于各种电信业务的传送，如电话、电报、数据、传真以及彩色电视等均可通过微波电路传输。

微波视距传播具有质量较稳定、受外界干扰较小的优点，但受大气及地面的影响会产生衰落与传播失真。电波在均匀、理想介质的自由空间传播时，虽不会因产生反射、折射、吸收和散射等现象导致总能量被损耗掉，但其能量会因向空间扩散而衰减，这是因为电波由天线辐射后，便向周围空间传播，到达接收地点的能量仅是总能量的一小部分。距离越远，这部分能量越小。

图 3-20　微波通信塔架及天线

微波通信的优点可归结为如下几点：

1）微波波段的频带宽且通信容量大　全部长波、中波和短波波段的总带宽还不到 30 MHz，而厘米波波段的带宽达 27 GHz，它几乎是前者的 1000 倍。占有频带越宽，可容纳同时工作的无线电信号就越多，通信容量就大，而且可以减少设备相互之间的干扰。

2）适于传输宽频带信号　微波通信设备工作在微波频段，与短波、甚短波通信设备相比，在相同的相对带宽，即绝对带宽与载频的比值相同的条件下，载频越高，其信道的绝对带宽就越宽。

3）天线增益高且方向性强　当天线面积一定时，其增益与波长的平方成反比。由于微波波段的波长短，很容易制成高增益的天线。另外，在微波波段的电磁波具有近似光波的特性，因而可以利用微波天线把电磁波聚集成很窄的波束，得到方向性很强的天线。

4）外界干扰较小　随着频率的升高，外部干扰和噪声会逐渐下降，当频率高于 1 GHz 时，工业干扰、天电干扰及太阳黑子的变化基本上不起作用。故在微波波段，通信传输的可靠性和稳定性有较好保证。

5）通信灵活性大　与有线通信相比，由于不需要架设电缆或光缆，它在抵御水灾、台风、地震等自然灾害及跨越高山、水域等复杂地理环境方面具有较大的灵活性。同时，根据应用场合的需求，可灵活地选用不同容量的微波设备，最少可以用十几个信道传输，容量需求大时，也可以用几百个到几千个信道传输信号。

6）投资少建设快　在通信容量和质量基本相同的条件下，按话路公里计算，微波线路的建设费用只有电缆、光缆线路的 1/3 ~ 1/2，建设微波电路所需要的时间也比有线线路要短，特别是高频段的一体化微波设备，其天线及微波收发信机设备体积都很小，可安装于室外或塔顶，架设简单、调试简易快速，可大大节省建设周期。

7）中继传输　在微波波段，电磁波按直线传播，考虑到地球表面的弯曲和空间传输损耗，通信距离一般只有几千米，即常说的视距。要进行远距离长途通信时，就必须采用中继接力传输方式，将信号多次转发，才能到达接收点。如一条 2500 km 的微波线路，中间大约有 50 个中继站。因此，这种通信方式叫作微波中继通信。

微波中继通信或微波接力通信中，由于地球表面的影响以及空间传输的损耗，每隔 50 km 左右，就需要设置中继站，将电波放大、转发从而延伸通信距离。长距离微波通信干线可以经过几十次中继而将信号传至数千千米仍保持很高的通信质量，如图 3-21 所示为微波中继长途通信。微波站的设备包括天线、收发信机、调制器、多路复用设备以及电源设备、自动控制设备等。为了把电波聚集起来成为波束送至远方，一般都采用抛物面天线，其聚焦作用可大大增加传送距离。多个收发信机可以共同使用一个天线而互不干扰，我国现用微波系统在同一频段同一方向可以有六收六发同时工作，也可以八收八发同时工作，以增加微波电路的总体容量。

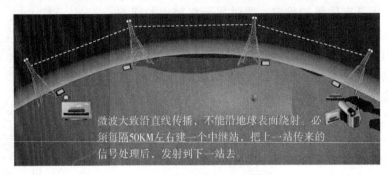

微波大致沿直线传播，不能沿地球表面绕射。必须每隔50KM左右建一个中继站，把上一站传来的信号处理后，发射到下一站去。

图 3-21　微波中继长途通信

微波多路复用设备有模拟和数字之分。模拟微波系统的每个收发信机可以工作于 60 路、960路、1800 路或 2700 路通信，可用于不同容量等级的微波电路。数字微波系统应用数字复用设备以 30 路电话按时分复用原理组成一次群，进而可组成二次群 120 路、三次群 480 路、四次群 1920路，并经过数字调制器调制于发射机上，在接收端经数字解调器还原成多路电话。微波通信设备中的数字系列标准与光纤通信的同步数字系列 SDH 完全一致，称为 SDH 微波。这种微波设备在一条电路上，八个束波可以同时传送三万多路数字电话电路，传输速率为 2.4 Gbit/s。

我国微波通信广泛应用 L、S、C、X 诸频段，K 频段的应用尚在开发之中。由于微波的频率极高，波长又很短，其在空中的传播特性与光波相近，因此是直线前进的，遇到阻挡就被反射或被阻断，因此微波通信的主要方式是视距通信，超过视距以后需要中继转发。

5. 自由空间光通信

自由空间光（Free-Space Optical，FSO）通信指以激光波为载体，在真空或大气中传递信息的一种宽带光通信技术。

以光波作为信号载体的通信方式称为光通信，光的电磁波谱如图 3-22 所示。按照传输光信号所采用的介质不同，光通信系统可分为光纤通信、自由空间光通信和水下光通信，其中自由空间光通信又称无线光通信。和其他无线通信相比，自由空间光通信具有不需要频率许可证、频率宽、成本低廉、保密性好，低误码率、安装快速、抗电磁干扰，组网方便灵活等优点。特别适合骨干网的扩建、光纤网络的备援、宽频接入、企业应用、无线基地台数据的回传等领域，以及其他需要高速接入的终端。

（1）FSO 通信的缺点

地球表面的大气层存在着很多的气体及各种微粒，还可能发生各种复杂的气象现象。由于FSO 的光信号裸露在大气介质中进行传输，势必会受到这些自然因素的影响，这些影响主要来自于大气作用和天气的影响。

1）大气的影响　主要包括大气的折射引起的波前失真、因大气对光束的吸收和散射作用引起的信号能量衰减、与大气中微粒的数目和大小有关的大气的散射作用。对于不同波长的电磁波，大气的衰减作用不同。一般 FSO 通信采用 1550 nm 的波长，因为大气对该波长的衰减作用小，所以信号透过率高、传输距离远，通过提高激光器的输出功率，也可以有效地克服大气

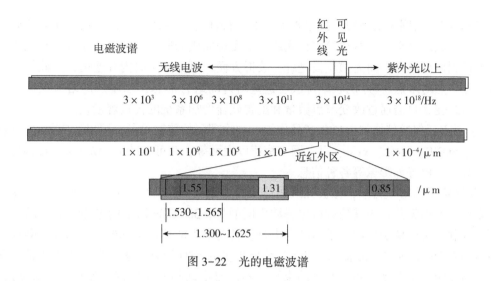

图 3-22　光的电磁波谱

衰减。此外，该波长属于红外光波，当照射到眼睛时，大部分能量都会被眼角膜吸收，不会对视网膜造成影响。

2) 风力和大气温度的梯度变化产生气穴的影响　气穴密度的变化将带来光折射变化，这样会引起波前失真，影响 FSO 的通信质量。为消除这种影响，可在发送和接收端分别使用自适应光学技术。也可用位于几个不同位置激光发射器同时发送同样的信息。几台激光发射器安装在同一地点，彼此间相距 200 mm，由于气穴体积非常小，最后总有一束激光束会被接收机正确收到。

3) 天气的影响　雨和雪会造成光信号失真。雾的影响最大，因为 FSO 的波长接近雾粒，能量易被吸收，同时，雾粒呈现出棱镜的作用，使激光发生衍射，进而使光信号能量迅速衰减。解决方法是增强发射功率、增大发射口径和以微波作为备份手段等。

4) 大风和地震的影响　由于 FSO 设备通常安装在高楼上，大风和地震引起建筑物的晃动会造成光路的偏移。因此为了保证光传输链路的性能，光链路之间的瞄准、捕获和跟踪显得至关重要，一般采用偏光法和动态跟踪法。偏光法是让激光在发出时偏离一定的角度，在到达接收器时就会形成一个很大的光锥。一般产品的光束偏转角度为 $3\sim5\,\mu rad$，当传输距离为 1 km 时，光锥半径为 $3\sim6\,m$。FSO 设备使用前，要将接收器置于光锥的圆心处，这样就可消除各种不利因素所产生的偏差。但这会导致接收端的单位面积功率降低，在一定程度上影响了信号传输距离。动态跟踪技术比偏光技术纠偏的效果更好，但成本也比较高。它通过反馈装置动态调整可移动镜片，可移动镜片控制入射光的传播方向，从而使激光束始终锁住目标。动态跟踪是一种闭环控制系统，适用于高速数据传输的场合。偏光法则不适于高速数据传输，因为它的工作方式降低了能量密度，当数据传输速率很高时，接收机的灵敏度会降低，此时，就需要增大入射光束的功率。

(2) FSO 的技术优势

1) 频带宽，速率高，容量大　FSO 的传输速率是向下兼容的，物理层透明的光传输，各种业务均可传送。市场上的无线光通信产品支持快速以太网、千兆以太网、OC-3、OC-12、OC-24 和 OC-48，而 RF 通信中 LMDS 的最大带宽为 155 Mbit/s。FSO 的传输距离可达 4 km，传输速率可达 10 Mbit/s~2.5 Gbit/s 或更高，低误码率，仅为 10^{-12}，FSO 技术在理论上没有带宽上限，160 Gbit/s 的设备正在研制之中。

2）安装架设组网灵活便捷，网络扩展性好　FSO 可以翻越山头，以及在江河湖海上进行通信，可以完成地对空、空对空等多种光纤通信无法完成的通信任务。FSO 可以在几小时内把宽带信道接到任何地方，而无须埋设光纤，装拆方便，可在 4 小时内开通运行。此外可以构建包括点对点、点对多点、环/网状结构或者这些结构的组合形态，当增加网络节点时，原有网络结构无须改变，只需通过改变节点数量和配置就能增加系统的传输容量。

3）适用于任何通信协议　FSO 产品作为一种物理层的传输设备，可以适应任何通信协议，如 SONET、SONET/SDH、ATM、以太网、快速以太网等，并可支持 2.5 Gbit/s 的传输速率，可用于传输数据、语音和影像等各种信息。

4）频谱资源丰富　目前，微波无线通信及其他无线通信方式的频率几乎被分配完毕，空间发展余地已所剩无几。与其他频段电磁波不同的是，300 GHz 以上的电磁波频段的应用在全球都不受管制，可以免费使用，唯一的要求是设备功率不能超过国际电子技术委员会规定的功率上限 IEC60825-1 标准。目前世界上各厂商所提供的 FSO 设备，多采用红外光传输，有相当丰富的频谱资源，不会受到频谱管制的束缚，不需要申请频率使用权，容易获得屋顶进入权。因而为 FSO 灵活地应用提供了良好的条件，这是一般微波通信和无线通信无法比拟的。例如美国，目前由于在这一频谱内的业务量极少或还没有什么通信业务，因此不会与其他传输发生干扰，联邦通信委员会尚未要求对 600 GHz 以上的频谱颁发许可证。

5）传输保密性好　由于激光的单色性和相干性，黑客无法在光路外获得信号。用户也无须担心安全问题，因为 FSO 的波束很窄，属于不可见光，因此形成通信链路后很难发现。而且，这些波束的定向性很强，要想截获它，就必须用另一部接收机在视距的范围内与该系统的发射机对准，并要了解如何接收信号等，这些都是很难做到的。即使波束被截获，也会因为链路被插入的接收机中断而很快被用户发现。因此，FSO 比通常的无线通信系统有更高的安全系数，对于军事通信来说，安全性显得特别重要。

6）伸缩性好　当添加节点时，原有的网络结构无须改变，只要改变节点数量和配置即可。

7）体积小　FSO 的光学天线尺寸很小，一般只有 10~30 cm，而同样功能的微波通信系统，天线的直径要有 1 m 到多米。目前 FSO 所使用的固体和半导体激光器，发光效率很高，功耗却很小，不需要有庞大的能源供给设施，因此系统设备极易小型化。

8）成本低廉　由于光纤敷设到办公楼等建筑物费用较高，很多办公楼并没有用光纤连接到服务提供商的网络。FSO 的传输介质是不需要付费的空气而非光纤，因此成本比光纤低得多。有资料报道，FSO 系统的造价仅为光纤系统造价的 1/5 左右。

3.3　信号调制与编码

不同的传输介质决定了不同的信道，不同的信道特性引发了不同的通信技术的出现并产生了相应的通信系统，不同的通信系统所承载的信号的表现形式是不同的，因此通信系统是按信道和信号的表现形式来分类的。对信号的调制和编码，是为了让信号更好地适应信道的特性，让信道承载信息的能力发挥到极致。

3.3.1　信号的调制

对信号进行调制的目的是解决信道的频分复用和频率搬移。在发信端将多个模拟信源通过调制，将它们的频谱搬移到新的不同频段上，便可实现同一传输线上多个信号同时传输而互不影响。对数字信号通过调制可将基带信号搬移到适宜于传输的信道频段上。

1. 模拟信号的调制理论

根据对信号的理论分析，任一信号总可以在时间域和频率域对其进行表示，联系时间域表示的信号和在频率域中表示的信号的纽带是傅里叶变换、拉普拉斯变换和 z 变换。式（3-10）所示为用傅里叶级数反映的时域信号中所包含的多种频率成分。

$$x(t) = a_0 + \sum_{n=1}^{\infty} A_n \cos(n\omega_0 t + \varphi_n) \tag{3-10}$$

式中，$x(t)$ 为任一时域信号；a_0 为信号的直流分量；A_n 为 N 次谐波的幅值；$n\omega_0$ 为 N 次谐波的频率；φ_n 为 N 次谐波的相角。

当从频率域来分析一个信号时，可以发现通常信号的主要部分只占用一定的频段，而其他频段的信号强度则很小，可通过窄带滤波器将不重要的频段的信号滤除，得到有限带宽的信号，空出来的频段为其他信号服务。

对一个模拟信号，根据傅里叶变换，总可将其表示为许多正弦信号之和的形式。而正弦信号是由振幅、频率和相位三要素决定的。通过对三要素的处理，可得到新的正弦信号三要素受控制的信号，这个处理过程称为对信号的调制过程。

振幅、频率和相位三要素受控制的正弦信号称为载波信号或被调信号，控制载波信号振幅、频率和相位三要素的模拟信源信号称为调制信号。

调制的方法主要是通过改变载波信号正弦波的幅度、相位和频率来承载被传送的信息。其基本思想是把调制信号的特征寄生在载波信号的幅度、频率和相位参数中。

调制本身是一个电信号变换的过程，是由调制信号去改变被调信号的振幅、频率、相位等特征值，导致被调信号的这个特征值发生有规律的变化，这个规律是由调制信号本身的规律所决定的。由此，被调信号就携带了调制信号的相关信息，在某种场合下，可以把被调信号上携带的调制信号释放出来，从而实现调制信号的还原，这就是解调制的过程。

对载波信号振幅进行调制得到的信号称为调幅信号，对载波信号频率进行调制得到的信号称为调频信号，对载波信号相位进行调制得到的信号称为调相信号。

（1）对载波信号振幅的调制

电话通信中用得最多的是进行载波信号振幅的调制，即 AM 调制。其方法是用一个称为载波的被调信号与话音信号相乘，将调制信号的频率搬移到载波信号频率附近，这个过程称为载波调制。其原理可由式（3-11）得知

$$f(t) = x(t)\sin(\omega_c t) = A\sin(\omega t)\sin(\omega_c t) \rightarrow B(\sin(\omega \pm \omega_c)t) \tag{3-11}$$

其中，$x(t) = A\sin(\omega t)$ 称为调制信号；$\sin(\omega_c t)$ 称为被调制信号或载波信号；$\omega + \omega_c$ 称为调制后的上边带信号；$\omega - \omega_c$ 称为下边带信号；$f(t)$ 为调制后的信号。

信号经过调制后在输出端会有多个分量，如上、下边带信号、基带调制信号、载波信号，根据对这些输出信号的取舍不同，在输出端通常要接一个适当的滤波器，以此选择输出信号。根据滤波器的不同可得到不同的输出信号。例如，如果让除载波以外的上、下边带信号都通过滤波器，则称这种调制为双边带（DDS）调制，所得到的载波输出信号称为双边带（DDS）调制信号。如果只让单一边带信号通过，不论是上边带或是下边带，统称单边带调制，输出信号称为单边带（SSB）调制信号。如果让上、下边带信号和载波信号都通过，则称为幅度调制（AM），所得到的信号为调幅信号。如果让上、下边带部分信号和载波信号都通过，则称为残留边带调制（VSB），输出信号称为残留边带调制信号，如图 3-23 所示。其中单边带调制方式常用

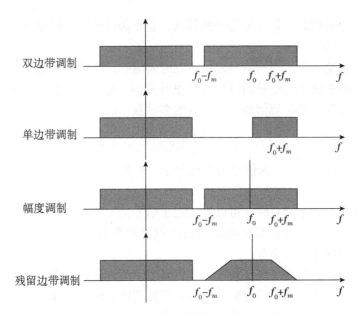

图 3-23　载波通信的频率搬移

于长途电话通信中，是最节省信道资源的一种方式，有线1800路载波通信和微波960路载波电话通信系统都是采用这种调制方式。但这种方式在还原调制信号时，要求接收端自己能产生一个与发送端载波信号完全一样的载波信号，才能由式（3-12）还原基带调制信号 $B'\sin(\omega t)$。

$$f'(t)=x'(t)\sin(\omega_c t)=A'\sin(\omega t \pm \omega_c t)\sin(\omega_c t)\rightarrow B'(\sin(\omega t \pm \omega_c \pm \omega_c)t) \qquad (3-12)$$

AM调幅方式还原信号最简单，常用于广播节目的传输，接收端只需将接收到的信号放大后，用一个检波二极管进行检波并用一个低通滤波器滤除高频分量，即可还原基带调制信号，故可使收音机结构最简，成本最低。残留边带调制所占用的信道宽度介于单边带调制和调幅之间，常用于模拟电视信号的调制。

载波调制的实质是用调制信号的幅值去改变载波信号的幅值，如图3-24所示，因此当在传输过程中受到噪声干扰后，难以对通带内的噪声和干扰信号进行消除。

（2）对载波信号的频率调制

如果用调制信号的幅值去改变载波信号的频率，使载波信号的频率随调制信号的幅度的变化而变化，则称为频率调制（FM）。频率调制得到的输出是调频信号，如图3-25所示。频率调制的原理可用式（3-13）表示：

$$f(t)=A\,\sin 2\pi(f_c+x(t))t=A\,\sin 2\pi(f_c+\sin(\omega t))t \qquad (3-13)$$

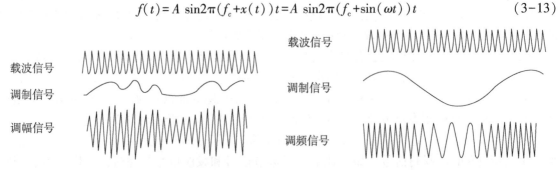

图 3-24　对载波信号的幅度调制　　　　　　图 3-25　对载波信号的频率调制

调频信号占用频带较宽，但优点在于当信号在传输过程中受到噪声和干扰时，通过限幅放大，可消除这些噪声和干扰，这就是调频收音机音质优于调幅收音机的原因。

(3) 对载波信号的相位调制

如果用调制信号的幅值去改变载波信号的相位，使载波信号的相位随调制信号的幅度的变化而变化，则称为相位调制（PM）。相位调制得到的输出称为调相信号。相位调制的工作原理可用式（3-14）表示：

$$f(t) = A \sin(\omega_c t + x(t)) = A \sin(\omega_c t + \sin(\omega t)) \tag{3-14}$$

2. 数字信号的调制理论

在数字通信系统中，调制信号不再是模拟的信号，而是只有0、1两种状态的数字信号，这种原始数字信号常称为基带数字信号。用基带数字信号去调制模拟载波信号，可将基带信号搬移到高频频段上以便于传输。如进行数字信号的无线电发射时，需将数字信号转换为高频正弦波信号。

用数字信号去调制载波信号，也可分为调幅、调频、调相。

(1) 对载波信号的2ASK调制

数字幅度调制或幅度键控（ASK）调制方式指正弦载波信号的幅度随数字基带信号而变化。对二进制幅度键控记为2ASK。2ASK是利用代表数字信息的0或1的基带矩形脉冲去键控一个连续的载波，使载波时断时续地输出。有载波输出时表示发送1，无载波输出时表示发送0。设有基带信号 $s(t)$

$$s(t) = \sum_n a_n g(t - nT_s) \tag{3-15}$$

其中

$$a_n = \begin{cases} 0, & 发送概率为 p \\ 1, & 发送概率为 1-p \end{cases} \tag{3-16}$$

$$g(t) = \begin{cases} 1, & 0 \leqslant t \leqslant T_s \\ 0, & 其他 \end{cases} \tag{3-17}$$

设 $\cos(\omega_c t)$ 为载波信号，则2ASK信号的时域表达式为

$$e_{2ASK}(t) = \sum_n a_n g(t - nT_s) \cos(\omega_c t) \tag{3-18}$$

二进制振幅键控信号的时间波形如图3-26所示。从图中可见，2ASK信号波形随二进制基带信号 $s(t)$ 高低变化，所以又称为通断键控信号（OOK信号）。式（3-16）中 ω_c 为载波角频率，$s(t)$ 为单极性有归零NRZ矩形脉冲序列，$g(t)$ 是持续时间为 T_b、高度为1的矩形脉冲，常称为门函数；a_n 为二进制数字出现的概率。

2ASK信号的产生方法有两种，如图3-27所示。图3-27a是一般的模拟幅度调制方法；图3-27b是一种键控方法，这里的开关电路受 $s(t)$ 控制；图3-27c为2ASK信号时域波形。2ASK信号的功率谱由连续谱和离散谱两部分组成。其中，连续谱取决于数字基带信号经线性调制后的双边带谱，而离散谱则由载波分量确定，图3-27d为 $s(t)$ 基带频谱，图3-27e为2ASK信号的频谱。

2ASK信号解调制的常用方法主要有包络检波法和相干检测法。在相同信噪比情况下，2ASK信号相干解调时的误码率总是低于包络检波时的误码率，即相干解调2ASK系统的抗噪声性能优于非相干解调系统，但两者相差并不太大。然而，包络检波解调不需要稳定的本地相干载波，故在电路实现上要比相干解调简单得多。虽然2ASK信号中确实存在着载波分量，原

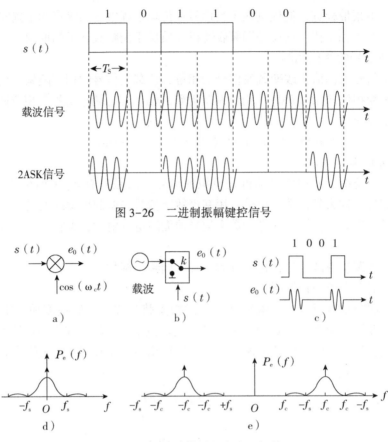

图 3-26 二进制振幅键控信号

图 3-27 2ASK 信号的产生和频谱

则上可以通过窄带滤波器或锁相环来提取同步载波，但这会给接收设备增加复杂性。因此，实际中很少采用相干解调法来解调 2ASK 信号。但是，包络检波法存在门限效应，相干检测法无门限效应。所以，一般而言，对 2ASK 系统，大信噪比条件下使用包络检测，即非相干解调，而小信噪比条件下使用相干解调。

（2）对载波信号的 2FSK 调制

数字频率调制或频移键控（FSK）调制方式指正弦载波信号的频率随基带数字信号而变化。二进制频移键控记作 2FSK。2FSK 信号是用载波频率的变化来表征调制信号所携带的信息，载波信号的频率随调制信号二进制序列 0、1 状态而变化，即载频为 f_0 时表示传 0，载频为 f_1 时表示传 1。2FSK 信号的一般时域数学表达式为

$$e_{2FSK}(t) = \left[\sum_n a_n g(t - nT_s) \right] \cos(\omega_0 t) + \left[\sum_n \overline{a_n} g(t - nT_s) \right] \cos(\omega_1 t) \qquad (3\text{-}19)$$

其中

$$a_n = \begin{cases} 0, & \text{概率为 } P \\ 1, & \text{概率为 } 1-P \end{cases} \qquad \overline{a_n} = \begin{cases} 1, & \text{概率为 } P \\ 0, & \text{概率为 } 1-P \end{cases}$$

$\omega_0 = 2\pi f_0$，$\omega_1 = 2\pi f_1$。2FSK 信号的时域波形如图 3-28 所示。

2FSK 信号可用模拟调频法或键控法产生。模拟调频法是利用一个矩形脉冲序列对两个载波进行调频，是频移键控通信方式早期采用的方法。键控法是利用受矩形脉冲序列控制的选择电路对两个不同的独立频率源进行选通，特点是转换速度快、波形好、稳定度高，且易于实

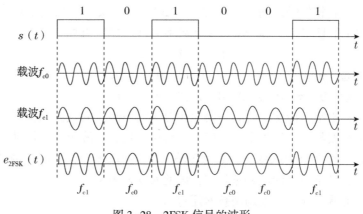

图 3-28 2FSK 信号的波形

现，故现在广泛采用。FSK 有多种方法解调，如包络检波法、相干解调法、鉴频法、过零检测法及差分检波法等。

频移键控（FSK）的特点是方法简单、易于实现、并且解调不需恢复本地载波、可以异步传输、抗噪声和抗衰落性能较强，因此 FSK 调制技术在通信中得到了广泛应用，主要用于低、中速数据传输。

（3）对载波信号的 2PSK 调制

数字相位调制或相移键控（PSK）调制方式指正弦载波信号的相位随基带数字信号而变化。二进制相移键控记为 2PSK。2PSK 信号是用载波信号相位的变化来表征调制信号所携带的信息，被调载波的相位随二进制序列 0、1 状态而变化。当数字信号的振幅为 1 时，载波起始相位取 0；当数字信号的振幅为 0 时，载波起始相位取 180°。有时也把代表两个以上符号的多相制相位调制称为相移键控。2PSK 信号的一般时域数学表达式为

$$e_{2PSK}(t) = \left[\sum_n a_n g(t - nT_s) \right] \cos(\omega_c t + 0) + \left[\sum_n \overline{a_n} g(t - nT_s) \right] \cos(\omega_c t + \pi) \quad (3-20)$$

2PSK 信号的波形如图 3-29 所示。

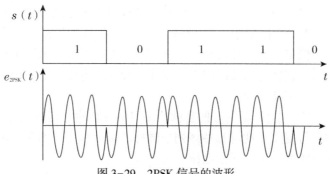

图 3-29 2PSK 信号的波形

相移键控的特点是抗干扰能力强，但在解调时需要有一个正确的参考相位，即需要相干解调。由于当恢复的相干载波产生 180°倒相时，解调出的数字基带信号将与发送的数字基带信号正好是相反，解调器输出数字基带信号全部出错。这种现象通常称为"倒 π"现象。2PSK 不常用，而是采用 2DPSK 调制。

（4）对载波信号的 DPSK 调制

数字差分相移键控（DPSK）调制方式指利用调制信号前后码元之间载波相对相位的变化

来传递信息。假设前后相邻码元的载波相位差为 $\Delta\phi$，可定义一种数字信息与 $\Delta\phi$ 之间的关系为 $\Delta\phi=0$，表示数字信息 "0"，$\Delta\phi=\pi$，表示数字信息 "1"。例如：

数字信息　　　　1　1　0　1　0　0　1　1　1　0
2DPSK 信号相位　π　0　0　π　π　π　0　π　0　0　0
　　或　　　　　0　π　π　0　0　0　π　0　π　π　π

在二进制中通常规定：传送 1 时后一码元相对于前一码元的载波相位变化 180°，而传送 0 时前后码元之间的载波相位不发生变化。因此，解调时只看载波相位的相对变化。而不看它的绝对相位。只要相位发生 180° 跃变，就表示传输 1。若相位无变化，则传输的是 0。差分相移键控抗干扰能力强，且不要求传送参考相位，因此实现较简单。

除了上面提到的调制外，新型调制技术还包括：

1）线性调制技术：PSK、QPSK、DQPSK、OK-QPSK 等。

2）恒定包络调制技术：MSK、GMSK、GFSK、TFM 等。

脉冲调制有两种含义：第一种是指用调制信号控制脉冲本身的幅度、宽度、相位等参数，使这些参数随调制信号变化。此时，调制信号是连续波，载波是重复的脉冲序列。第二种是指用脉冲信号控制高频振荡的参数。此时，调制信号是脉冲序列，载波是高频振荡的连续波。通常所说的脉冲调制都是指上述第一种情况。

脉冲调制还可分为模拟式和数字式两类。

模拟式脉冲调制是指用模拟信号对脉冲序列参数进行调制，有脉幅调制、脉宽调制、脉位调制和脉频调制等。

数字式脉冲调制是指用数字信号对脉冲序列参数进行调制，有脉码调制和增量调制等。

由于脉冲序列的占空系数可以做得很小，即一个周期的绝大部分时间内信号为 0 值，因而可以插入多路其他已调脉冲序列，实现时分多路传输。

已调脉冲序列还可以用各种方法去调制高频振荡载波。常用的脉冲调制有以下几种：

1）脉幅调制（PAM）　用调制信号控制脉冲序列的幅度，使脉冲幅度在其平均值上下随调制信号的瞬时值变化。这是脉冲调制中最简单的一种。脉幅调制的已调波在传输途径中衰减，抗干扰能力差，所以现在很少直接用于通信，往往只用于连续信号采样的中间步骤。

2）脉宽调制（PWM）　用调制信号控制脉冲序列中各脉冲的宽度，使每个脉冲的持续时间与该瞬时的调制信号值成比例。此时脉冲序列的幅度保持不变，被调制的是脉冲的前沿或后沿，或同时是前后两沿，使脉冲持续时间发生变化。在无线电通信中一般不用脉宽调制，因为此时发射机的平均功率要不断地变化。

3）脉位调制（PPM）　用调制信号控制脉冲序列中各脉冲的相对位置（即相位），使各脉冲的相对位置随调制信号变化。此时脉冲序列中脉冲的幅度和宽度均保持不变。脉位调制的传输性能较好，常用于视距微波中继通信系统。

4）脉频调制（PFM）　用调制信号控制脉冲的重复频率，即单位时间内脉冲的个数，使脉冲的重复频率随调制信号变化。此时脉冲序列中脉冲的幅度和宽度均保持不变。主要用于仪表测量等方面，很少直接用于无线电通信。

3.3.2　信号的编码

对信号进行编码的目的，主要是解决如下几方面的问题：一是将模拟信号转换为数字信号进行传输，可减少噪声影响，提高传输质量；二是可实现多路信号的时分复用；三是可适应不同的信道要求，降低误码率，通过数据冗余和纠错增强信道抗衰落能力；四是可消除直流分量，节省电能；五是可获取同步时钟信号；六是可进行信号加密处理，提高信息传输的安全性。

1. 模数转换技术

模数转换是实现数字通信的基础。从时间域来分析一个信号，根据奈奎斯特定理，通常信号只需占用一定的时间段，而其他时间段可以是空闲的，因此可以将其他信号插入到空闲的时间段上进行传输，这种通过按时间段划分使多个信号在同一信道上传输，实现信道复用的通信系统称为时分复用通信系统。

对信号按时间段取值的过程称为对信号的采样。由于采样值在受到干扰后不能恢复原来的大小，在时分通信中常将采样值按二进制数字进行四舍五入量化，得到能用二进制表示的有限的整数刻度，这样每个量化后的样值都可用一个二进制数字唯一地表示。只要干扰信号的大小不超过 0、1 码的判决电平，就可从受干扰而变形的编码中恢复原来信号，这种对采样量化后的信号进行编码处理后再进行传输的通信系统称为数字通信系统。

由于数字通信系统有较强的抗干扰能力，已被广泛采用，过去大量采用的载波长途通信系统已完成 3 向数字通信系统的转化。

从模拟信号到数字信号的转换过程可叙述如下：

（1）采样（抽样）

采样是利用采样脉冲序列 $p(t)$，从连续时间信号 $x(t)$ 中抽取一系列离散样值，使之成为采样信号 $x(nT_s)$ 的过程。其中，$n=0,1\cdots$；T_s 称为采样间隔，或采样周期；$1/T_s=f_s$ 称为采样频率，即

$$x(nT_s)=x(t)p(t) \tag{3-21}$$

由于后续的量化和编码过程需要一定的时间 τ，对于随时间变化的模拟输入信号，要求瞬时采样值在时间 τ 内保持不变，这样才能保证转换的正确性和转换精度，这个过程就是采样保持。正是有了采样保持，实际上采样后的信号是阶梯形的取值不连续的函数，如图 3-30 所示。

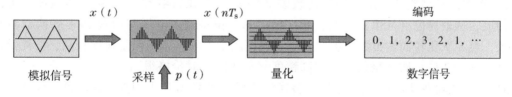

图 3-30　模数转换过程

（2）量化（幅值量化）

把采样信号 $x(nT_s)$ 通过四舍五入或截尾的方法变为只有有限个有效数字的数，这一过程称为量化。若取信号 $x(t)$ 可能出现的最大值 A，将其均匀地分为 D 个幅值刻度，则每个刻度值为 $R=A/D$，R 称为量化增量或量化步长，这种量化称为均匀量化。如果对信号的刻度多取，对大信号的刻度少分些，这种量化称为不均匀量化，或称非线性量化。对语音信号进行常用的 PCM 编码就是非线编码，包括 13 折线 A 律和 15 折线 μ 律两种 PCM 编码。

当采样信号 $x(nT_s)$ 落在某一小间隔内，经过舍入或截尾方法而变为有限值时，会产生量化误差，如图 3-31 所示。一般又把量化误差看成是模拟信号作数字化处理时的可加噪声，称舍入噪声或截尾噪声。量化增量 R 越大，量化误差越大。量化增量的大小，由编码方式决定，

如语音通信用的 8 位 PCM 非线性编码，相当于 2048 位线性码。对于 8 位线性码，二进制数为 $2^8 = 256$，即量化电平 R 为所测信号最大电压幅值的 1/256。

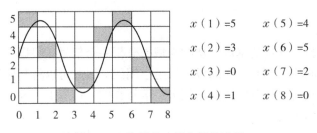

$$x(1) = 5 \qquad x(5) = 4$$
$$x(2) = 3 \qquad x(6) = 5$$
$$x(3) = 0 \qquad x(7) = 2$$
$$x(4) = 1 \qquad x(8) = 0$$

图 3-31　信号的 6 等分量化过程

（3）编码

将经过量化以后的离散幅值变为二进制数字的过程称为编码。常见的编码有 PCM 码、线性码等。

信号 $x(t)$ 经过上述变换以后，就变成了时间上离散、幅值上量化的数字信号。

把连续时间信号转换为与其相对应的数字信号的过程称为模/数（A/D）转换过程，反之则称为数/模（D/A）转换过程。一般在进行 A/D 转换之前，需要将模拟信号经抗混频滤波器进行预处理，使其变成频带有限信号，以避免无用的频带外的信号频率落入有用频率区间造成对有用信号的干扰。

常用的模数转换方法包括：积分型、逐次逼近型、并行比较型/串并行型、$\sum-\Delta$ 调制型、电容阵列逐次比较型及压频变换型。

1）积分型模数转换　积分型 A/D 模数转换原理是将输入电压转换成时间或频率，然后由定时器/计数器获得数字值。其优点是用简单电路就能获得高分辨率，但缺点是由于转换精度依赖于积分时间，因此转换速率低。初期的单片 A/D 转换器大多采用积分型，现在逐次比较型已逐步成为主流。

2）逐次比较型模数转换　逐次比较型 A/D 由一个比较器和 D/A 转换器通过逐次比较逻辑构成，从最高位（MSB）开始，顺序地对每一位将输入电压与内置 D/A 转换器输出进行比较，经 n 次比较而输出数字值。其电路规模属于中等。其优点是速度较高、功耗低，在低分辨率（<12 位）时价格便宜，但高精度（>12 位）时价格很高。

3）并行比较型/串并行比较型模数转换　并行比较型 A/D 采用多个比较器，仅做一次比较而实行转换，又称 FLash（快速）型。转换速率极高，n 位的转换需要 2^{n-1} 个比较器，因此电路规模也极大，价格也高，只适用于视频 A/D 转换器等速度特别高的领域。

4）串并行比较型模/数转换　结构上介于并行型和逐次比较型之间，最典型的是由 2 个 $n/2$ 位的并行型 A/D 转换器配合 D/A 转换器组成，用两次比较实行转换，所以称为 Half flash（半快速）型。还有分成三步或多步实现 A/D 转换的叫作分级型 A/D，而从转换时序角度来看又可称为流水线型 A/D，现代的分级型 A/D 中还加入了对多次转换结果作数字运算而修正特性等功能。这类 A/D 速度比逐次比较型高，电路规模比并行型小。

5）$\sum-\Delta$ 调制型模/数转换　$\sum-\Delta$ 型 A/D 由积分器、比较器、1 位 D/A 转换器和数字滤波器等组成。$\sum-\Delta$ 型 A/D 转换原理近似于积分型，将输入电压转换成用脉冲宽度反映的时间信号，用数字滤波器处理后得到数字值。电路的数字部分容易单片化，因此容易做到高分辨率，主要用于音频和测量。

6）电容阵列逐次比较型模/数转换　电容阵列逐次比较型模/数转换在内置 D/A 转换器中采用电容矩阵方式，也可称为电荷再分配型。一般的电阻阵列 D/A 转换器中多数电阻的值必须一致，在单芯片上生成高精度的电阻并不容易。如果用电容阵列取代电阻阵列，可以用低廉的价格制成高精度单片 A/D 转换器。最近的逐次比较型 A/D 转换器大多为电容阵列式的。

7）压频变换型模/数转换　压频变换型是通过间接转换方式实现模/数转换的。压频变换型模/数转换原理是首先将输入的模拟信号转换成频率，然后用计数器将频率转换成数字量。从理论上讲这种 A/D 转换的分辨率几乎可以无限增加，只要采样的时间能够满足输出频率分辨率要求的累积脉冲个数的宽度。其优点是分辨率高、功耗低、价格低，但是需要外部计数电路共同完成 A/D 转换。

2. 数据编码方法

根据不同通信体系和传输环境，仅将模拟信号转换为 0、1 两种符号所代表的数字信号是不够的。例如单极性码中包含了不含信息量的直流分量，造成电能的消耗。又如在同步数字通信（SDH）中，如果长时间没有信号传输，就会造成无法从信道中提取出同步信号，造成通信中断，这就要求在数字信号中加入适当的数码来获取同步信号。此外，在移动通信中，会因为信道衰落造成数据丢失，在卫星通信中会因为噪声淹没信号造成数据错误。为解决这些问题，就需要根据通信体系的不同特点，采用相应的编码方式来保证数据的正确传输，这正是数字通信优于模拟通信的地方之一。

将数字信号或模拟信号转换成通信硬件能够接受和易于传输的信号，包括如下四个步骤：第一，把各种信息用二进制表示，包括字符编码、PCM 编码、PAM 编码等。第二，把二进制数转换成电脉冲信号，即码型编码。第三，进行差错控制编码。第四，将基带信号变成频带信号。

（1）字符编码技术

字符编码指将文字、数字和特殊符号等字符信息转换为用二进制数字表示的数据。由于计算机只能识别、存储和处理二进制的信息，而字符信息又是重要的数据信息，为了使计算机能处理字符，国际上规定了字符和二进制数之间对应的编码关系。

字符：汉字、数字和英文字母及特殊符号等，统称为字符。

汉字的编码方法：我国规定用 4 位十进制数字表示一个汉字。又可分为电报码和区位码。

电报编码举例："中"用数字"0022"表示，"国"用数字"0948"表示。

区位码举例："中"用数字"5448"表示，"国"用数字"2590"表示。

英文字母编码：采用美国国家标准局（ANSI）制定的 ASCII 码来表示，该方法用 7 位二进制数字表示一个字符。再加上一位的奇偶校验位构成 8 位码组。7 位二进制数可以表示 $2^7 =$ 128 种状态，每种状态都唯一地编为一个 7 位的二进制码，对应一个字符（或控制码），这些码可以排列成一个十进制序号 0~127。所以，7 位 ASCII 码是用 7 位二进制数进行编码的，可以表示 128 个字符。第 0~32 号及第 127 号（共 34 个）是控制字符或通信专用字符，如控制符：LF（换行）、CR（回车）、FF（换页）、DEL（删除）、BS（退格）、BEL（振铃）等；通信专用字符：SOH（文头）、EOT（文尾）、ACK（确认）等；第 33~126 号（共 94 个）是字符，其中第 48~57 号为 0~9 十个阿拉伯数字；65~90 号为 26 个大写英文字母，97~122 号为 26 个小写英文字母，其余为一些标点符号、运算符号等。

一个 ASCII 码值占一个字节（8 个二进制位），其最高位（b7）用作奇偶校验位。奇偶校验指在代码传送过程中用来检验是否出现错误的一种方法，一般分奇校验和偶校验两种。

奇校验规定：正确的代码中，一个字节内1的个数必须是奇数，若非奇数，则在最高位b7添1。

偶校验规定：正确的代码中，一个字节内1的个数必须是偶数，若非偶数，则在最高位b7添1。

另一种常见的BCD码又称8421码，是将1位十进制数用4位二进制编码表示的方法，即"二进制编码的十进制数"。

ASCII码用来在计算机中表示各种字符和字母，而BCD码则用来方便地表示十进制数。

（2）PCM编码技术

PCM脉冲编码调制是数字通信中最常用的编码方式之一。主要编码过程是将语音、图像等模拟信号每隔一定时间进行取样，使其离散化，同时将抽样值按分级单位进行四舍五入的非线性取整量化，然后将抽样值按一组二进制码来表示抽样脉冲的幅值。

在PCM编码中的抽样，是根据奈奎斯特定理，把模拟信号以基带信号中最高频率的2倍以上的频率作为采用频率对信号进行样值提取，使输入的模拟信号变为在时间轴上离散的抽样信号。例如，语音信号带宽被限制在0.3~3.4 kHz内，用8 kHz的抽样频率就可获得能取代原来连续话音信号的抽样信号。对一个基带信号进行抽样获得的抽样信号是一个脉冲幅度调制（PAM）信号，对抽样信号进行检波和平滑滤波，即可还原出原来的模拟信号。

PAM信号虽然是时间轴上离散的信号，但仍然是模拟信号，其幅度样值在一定的取值范围内是连续可取的，可有无限多个值，必须采用四舍五入的方法把样值分级取整，使一定取值范围内的样值由无限多个值变为有限个值。若将有限个量化样值的绝对值从小到大依次排列，并对应地依次赋予一个十进制数字代码，在码前以"+"、"-"号为前缀来区分样值的正、负，则量化后的抽样信号就转化为按抽样时序排列的一串十进制数字码流，即十进制数字信号。简单高效的数据系统是二进制码系统，因此，应将十进制数字代码变换成二进制编码。

在常见的CD、DVD中的编码中，以人耳能够感觉到的频率20 Hz~22.05 kHz进行考虑，采样率为44.1 kHz，并按16位进行编码，如果采用双声道编码，则双声道的PCM编码的波形文件（WAV格式）的数据速率为44.1 kHz×16 bit×2=1411.2 kbit/s。因此听到的语音效果就比电话中听到的语音效果好。常说的MP3对应的WAV格式的参数也是1411.2 kbit/s，这个参数也被称为数据带宽。如果将码速率除以8得到字节数176.4 kB/s。

在电话通信中，按8位进行编码，8 kHz进行采样，因此语音信号转换为数字信号的数据速率为64 kbit/s，并以此作为数字多路通信中每一话路的基带信号。在准同步数字系列PDH系统的由多路PCM信号组成的群路信号中，数字群路信号按表3-4中的方法进行群路划分和组合。

表3-4 PDH的PCM群划分

信号名称	复用路数	传输速率	简称
单路信号	1路	64 kbit/s	欧洲
	1路	54 kbit/s	北美、日本
一次群信号	30路	2048 kbit/s	E1（欧洲）
	24路	1544 kbit/s	T1（北美、日本）
二次群信号	120路	8.448 Mbit/s	欧洲
	96路	6.312 Mbit/s	北美、日本

（续）

信号名称	复用路数	传输速率	简　称
三次群信号	480 路	34.368 Mbit/s	欧洲
	480 路	32.064 Mbit/s	北美、日本
四次群信号	1920 路	139.264 Mbit/s	欧洲
	1440 路	97.728 Mbit/s	北美、日本

在将多个话组合成一个群路信号时，一个话路所占用的时间段称为一个时隙（TS）。

PCM 的 E1 标准：E1 是 PCM 群路组合方式中的其中一个标准。E1 共分 32 个时隙 TS0-TS31。每个时隙为 64 kbit/s，其中 TS0 被帧同步码、Si、Sa4、Sa5、Sa6、Sa7、A 比特占用，若系统运用了 CRC 校验，则 Si 比特位置改传奇隅校验码（CRC）。TS16 为信令时隙，当使用到信令（共路信令或随路信令）时，该时隙用来传输信令，用户不可用来传输数据。所以 2 Mbit/s 的 PCM 码型有：

1）PCM30：PCM30 表示用户可用时隙为 30 个，TS1-TS15，TS17-TS31。TS16 传送信令，无 CRC 校验。

2）PCM31：PCM31 用户可用时隙为 31 个，S1-TS15，TS16-TS31。TS16 不传送信令，无 CRC 校验。

3）PCM30C：PCM30C 用户可用时隙为 30 个，TS1-TS15，TS17-TS31。TS16 传送信令，有 CRC 校验。

4）PCM31C：PCM31C 用户可用时隙为 31 个，TS1-TS15，TS16-TS31。TS16 不传送信令，有 CRC 校验。

我国的 E1，把 2 Mbit/s 的传输分成了 30 个 64 kbit/s 的时隙，一般写成 $N\times64$，E1 最多可有时隙 1~31，共 31 个信道承载数据，时隙 0 传同步数据。

PCM 的 E1 标准的阻抗有非平衡式的 75 Ω 和平衡的 120 Ω 两种接口。

接口指在通信中，两个相邻接的设备相连接时，在接合部必须有相同的电平、频率、数据传输速率、阻抗等电器指标，否则会影响信号的正确传输。

目前世界上有欧洲、北美、日本三种异步复接体制，三者接口互不兼容，进行国际互联互通时必须进行转换。另外，目前只有统一的电接口标准（G.703），而没有统一的光接口标准，即使在同一种异步复接体制中，也不能保证光接口的互通。同为欧洲体制的 4 次群系统，光接口就可能有几种。如用 5B6B 码型，输出光信号码率为 167.1168 Mbit/s；用 7B8B 码型，输出光信号码率为 159.1589 Mbit/s；用 8B1H 线路码型，输出光信号码率为 156.6620 Mbit/s。光信号的码型、码率都不同时，很难互通，只有通过光电转换将光接口转换为电接口后才能保证互通。

在同步数字系列（SDH）系统和同步光网络 SONET 的 PCM 群中，数字群路信号按表 3-5 中的方法进行群路划分与组合。

表 3-5　SONET、SDH 比较

同步数字体系 SDH		同步光网络 SONET		
等级	速率/(Mbit/s)	速率/(Mbit/s)	等级	
		51.840	STM-1	OC-1
STM-1	155.520	155.520	STM-3	OC-3

（续）

同步数字体系 SDH			同步光网络 SONET	
		466.560	STM-9	OC-9
STM-4	622.080	622.080	STM-12	OC-12
		933.120	STM-18	OC-18
		1244.160	STM-24	OC-24
		1866.240	STM-36	OC-36
STM-16	2488.320	2488.320	STM-48	OC-48
STM-64	9953.280	9953.280	STM-192	OC-192
STM-256	40 Gbit/s			

SONET 的电信号称同步传输信号（Synchronous Transport Signal，STS），光信号称光载体（Optical Carrier Level，OC），它的基本比特率是 51.840 Mbit/s；SDH 的基本速率为 155.520 Mbit/s，其速率分级名称为同步传输模块（Synchronous Transport Module，STM）。我国采用 SDH 标准，因此按 SDH 分级方式。

3. 数字基带信号码的波形及传输码型

基带传输：当二进制编码的 0、1 符号用电脉冲的正、负表示时，形成的是基带信号，将基带信号直接在信道中传输的方式称为基带传输方式。

频带传输：把数字信号调制成不同频率的信号，再进行传输的方法称为频带传输。

码型：表示二进制数中 0 和 1 的信号形式。

数字数据基带信号常用码型有：二电平码、单极性非归零码（NRZ 码）、双极性非归零码、单极性归零码、双极性归零码、差分码、交替反转码（AMI）、曼彻斯特码、差分曼彻斯特码、密勒码、多电平码和二进制编码等，如图 3-32 所示。

数字基带传输常用码型有：双极性信号交替反转码（AMI）、三阶高密度双极性码（HDB3）（CCITT 推荐）、成对选择三进码（PST）、双相码（曼彻斯特码）（局域网中常用）、密勒码（Miller）（用于卫星、低速基带数传机）、CMI 码（PCM 四次群的接口码型）、nBmB 码（如 1B2B、2B3B、5B6B，三/四次群线路用）、4B/3T 码（较高速率传输用）。

此外，通信中为安全考虑还会安排许多加密编码、纠错编码等。

（1）数字数据基带信号常用码型

单极性非归零码（NRZ 码）：在整个码元期间电平保持不变，如图 3-32 所示。

双极性非归零码（NRZ 码）：正电平为 1，负电平为 0，若线路上的电压为 0，则说明当前线路上没有信号正在传输。这种码的优点是平均电压接近 0，基本不含 DC 成分；缺点是不易提取同步信息，特别是在长 0 长 1 串行时，很难确定一个比特的起止时刻。

单极性归零编码：1 码并不是在整个码元宽度 T_s 内为高电平，设 1 码持续的时间为 τ，与码元宽度 T_s 之比（τ/T_s）称为占空比。

双极性归零编码：使用正、负两个电平。归零码是自同步编码，可以从信号中提取同步信息。通过归零，使每个比特位（码元）都发生信号变化，接收端可利用信号跳变建立与发送端之间的同步。缺点是每个比特位发生两次信号变化，多占用了带宽。一个编码良好的数字信号必须携带同步信息。

差分编码：如果传输一个比特的起始时刻发生了电平跳变，那么这个比特就是二进制 1，

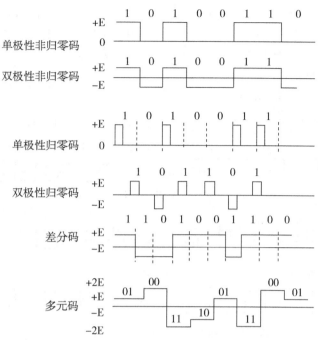

图 3-32　常见的数字数据基带信号码

如果此刻没有发生电平跳变，那么这个比特就代表二制进的 0。

多电平码：用不同的电平表示不同的码，因此在一个码位上有多个取值，相当于传输了多个数字，缺点是受到干扰后易造成接收端误判码型。

（2）数字基带传输常用码型

数字基带传输常用码型指数字信号在传输过程中，为了适应信道特征、多路复用、同步信号的提取、直流信号的消除、抗干扰等多种目的而在数字基带信号传输前对数字基带信号常用码型所做的码型上的变换。

双极性信号交替反转码（AMI）：0 电平代表二进制 0，交替出现的正、负电压表示 1。信号交替反转码用交替变换的正、负电平表示比特 1 的方法使其所含的直流分量为 0，如图 3-33a 所示。AMI 实现了两个目标：一是直流分量为 0；二是可对连续的比特 1 进行同步，但对一连串的比特 0 并无同步确保机制。为解决比特 0 的同步，对 AMI 进行变型产生了 B8ZS 和 HDB3 码，前者在北美使用，后者用于日本和欧洲，我国采用 HDB3 码。

高密度双极性三阶码（HDB3）的编码规则：

1）自上次替换以来传输的比特"1"个数为奇数时，用 000D 代替 0000，否则，用 100D（D 称为破坏点）。

2）"1"为正或负与前边最近的"1"相反，D 为正或负与前边最近的"1"相同。

3）接收端通过比较最近的两个比特"1"的极性来确定需还原的序列的位置。

HDB3 码不含直流分量，如图 3-33b 所示。

下面以将数据 100000000010000 编制成 HDB3 码为例说明 HDB3 的编码过程。假设位于这段数据前面序列首部的比特"1"极性为正，且其前面数据是 4 个连续的比特 0。编码过程如下：

1）因已知这段数据序列其前面数据是 4 个连续的比特 0，因此这段数据开始的第一个 1 为奇数，故第一个 1 后面的 0000 用 000D 代替。

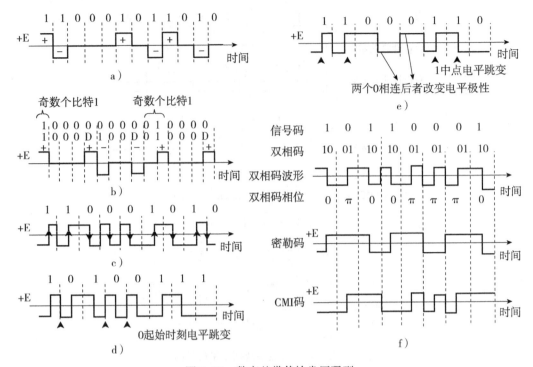

图 3-33　数字基带传输常用码型

a）双极性信号交替反转码（AMI）　b）高密度双极性 3 零码（HDB3）

c）曼彻斯特码　d）差分曼彻斯特码　e）密勒码　f）CMI 码

2）根据 D 为正或负应与前边最近的 1 相同，现已知这段数据序列首部的比特 1 极性为正，故 D 为正。

3）由于这时已有 2 个 "1"（第一个 "1" 为数据自身的 1，第二个 "1" 为 D 转换的 1），故接下来的 4 个连续 "0" 应用 100D 替换。

4）根据 "1" 为正或负应与前边最近的 "1" 相反，前面的 D 为正 "1"，故现在 100D 中的 "1" 应为负号。

5）对根据 D 为正或负应与前边最近的 "1" 相同，100D 中的 "1" 已经为负号，则 100D 中的 D 应为负 1。

6）后续的 01 不足 4 个连续的零，不用 000D 或 100D 代替，直接考虑 01 中 "1" 的极性。根据 "1" 为正或负应与前边最近的 "1" 相反，最近的 "1" 是由 100D 中的 D 得到的，且为负 1，故 01 中的 "1" 应为正 1。

7）最后 4 个 "0" 前已有 5 个 "1"，即奇数个 "1"，故最后 4 个连续 "0" 应用 000D 代替 0000。根据 D 为正或负应与前边最近的 "1" 相同，前而为正 1，故 D 为正 1。

曼彻斯特编码规则：

1）每一位数据都有半个周期为高电平，半个周期为低电平，以比特中点位置上出现跳变来表示数据信息。

2）当比特中点位置从负电平跳变到正电平时表示 1，当比特中点位置从正电平跳变到负电平时表示 0。因曼彻斯特编码不含直流分量，传输中以比特中点位置的跳变作为同步信息，如图 3-33c 所示。

差分曼彻斯特码编码规则：

1）每一位数据都有半个周期为高电平，半个周期为低电平，比特中点位置上出现跳变，但这不表示数据信息。

2）当比特起始时刻不出现电平跳变表示 1，当比特起始时刻出现电平跳变 0。差分曼彻斯特编码不含直流分量，如图 3-33d 所示。

密勒码也是一种利用电平的跳变表示数据信息的码型，密勒码较好地解决了双相码带宽太宽的问题。比特中点的电平跳转（起始时刻不跳变）表示"1"，比特中点、起始时刻没有出现电平跳转表示"0"，连续两个"0"时，后边的"0"改变极性，如图 3-33e 所示。

CMI 码编码规则：消息码"1"交替用正和负电压表示，或者说交替用"11"和"00"表示；信息码"0"用"01"表示，如图 3-33f 所示。

更复杂的编码还有卷积编码、Viterbi 编码、纠错编码等。

3.4　信号滤波与电平调整

信号在传输过程中，传输设备的通频带是有限的，信号只能在有限的通频带中传输，同时其他无用信号、干扰信号、噪声信号也会进入通带内，造成信号在传输过程中产生失真和杂音。在传输设备中加入滤波器可减少通带外干扰信号和噪声对带内信号的影响，只让有用信号通过，其他无用信号被尽可能地阻止或滤除掉。因此滤波只能滤除带外干扰，对带内的干扰是不能滤除的，只能通过其他办法解决。此外，传输设备和信道的频率特性通常不能保证是均匀平坦的，需要在传输系统中加入均衡电路或预加重电路，使整个频带内的信号不失真地传输到接收端。由于信道对所有信号都有衰减作用，因此通信系统中还应加入放大器，提升信号的能量。当信号过大时会造成系统放大电路过负荷而产生限幅，引起信号的传真，因此通信系统中还要加入衰减器，以防止信号过大所导致的设备过负荷而产生强杂音。信号电平的调整在通信设备中也是不能少的。

3.4.1　网络的传输函数

在模拟电话通信系统中，输入的语音信号是模拟信号，在系统中集成了大量的电子元器件，这给对整个系统电气性能的分析带来了巨大的复杂性，为了简化对模拟系统的分析，常将系统分为许多独立的功能部分，然后逐一对各部分进行研究。这些独立的功能部分实际上依然很复杂，为了简化分析，可将它们看作为一个"黑匣子"，先不去分析"黑匣子"内部是如何组成的，而是简单的分析"黑匣子"的对外宏观表现，这是通信系统中分析和设计电路的常用方法。

网络：由若干电子元器件和连接它们的线路组成的具有一定独立功能的电路的集合体。根据对网络的定义，一个"黑匣子"就可看作为一个网络。

网络的端：网络的端指网络的对外信号连线。一个网络对外有多少根信号连线，就称该网络为多少个端的网络。如果网络有 4 根对外信号连线，就称该网络为四端网络。如图 3-34 所示。

端口：由信号的正、负两个端组成的一个对端。信号总是由一正一负两线组成的，所以用两根引线端便能完成信号的输入或输出。图 3-34

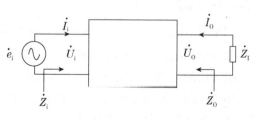

图 3-34　四端网络

既可称为四端网络，也可称为双端口网络，它有一个输入端口和一个输出端口。如果一个网络有多个端口，称该网络为多端口网络。

无源网络：网络中不包括供电电源的网络。如仅由电阻、电容、电感组成的网络。

有源网络：网络中包含有供电电源的网络。如集成运算放大器、晶体管组成的网络。

系统：由若干网络链接而成的，能够完成一个完整功能的网络集合体。这样定义后，一个通信系统就可看到是由调制网络、放大网络、衰减网络、滤波网络等组成的集合体。

对于模拟系统用网络分析的方法能方便分析和设计，但对数字电路一般不用网络方法进行分析，因为数字电路的输入与输出之间反映的是逻辑关系，而模拟电路输入与输出之间反映的是信号的时域关系和频域的线性或非线性关系。通常模拟系统的输入与输出间的关系可用一个线性方程来表示，即网络的输出和输入之间是性线的。

网络方程：用一个二元一次方程组来描述一个网络的对外性能。在图 3-34 中，如果能知道输入和输出口的电压和电流，便可唯一确定该模拟网络的性能，根据电流和电压的组合方式的不同，以及选用的参数不同，可建立不同的双端口网络方程，并且这些参数之间的关系是可以相互转换的。常见的网络参数方程有：Z 参数方程、Y 参数方程、h 参数方程、g 参数方程、a 参数方程。不同的方程应用于不同的分析对象，如 h 参数方程常用于描述晶体管的共发射极电路、g 参数方程常用于描述高频谐振回路。

Z 参数方程
$$\dot{U}_i = Z_{11}\dot{I}_i + Z_{12}\dot{I}_0$$
$$\dot{U}_0 = Z_{21}\dot{I}_i + Z_{22}\dot{I}_0 \tag{3-22}$$

Y 参数方程
$$\dot{I}_i = Y_{11}\dot{U}_i + Y_{12}\dot{U}_0$$
$$\dot{I}_i = Y_{21}\dot{U}_i + Y_{22}\dot{U}_0 \tag{3-23}$$

h 参数方程
$$\dot{U}_i = h_{11}\dot{I}_i + h_{12}\dot{U}_0$$
$$\dot{I}_0 = h_{21}\dot{I}_i + h_{22}\dot{U}_0 \tag{3-24}$$

g 参数方程
$$\dot{I}_i = g_{11}\dot{U}_i + g_{12}\dot{I}_0$$
$$\dot{U}_0 = g_{21}\dot{U}_i + g_{22}\dot{I}_0 \tag{3-25}$$

a 参数方程
$$\dot{U}_i = a_{11}\dot{U}_0 + a_{12}(-\dot{I}_0)$$
$$\dot{I}_i = a_{21}\dot{U}_0 + a_{22}(-\dot{I}_0) \tag{3-26}$$

下面以 Z 参数方程为例进行参数计算的说明。式（3-20）中的 Z_{11} 为输出端开路时（$\dot{I}_i=0$）输入端电压与输入端电流之比；Z_{12} 为输入端开路时（$\dot{I}_i=0$）输入端电压与输出端电流之比；Z_{21} 为输出端开路时（$\dot{I}_0=0$）输出端电压与输入端电流之比。Z_{22} 为输入端开路时（$\dot{I}_i=0$）输出端电压与输出端电流之比。

网络输入阻抗（$\dot{I}_i$）：网络的输入阻抗等于输入端电压与输入端电流之比。$\dot{Z}_i = \dot{U}_i / \dot{I}_i$

网络输出阻抗 $\dot{Z}_0$：网络的输出阻抗等于输出端电压与输出端电流之比。$\dot{Z}_0 = \dot{U}_0 / \dot{I}_0$

阻抗匹配：当前后两个网络相连接时，前一个网络的输出阻抗与后一个网络的输入阻抗相等，则称这两个网络是阻抗匹配的网络。阻抗匹配的网络能将前一个网络的功率最大限度地输出到下一个网络，且不会产生反射。

为了让网络最大可能从信号源获得功率，网络的输入阻抗应与信号源的内部阻抗相等，称输入阻抗匹配；同样，网络输出端所接的负载的阻抗应与网络的输出阻抗相等地，称输出阻抗匹配。如果信号源、网络、负载之间在连接时阻抗不相等，叫阻抗不匹配，就会产生信号的反射，这对通信是有害的。阻抗不匹配的程度用反射系数来表示。

网络的传输函数：在负载匹配的条件下，双端口网络输出功率与输出入功率之比的平方根取对数。图 3-34 网络的传输函数 γ 可表示为

$$\gamma = \ln\sqrt{\frac{\dot{U}_i \dot{I}_i}{\dot{U}_o \dot{I}_o}} = \frac{1}{2}\ln\frac{\dot{U}_i \dot{I}_i}{\dot{U}_o \dot{I}_o} = \frac{1}{2}\ln\frac{|\dot{U}_i \dot{I}_i|}{|\dot{U}_o \dot{I}_o|} + j\frac{1}{2}(\varphi_u + \varphi_i) = \alpha + j\beta \qquad (3\text{-}27)$$

γ 通常为复数，φ_u 为输出复电压落后输入复电压的相角，φ_i 为输出复电流落后输入复电流的相角。上式中 α 反映了信号通过双端口网络时信号幅度的变化。如果 $\alpha>0$，表示信号通过网络后能量变小了，称这样的网络为衰减网络，用 α 表示衰减的程度，称 α 为衰减常数。如果 $\alpha<0$，表示信号通信网络后能量变大了，称这样的网络为放大网络，α 称为放大倍数，对于放大网络，常用 K 表示放大倍数，为了去掉负号，放大网络常书写为输出功率作为分子，输入功率作为分母，这样 K 就为正数。如果 $\alpha=0$，表示信号通信网络后能量没有损失。按式（3-27）计算时，α 的单位为奈贝（Np），奈贝的单位太大，在实际使用中时常用分贝（dB）作为单位，两者的换算关系为：1 dB=0. 115 Np，或 1 Np=8. 868 dB。用 dB 表示的 α 公式为

$$\alpha = 10\lg\frac{|\dot{U}_i \dot{I}_i|}{|\dot{U}_o \dot{I}_o|} \qquad (3\text{-}28)$$

β 称为相移常数，表示电压、电流通过网络后产生的相移。

纯电阻网络：指 $\alpha>0$，$\beta=0$ 的网络，此时网络中可认为只有电阻元件。

纯电抗网络：通带内 $\alpha=0$，$\beta\neq0$ 的网络，此时网络中可认为只有电容、电感元件。

3. 4. 2　信号的滤波

滤波是信号处理中的一个重要概念。根据高等数学中的傅里叶分析和变换，任何一个满足一定条件的信号，都可以被看成是由无限个正弦波叠加而成的，组成信号的不同频率的正弦波叫做信号的频率成分。能量最大的正弦波成分叫信号的基波成分，其余能量较小的正弦波叫做谐波成分。而通信中传输信道的带宽是有限的，迫使人们在进行网络的电路设计时，只允许一定频率范围内的信号成分正常通过，而阻止另一部分频率成分通过，具有这种功能的电路，叫做经典滤波器或滤波电路。

理想的网络应该对所有传输的信号呈现一致的特性，称该网络具有宽带特性。然而实际上，任何一个网络中都不可避免地包含有分布电容和电感，或者为了隔离直流成分和通交流而人为加入的电容和电感，造成信号通过网络时不同频率受到不同程度的影响，因而每个网络都有自己的频率响应特性，网络的频率响应特性是网络的一个基本特征。

滤波器是人们根据传输要求人为设计的频率特性在整个频带上不均匀的电路，用以控制信道的频率特性，使有的信号能通过，有的信号不能通过。例如载波通信中用滤波器滤除信号调制过程中所产生的无用边带信号。

用模拟电子电路对模拟信号进行滤波，其基本原理就是利用电路的频率特性实现对信号中频率成分的选择。根据滤波器中通过的频率范围不同，滤波器可分为高通、低通、带通、带阻滤波器，如图 3-35 所示。

高通滤波器：允许信号中高于截止频率的高频成分通过的滤波器。

低通滤波器：允许信号中低于截止频率的低频成分通过的滤波器。

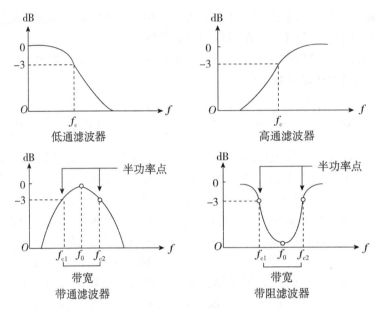

图 3-35　四种滤波器的频率响应特性

带通滤波器：允许信号中界于上、下截止频率范围内的频率成分通过的滤波器。

带阻滤波器：不允许信号中上、下截止频率范围内的频率成分通过的滤波器。

截止频率 f_c：当网络中信号的幅度值下降到通带内信号功率幅度的 0.5 倍时的频率，或信号的电压幅度值下降到通带内电压信号幅度的 0.707 倍（下降 3 dB）时的频率。

通频带：信号频率成分所受衰减在允许值范围内的频率宽度，有时又称 3 dB 带宽。

对于带通滤波器，高频端和低频端各有一个截止频率，分别称为上截止频率和下截止频率。两个截止频率之间的频率范围称为通频带。其他频率范围叫做阻带。通频带所表示的是能够通过滤波器而不会产生衰减的信号频率成分，阻带所表示的是被滤波器衰减掉的信号频率成分。通带内信号所获得的增益，叫做通带增益，阻带中信号所得到的衰减，叫做阻带衰减。在工程实际中，一般使用 dB 作为滤波器的幅度增益单位。

从图 3-35 可见，截止频率之外的信号随频率远离截止频率 f_c 不断衰减，但有一个过渡频段，在载波通信中，过渡频段越窄，节省下来的频段就可承载更多的话路，因此要求过渡频段越小越好。理想的滤波器的过渡带宽度为零，带通滤波器的带宽就像一个矩形窗口，窗口外的信号衰减无穷大，这样相同频率范围所安排的信号通路最多。实际设计中做不出理想的滤波器，只能尽量逼近矩形窗。如 Bartlett 窗、Hanning 窗、Hamming 窗、Blackman 窗等。

理想滤波器的特性通常用幅度-频率特性图描述，也叫做滤波器电路的幅频特性。实现一个滤波器有两种方法，对模拟电路所设计的滤波器称为模拟滤波器，对数字电路所设计的滤波器称为数字滤波器。

1. 模拟滤波器设计

根据滤波器电路中是否有供电电源，模拟滤波器分为有源滤波器和无源滤波器。有源滤波器由集成运算放大器和电阻、电容或电感构成，无源滤波器中只有电阻、电容或电感。

（1）无源滤波器设计

设计一个无源滤波器就是设计一个由电容、电感组成的双端口网络，称为纯电抗网络，有时也加入电阻调整衰减特性，即改变谐振电路的品质因素 Q。

在由电容、电感组成的电抗网络中,当容抗等于感抗时,称电路发生谐振。如果此时电容与电感是串联的接法,称这时的谐振为串联谐振,如果电容与电感是并联的接法,称这时的谐振为并联谐振。发生谐振时的频率称为谐振频率 f_0。谐振时电抗网络呈纯阻性。

串联谐振时,谐振电路两端电压为零,谐振频率能无衰减地通过谐振网络。谐振频率 f_0 高、低两端的频率会受到不同程度的衰减,距 f_0 越远,衰减越大。电容、电感上的电压是网络两端外加电压的 Q 倍,但大小相等方向相反,对外总电压为零。可用来从电感两端获得增大 Q 倍的电压。

并联谐振时,谐振电路两端电流为零,谐振频率能受到无限大的衰减,谐振频率 f_0 高低两端的频率受到的衰减相对较小,距 f_0 越远,衰减越小。电容、电感上的电流是网络两端外加电流的 Q 倍,但大小相等、方向相反,对外总电流为零。可用来从电感两端获得增大 Q 倍的电流,如收音机的选电台谐振回路。式(3-29)为谐振电路品质因素 Q 的计算式:

$$Q = \frac{\omega_0 L}{r} = \frac{1}{\omega_0 Cr} = \sqrt{\frac{L}{C}} \cdot \frac{1}{r} = \frac{\rho}{r} \tag{3-29}$$

式中,r 为电感中线圈的电阻;L 为电感的电感量;C 为电容的电容值;$\omega_0 = 2\pi f_0$ 为角频率;ρ 为特性阻抗。Q 值的大小反映了谐振曲线的尖锐程度,通常在几十到几百的范围内取值。

图 3-36 所示为基本的双端口滤波器,一般双端口滤波器的频率特性如图 3-37 所示。带通和带阻滤波器中的串联谐振频率和并联谐振频率是相等的,因此在带通滤波器中的串臂上的串联谐振使谐振频率附近的信号能顺利通过,并臂上的并联谐振对谐振频率附近的信号呈现无限大的阻抗,信号不能被傍路,使信号只能向输出端方向传输。

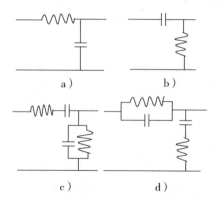

图 3-36 基本的双端口滤波器

a) 低通滤波器 b) 高通滤波器 c) 带通滤波器 d) 带阻滤波器

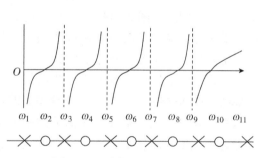

图 3-37 零点和极点交替分布

根据线性电路理论可知:

1) 由 $m+1$ 个元件构成的电抗单端口网络,最多有 m 个谐振频率。

2) 在 $\omega = 0$ 和 $\omega = \infty$ 两处的阻抗或导纳只能是零或无限大。

3) 任何电抗单端口网络的阻抗或导纳频率特性曲线的斜率总是正的,这常称为电抗定理。

4) 由电抗定理推论,零点和极点只能交替出现。如图 3-37 所示。

零点:当一个电感和一个电容串联组成单端口网络时,会产生串联谐振,此时网络呈现零阻抗,故称该谐振点为零点。谐振点的频率 $f_0 = 1/2\pi\sqrt{LC}$。

极点:当一个电感和一个电容并联组成单端口网络时,会产生并联谐振,此时网络呈现无限大的阻抗,故称该谐振点为极点。谐振点的频率 $f_\infty = 1/2\pi\sqrt{LC}$。

根据电抗网络的上述特性，可方便地确定一个网络属于何种滤波器。如图 3-36a 中在串臂上接有电感 L，低频能通过，高频不能通过；在并臂上接有电容，低频不能通过，高频信号能通过，会被旁路掉，因此这是一个低通滤波器。

对于纯电抗双端口网络，如果其传输函数用 $A(f)$ 表示，总可表示为一个分子和分母为多项式的有理分式，且这些多项式能通过分解因式变为 $(f-a_i)$ 或 $(f+jb_j)(f-jb_j)$ 的形式，$(f-a_i)$ 称为一个滤波器的一阶节，$(f+jb_j)(f-jb_j)=f^2+b_j^2$ 称为滤波器的一个二阶节。如：

$$A(f) = A_0 \cdot \frac{f^n + a_1 f^{n-1} + \cdots + a_n}{f^m + b_1 f^{m-1} + \cdots b_m} = A_0 \cdot \frac{(f-a_1)(f+ja_2)(f-ja_1)\cdots}{(f-b_1)(f+jb_2)(f-jb_2)\cdots} \tag{3-30}$$

当 $A(f)$ 中频率 f 为 a_i 时，$A(f)$ 为零，这些频率点就是网络的零点，频率 f 为 b_j 时，$A(f)$ 为无穷大，称为网络的极点。零点由 LC 做串联谐振引起，极点由 LC 做并联谐振引起。设计滤波器时，将 $A(f)$ 拆分为多个一阶节和二阶节进行设计，使设计简化，然后将各节双端口网络相连接，就合成 $A(f)$ 的总的特性。

设计模拟滤波器时，根据滤波器的通带和阻带内频率特性的特点不同，可分为 K 式滤波器、m 式滤波器、巴特沃斯滤波器、切比雪夫滤波器、椭圆滤波器（柯尔滤波器）、高斯滤波器、贝塞尔滤波器等。

下面以 K 式低通滤波器为例说明无源滤波器的设计过程。K 式低通滤波器电路为如图 3-38 所示的 Γ 形双端口网络，图 3-38a 为输入阻抗为 Z_{CT}、输出为 $Z_{C\pi}$ 的 Γ 形网络。图 3-38b 为输入阻抗为 $Z_{C\pi}$，输出为 Z_{CT} 的 Γ 形网络。图 3-38c 为网络 a 的频率特性曲线，低于截止频率 f_c 的频率范围为通带，阻抗表现为纯电阻性，高于截止频率 f_c 的频率范围为阻带，阻抗表现为纯电抗性。图 3-38d 为网络 b 的频率特性曲线。图 3-38e 表示低于截止频率 f_c 的频率范围衰减系数 $\alpha=0$，高于截止频率 f_c 的频率范围的

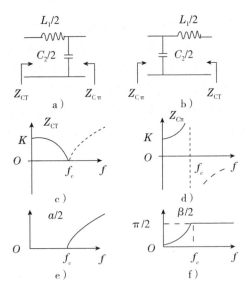

图 3-38 Γ 形 K 式低通滤波器

衰减系数 α 随频率的增加而增加。图 3-38 中 f 表示低于截止频率 f_c 的频率范围内相移常数 β 随频率的增加而增加，高于截止频率 f_c 的频率范围相移常数 β 为一常数 $\pi/2$。设计中有如下计算公式：

参数 K 与截止频率：
$$K^2 = \frac{L_1}{C_2} \quad f_c = \frac{1}{\pi\sqrt{L_{C_2}}} \tag{3-31}$$

元件值：
$$L_1 = \frac{K}{\pi f_c} \quad C_2 = \frac{1}{\pi f_c K} \tag{3-32}$$

特性阻抗：
$$Z_{CT} = K\sqrt{1 - \left(\frac{f}{f_c}\right)^2} \quad Z_{C\pi} = K\frac{1}{\sqrt{1 - \left(\frac{f}{f_c}\right)^2}} \tag{3-33}$$

通带内：
$$\frac{\alpha}{2} = 0 \quad \frac{\beta}{2} = \arcsin\frac{f}{f_c} \tag{3-34}$$

阻带内： $$\frac{\alpha}{2}=8.686\mathrm{arcch}\frac{f}{f_c}\,\mathrm{dB} \qquad \frac{\beta}{2}=\frac{\pi}{2} \qquad (3-35)$$

【例3-1】 设计一K式低通滤波器，其通带为 $0\sim3\,\mathrm{kHz}$，负载电阻为 $600\,\Omega$，并要求在频率为 $3.6\,\mathrm{kHz}$ 时，衰减不小于 $20\,\mathrm{dB}$。

根据要求取 $f_c=3\,\mathrm{kHz}$，K的取值一般与负载电阻相同，故 $K=600\,\Omega$，其他数据计算如下：

$$L_1=\frac{K}{\pi f_c}=\frac{600}{3.14\times3000}\,\mathrm{H}=63.66\times10^{-3}\,\mathrm{H}=63.66\,\mathrm{mH}$$

$$C_2=\frac{1}{\pi f_c K}=\frac{1}{3.14\times3000\times600}\,\mathrm{F}=0.1768\times10^{-6}\,\mathrm{F}=0.1768\,\mu\mathrm{F}$$

阻带内 $f=3.6\,\mathrm{kHz}$ 时的衰减为

$$\frac{\alpha}{2}=8.686\mathrm{arcch}\frac{f}{f_c}=8.686\mathrm{arcch}\frac{3.6}{3}\,\mathrm{dB}=5.4\,\mathrm{dB}$$

为了达到在 $f=3.6\,\mathrm{kHz}$ 时，衰减不小于 $20\,\mathrm{dB}$ 的要求，可取四节 Γ 形网络匹配链接组成 T 形或 Π 形滤波器，如图 3-39a、b 所示。图中有些元件可合并，简化为图 3-39d、e。

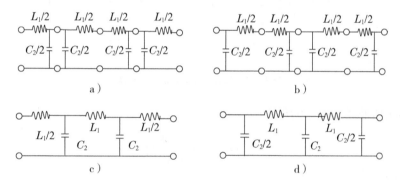

图 3-39 四个 Γ 形 K 式低通滤波器连接成 T 形和 Π 形滤波器

除了用电感、电容做成滤波器外，还有利用晶体特性做成的声表面波滤波器。

声表面波滤波器（Surface Acoustic Wave Filter，SAWF）是利用石英、铌酸锂、钛酸钡晶体具有压电效应的性质做成的滤波器。具有压电效应的晶体，在受到电信号的作用时，也会产生弹性形变而发出机械波（声波），即可把电信号转为声信号。由于这种声波只在晶体表面传播，故称为声表面波。声表面波滤波器具有体积小，重量轻、性能可靠、不需要复杂调整。声表面波滤波器的特点是：

1）频率响应平坦，不平坦度仅为 $\pm0.3\sim\pm0.5\,\mathrm{dB}$，群时延 $\pm30\sim\pm50\,\mathrm{ns}$。

2）SAWF 矩形系数好，带外抑制可达 $40\,\mathrm{dB}$ 以上。

3）插入损耗较大，达到 $25\sim30\,\mathrm{dB}$，这可以用放大器补偿电平损失。

声表面波滤波器包括声表面波电视图像中频滤波器、电视伴音滤波器、电视频道残留边带滤波器等。

（2）有源滤波器设计

无源低通滤波器的主要缺点是电感 L 本身有电阻和电容，使输出结果产生误差并消耗电能。有源滤波器只利用电阻 R、电容 C 和放大器，使输出值趋近理想值、通带内能提高增益、放大器可隔离输入与输出端、可使用多级串联。常见的有巴特沃斯滤波器（Butterworth）、切比雪夫滤波器（Chebyshev）、贝塞尔滤波器（Bessel）和反切比雪夫滤波器（Inv Chebyshev）。

图 3-40 所示为巴特沃斯滤波器,其中图 3-40a 为反相输入一阶巴特沃斯低通滤波器,这实际上是一个积分电路,图 3-40b 是反相输入一阶巴特沃斯高通滤波器,这实际上就是一个微分电路,图 3-40c 为二阶巴特沃斯低通滤波电路,图 3-40d 为二阶巴特沃斯高通滤波器。

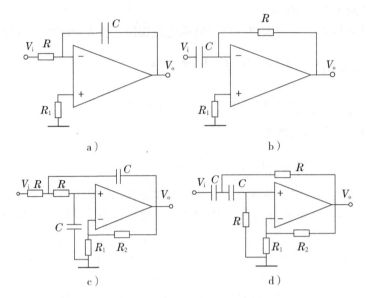

图 3-40 有源 Butterworth 滤波器

一阶巴特沃斯低通滤波器的传递函数为

$$A_V(\omega) = \frac{V_o}{V_i} = \frac{1}{1+j\omega RC} \tag{3-36}$$

截止频率为

$$f_c = \frac{1}{2\pi RC} \tag{3-37}$$

图 3-41 所示为一阶巴特沃斯低通滤波器增益频率特性曲线。阶数越高,阻带信号衰减越快。在用拉普拉斯变换表示二阶巴特沃斯低通滤波器时,若令 $S=j\omega$,$K=1+R_1/R_2$,品质因素 $Q=1/(3-K)$,特征角频率 $\omega_0=1/RC$,则传递函数 $A_V(s)$ 为

$$A_V(s) = \frac{V_o}{V_i} = \frac{k\omega_0^2}{s^2+s\dfrac{\omega_0}{Q}+\omega_0^2} \tag{3-38}$$

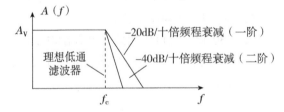

图 3-41 一阶低通巴特沃斯滤波器增益频率特性

滤波器的阶数是指在滤波器的传递函数中有几个极点,阶数同时也决定了频率特性曲线转折区的下降速度,一般每增加一阶(一个极点),就会增加-20 dBDec(-20 dB 每十倍频程)。

设计有源滤波器时,R、C、Q 的数值一般由计算机辅助设计软件根据输入的截止频率和通带

增益及 Q 值和阻带衰减要求自动得出。还可直接选用可编程滤波器芯片加上少许外围电路完成设计。设计软件很多，如 Iattice 公司的 ispPAC80 是一种专门用来实现高性能连续时间低通滤波器的模拟可编程器件的软件，美国 BB 公司生产的 UAF42 芯片具有通用性强，设计简单、灵活，高精度频率和高 Q 值等特点，可利用 Filter42 软件设置滤波器外围电路参数。利用美国国家仪器（NI）有限公司推出的 Multisim 11 软件环境也可按参数设置，绘制电路原理图，通过仿真得到滤波器的幅频特性。

2. 数字滤波器设计

数字滤波器指由数字乘法器、加法器和延时单元组成的一种算法或装置。数字滤波器的功能是对输入离散信号的数字代码进行运算处理，以达到改变信号频谱的目的。

应用数字滤波器处理模拟信号时，首先要对输入的模拟信号进行限带、抽样和模/数转换。数字滤波器输入信号的抽样率应大于被处理信号带宽的两倍，其频率响应具有以抽样频率为间隔的周期重复特性，且以折叠频率即 1/2 抽样频率点呈镜像对称。为得到模拟信号输出，信号经数字滤波器处理后，输出的数字信号需经数/模转换、平滑。数字滤波器具有高精度、高可靠性、可程控改变特性或复用、便于集成等优点。数字滤波器在软件无线电、认知无线电、语言信号处理、图像信号处理、医学生物信号处理以及其他应用领域都得到了广泛应用。

数字滤波器可以按所处理信号的维数分为一维、二维或多维数字滤波器。一维数字滤波器处理的信号为单变量函数序列，例如时间函数的抽样值。二维或多维数字滤波器处理的信号为两个或多个变量函数序列。例如，二维图像离散信号是平面坐标上的抽样值。

数字滤波器有低通、高通、带通、带阻和全通等类型。它可以是时不变的或时变的、因果的或非因果的、线性的或非线性的。应用最广的是线性时不变数字滤波器，如有限冲激响应滤波器（FIR）、无限冲激响应滤波器（IIR）滤波器。

n 阶 IIR 滤波器的 z 变换的传递函数公式为

$$H(z) = \frac{\sum\limits_{i=0}^{M} b_i z^{-i}}{1 - \sum\limits_{j=1}^{N} a_j z^{-j}} \tag{3-39}$$

式中，$H(z)$ 为传递函数；b_i 为前向系数；a_i 为反馈系数。当 $a_j = 0$，IIR 滤波器就变为 FIR 滤波器。此时 $H(z)$ 为

$$H(z) = \sum\limits_{i=0}^{M} b_i z^{-i} \tag{3-40}$$

根据式（3-39）推得的 IIR 滤波器的差分方程表达式为

$$y(n) = \sum\limits_{i=0}^{M} b_i x(n-i) + \sum\limits_{j=1}^{N} a_j y(n-j) \tag{3-41}$$

根据式（3-40）推得的 FIR 滤波器的差分方程表达式为

$$y(n) = \sum\limits_{i=0}^{M} b_i x(n-i) \tag{3-42}$$

图 3-42 所示为 IIR、FIR 滤波器结构图。

IIR 数字滤波器采用递归型结构，即结构上带有反馈环路。IIR 滤波器运算结构通常由延时、输入乘以系数和相加等基本运算组成，可以组合成直接型、正准型、级联型、并联型四种结构形式，都具有反馈回路。由于运算中的舍入处理，使误差不断累积，有时会产生微弱的寄

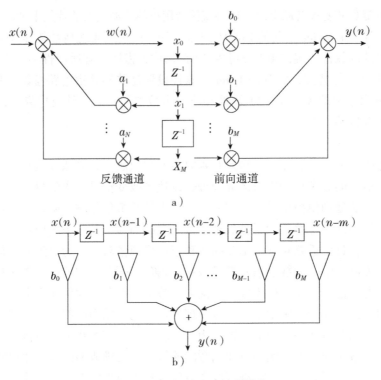

图 3-42 IIR、FIR 滤波器结构

a) IIR 滤波器结构 b) FIR 滤波器结构

生振荡。

IIR 幅频特性精度很高，但相位是非线性的，可以应用于对相位信息不敏感的音频信号上。FIR 幅频特性精度较之于 IIR 低，但相位是线性的，即不同频率分量的信号经过 FIR 滤波器后其时间差不变，常用于图像信号处理。

进行 IIR 滤波器设计时的阶数不是由设计者指定，而是根据设计者输入的各个滤波器参数（截止频率、通带滤纹、阻带衰减等），由软件设计出满足这些参数的最低滤波器阶数。

在设计一个数字滤波器时，可以根据指标先写出模拟滤波器的公式，然后通过一定的变换，将模拟滤波器的公式转换成数字滤波器的公式。常用 MATLAB 软件工具中的 Signal Processing Toolbox 设计数字滤波器，在 MATLAB 下设计不同类型 IIR、FIR 滤波器均有与之对应的函数和阶数可供选择。设计 IIR、FIR 滤波器的基本思路是根据通带和阻带指标、截止频率计算前向系数 b_i 和反馈系数 a_i。

下面利用 Hamming 窗和函数 fir2 设计 201 阶的双通带线性相位 FIR 滤波器，其采样频率为 40 kHz，中心频率 1.3 kHz±10 Hz、2.1 kHz±10 Hz。

设计取 n＝201，lap＝128，lnpt＝4，归一化数字频率 f、数字通阻带 m、系数 b 的计算方法为：打开 MATLAB 界面，编写下面程序并运行：

```
f=[0 1.29 1.29 1.30 1.31 1.31 1.7 2.09 2.09 2.1 2.11 3.4 3.4 20]*2/40;
m=[0   0   1   1   1   0   0  0   1   1  1   0   0  0];
b=fir2(201,f,m,128,4);
freqz(b,1,128);
c=b′
```

运行程序后可得 FIR 数字滤波器的系数 b 和频率特性曲线如图 3-43 所示。

实现数滤波器的硬件常用 DSP 芯片和 FPGA 芯片。

图 3-44 是用 TI 公司的 TMS320VC5402 DSP 芯片设计，并在 CCS 软件环境下进行的仿真输出波形图。设计采用了图 3-43 中获得的 FIR 系数 b_i，仿真时设计了一个被高斯白噪声淹没了的两个正弦信号，经 DSP 芯片滤波器后，带外噪声得到了较好的滤除，图 3-44a 为时域输入信号，图 3-44b 为滤波后时域输出信号，图 3-44c 为频域输入信号，图 3-44d 为滤波后频域输出信号。

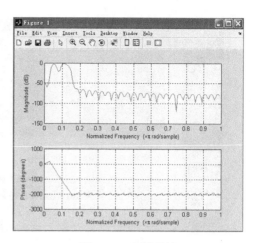

图 3-43 幅频曲线

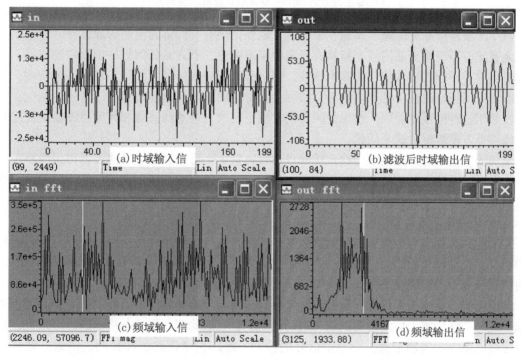

图 3-44 运行程序后中心频率 $1.3\,kHz \pm 10\,Hz$、$2.1\,kHz \pm 10\,Hz$，采样频率 $F_s = 40\,kHz$，阶数为 201 阶，加白噪声后经 DSP 芯片设计的双带通数字滤波器所得到波形

图 3-45 是用 Xilinx 公司的 FPGA 芯片 xc3s100e-5tq144，采用 IP 核设计的 FIR 滤波器，设计中利用该公司提供的 ISE 开发软件，采用 VHDL 语言，设计采用了图 3-43 中获得的 FIR 系数 b_i，利用 ModelSim 软件仿真得到模拟仿真波形。

在信号处理中，常常需要只允许一定范围频率的信号通过，而采集到信号中往往包含有许多无用频率，这就需要使用数字带阻滤波器进行信号处理。对已知频率的干扰信号，可采用固定的带阻滤波器（Fixed Notch Filters, FNF）来加以去除，但当干扰信号频率未知或频率随时间发生变化时，由于 FNF 的中心频率是固定的，当干扰信号频率偏离 FNF 的中心频率时，FNF 就难以达到去除干扰信号的目的。

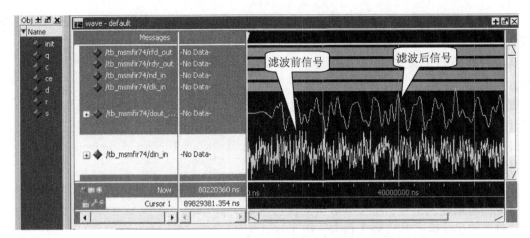

图 3-45　信号 1300 Hz、2100 Hz 加白噪声经
FPAG 芯片设计的 FIR 双带通滤波器的仿真波形

数字滤波器中除有低通、高通、带通、带阻外，还有一种称为全通的滤波器。

全通滤波器也称全通网络，指具有平坦的频率响应，不衰减任何频率信号的滤波器。全通滤波器虽然并不改变输入信号的频率特性，但它会改变输入信号的相位。利用这个特性，全通滤波器可以用作延时器、延迟均衡等。实际上，常规的滤波器也能改变输入信号的相位，但幅频特性和相频特性很难兼顾，难以使两者同时满足要求。全通滤波器和其他滤波器组合起来使用，能够很方便地解决这个问题。

全通滤波器也有其他很多用途。比如单边带通信中，可以利用全通滤波器得到两路正交的音频信号，这两路音频信号分别对两路正交的载波信号进行载波抑制调制，然后叠加就能得到所需要的无载波的单边带调制信号。

3. 自适应数字滤波器

为了滤除被测信号中频率随时间发生变化的干扰信号，利用自适应跟踪被控对象随时间变化的情况，自动跟踪干扰信号的频率，并通过调节滤波器的参数去除被测信号中的干扰信号，从而使系统处于接近最优的状态。

自适应滤波器属于现代滤波器的范畴，设计思路与经典的滤波器有较大区别，其发展非常迅速，现已广泛应用于系统模型识别、通信信道的自适应均衡，雷达与声呐的波束形成，减少或消除心电图中的周期干扰，噪声中信号的检测、跟踪、增强和线性预测、图像的增强与复原等。

在研究现代滤波器时，常常涉及两种使用比较多的滤波器，即维纳滤波器和卡尔曼滤波器。

常用的滤波器是采用电感、电容等分立元件构成，如 *RC* 低通滤波器、*LC* 谐振回路等。但对混在随机信号中的噪声进行滤波时，由于信号与噪声均可能具有连续的功率谱，不管滤波器具有什么样的频率响应，均不可能做到噪声完全滤掉而信号波形不失真。

数学家 N. 维纳（Norbert Wiener）于第二次世界大战期间提出了线性滤波的理论和线性预测的理论，对通信工程理论和应用的发展起了重要的作用，维纳滤波就是为纪念他的重要贡献而命名的。维纳滤波是一种基于最小均方误差准则、对平稳过程的最优估计器。这种滤波器的输出与期望输出之间的均方误差为最小，因此，它是一个最佳滤波系统，它可用于提取被平稳噪声所污染的信号。

维纳滤波的基本原理是：设维纳滤波器的输入为含噪声的随机信号。期望输出与实际输出之间的差值为误差，对该误差求均方，即为均方误差。均方误差越小，噪声滤除效果就越好。为使均方误差最小，关键在于维纳滤波器的求冲激响应。如果能够满足维纳-霍夫方程，就可使维纳滤波器达到最佳。根据维纳-霍夫方程，最佳维纳滤波器的冲激响应，完全由输入自相关函数以及输入与期望输出的互相关函数所决定。

用数学公式可这样描述维纳滤波：设观察信号 $y(t)$ 含有彼此统计独立的期望信号 $x(t)$ 和白噪声 $\omega(t)$，可用维纳滤波从观察信号 $y(t)$ 中恢复期望信号 $x(t)$。设线性滤波器的冲激响应为 $h(t)$，此时其输入 $y(t)$ 为 $y(t)=x(t)+\omega(t)$，输出 $\hat{x}(t)$ 为

$$\hat{x}(t) = \int_0^\infty h(\tau)y(t-\tau)\mathrm{d}\tau \tag{3-43}$$

从而可以得到输出 $\hat{x}(t)$ 对 $x(t)$ 期望信号的误差为

$$\varepsilon(t) = \hat{x}(t) - x(t) \tag{3-44}$$

其均方误差为

$$\overline{\varepsilon^2(t)} = \mathrm{E}\big[\hat{x}(t) - x(t)\big] \tag{3-45}$$

$\mathrm{E}[\ ]$ 表示数学期望。应用数学方法求最小均方误差时的线性滤波器的冲激响应 $h_{\mathrm{opt}}(t)$ 可得如下方程：

$$R_{yx}(\tau) - \int_0^\infty R_{yy}(\tau-\sigma)h_{\mathrm{opt}}(\sigma)\mathrm{d}\sigma = 0 \quad \tau \geqslant 0 \tag{3-46}$$

式中，$R_{yx}(t)$ 为 $y(t)$ 与 $x(t)$ 的互相关函数，R_{yy} 为 $y(t)$ 的自相关函数。上述方程称为维纳-霍夫（Wiener-Hopf）方程。求解维纳-霍夫方程可以得到最佳滤波器的冲激响应 $h_{\mathrm{opt}}(t)$。在一般情况下，求解上述方程是有一定困难的，因此这在一定程度上限制了这一滤波理论的应用。然而，维纳滤波对滤波和预测理论的开拓，影响着以后这一领域的发展。

卡尔曼滤波指基于 R.E. 卡尔曼与 R.S. 布西于 20 世纪 60 年代初期提出的线性滤波模型与方法设计的滤波器。其基本假设是，被估计过程 X 为随机噪声影响下的有限阶多维线性动态系统的输出，而被观测的 Y_t 则是 X_t 的部分分量或其线性函数与测量噪声的叠加，这里并不要求平稳性，但要求不同时刻的噪声值是不相关的。此外，观测只需从某一确定时刻开始，而不必是无穷长的观测区间。卡尔曼滤波公式不是将估计值表述成观测值的明显的函数形式，而是给出它的一种递推算法。即对于离散时间滤波，只要适当增大 X 的维数，就可以将 t 时刻的滤波值表述成为前一时刻的滤波值与本时刻的观测值 Y_t 的某种线性组合。对于连续时间滤波，则可以给出与 Y_t 所应满足的线性随机微分方程。对需要不断增加观测结果和输出滤波值的情形，这样的算法加快了处理数据的速度，而且减少了数据存储量。卡尔曼还证明，如果所考虑的线性系统满足某种可控性和可观测性，那么最优滤波一定是渐近稳定的。即由初始误差、舍入误差及其他的不准确性所引起的效应，将随着滤波时间的延长而逐渐消失或趋于稳定，不致形成误差的积累。卡尔曼滤波也有多种形式的推广，例如放宽对噪声不相关性的限制，用线性系统逼近非线性系统，以及自适应滤波等，并获得了日益广泛的应用。

维纳滤波器的参数是固定的，适用于平稳随机情况下的最优滤波，卡尔曼滤波器的参数是时变的，适用于非平稳随机情况下的最优滤波，这两种滤波器设计方法都是建立在信号和噪声的统计特性的先验知识基础上。但在实际应用中常常无法预先得到这些统计特性或它们是随时间变化的。而对于自适应滤波器，当输入信号的统计特性未知，或者输入信号的统计特性变化时，它能够自动地迭代调节自身的滤波器参数，以满足某种准则的要求，从而实现最优滤波。

通常将这种输入统计特性未知，调整自身的参数到最佳的过程称为学习过程，将输入信号统计特性变化时，调整自身的参数到最佳的过程称为跟踪过程，因此自适应滤波器具有学习和跟踪的性能。

非线性滤波指一般的非线性最优滤波，可归结为求条件期望的问题。对于有限多个观测值的情形，条件期望原则上可以用贝叶斯公式来计算。但即使在比较简单的场合，这样得出的结果也是相当繁杂的，无论对实际应用或理论研究都不方便。与卡尔曼滤波类似，人们也希望能给出非线性滤波的某种递推算法或它所满足的随机微分方程。但一般它们并不存在，因此必须对所讨论的过程 X 与 Y 加以适当的限制。非线性滤波的研究工作涉及随机过程论的许多近代成果，如随机过程一般理论、鞅、随机微分方程、点过程等。其中一个十分重要的问题是研究在什么条件下，存在一个鞅 M，使得在任何时刻，M 和 Y 都包含同样的信息。目前对于一类所谓条件正态过程，已经给出了非线性最优滤波的可严格实现的递推算式。在实际应用中，对非线性滤波问题往往采用各种线性近似的方法。

自适应数字滤波器指利用前一时刻已获得的滤波器参数等结果，自动地调节现时刻的滤波器参数，以适应信号与噪声未知的或随时间变化的统计特性，从而实现最优滤波。

自适应滤波器可以分为线性自适应滤波器和非线性自适应滤波器，非线性自适应滤波器包括 Volterra 滤波器和基于神经网络的自适应滤波器。非线性自适应滤波器具有更强的信号处理能力。但是，由于非线性自适应滤波器的计算较复杂，实际用得最多的仍然是线性自适应滤波器。

自适应滤波器的实现方式有模拟式和数字式两种，前者可以用于某些单频干扰的抑制，而后者通常用软件来实现，又称为 DLMS 算法。

自适应数字滤波器以均方误差最小为准则，能自动调节单位脉冲响应 $h(n)$，以达到最优滤波的时变最佳数字滤波器。设计自适应数字滤波器，可以不必预先知道信号与噪声的自相关函数。在滤波过程中，即使信号与噪声的自相关函数随时间缓慢变化，数字滤波器也能自动适应，自动调节到满足均方误差最小的要求。

目前常见的自适应滤波器有：递推最小（RLS）滤波器，最小均方（LMS）滤波器，格型滤波器、无限冲激响应滤波器。图 3-46 为 FIR 自适应数字滤波器（自适应 DF）的框图。一般来讲，x_{1j}，x_{2j}，$x_{3j}\cdots$，x_{Nj}，可以是任意一组输入信号，并不一定要求当时 $x_{1j} = x_j$，$x_{2j} = x_{(j-1)}$，$x_{3j} = x_{(j-2)}$，$\cdots$，$x_{Nj} = x_{(j-N+1)}$，即并不要求各 $x_i(j)$ 是由同一信号的不同延时组成。若设 $x_{1j}, x_{2j}, x_{3j}, \cdots,$ x_{Nj}，为同一信号的不同延时组成的延时线抽头形式，即所谓横向 FIR 结构，则这是最常见的一种自适应滤波器结构形式。

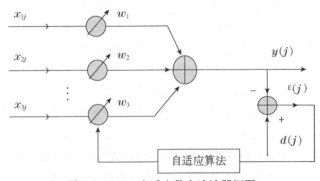

图 3-46　FIR 自适应数字滤波器框图

自适应数字滤波器的原理:

1) 自适应 DF 的 $h(n)$ 单位脉冲响应受 $\varepsilon(j)$ 误差信号控制。

2) 根据 $\varepsilon(j)$ 的值而自动调节,使之适合下一刻 $(j+1)$ 的输入 $x(j+1)$,以使输出 $y(j+1)$ 更接近于所期望的响应 $d(j+1)$,直至均方误差 $E[\varepsilon^2(j)]$ 达到最小值。

3) $y(j)$ 最佳地逼近 $d(j)$,系统完全适应了所加入的两个外来信号,即外界环境。

$x(j)$ 和 $d(j)$ 两个输入信号可以是确定的,也可以是随机的,可以是平稳的随机过程,也可以是非平稳的随机过程。从图 3-46 中可见自适应 DF 是由普通 DF 和相关抵消回路构成的。

3.4.3 信号的电平调整

信号在传输过程中有两种因素导致信号强度(信号电平)的变化,一种是传输距离的不同使信号受到的衰减不同;另一种是在相同距离情况下,由于信道和通信设备对不同频率的衰减特性不一致,导致有的频率受到的衰减小,有的频率受到的衰减大。

对于受距离变化引起的传输信号电平变化,可通过在信道中加入衰减器使受到传输衰减小的信号通过人为加入衰减以与其他信号电平一致,然后对整体群路信号进行放大,使传输中的群路信号在各参考点(观测点)的电平达到规定要求。

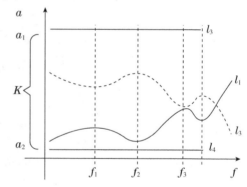

信道传输频率特性不平坦造成的对不同频率衰减不一致,需要通过在信道中加入均衡器加以解决,如图 3-47 所示为对频率特性不一致的均衡。假定信道的频率特性曲线为 l_1,可能人为地设计一个均衡器,使它的特性曲线为 l_2,其衰减随频率变化正好与 l_1 相反,这样就得到一条频率特性平坦的衰减特性曲线 l_3。这时信号的总衰减为 α_1,为使信号达到传输后规定的衰减值 α_2,$\alpha_2<\alpha_1$,再在电路中加入一个增益为 K 放大的放大器,$K=\alpha_1-\alpha_2$,从而完成了传输过程中的电平调整。

图 3-47 对频率特性不一致的均衡

1. 衰减器

衰减器是一种由纯电阻构成的网络,由于没有电抗元件,因此没有相移,对所有频率的衰减是一致的。衰减器有固定衰减器和可变衰减器两类。最基本的衰减为 Γ 形双端口网络,如图 3-48 所示。电阻 Z_2 所在位置称为串臂电阻或横支电阻,电阻 Z_1 所在位置称为并臂或纵支电阻。Z_{CT} 为网络输入特性阻抗,$Z_{C\pi}$ 为网络输出特性阻抗。图 3-48a 属于不平衡网络,如果把串臂上的电阻 Z_2 分一半到下面的串臂上就形成了平衡网络,如图 3-48b 所示。

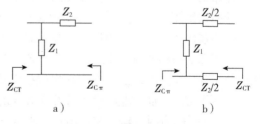

图 3-48 Γ 形双端口网络

a) 不平衡网络 b) 平衡网络

不平衡网络通常会与同轴电缆和单端输入或单端输出放大电路相接,由于同轴电缆外壳接地,具有较好的屏蔽干扰。平衡网络与对称电缆和差分放大电路的双端输入或双端输出相接,由于两条线对地电位相同,在两条传输线之间的电位差相同,因此可降低干扰的影响。

2. 特性阻抗

从图 3-48 所示网络的左、右两端向网络看进去的阻抗是不同的,因此可作为阻抗匹配网络来使用。如图 3-48a 中，网络输入端应与信号源阻抗为 $Z_{C\pi}$ 的信号源相接以实现阻抗匹配，网络输出端应与阻抗为 Z_{CT} 的负载相接以实现阻抗匹配。

如果直接将阻抗为 $Z_{C\pi}$ 的信号源与阻抗为 Z_{CT} 的负载相接，就会出现阻抗不匹配的现象。当网络的阻抗不匹配时，就会出现反射，一方面使负载得不到最大功率输出；另一方面，反射还会造成传输信号的失真和干扰，干扰影响可用图 3-49 表示。由于多次反射，信号源产生的一个阶跃，负载上获得的是一个过冲、振铃信号。因此阻抗匹配在信号传输网络中是一个非常重要的概念。从双端口网络的不同位置对网络进行观测，其阻抗是不一样的，可定义为如下几种阻抗：

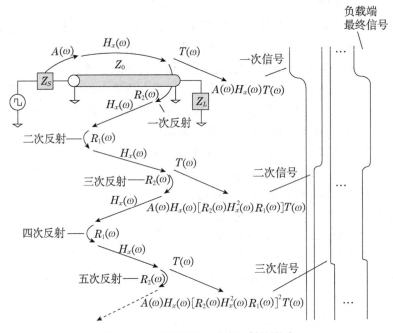

图 3-49　阻抗不匹配造成反射的影响

开路输入阻抗 $Z_{\infty \curlywedge}$：当负载开路时，$Z_L = \infty$，在网络输入端测到的网络阻抗。

短路输入阻抗 $Z_{0\curlywedge}$：当负载短路时，$Z_L = 0$，在网络输入端测到的网络阻抗。

开路输出阻抗 $Z_{\infty 出}$：当信号源开路时，$Z_i = \infty$，在网络输出端测到的网络阻抗。

短路输出阻抗 $Z_{0出}$：当信号源短路时，$Z_i = 0$，在网络输出端测到的网络阻抗。

对于图 3-48a 所示的网络，$Z_{\infty \curlywedge} = Z_1$，$Z_{0\curlywedge} = Z_1 \parallel Z_2$，$Z_{\infty 出} = Z_1 + Z_2$，$Z_{0出} = Z_2 Q$。可以找出这样两个阻抗 Z_{CT} 和 $Z_{C\pi}$，使得当输出端接以负载阻抗 $Z_L = Z_{C\pi}$ 时，图 3-48a 所示网络的输入阻抗恰好等于 Z_{CT}，而当输入端接以阻抗 $Z_i = Z_{CT}$ 时，网络的输出阻抗恰好等于 $Z_{C\pi}$，则阻抗 Z_{CT} 和 $Z_{C\pi}$，分别称为网络输入和输出特性阻抗，也叫影像阻抗。对更普通的网络，其特性阻抗计算公式为

$$Z_{C\curlywedge} = \sqrt{Z_{\infty \curlywedge} \cdot Z_{0\curlywedge}} \tag{3-47}$$

$$Z_{C出} = \sqrt{Z_{\infty 出} \cdot Z_{0出}} \tag{3-48}$$

$Z_{C\curlywedge}$、$Z_{C出}$ 分别称为网络输入特性阻抗和输出特性阻抗。如果 $Z_{C\curlywedge} = Z_{C出}$，则称网络是对称的，此时有

$$Z_{C\curlywedge} = Z_{C出} = Z_C = \sqrt{Z_{\infty} \cdot Z_0} \tag{3-49}$$

如果 $Z_L = Z_{C出}$ 称为网络输出端匹配或负载匹配，$Z_i = Z_{C入}$ 称为网络输入端匹配或电源匹配，输入和输出端均为匹配，则称网络完全匹配。

特性阻抗的一个重要特点是它只与网络参数有关，即只与网络的结构、元件等有关，而与负载电阻和信号源内阻无关。仅当负载电阻 $Z_L = Z_{C出}$ 时，网络的输入阻抗 $Z_入$ 才等于 $Z_{C入}$；若 $Z_L \neq Z_{C出}$，则网络的输入阻抗 $Z_入$ 不等于 $Z_{C入}$。同样，仅当信号源内阻 $Z_i = Z_{C入}$ 时，网络的输出阻抗 $Z_出$ 才等于 $Z_{C出}$；若 $Z_i \neq Z_{C入}$，则 $Z_出 \neq Z_{C出}$。

特性阻抗的概念可以帮助描述网络接口标准。例如，将传输线也可看成一个双端口网络，它的特性阻抗是由导线的材料和结构确定的，而与信号源和负载无关。这样普通电话线的特性阻抗就是 $600\,\Omega$，宽带同轴电缆的特性阻抗为 $75\,\Omega$，基带同轴电缆的特性阻抗为 $50\,\Omega$，对称电缆的特性阻抗为 $150\,\Omega$，1~7 类双绞线的特性阻抗为 $100\,\Omega$、$120\,\Omega$ 及 $150\,\Omega$ 等几种，常用的是 $100\,\Omega$ 的双绞线电缆。这样，与这些电缆相连接的通信设备的输入或输出阻抗也随之确定。

3. 衰减器的设计

图 3-48 所示的双端口网络是一种最基本的网络，将其进行不同方式的连接，可得到不同形式的网络，最常见的是 T 形网络和 Π 形网络、桥 T 形网络和 X 形网络，将其上、下对分可变为 H 形和 O 形。如图 3-50 所示。

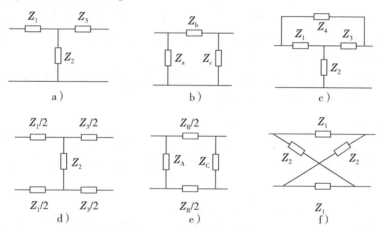

图 3-50 常见双端口网络

a) T 形不平衡网络　b) Π 形不平衡网络　c) 桥 T 形不平衡网络
d) H 形平衡网络　e) O 形平衡网络　f) X 形平衡网络

设计衰减器的基本要求是根据衰减系数 α 和输入特性阻抗 $Z_{C入}$ 及输出特性阻抗 $Z_{C出}$，选定某一种类型的双端口网络进行设计。设计时用衰减系数 α 常感到不方便，通常用功率比 kp 来计算。

$$\sqrt{kp} = \sqrt{\frac{\text{网络输入功率}}{\text{网络输出功率}}} = \sqrt{\frac{P_1}{P_2}} = \sqrt{\frac{|\dot{U}_1 \dot{I}_1|}{|\dot{U}_2 \dot{I}_2|}} = e^a \qquad (3-50)$$

此时，T 形网络和 H 形网络构成的衰减器的元件值可由下面的公式算出：

$$Z_1 = \frac{Z_{C入}(kp+1) - 2\sqrt{Z_{C入} Z_{C出} kp}}{kp - 1} \qquad (3-51)$$

$$Z_2 = \frac{2\sqrt{Z_{C入} Z_{C出} kp}}{kp - 1} \qquad (3-52)$$

$$Z_3 = \frac{Z_{C出}(kp+1)-2\sqrt{Z_{C入}Z_{C出}kp}}{kp-1}$$ (3-53)

由 Π 形网络和 O 形网络构成的衰减器的元件值可由下面的公式算出：

$$Z_a = \frac{(kp-1)Z_{C入}\sqrt{Z_{C出}}}{(kp+1)\sqrt{Z_{C出}}-2\sqrt{Z_{C入}kp}}$$ (3-54)

$$Z_b = \frac{(kp-1)}{2}\sqrt{\frac{Z_{C出}Z_{C入}}{kp}}$$ (3-55)

$$Z_c = \frac{(kp-1)Z_{C出}\sqrt{Z_{C入}}}{(kp+1)\sqrt{Z_{C入}}-2\sqrt{Z_{C出}kp}}$$ (3-56)

4. 均衡器的设计

均衡器的设计与滤波器的设计方法基本相同。如果是要对衰减频率特性曲线中衰减比较少的频段进行调整，应在曲线的低谷处，在图 3-47 所示的 f_2 频率处做一个滤波器，在串臂上加一个并联谐振回路，在并臂上加一个串联谐振回路，使网络在 f_2 产生一个带阻滤波器以增加衰减量，而在其他频段信号不受衰减，衰减量的大小受谐振回路品质因素 Q 值影响，可在并联谐振回路上并一可调电阻，在串联谐振回路中串一可调电阻，通过调节电阻的阻值，改变谐振回路的峰值，达到均衡频率特性曲线的目的。品质因素 Q、电阻 r、电感 L、电容 C 和谐振角频率 ω_0 之间的关系由式（3-29）确定。

如果传输网络的频率特性曲线波动较大，可多设计几个均衡器，然后将它们进行阻抗匹配的连接，使总体上的频率特性曲线变得平坦。

5. 放大器的设计

在网络中加入衰减器和均衡器后，可达到传输信道中通频段内各频率传输衰减的一致性，但经过衰减后电平还达不到要求的幅度，还需要在网络中接入放大器对信号进行放大，目前对信号的放大已经广泛采用集成电路。

设计放大器时主要考虑的因素有放大倍数、阻抗匹配、通频带、失真度、噪声干扰、系统工作稳定性、供电电源。对于集成运算放大器的选取主要是增益带宽是否达到要求，如图 3-51 所示。放大器的有效带宽为增益曲线下降 3 dB 时的频率 f_c 之内的范围，这个范围通常叫 3 dB 带宽。当增益下降为 1 时的频率称为放大器的截止频率 f_T，高于这个频率放大器不再具有放大能力。通常增益越高带宽越窄，为了获得足够的带宽，往往只能牺牲增益。控制增益换取带宽的方法是将集成运算放大器做成负反馈网络，利用对负反馈回路反馈量的调节控制整个放大器的增益带宽。图 3-52 所示为有负反馈的闭环放大器电路，闭环放大倍数 K_u 为

$$K_u = \frac{U_o}{U_i} = \frac{K}{1+\beta K} = \frac{K}{1+F}Q$$ (3-57)

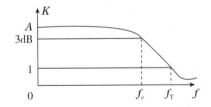

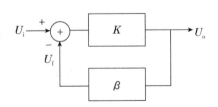

图 3-51　放大器的增益频率特性曲线　　　　图 3-52　有负反馈的闭环放大器电路

式中，F 有时又叫反馈深度。通过改变 F 来改变系统性能是以牺牲放大器增益为前提的。

小结

本章介绍了通信信道的概念、不同传输介质的信道、信号调制与编码、信号滤波与电平调整。通过对通信体系中重要的信道环节进行讨论，对不同信道及其特性进行了分析，在此基础上提出了与信道相适应的不同的有线和无线传输方式。信道的通信能力受香农公式制约，为了最大限度挖掘信道容量，提出了对模拟信号的频分复用和对数字信号的时分复用方式。为了有效进行远距离信号传输，除了通过复用技术提高信道容量外，信号在传输过程中还会受到信道传输特性的非平坦性所造成的对不同频率的不均匀衰减、延迟、噪声等影响，因此还需要对信号进行放大、衰减、均衡、滤波处理，以便在接收端获得对多路传输信号的均匀一致的特性。另外，为了监测整个频带信号的传输，在传输中还需要设置导频和监频信号，有时还需要对信号进行预加重处理；为了改善数字信号传输效果，数字传输系统中还要根据传输要求进行相应的数据编解码处理。本章使读者了解信号在通信网中传输所受到的信道的影响和为适应不同信道传输所要经过的加工和处理环节。

思考题

3-1　信号的传输信道是什么？

3-2　信道是如何分类的？

3-3　如何计算信道的容量？

3-4　信号的复用方式有哪些？

3-5　载波电话通信系统有哪些？

3-6　导向传输介质和非导向传输介质有哪些？由此构成了哪些信道？举例说明。

3-7　无线通信是如何分类的？包括了哪些通信方式？

3-8　通信系统的演进过程中，产生了哪些通信系统？

3-9　信号的调制的方式有哪些？它们的工作原理是什么？

3-10　信号的编码方法有哪些？分别说明编码过程。

3-11　为什么要进行信号的滤波和电平调整？

3-12　如何设计滤波器？

3-13　如何进行信号电平的调整？

3-14　为什么要进行特性阻抗，如何进行阻抗匹配？

第4章 交换技术

要实现两地通信终端之间的通信，必须在两者之间建立一种适当的通信链路，但由于传输信道成本的制约，任一通信终端都不可能专门建立一条通往任何目的地的专用信道。因此只能通过建立公共信道的方式，让传输信道尽可能多地为所有用户共同使用，以此来分担信道成本。这样，人们就提出了信道交换的概念，即当用户使用信道时，由交换设备临时建立一条沟通通信双方的信道，当通信完成后退出信道，让其他用户可以使用空出来的信道资源。完成这种信道分配机制的系统称为交换系统。信道交换技术是通信系统中的另一个重要环节，涉及通信双方需要进行的路由建立、拆除、管理、计费功能等相关方面的技术，是低成本完成通信路由选择任务的核心部分。

4.1 电话交换技术

4.1.1 电话交换的分类与组成

电话发明之初，人们很快就发现，如果要让所有电话拥有者之间能接通电话，最简单的做法就是在所有电话之间都建立一条电话线，如图4-1b所示，但当电话用户数量增加时，连线数目将多到难以承受的程度。

如果用户数为 n，要实现全部复接，电话网络需要的总线路数为 $n(n-1)/2$ 条。为了节约成本，人们提出将连接所有用户的电话线汇集在一起，通过电话汇集中心进行转接，使电话线减为最少的 n 条，连通 A、B 两用户所需电话线路数就变为只有2条，如图4-1c所示。这个电话汇集中心的主要功能就是完成将任意两个用户之间的电话线路接通，即进行电路的交换，完成电话交换的设备称为电话交换机，实现交换所用到的技术称为交换技术。

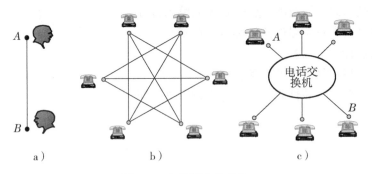

图4-1 交换概念的产生

1. 电话交换机的分类

电话交换机经过一百多年的发展，由最初的人工式发展为步进制、纵横制、准电子式、存储程序式自动电话交换机。电话交换技术的发展经历了人工电话交换阶段、机电式自动电话交换阶段和电子式自动电话交换阶段三个阶段，交换的信号也从模拟信号变为数字信号。

人工电话交换机必须由接线员来完成电话使用者之间人工电话交换机绳路的接线和拆线，其特点是设备简单、容量小、需占用大量人力、话务员工作繁重、速度慢。因此，人工电话交换机逐渐被自动电话交换机所取代。

机电式自动交换机是靠使用者发送拨号脉冲号码来自动选择通往对方的连线路由的，包括步进制电话交换机和纵横制电话交换机，两者都是由具有机械动作的电磁元件构成，因此都属于机电式交换机。

电子式自动电话交换把电子元件应用到交换机中，逐步取代速度慢、体积大的电磁元件，使用计算机在程序控制下自动完成交换任务。由于程控数字技术的先进性和设备的经济性，使电话交换技术不断进步，而且为开发非语音业务，实现综合服务数字交换奠定了基础。随着微处理器技术和专用集成电路的发展，程控数字交换的优越性越来越明显地展现出来。如体积小、重量轻、功耗低。

存储程序式自动电话交换机，又称程控交换机，一般只有纵横式交换机体积的1/8至1/4，大大减小了空间占用面积，节省费用；程控电话交换机由于采用了存储程序控制的技术，因而可以通过软件很方便地增加或修改交换机的功能，向使用者提供各类新型服务，如缩位拨号、呼叫等待、呼叫转移、呼叫提醒等。

自动交换机可分为布线逻辑控制交换机和存储程序式控制交换机。布线逻辑控制电话交换机，简称布控交换机，采用硬件逻辑电路来控制交换机的各个模块完成使用者呼叫接续功能。如能够提供许多新的服务、维护管理方便、可靠性高、灵活性好、适用性大，便于向综合服务数字网路（ISDN）发展等。

自动电话交换机如果按其应用范围划分，可以分为公用电话交换机和专用自动电话交换机（PABX）。公用交换机指用于公众电话交换网络（PSTN）中，完成公众电话网中使用者之间、使用者与中继电路、中继电路与中继电路之间交换连接的交换机。如公众电话交换网中的市话端局交换机、汇接局交换机、长途局交换机等。专用交换机指用于某一特定机构（如某医院、旅馆、学校、公司等）并与公众电话网相连接的交换机。

专用自动电话交换机主要用于通信者所在机构的内部通信，往往根据该机构使用者的特殊需要增加一些特别的服务功能。专用电话交换机适合于通信使用者比较集中，内部话务量比较大的场合，由于这种专用自动电话交换机需要安装机构自己管理和维护，增加了机构的运行成本，已逐渐合并到公众电话交换网中。

程序交换机结构按功能可分为交换模块（SM）、控制模块（CM）、维护模块（AM）。SM主要完成将用户线进来的模拟信号变为数字信号，并由T接线器和S接线器完成交换任务，控制模块完成各系统的控制功能，维护模块完成系统管理、故障诊断、计费功能。

电话交换机的基本任务是完成任意两个电话用户之间的通话接续。随着交换任务的增加，交换功能不断细化，电话交换又发展成为市话交换和长话交换，市话交换主要负责本地电话用户之间的路由交换，长话交换负责不同地区电话用户之间的交换任务。

市话交换机的基本功能包括：

1）呼叫检测、识别话源、识别话源的号码和类别。

2）接收主叫用户拨出的被叫用户的号码，其中包括交换局间传输的主、被叫用户的号码及其他必要的信息。

3）对被叫的局向进行译码，以便寻找路由和确定传输信令的方式，同时还对被叫用户的类别进行译码。

4）选择通路，包括选择空闲的中继线和空闲的链路，它们可以是空分的，也可以是时分的接线器链路。

5）对被叫进行忙闲测试。

6）沟通本局用户设备间、中继线间以及用户设备与中继线间的通路，它们也可以是空分或时分的通路。

7）向用户设备振铃，馈送通话电源，向主叫送回铃音，等待被叫应答，接通话路，双方通话，及时发现话终，进行拆线，使话路复原。

8）计费，我国采取从双方通话开始计费，计费方式分为单式计费和复式计费（考虑时间及距离两种因素）两种。

9）维护测试和管理，包括各类设备的例行测试，故障的报警、显示、记录、分析和诊断以及故障定位判断，话务统计和服务质量观察等。

2. 程控电话交换机的构成

程控数字电话交换机由硬件系统和软件系统构成。

（1）硬件系统

程控数字电话交换机的硬件系统由进行通话的话路系统、连接话路的控制系统及外围设备、维护管理系统构成。

图4-2所示为电话交换机的基本组成，其中的中继线是连接两交换局之间的线路。离开某交换局的线路称为出中继线，进入某交换局的线路称为入中继线，将出中继线集中进行管理的设备称为出中继器，对入中继线进行管理的设备称为入中继器。

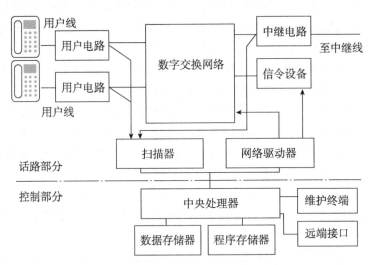

图4-2 电话交换机的基本组成

1）话路系统 包括由用户电路和设备构成的用户模块、远端用户模块，由链路选组级构成的数字交换网络，由入中继器、出中继器、模拟中继、数字中继等构成的各种中继接口、绳路、具有监视功能的信号、信号部件等。

话路部分的主要任务是根据用户拨号请求，实现用户之间数字通路的接续。其中，数字交换网络为参与交换的数字信号提供接续通路；用户电路与用户线之间的接口电路，用于完成A/D和D/A转换，同时为用户提供馈电、过电压保护、振铃、监视、二/四线转换等辅助功能；中继电路与中继线的接口电路，具有码型变换、时钟提取、帧同步等功能；扫描器用于收集用户的状态信息，如摘机、挂机等动作；网络驱动器在控制部分控制下具体执行数字交换网络中通路的建立和释放工作；信令设备产生控制信号，主要包括信号音发生器，可产生拨号音、忙音、回铃音等，另外还包括话机双音频（DTMF）号码接收器、局间多频互控信号发生器和接收器（用于交换机之间的“对话”）以及完成 CCITT No. 7 号共路信令的部件。

2）控制系统　包括译码、忙闲测试、路由选择、链路选择、驱动控制、计费等设备。控制系统一般可分为三级：第一级为电话外设控制级，主要完成对靠近交换网络及其他电话外设部分的控制。第二级为呼叫处理控制级，它是整个交换机的核心。第三级为维护测试级。

控制部分的主要任务是根据外部用户与内部维护管理的要求执行控制程序，以控制相应硬件实现交换及管理功能。其中，中央处理器为普通计算机或交换专用计算机，用于控制、管理、监测和维护交换系统的运行；程序和数据存储器分别存储交换系统的控制程序和执行过程中用到的数据；维护终端包括键盘、显示器、打印机等设备；远端接口在分散控制方式下实现远程控制连接。

3）其他外围设备　包括磁带机或磁盘机、维护终端设备、测试设备、时钟、录音通知设备、监视报警设备等。

4）维护管理系统　用于进行交换机日常数据配置、计费话单处理、话务监控管理、故障查看、系统诊断测试、信令跟踪、呼损观察等对交换机维护管理的功能。

（2）软件系统

程控交换机的软件由支援软件和运行软件两大类组成。

1）支援软件包括编译程序、连接装配程序、调试程序、局数据生成和用户数据生成等程序。

2）运行软件包括操作系统、数据库、业务控制、信令处理、操作维护管理、话单、话务统计、报警、系统控制、112 测试等。

软件的基本功能：程控数字交换机将各种控制功能预先编写为功能模块存入存储器，并根据对交换机外部状态做周期扫描所取得的数据，通过中断方式调用相应的功能模块对交换机实施控制，协调运行交换系统的工作。

软件的组成如图 4-3 所示。

- 软件
  - 程序模块
    - 脱机：开通交换机时系统硬件测试、软件调试以及生成系统支持程序
    - 联机：交换机正常开通运行后的日常程序
      - 系统软件：与普通计算机操作系统功能相近。主要用于系统管理、故障诊断、文件管理和输入输出设备管理等
      - 应用软件：直接面向用户，负责交换机所有呼叫的建立与释放，具有较强的实时性和并发性
  - 数据
    - 交换系统数据：类似于产品出厂说明书，主要指各类软件模块所固有的数据和各类硬件配置数据，一般是固定不变的，由设备制造商编写提供，属于交换程序的一部分
    - 局用数据：反映本交换局运行状态数据，是半固定数据，开局调试好后，设备运行中保持相对稳定，必要时可用人机命令修改，例如中继数据，计费数据、信令数据等
    - 用户数据：包括每个用户线（话机）类别、电话号码、设备码、话机类型、计费类型、用户新业务、话务负荷、优先级别等

图 4-3　程控交换机的软件组成

随着数字通信终端的大量使用，以电话语音为交换内容设计的电话交换机开始用来完成数

据的交换，如 ISDN 业务的开通。但语音的数据传输速率为 64 kit/s，使电话交换机交换数据的传输速率受到限制。为适应数据交换的需要，出现了专用于高速数据交换的交换设备，如分组交换、ATM 交换、IP 交换、多协议标记交换、软交换、光交换。

4.1.2　程控数字电话交换技术

程控数字电话交换机系统所具有的基本功能应包含：检测用户终端状态、收集用户终端信息、向用户终端传送信息的信令、与用户终端接口的功能，以及电话交换接续功能和控制功能。交换接续功能是由交换网络实现的。

利用电路交换进行电话通信或数据通信必须经历三个阶段：建立电路阶段、传送语音或数据阶段和拆除电路阶段。电路交换系统有空分交换和时分交换两种交换方式。

程控电话机完成电话路由交换的基本单元是空分接线器（S 接线器）和时分接线器（T 接线器）。这些交换器能够将任何来自输入端 PCM 复用线上的任一时隙交换到任何输出端 PCM 复用线上的任一时隙中去。空分交换是入线在空间位置上选择出线并建立连接的交换方式，由电子交叉矩阵和控制存储器组成，用于完成不同入线和不同出线之间的交换。在时分交换方式中，通过时隙交换网络完成语音的时隙搬移，从而做到入线和出线间信号时隙的交换。时分接线器由语音存储器和控制存储器组成，用于完成同一个入线上和出线上的时隙交换。为了使数字交换网兼有空分交换和时隙交换的功能，扩大路由选择范围和交换机的容量，在程控数字交换机中的数字交换网常常由 S 接线器和 T 接线器的不同组合而成。

1. S 接线器

S 接线器按照存储器配置的不同分为两种工作方式，按输入线配置的称为输入控制方式如图 4-4a 所示，按输出线配置的称为输出控制方式，如图 4-4b 所示。

从图 4-4 所示 S 接线器结构上看，空分接线器由电子交叉矩阵和控制存储器（CM）构成。下面以 4 条输入线和 4 条输出线组成的 4×4 S 接线器的工作原理为例说明 S 接线器的工作过程。

S 接线器每条入线和出线都是时分复用线，其上传送由若干个时隙组成的同步时分复用信号，任一条输入复用线可以选通任一条输出复用线。因为每条复用线上具有若干个时隙，即每条复用线上传送了若干个用户的信息，所以，输入复用线与输出复用线应在某一个指定时隙接通。例如，第 1

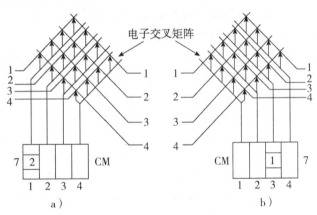

图 4-4　空分接线器

a）输入控制方式　b）输出控制方式

条输入复用线的第 1 个时隙可以选通第 2 个输出复用线的第 1 个时隙，它的第 2 个时隙可能选通第 3 条输出复用线的第 2 个时隙，它的第 3 个时隙可能选通第 1 条输出复用线的第 3 个时隙。所以说，空分接线器不进行时隙交换，而仅仅实现同一时隙的空间位置交换。而在这个意义上，空分接线器是以时分方式工作的。

各个交叉点在哪些时隙应闭合或断开，取决于处理器通过控制存储器所完成的选择功能。在图 4-4a 中，每条入线有一个控制存储器（CM），用于控制该线上每个时隙接通哪一条出线。控制存储器的地址对应时隙号，其内容为该时隙所应接通的出线编号，所以控制存储器的容量等于每一条复用线上时隙数，每个存储单元的字长，即比特数，则取决于出线地址编号的二进制码位数。如果交叉矩阵为 32×32，每条复用线有 512 个时隙，则应有 32 个控制存储器，每个控制存储器有 512 个存储单元，每个单元的字长为 5 bit，可选择 32 条出线。

图 4-4b 与图 4-4a 基本相同，不同的是图 4-4b 中的每个控制存储器对应一条出线，用于控制该出线在每个时隙接通哪一条入线。所以，控制存储器的地址仍对应时隙号，其内容为该时隙所应接通的入线编号，字长为入线地址编号的二进制码位数。电子交叉矩阵在不同时隙闭合和断开，要求其开关速度极快，所以它不是普通的开关，通常由电子选择器组成。电子选择器也是一种多路选择交换器，其控制信号来源于控制存储器。

下面以图 4-4 中第 1 条入线与第 2 条出线在第 7 时隙交换的过程为例进行说明。在图 4-4a 中，第 1 个存储器的第 7 单元由处理器控制写入了 2。故第 7 单元对应于第 7 个时隙，当每帧的第 7 个时隙到达时，读出第 7 单元中的 2，表示在第 7 个时隙应将第 1 条入线与第 2 条出线接通，也就是第 1 条入线与第 2 个出线的交叉点在第 7 时隙中应该接通。

在图 4-4b 中，要使第 1 输入线与第 3 输出线在第 7 时隙接通，应由处理器第 3 个控制存储器的第 7 单元写入输入线号码 1，然后，在第 7 个时隙到达时，读出第 7 单元中的 1，控制第 3 条出线与第 1 条入线的交叉点在第 7 时隙接通。

在同步时分复用信号的每一帧期间，所有控制存储器的各单元的内容依次读出，控制矩阵中各个交叉点的通断。

输出控制方式有一个优点：某一输入线上的某一个时隙的内容可以同时在几条输出线上输出，即具有同步和广播功能。例如，在 4 个控制存储器的第 K 个单元中都写入了输入线号码 i，使得输入线 i 的第 K 个时隙中的内容同时在输出线 1~4 上输出，而在输入控制方式时，若在多个控制存储器的相同单元中写入相同的内容，只会造成重接或出线冲突，这对于正常的通话是不允许的。

2. T 接线器

T 接线器的结构如图 4-5 所示。结构上，时分接线器采用缓冲存储器暂存语音的数字信息，并用控制读出或控制写入的方法来实现时隙交换。时隙交换就是把 PCM 系统有关的时隙内容在时间位置上进行搬移，因此，时分接线器主要由语音存储器（SM）和控制存储器（CM）构成。语音存储器和控制存储器都采用随机存取存储器（RAM）构成。

按照 PCM 编码方式，每个话路时隙有 8 位编码，故语音存储器的每个单元应至少具有 8 位。语音存储器的容量等于输入复用线上的时隙数，假定输入复用线上有 512 个时隙，则语音存储器要有 512 个单元。

T 接线器按控制存储器对语音存储器的控制方式不同，有输出控制和输入控制两种控制方式。对于输出控制方式来讲，对语音存储器是顺序写入，控制输出；对于输入控制方式来讲，对语音存储器是控制写入，顺序输出。

控制存储器的容量通常等于语音存储器的容量，每个单元所存储的内容是由处理器控制写入的。在图 4-5 中，控制存储器的输出控制语音存储器的读出地址。如果要将语音存储器输入时隙 TS_i 的内容 a 在时隙 TS_j 中输出，可在控制存储器的第 j 单元中写入 i。控制存储器每单元的比特数取决于语音存储器的单元数，也取决于复用线上的时隙数。每个输入时隙都对应着语音存储器的一个单元数，这意味着由空间位置的划分而实现时隙交换，从这个意义上说，时间接线器带有空分的性质，是按空分方式工作。

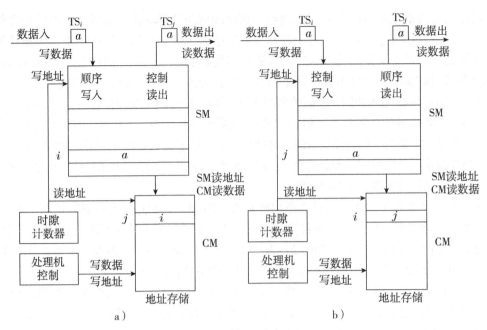

图 4-5　时间接线器

a）输出控制方式　b）输入控制方式

下面以图 4-5a 所示控制输出方式为例说明时隙交换的过程：各个输入时隙的信息在时钟控制下，依次写入语音存储器的各个单元，时隙 1 的内容写入第 1 个存储单元，时隙 2 的内容写入第 2 个存储单元，以此类推。控制存储器在时钟控制下依次读出各单元内容，读至第 j 单元时，对应于语音存储器输出时隙 TS_j，其内容 i 用于控制语音存储器在输出时隙 TS_j 读出第 i 单元的内容，从而完成了所需的时隙交换。

选定了输出时隙后，由处理器控制写入控制存储器的内容在整个通话期间是保持不变的。于是，每一帧都重复以上的读写过程，输入时隙 TS_i 的语音信息，在每一帧中都在时隙 TS_j 中输出，直到通话终止。

图 4-5b 所示的工作原理与输出控制方式相似，不同之处是控制存储器用于控制语音存储器的写入。当第 i 个输入时隙到达时，由于控制存储器第 i 个单元写入的内容是 j，作为语音存储器的写入地址，就使得第 i 个输入时隙中的话音信息写入语音存储器的第 j 个单元。当第 j 个时隙到达时，语音存储器按顺序读出内容 a，完成交换。实际上，在一个时钟脉冲周期内，由 RAM 构成的语音存储器和控制存储器都要完成写入和读出两个动作，这由 RAM 本身提供的读、写控制线控制，是在时钟脉冲的正、负半周分别完成的。

T 接线器存在时延。时分接线器的容量等于语音存储器的容量及控制存储器的容量，也等于输入复用线上的时隙数，一个输入 N 路复用信号的时分接线器就相当于一个 $N\times N$ 交换单元。因此，增加 N 就可以增加交换单元的容量。在输入复用信号帧长确定时，N 越大，存储器读、写数据的速度就要越快，所以，N 的增加是有限制的。

一个 N 路时隙的 T 接线器可完成一个 $N\times N$ 的交换，一个 N 路输入和输出的 S 接线器可完成一个 $N\times N$ 的交换。如果将 T 接线器的输出与 S 接线器的输入线中的一条线相接，就可实现用 T 接线器改变时隙，用 S 接线器改变连线，从而增加路由交换的灵活性。将 T 接线器和 S 接线器混合时使是电话交换机进行路由交换的常用方法。根据要求的不同，组合形式有 TST、

STS、TSST、TSSST、SSTSS、TTT 等。图 4-6 所示为 TST 数字交换网交换过程示意图。

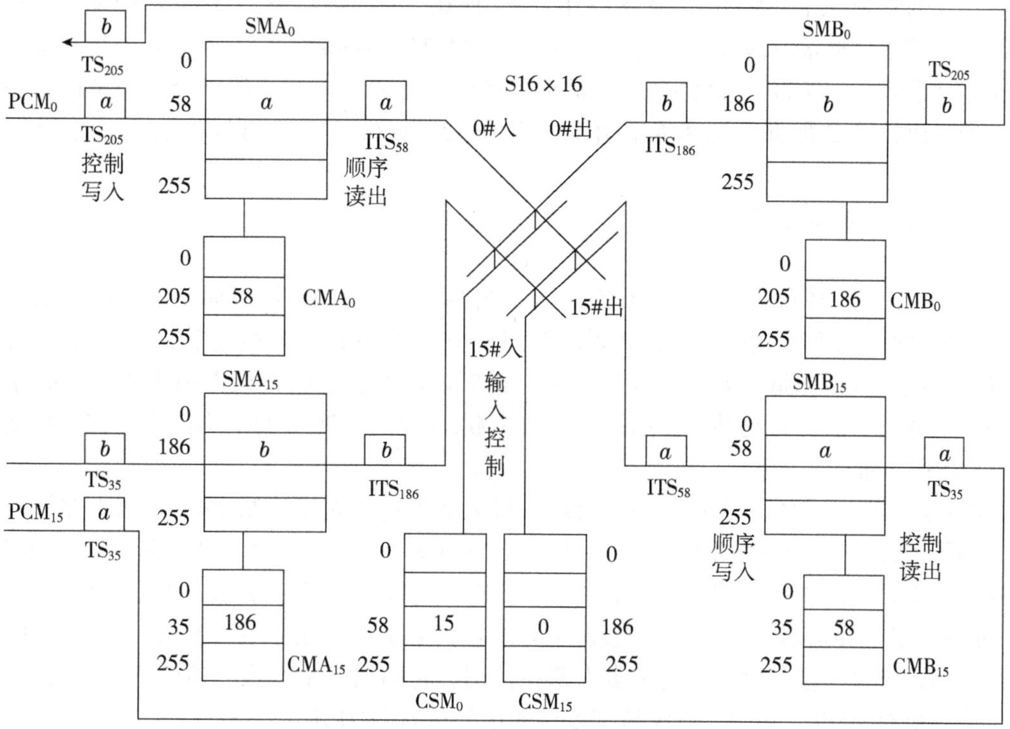

图 4-6 TST 数字交换网交换过程示意图

下面举例说明把图 4-5 中输入端 PCM_0 TS_{205} 时隙的语音信号交换到输出端 PCM_{15} TS_{35} 时隙中去的详细过程：假设选中了输入侧 T 接线器的 TS_{58} 时隙，则处理器分别在输入侧 T 接线器的 CMA_0 的第 205 号单元写入 "58"，在 S 接线器的 CSM_{15} 的第 58 号单元写入 "0"（0 号复用线），在输出侧 T 接线器的 CMB_{15} 的第 35 号单元写入 "58"，于是各 CM 分别控制各级接线器动作。首先，当 PCM_0 的 TS_{205} 时隙信息到来时，由 CMA_0 控制写入 SMA_0 的第 58 号单元；当 TS_{58} 时隙到来时，该信息被顺序读出到 S 接线器的输入端的 0 号入线，并由 CSM_0 控制交叉开关点 0 入/15 出闭合接通至输出侧 T 接线器的第 15 个 T 接线器的入线端，同时写入到 SMB_{15} 的第 58 号单元；最后当 TS_{35} 到来时，再由 CMB_{15} 控制从 SMB_{15} 的第 58 号单元读出至接收电路 TS_{35} 时隙中去。

3. 交换机的容量设计

当一个电话用户希望与另一用户通话时，交换机根据电话号码确定相应的通话路由，并确定接线器。如果两个用户同时希望与某一相同号码的被叫用户通话，就会在选择输出线时争夺同一出线，交换机只能让其中一个主叫用户接通，而向另一主叫用户发送线路忙的信号音。事实上，即使被叫有时空闲着，在选择接线器时，中间某个 T 接线器的时隙或某 S 接线器的输入线或出线被其他用户占用，也会出现路由遇忙的情况。显然，接线器使用越多，选择路由的灵活性就大，迂回路由就越多，遇忙的可能性就越小。如果有 2 万线的交换机，有 1 万条入线和出线，应能使 1 万人同时与不同的号码通话。但在设计交换机容量时并不会这样做，因为这会大大增加交换机的成本。一般的做法是根据话务量的大小，采用一定的集线比进行交换机容量的考虑。

话务量指在一特定时间内，呼叫次数与每次呼叫平均占用时间的乘积。最早从事话务量研究的是丹麦的学者 A. K. 爱尔兰（A. K. Erlang），他在 1909 年发表有关话务量的理论著作，为了纪念他，原国际电报电话咨询委员会（CCITT）建议以他的名字作为话务量单位，将话务量单位叫作"爱尔兰（Erl）"。在系统流入的话务量中，完成了接续的那部分话务量称作完成话务量，未完成接续的那部分话务量称作损失话务量，损失话务量与流入话务量之比称为呼损率。

话务量的计算方法公式为

$$A = \alpha t \tag{4-1}$$

式中，A 是话务量，单位为 Erl（爱尔兰）；α 是呼叫次数；t 是每次呼叫平均占用时长，单位是 h。一般话务量又称小时呼，统计的时间范围是 1h。如果 α 是交换设备入线上的呼叫次数，则话务量 A 叫流入话务量。如果 α_e 是接续成功的呼叫次数，也叫平均占用次数，则话务量 A_e 称为完成话务量。如果 α 是某时段的平均呼叫次数，t 是每次呼叫的平均占用时长，则话务量 A 称为平均话务量。

1 爱尔兰（Erl）就是一条电路可能处理的最大话务量。如果观测 1h，这条电路被连续不断地占用了 1h，话务量就是 1 Erl，也可以称为"1 小时呼"。爱尔兰不是量纲，只是为纪念爱尔兰这个人而设立的单位，如果一条电话线被占用（统计）时长为 0.5 h，则话务量是 0.5 Erl。

一般来说，一条电话线不可能被一直占用 1 h，统计表明，目前用户线的话务量为 0.05 Erl。过去我国电话还不是很普及时，因为很多人都在使用，它的话务量很大，达到 0.13 Erl，此时如果这个交换机有 1000 个用户，就说该交换机的话务量为 130 Erl。

有时人们以 100 s 为观测时间长度，这时的话务量单位叫作"百秒呼"，用"CCS"表示。36CCS = 1 Erl。

话务量在一天中不同时段是不一样的，白天多，晚上少。一天中电话负载最多的 1 小时称为最忙小时，简称忙时。交换机的设备容量根据忙时发生的呼叫数或呼叫量进行设计，这样，在最忙情况下也能保证一定的服务质量指标。忙时话务量最高峰通常出现在星期一上午 10 点到 11 点。

设某时刻测得的出线占用的数目，即同时接续数为 r，则 T 小时的平均同时接续数为（设 T 足够大）：

$$平均同时接续数 = \frac{1}{T} \int_0^T r dt = \frac{T\text{小时内出线占用总时间}}{T}$$

$$= 一小时内出线占用时间 = Ae \tag{4-2}$$

【例 4-1】从 10 点开始对某一入线调查一小时，它仅从 10 点 40 分开始的 20 min 内被连续使用，试求从 10 点 40 分至 11 点的话务量 A_1，从 10 点到 11 点的话务量 A_2。

解：$A_1 = 20\,\text{min}/20\,\text{min} = 1\text{Erl}$，$A_2 = 20\,\text{min}/60\,\text{min} = 0.333\,\text{Erl}$。

呼损有两种计算方法：

1）按时间计算的呼损 指在一段时间内出线全忙、不能为进入的呼叫完成接续而产生的呼损的时间占总的考察时间的比重，即在某段时间内出线全忙的时间与该段总时间的比值，通常以 E 表示，即

$$E = \frac{出线全忙时间}{总的考察时间} \tag{4-3}$$

2）按呼叫计算的呼损 指在一段时间内出线全忙时呼叫损失 α_0 的次数占总呼叫次数的比

重，通常以 B 表示：

$$B = \frac{\alpha_0}{\alpha} \tag{4-4}$$

如果系统内的呼叫数不大于出线数，则在任何时候均可以完成接续，占用出线，此时系统的同时接续数等于呼叫数；如果系统内发生的呼叫数大于出线数，就会产生呼损。

交换机的入线和出线是按传统电话进行定义的，指的是一对电话线。随着数字电话的采用，S 接线器的一根入线或出线可表示一个话路，T 接线器的一个时隙也表示一个话路，因此广义地讲一个信道或电话通道就是一个入线或出线，计算话务量的公式中的线路应表示为一个话路或一个信道的占用情况。

例如，移动通信中的 GSM 系统中每个频率的中心带宽为 200 kHz，TDMA 用于在一个 200 kHz 的带宽上同时得到 8 个物理信道，由此可见对于每个载频来说分为 8 个时隙，而每个时隙可以为一个用户提供服务，这样，每个载频最多可以同时为 8 个用户提供服务。因此在移动通信中，一条线路是指一个载频的一个时隙。基站的配置不同，可以承载的话务量也会随之不同。如一个只有两个载频的小区 A 吸收了 7Erl 的话务量，另一个小区 B 有 8 个载频吸收了 14 个 Erl 的话务量，这时不能说小区 A 是低话务量小区，因为按每信道话务量来比较，小区 A 每信道话务量是 0.44Erl，而小区 B 的每信道话务量是 0.22Erl，所以这样比较后可以看到小区 B 的话务量偏低。故在移动通信的网络优化中不能单以一个小区的总话务量来评定该小区是否话务量低。通常情况下，比较客观的评判话务量的方法是以每信道话务量来定义的，即每信道话务量（Erl/chan）= 该小区话务量/该小区可用语音信道数。显而易见，每信道话务量的高低也体现了该小区的信道利用率。就目前情况来讲，如果一个小区的每信道话务量（Erl/chan）小于 0.15，则认为话务量低。

在设计程控电话交换机的容量时，是根据交换机所在地域的人口、可能的用户数和用户使用电话的概率来进行考虑，同时还要兼顾未来一段时间的发展。交换机容量设计过大，成本增加，利用率降低。在用户数确定后，交换机的容量就确定了，如某地域有 10 万人，可设计 1 万线的交换机。这 1 万线交换机中，当一个用户接入时，如果接通了被叫，就占用一条出线，所以最多能有 5000 用户同时接通电话。这就要求有 5000 个信道可进行交换，但这种同时打电话的可能性几乎为零。因此设计 T、S 接线器的容量时，并不会设计 5000 个可交换信道，而是按一定集线比进行考虑。常用的集线比有 4:1 和 10:1，即每 4 个用户或 10 个用户考虑一个交换信道，换句话讲，每 4 个或 10 个用户中，只能同时有一个用户接通电话，其他用户的呼叫都被损失掉了，形成呼损。从外地打入本地交换机的电话未被接通形成的呼损称为来话呼损，接通的电话与打进来的电话次数之比称为来话接通率。类似地，从本交换机打出到外地的电话未被接通的呼叫损失称为去话呼损，接通的概率称为去话接通率。通常的要求是来话接通率不应低于 60%。

县、市一级的程控交换机都具有较为完备的功能，通常称为母局，但乡镇一级的交换机通常采用无人值守、功能被简化的交换机，通常称为远端交换模块（RSM），RSM 通过接入网的 V5 接口与母局相接。RSM 只完成所在区域的用户的电话交换任务，其他任务全部交由母局完成。由于 RSM 的用户多在农村进行，使用电话的概率不高，故一般可考虑 10:1 的集线比。这样如果 RSM 为 1000 线的容量，到母局的传输线信道只安排 100 个即可。而母局中用户较为集中，集线比可考虑 4:1，对业务量大的区域，甚至不使用集线比，有多少入线就安排多少出线的信道。此外，RSM 的话务量可安排高些，而母局的话务量可安排低些，以减少呼损。

根据呼损发生在交换系统中的部位的不同，可将呼损分类为：交换机呼损、两局间电路呼损或称中继呼损、全程（发端与收端电话网之间）呼损、全网平均呼损。数字长途电话网的全程呼损指标应≤0.098Erl；数字本地电话网全程呼损指标应≤0.043Erl；数字市内电话网全程呼损指标应≤0.021（经一次汇接）、0.0027Erl（经二次汇接）。

在交换网系统全程中，不同部位被允许的呼损指标是不同的。全程呼损的分配方法分为优化分配和均匀分配两种情况。在均匀分配的指标中，端局交换机呼损≤0.05Erl；汇接局或长途局交换机呼损≤0.001rl；市内中继和长市中继线呼损≤0.005rl；两长途局间电路呼损≤0.01Erl；至PABX的数字中继线呼损≤0.005Erl，至PABX的模拟中继线呼损≤0.01Erl。

对于数字交换机呼损分配为：本局呼叫额定负荷0.01rl，最高负荷0.04；出局呼叫额定负荷0.005l，最高负荷0.03；入局呼叫最高负荷0.005，最高负荷0.03；转接呼叫额定负荷0.001，最高负荷0.01。

网路内呼损：目前，通常认为主叫、被叫用户同在一个电信运营商网络内，完成该呼叫没有经过互联点（POI），称为网络内通信，用网络内呼损来表示网内通信质量情况。行标YD/T 1285—2003《公用电信网通信质量测试方法》中指出：电信业务经营者网络内呼损=（1-本地的去话接通率）。

发端网络的呼损：该指标用来指示对于不同电信业务经营者网间的过网呼叫，在发端网络内允许分配的呼叫指标。该指标用来判断在发端网络内是否对发端呼叫进行了拦截。

行标YE/T 1284—2003《公用电信网间通信质量技术要求》中规定：发端网络的呼损指标与发端网络内同种可比业务的呼损指标在不同的实施阶段允许有差异值，该值控制在7%以内。

4. 固定电话呼叫的建立过程

固定电话呼叫建立的过程分为8个步骤：用户摘机→送拨号音→收号→号码分析→接至被叫用户→振铃→被叫应答通话→话终挂机。

1）用户摘机 主叫用户摘机是一次呼叫的开始，交换机为了能及时地发现用户摘机事件，通过扫描电路周期性地对用户线状态进行扫描，检测出用户电话线上有无呼叫请求。

2）送拨号音 用户摘机后，交换机通过用户线状态的变化情况确认主叫用户的呼叫（摘机）请求，然后检查是否空闲有完成接续的一些必要资源：是否有空闲时隙，是否有空闲寄存器和存储器。若以上资源都为空闲，处理器立即安排一个通道向主叫用户发送拨号音，并准备好与用户话机类型相适应的收号器和收号通道，以便接收拨号信息。

3）收号 主叫用户听到拨号音后，就可进行拨号。用户拨号所发出的号码信息形式有两种：一种是号盘话机所发出的电流脉冲，脉冲的个数表示号码数字，这要用脉冲收号器进行收号，目前这种话机已很少使用；另一种是按钮话机所发出的双音多频信号，它以两个不同频率的信号组合来表示号码数字，这要用双音频收号器进行收号。与此同时，用一个限时计时器来限制用户听到拨号音后在规定的时间内（一般为10s左右）拨出第一个号码数字，否则，交换机将拆除收号器，并向用户送忙音。

4）号码分析 交换机收到主叫用户拨出的第一位号码后停送拨号音，并进行号码分析。号码分析的第一项内容是查询主叫用户的话务等级，不同的话务等级表示不同的通话范围，如国际长话、国内长话或市话。如果该用户不能拨打国内长话，但拨的第一位码为"0"，就向该用户送特殊信号音，以提示用户拨号有误。接收1~3位号码后，就可进行局向分析，并决定应该收几位被叫号码。

5）接至被叫用户 如果局向分析确定是本局呼叫，交换机就逐位接收并存储主叫用户所拨的被叫号码，然后从 T 接线器、S 接线器组成的交换网络中找出一条通向被叫的空闲通路。如果没有空闲路由，向主叫送忙音或稍等的提示音。

6）振铃　交换机检测被叫用户是否为合法用户，若非合法用户，则给主叫发送特殊信号音。若用户是合法用户，交换机还要查询被叫的忙闲状态。若被叫空闲，将振铃信号送往被叫用户；同时向主叫用户送回铃音。若被叫忙，则向主叫送忙音。

7）被叫应答通话　交换机检测到被叫摘机应答后，停止向被叫送振铃信号和向主叫送停回铃音，同时接通话路让主被叫通话。并监视主、被叫的用户线状态。

8）话终挂机　交换机检测到挂机状态后，释放交换资源，路由复原。如果话终后挂机信号来自主叫，向被叫送忙音，如果话终后挂机信号来自被叫，向主叫送忙音。

除上述基本动作外，在接通主被叫通道和拆除通道期间，交换机还要对信道的接通使用时间进行计时，以便按通话时长进行话费计算。通话结束时间的确定有两种方式，一种是按主叫挂机作为通信结束时间，另一种是按被叫挂机作为结束时间。

5. 固定电话呼叫移动台的工作过程

固定电话拨打手机的过程比固定电话之间建立呼叫过程要复杂，简述如下：

1）固定电话网的用户摘机并拨打移动用户的电话号码。

2）固定电话程控交换机分析用户所拨打的移动用户的号码，得知此用户是要接入移动用户网，然后将接续转接到移动网的关口移动交换中心（GMSC）。

3）关口移动交换中心负责分析用户所拨打的移动用户的号码。因为移动交换中心没有被呼用户的位置信息，而用户的位置信息只存放在用户登记的归属寄存器（HLR）和访问登记表（VLR）中，所以移动交换中心分析用户所拨打的移动用户的号码得到被呼用户所在的归属寄存器的地址，取得被呼用户的位置信息，得到被呼用户的所在地区，同时也得到与该用户建立话路的信息，这个过程称为归属寄存器查询。

4）关口移动交换中心找到当前为被呼移动用户服务的移动交换中心。

5）由正在服务于被呼用户的移动交换中心得到呼叫的路由信息。正在服务于被呼用户的移动交换中心产生一个移动台（手机）漫游号码（MSRN）给出呼叫路由信息。这里的移动台漫游号码是一个临时移动用户的一个号码，该号码在接续完成后即可以释放给其他用户使用。

6）移动交换中心与被呼叫的用户所在基站连接，完成呼叫。

6. 移动台发起呼叫的工作过程

当一个移动用户要建立一个呼叫，只需拨被呼用户的号码，再按"发送"键，移动用户便启动呼叫程序。首先，移动用户通过随机接入信道（RACH）向系统发送接入请求消息。移动交换中心便分配给主呼一个专用信道，查看主呼用户的类别并标记此主叫用户示忙，若系统允许该主呼用户接入网络，则移动交换中心发证实接入请求消息。

如果被呼叫用户是固定用户，则系统直接将被呼用户号码送入固定电话网（PSTN），固定电话网交换机将根据被叫号码将通道线路连接至目的地。这种连接方式与固定电话的区别仅仅在于发送端的移动性，即移动台先接入移动交换中心，移动交换中心再与固定电话网相连，之后就按平时的电话接续相同的方式由固定电话网接到被呼叫的用户端。

如果被呼号是同一移动网中的另一个移动台，则移动交换中心以类似从固定网发起呼叫的处理方式，进行归属寄存器的请求过程，转接被呼用户的移动交换机，一旦接通被呼用户的链路准备好，网络便向主叫用户发出呼叫建立证实信号，并给主呼分配专用业务信道（TCH）。主呼用户等候被叫用户响应证实信号，从而完成移动用户主叫呼叫过程。因此，移动台呼叫移动台是"移动台呼叫固定电话网用户"以及"固定电话网用户呼叫移动台"两者的结合。但由于移动台的移动性,就造成呼叫过程更复杂,要求也更高。其复杂之处在于移动台与移动交换中心之间的信息交换,包括基站与移动台之间的连接以及基站与移动交换中心之间的连接。

4.1.3 信令的基本概念和工作原理

在电话交换网上传输的信号,除语音信号外,还有控制和通知交换机及用户的一些辅助信号,这些信号分为前向信号和后向信号。前向信号是通知将信号传输到下一个交换局的交换机的信号,后向信号是对前向信号做出反应的回答或证实信号,它们属于信令的范畴。

1. 信令的定义和分类

(1) 信令的定义

信令(Signaling)是指在电信网的两个实体之间,传输专用于建立和控制接续的相关信息。严格地讲,信令是这样一个系统,它允许程控交换、网络数据库、网络中其他"智能"节点交换下列有关信息:呼叫建立、监控(Supervision)、拆除(Teardown)、分布式应用进程所需的信息(包括进程之间的询问/响应或用户到用户的数据)、网络管理信息。信令实际上就是一种用于控制的信号。

我国过去采用的信令是中国一号(China No.1)信令,这是一种随路信令,其特点是传输信令的线路同时用来传输电话语音信号。现在都改为七号(No.7)信令,这是一种共路信令,其特点是传输信令的信道与传输电话语音信号的信道分开。

通信设备之间任何实际应用信息的传送总是伴随着一些控制信息的传递,它们按照既定的通信协议工作,将应用信息安全、可靠、高效地传送到目的地。这些信息在计算机网络中叫作协议控制信息,而在电信网中叫作信令(Signal)。英文资料还经常使用"Signalling"(信令过程)一词,但大部分中文技术资料只使用"信令"一词,即"信令"包括"Signal"和"Signalling"两重含义。

(2) 信令的分类

信令按其用途分为用户信令和局间信令两类。

用户信令作用于用户终端设备(如电话机)和电话局的交换机之间,局间信令作用于两个用中继线连接的交换机之间。

局间信令可分为随路信令和共路信令。随路信令指信令网附着在计算机网络或是电话网络上,不需要重新建一个网络,而共路信令则需要重新建一个信令网(主要是在局端之间)。例如打电话:当开始打电话的时候,拿起电话机时就有信号传到当地的电信局端,一系列交换后,本局端就先在网络上发送信令,等对端收到信令后回应一个信令同意通话,此时网络上传输信令功能就算完成了,此后用户就可以通话了。电话结束后,同样需要通过信令来控制电路拆除。

2. 七号信令网

七号信令网是电信网的三大支撑网之一,是电信网的重要组成部分,是发展综合业务、智能业务以及其他各种新业务的必备条件,其运行质量直接影响到电信网及其各种业务的运行稳定性和实际效益。到目前为止,我国已经组成了由高级信令转接点(HSTP)、低级信令转接点(LSTP)和大量的信令点(SP)组成的三级七号信令网,使得七号信令网成为名副其实的电信网的神经网和支撑网。

七号信令(No.7)信令网:独立于电话网的一个专门用于传送 No.7 信令消息的数据网。

七号信令（No.7）：又称为公共信道信令。即以时分方式在一条高速数据链路上传送一群话路信令的信令方式，通常用于局间。在中国使用的七号信令系统称为中国七号信令系统。

信令系统#7（Signaling System #7, SS7）是由 ITU-T 定义的一组电信协议，主要用于为电话公司提供局间信令。SS7 中采用的是公共信道信令技术，即为信令服务提供独立的分组交换网络。目前 SS7 的功能包含了数据库查询、事务处理、网络操作和综合业务数据网络等。

SS7 网是一个带外数据通信网，它叠加在运营者的交换网之上，是支撑网的重要组成部分。在固定电话网或 ISDN 网局间，完成本地、长途和国际的自动、半自动电话接续；在移动网内的交换局间提供本地、长途和国际电话呼叫业务，以及相关的移动业务，如短信等业务；为固定网和移动网提供智能网业务和其他增值业务；提供对运行管理和维护信息的传递和采集。图 4-7 为中国一号信令与七号信令对电话呼叫的处理过程。

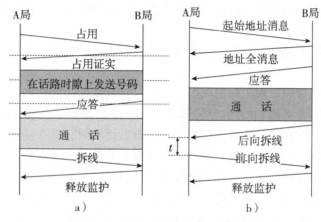

图 4-7 电话呼叫处理过程的区别

a）China No. 1 呼叫处理过程 b）No. 7 呼叫处理过程

七号信令包括公用的消息传递部分（MTP）和适合不同用户的独立的用户部分（UP）。七号信令网由信令点、信令转接点和连接它们的信令链路组成。信令点（SP）指装备有共路信令系统的通信网节点。它可以是信令消息的源节点，也可以是目的节点。信令点包含了图 4-8 所示七号信令结构中全部四级功能。信令转接点（STP）指将信令消息从一条信令链路传递到另一条信令链路的信令转接节点。信令转接点只提供下三级的功能。信令链路（SL）指连接各个信令点、信令转接点用来传送信令消息的物理链路。通常信令链路可以是数字通路，也可以是高质量的模拟通路，可以采用有线传输方式，也可以使用无线传输方式。

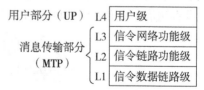

图 4-8 七号信令结构

七号信令网中每个信令点都有一个唯一的信令点编码，用于信令传输过程中标识该信令点。信令点编码由主信令区编码、分信令区编码、信令点编码构成，国内信令点编码每部分均为 8 位，共 24 位；国际信令点编码中主信令区编码 3 位，分信令区编码为 8 位，信令点编码为 3 位，共 14 位。如图 4-9 所示。

主信令区编码	分信令区编码	信令点编码

图 4-9 信令点编码

七号信令系统的作用是将信令与语音通路分开，采用高速数据链路传送信令，因而具有传送速度快、呼叫建立时间短、信号容量大、更改与扩容灵活、信令设备投资小、话路利用率高的特点。七号信令系统虽然来源于电话网，然而它的应用不只限于话路交换，它最主要的潜在应用是非话路业务、话路业务智能化以及综合业务数字网。在这些领域内，其他信令显得无能为力。

七号信令系统是在电话网上叠加的一个共路信令网，电话网实行电路交换，而共路信令网实行分组交换，两者互补，使传统电话网的能力得到极大提高。电话网的局间信令在共路信令网上传输除了具有速度快、可靠性高、容量大的特点之外，信令网上还可设置数据库服务器、网络管理监控中心、具有语音识别功能的智能结点等，使高级智能网 AIN 成为现实。

此外，七号信令系统还是蜂窝移动通信网、PCN（Personal Communication Network）、ATM 网以及其他数据通信网的基础。七号信令系统能最佳地工作在由存储程序控制的交换机所组成的数字通信网中；能满足现在和将来在通信网中传送呼叫控制、远距离控制、维护管理信令和传送处理机之间事务处理信息的需要；能满足电信业务呼叫控制信令的需求；能用于专用业务网和多用业务网；能用于国际网和国内网；能作为可靠的传输系统，在交换局和操作维护中心之间传送网络控制管理信息。

信令网构成有无级网和分级网两类。无级网指没有引入 STP 的信令网。而分级网则是引入 STP 的信令网。

无级网的拓扑结构有线形网、环形网、格形网、蜂窝状网和网状网等。对于除了网状网外的无级网，其特点是需要很多 SP、信令传输时延大、技术性能和经济性能较差。网状网虽然没有上述缺点，但是它存在另一个缺点，即当信令点数增大时，信令链路数会急剧增加。分级网的特点是网络容量大、传输时延短、网络的设计和扩充简单，特别是在信令业务量较大的信令点之间可以设置直达链路，进一步提高性能和经济性，减少 STP 负荷。

分级网络分为二级网和三级网两种。二级网具有一级 STP 和一级 SP 两级结构。SP 与 STP 采用星形连接方式，STP 之间采用网状网连接。三级网具有两级 STP 和一级 SP，两级 STP，分为高级 STP（HSTP）和低级 STP（LSTP）。SP 与 LSTP 采用星形连接方式，LSTP 与 HSTP 也采用星形连接方式，HSTP 之间采用网状网连接。由于二级网比三级网少经过 STP，因此传输时延小。所以，在满足容量的条件下尽可能采用二级网结构。

我国七号信令网分为 HSTP、LSTP、SP 三级架构，如图 4-10 所示。为保证信令网的可靠性，第一级信令网采用平行的 A、B 平面网，A、B 平面采用负荷分担方式工作。A、B 平面间采用网状网相连；LSTP 与 HSTP 采用汇接方式连接，每一 LSTP 至少连到两个 HSTP；每个 SP 点至少连到两个以上的 STP；每个信令链路组至少具有两条信令链路；局间电路群足够大时，可设直达信令链路；STP 可采用独立式，也可采用综合式，视工程而定。

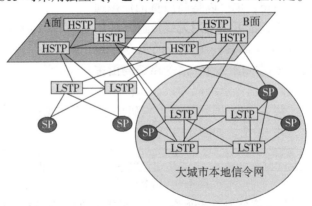

图 4-10 我国七号信令网的三级结构

七号信令的四级功能结构如图 4-11 所示。在七号信令网中，综合业务数据网（ISDN）用户端部分（ISUP）信令消息是用来建立、管理、释放中心局语音交换机之间的语音中继电路的，提供语音和非语业务所需的信息交换，用以支持基本的承载业务和补充业务，例如：ISUP 信令消息可以承载主叫身份识别号（ID）、主叫方的电话号码、用户名等。事务处理能力部分（TCAP）信令消息用以支持电话业务，如免费

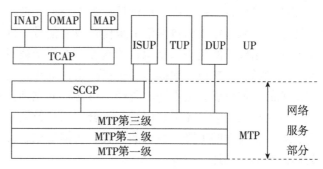

图 4-11 七号信令的四级功能结构

电话、本地号码可携带、卡业务、移动漫游以及认证业务。TCAP 主要包括移动应用部分（MAP）和运营、维护和管理部分（OMAP）。移动通信应用部分（MAP）规定移动业务中漫游和频道越局转接等程序，操作维护与管理部分（OMAP）仅提供消息传递部分（MTP）路由正式测试和信号连接控制部分（SCCP）路由正式测试程序。电话用户部分（TUP）和数据用户部分（DUP）可直接与消息传递部分（MTP）通信。

图 4-12 所示为一次呼叫过程中的信令传送过程。

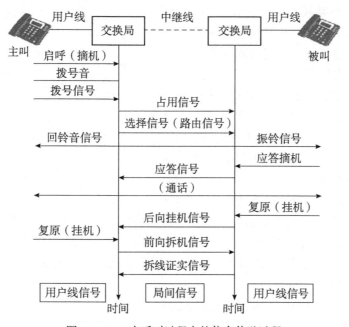

图 4-12 一次呼叫过程中的信令传送过程

4.2 数据交换技术

电话交换完成的是在通信双方建立一条固定的专用于通信双方完成语音通信的信号通道，一旦这样的信道被建立，在通话过程中这条通道将始终保持连接，因而连接可靠，通信保密性强，实时性好，这种通信方式常被称为面向连接的通信方式。

随着数字通信和计算机通信的出现，在通信网络中开始要求传输数据。数据传输的特点是

突发式的，如果为了传输几个或几十个字节的数据，也要向打电话那样建立一条专用信道，启动众多的机线设备，然后用完信道后再拆除信道，则对通信系统资源来说显得太浪费。因此在传输数据时，采用专用的数据信道来传输数字信号，待传输的数据先被打包，再给这些包加上一个包头，用数据的包头来标识目的地址，类似于被叫电话号码，然后将目的地相同的数据包合在一起发送，交换设备根据包头选择路由，选择路由的依据是最近路由和空闲路由。这样到达目的地的数据可能会走不同的路径，可能有的先到，有的后到，接收终端根据这些数据包的标记，重新按发送时的先后顺序进行组合，恢复数据原貌。数据交换这种传输路由不确定、不专有，导致实时性的下降、数据的丢失、数据被截获，从而保密性受影响，这种通信方式常被称为面向无连接的通信方式。

数据交换（Data Switching）定义：在多个数据终端设备（DTE）之间，为任意两个终端设备之间建立数据通信的临时通路的过程称为数据交换。

数据交换可以分为电路交换、报文交换、分组交换和信元交换。

4.2.1　电路交换的原理及特点

电路交换原理与电话交换原理基本相同。当用户之间要传输数据时，由源交换机根据信息要到达的目的地址，把线路接到目的交换机，这个过程称为线路接续。电路接通后，就形成了一条主叫用户终端和被叫用户终端之间的端对端信息通路，此后用户双方便可传输数据，并一直占用到数据传输完毕后拆除电路为止。通信完毕，由通信双方的某一方，向自己所属的交换机发出拆除线路的要求，交换机收到此信号后就将此线路拆除，以供别的用户呼叫使用。图4-13所示为电路交换链路建立与拆除过程。

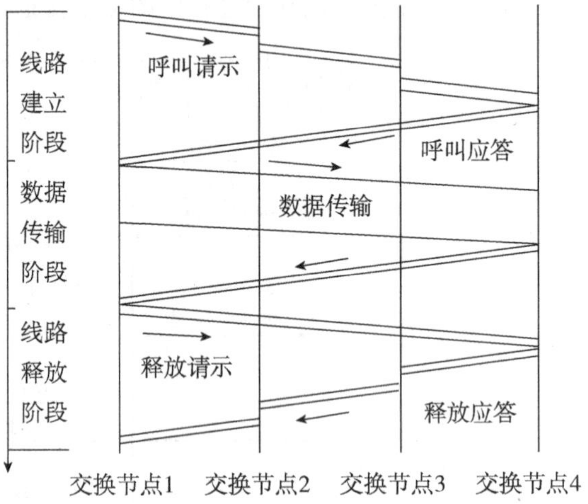

图4-13　电路交换链路建立与拆除过程

电路交换的特点可总结为以下几点：

1）呼叫建立时间长，并且存在呼损。
2）对传送信息没有差错控制。
3）对通信信息不做任何处理，除信令外，用户数据原封不动地传送。
4）线路利用率低。
5）通信用户间必须建立专用的物理连接通路。
6）实时性较好。

电路交换适用于实时、大批量、连续的数据传输，如传真机传输数据或图文。

4.2.2　报文交换的原理及特点

报文交换是一种存储转发交换方式，也称为电文交换。与电路交换的原理不同，在报文交换中，不需要为通信双方提供专用的物理连接通路，其数据传输的单位是报文，即站点一次性要发送的数据块，长度不限且可变。报文交换的发信端用户首先把要发送的数据编成报文，然后把一个目的地址附加在报文上，发往本地交换中心，在那里把这些报文完整地存储起来，然后根据报文上的目的地址信息，把报文发送到下一个节点，一直逐个节点地转送到目的节点。

报文中除了用户要传送的信息以外，还有目的地址和源地址。交换节点要分析目的地址和选择路由，并让报文在该路由上排队，当本地交换机的输出口有空时，就将报文转发到下一个交换机或交换节点，最后由收信端的交换机将电文传递到用户。

与电路交换不同的是，报文交换过程中主叫用户不需要先建立呼叫，而是先进入本地交换机存储器，由中央处理器分析报头，确定转发路由，然后送到与此路由相对应的输出电路上进行排队，等待输出。一旦连接该交换机的中继线空闲，再根据确定的路由将报文从临时存储器取出转发到目的交换机，从而提高了这条电路的利用率。由于每份报文的头部都含有被寻址用户的完整地址，所以每条路由不是固定分配给某一个用户，而是由多个用户进行统计复用。报文交换虽然提高了电路的利用率，但报文经存储转发后会产生较大的时延。这种通信方式常用于电传打字机发送电报。图4-14所示为报文交换过程。输入1和输入2被确定路由后不是立即发送，而是去排队，最后在适当的时候被发送出去。

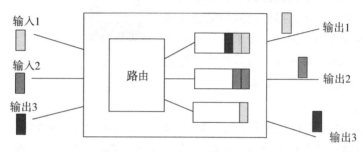

图4-14　报文交换存储转发过程

报文交换的优点是：

1）传输可靠性高，可以有效地采用差错校验和重发技术。

2）线路利用率高，可以把多条低速电路集中成高速电路传输，并且可以使多个用户共享一个信道，可以发送多目的地址的报文。

3）使用灵活，可以进行代码变换、速率变换等预处理工作，因而它能在类型、速率、协议不同的终端之间传输数据。

报文交换的缺点是：系统过负荷时会导致时延的增加，不适合于会话型和实时性要求较高的业务。一般报文交换要按传输数据的重要性和紧迫程度，分成不同的优先等级加以传输。

报文交换的特点可总结为：

1）报文交换过程中，没有电路的接续过程，也不存在把一条电路固定分配给一对用户使用，而一条链路可进行多路复用，从而大大提高了链路的利用率。

2）交换机以存储转发方式传输数据信息。

3）不需要收、发两端同时处于激活状态。

4）传送信息通过交换网时延较长，时延变化也大，不利于交互型实时业务。

5）对设备要求较高，交换机必须具有大容量存储、高速处理和分析报文的能力。

6）适合于电报和电子函件业务。

目前这种技术仍用在如电子信箱等领域。

4.2.3　分组交换的特点及分类

分组交换也是一种存储转发交换方式，但与报文交换不同，分组交换是把报文划分为一定长度的分组，以分组为单位进行存储转发的数据交换方式。这就不但具备了报文交换方式提高电路利用率的优点，同时克服了时延大的缺点。这种通信方式常用于计算机通信，图 4-15 所示为数据报传输过程，图中每一个分组都带有目的主机地址，网中节点机为每一个分组独立寻找路由，目的主机收到的分组顺序可能和源主机的分组发送顺序不同。

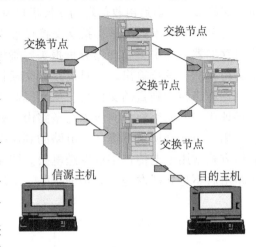

图 4-15　数据报传输过程

分组交换中，分组内除数据信息外还包括一个分组头，分组头中含有可供选路的信息和其他控制信息，它们在交换机内作为一个整体进行交换。分组交换节点对所收到的各个分组分别处理，按其中的选路信息选择去向，以发送到能到达目的地的下一个交换节点。每个分组在交换网内的传输路径可以不同。分组交换也采用存储转发技术，并进行差错检验、重发、反馈响应等操作，最后收信端把接收的全部分组按顺序重新组合成数据。

分组交换的优点：

1）信息的传输时延较小，而且变化不大，能较好地满足交互型通信的实时性要求。在报文交换中，总的传输时延是每个节点上接收与转发整个报文时延的总和，而在分组交换中，某个分组发送给一个节点后，就可以接着发送下一个分组，使总的时延减小。

2）经济性好，易于实现链路的统计时分多路复用，提高链路的利用率。

3）每个节点所需的缓存器容量减小，有利于提高节点存储资源的利用率，容易建立灵活的通信环境，便于在传输速率、信息格式、编码类型、同步方式以及通信协议等方面都不相同的数据终端之间实现互通。

4）可靠性高，传输有差错时，只要重发一个或若干个分组，不必重发整个报文，这样可以提高传输效率。

分组交换的主要缺点：

1）每个分组要附加一些控制信息，这会使分组交换的传输效率降低，尤其是当报文较长时更是如此。

2）实现技术复杂，交换机要对各种类型的分组进行分析处理，这就要求交换机具有较强的处理功能。

为适应不同业务的要求，分组交换可提供虚电路交换和数据报交换两种服务方式。

1. 虚电路交换

虚电路指两个用户的终端设备在开始互相发送和接收数据之前需要通过通信网建立逻辑上的路径，发送数据时，所有的分组都沿着这条虚电路按顺序传送。

虚电路方式是在交换节点之间建立路由，即在交换节点的路由表内创建一个表项，当交换节点收到一个分组后，它会检查路由表，按照匹配项的出口发送分组。

虚电路不同于实体电路，实体电路一旦建立就始终占用此电路，而不管是否传输数据。虚电路仅在传输数据时才占用，即仅是动态地使用实体电路，数据分组沿着所建立的虚电路传输，其接收顺序和发送顺序是相同的，数据传输结束后就拆除这条虚电路，这种虚电路称为交换性虚电路（SVC）。如果在特定的用户之间永久地建立虚电路，就没有建立和拆除虚电路的过程，而只有数据传输的过程。这种虚电路称为永久性虚电路（PVC）。虚电路方式比较适合于通信时间较长的交互式会话操作。国际电报电话咨询委员会（CCITT）建议把它作为分组交换公用数据网的基本业务方式。

虚电路分组交换的特点：

1）虚电路方式是面向连接的方式，在用户数据传送前先通过发送呼叫请求分组建立端到端的虚电路。一旦虚电路建立，属于同一呼叫的数据分组都沿着这一虚电路传送，最后通过呼叫清除分组来拆除虚电路，用户不需要在发送和接收数据时清除连接。

2）虚电路分组交换方式具有分组交换与线路交换两种方式的优点。

3）虚电路分组交换方式也包括虚电路建立、数据传输、虚电路拆除三个阶段。

4）报文分组不必带目的地址、源地址等辅助信息，只需要携带虚电路标识号。

5）报文分组通过每个虚电路上的节点时，节点只需要做差错控制，而不需要做路径选择。

6）通信子网中的每个节点都可以和任何其他节点建立多条虚电路连接。

虚电路方式适用于较连续的数据流传送，如文件传送、传真业务等。

2. 数据报交换

数据报交换要求每个数据分组均带有发信端和收信端的全网络地址，节点交换机对每一分组确定传输路径，同一报文的不同分组可以由不同的传输路径通过通信子网，这样同一报文的不同分组到达目的节点时分组的接收顺序和发送顺序可能不同，可能出现乱序、重复或丢失的现象，因此，在到达接收站之后还需对数据报进行排序重组，才能恢复成原来的报文。

使用数据报方式时，数据报文传输延迟较大，比较适合于突发性通信，适合传输只包含单个分组的短电文，如状态信息、控制信息等，不适用于长报文和会话式通信。数据报方式适用于面向事务的询问/响应型数据业务。

4.2.4 信元交换的结构及工作原理

普通的电路交换和分组交换都很难胜任宽带高速交换的交换任务。对于电路交换，当数据的传输速率及其变化较大时，交换的控制就变得十分复杂；对于分组交换，当数据传输速率很高时，协议数据单元在各层的处理就成为很大的开销，无法满足实时性要求很强的业务需求。

信元交换又叫异步传输模式（Asynchronous Transfer Mode，ATM），是一种面向连接的快速分组交换技术，是在异步转移模式中使用的一种固定长度的分组交换技术。

信元交换技术通过建立虚电路来进行数据传输，因而结合了电路交换技术延迟小和分组交换技术灵活的优点。ATM 采用信元交换技术，信元是固定长度的分组，以信元作为数据传送的基本单位，信元长度为 53 字节，其中信元头为 5 字节，数据为 48 字节，每字节为 8 bit。

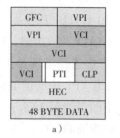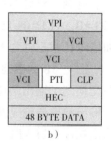

ATM 信元分组结构如图 4-16 所示，图 4-16a 为 UNI（User Network Interface），是用户与网络接口的信元头结构。图 4-16b 为 NNI（Network Network Interface），是网络间接口的信元头结构。UNI 和 NNI 的区别在于 NNI 没有 GFC 部分。

图 4-16 ATM 信元分组结构

a）UNI 信元结构 b）UNI 信元结构

1. 信元头中各字段的功能

(1) GFC

3 位的 GFC (Generic Flow Control) 域为一般流量控制域,用于用户与网络接口时进行流量控制,GFC 仅在 UNI 信头存在,因为 ATM 只在端设备与用户设备处进行流量控制,以减少网络过载的可能性。有两种接口工作模式:一种为受控模式,在这种模式中,每次发送数据需获得允许发送标识方可发送;另一种为非受控模式,GFC = 000,每次发送数据无须获得允许发送标识便可发送。

(2) VPI

VPI (Virtual Path Identifier) 域为虚通道标识符,对于 UNI 共有 8 位,可标识 256 条不同的虚通道;对于 NNI 共有 12 位,可标识 4096 条不同的虚通道。最大的实际可用的虚通道数可在接口初始化时协商确定。在 ATM 中,若干虚通路 (VC) 组成一个虚通道 (VP),并以 VP 作为网络管理单位。

(3) VCI

VCI (Virtual Channel Identifier) 为虚通路标识符,对于 UNI 和 NNI 各有 16 位,可标识 65536 条不同的虚通路,最大的实际可用的虚通路数可在接口初始化时协商确定。VCI 用于标志一个 VPI 群中的唯一呼叫,在呼叫建立时分配,呼叫结束时释放。在 ATM 中的呼叫由 VPI 和 VCI 共同决定,且唯一确定。图 4-17 所示为 VPI 与 VCI 的关系。

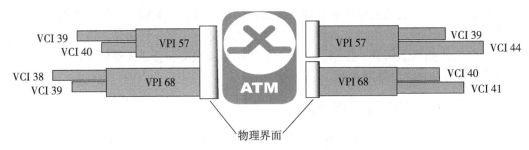

图 4-17　VPI 与 VCI 的关系

ATM 的面向连接功能的实现依赖 VPI/VCI 对虚连接的标识,VPI/VCI 仅在一条本地物理链路有效,信元每经过一个 ATM 交换机,VPI/VCI 便根据虚连接建立时设定的查找表确定输出端口,同时修改查找表使其变换为下一段物理链路的 VPI/VCI 取值,设立 VPI、VCI 两级的标识有利于对虚连接的管理,便于核心交换机高速交换。VPI/VCI 有三种特殊标识:一种是 VPI = 0,VCI = 0~15,用于 ITU-T 信令;另一种是 VPI = 0,VCI = 16~31,用于 ATM 论坛的附加信令;第三种为 VPI = ALL,VCI = 1~5,一般保留用于特殊用途。

图 4-18 为虚通道和虚通路实现路由交换的过程。图中输入端虚通道 VPI_1 中的虚通路 VCI_1 被交换到了输出端虚通道 VPI_5 中的虚通路 VCI_4;输入端虚通道 VPI_1 中的虚通路 VCI_2 被交换到了输出端虚通道 VPI_2 中的虚通路 VCI_3;输入端虚通道 VPI_3 中的虚通路 VCI_a、VCI_b 被交换到了输出端虚通道 VPI_4 中的虚通路 VCI_a、VCI_b。

信元交换是根据交换映射表进行虚通道 VPI 和虚通路 VCI 选择的,如表 4-1 所示。VPI/VCI 值只是局部意义,不同节点交换映射表是不同的。

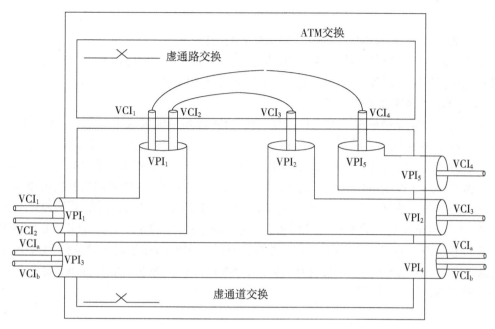

图 4-18　VPI/VCI 标识在交换过程中的应用

表 4-1　交换映射表

输入端		输出端	
VPI	**VCI**	**VPI**	**VCI**
1	1	5	4
1	2	2	3
3	a	4	a
3	b	4	b

（中间列：交换网络）

（4）PTI

PTI（Payload Type Identifier）为 3 位表示的净荷类型识别域，用于指示信息字段的信息是用户信息还是网络信息。PTI 的 bit3 用于标识所在信元是用于管理功能的信元（bit3=1）或者是用户/信令信元（bit3=0）；PTI 的 bit2 用于标识本信元在传输过程中是否经历有拥塞的交换机，bit2=0 为无拥塞，bit2=1 为有拥塞。PTI 的 bit1 用于标识本信元是否承载 ATM 适配层中 AAL5 业务数据单元（SDU）数据的最后一个信元。

（5）CLP

CLP（Cell Loss Priority）为信元抛弃优先级域，当 CLP 为 1 时，表示网络拥塞时可以抛弃该信元；反之 CLP 为 0 的信元则不能被抛弃。当交换机发现用户发送的数据流过载，会对信元的该域进行标识（bit=1），当网络发生拥塞时，丢弃具有标识的信元。

（6）HEC

HEC（Header Error Check）为 8 位的信头差错控制域，用于信元头差错控制与信元间定界。强制性的检错功能采用的生成公式为

$$g(x)=x^8+x^2+x+1 \tag{4-5}$$

在信元中包括 CRC 校验和，校验和只是对信元头进行校验。可选性的纠错功能可实现 1 比特错误的检测和纠正。信元间的定界是利用被保护检错位与监督位之间的约束关系来实现信

元的定界。

信元的最后 48 字节为用户数据域，用于数据的传输。

长度固定的信元可以使 ATM 交换机的功能尽量简化，只用硬件电路就可以对信元头中的虚电路标识进行识别，因此大大缩短了每一个信元的处理时间。

2. 信元交换的虚连接工作方式

图 4-19 为 ATM 交换中信元的交换过程。在 ATM 异步传输模式中与某个特定 VPI/VCI 链接的信元，不像 SDH 同步传输模式那样每个用户在固定的时刻分配固定长度的时隙，而是非等间隔，不占据固定的时隙。图中输入链路 l 中时隙 x、y、z 和输出链路中的时隙 k、m、l 可为相同数据源的信元连续占用，也可被其他数据源的信元占用，这些数据的长度可以是不等长的，因此占用的时隙数可以是不同的。信元头中的 VPI/VCI 规定的相同的数据源走相同的链路。图 4-19 完成链路交换的关键是翻译表，如输入链路 l_1 中的 x、y、z 时隙，由翻译表指定与输出链路 Q_1、Q_q、Q_2 中的时隙 k、m、l 相接，翻译表中的内容是通过解读信元头中的 VPI/VCI 信息得到的，当信元传输完后，新的信元头修改翻译表，为新的信元提供链路，因而这种连接不是固定的，称为虚连接。

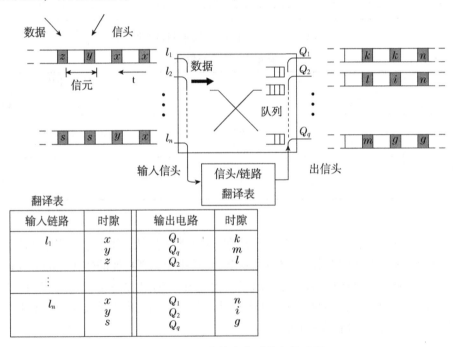

图 4-19　ATM 交换中信元的交换过程

虚连接有两种的工作方式，如图 4-20 所示。

（1）交互式虚连接（SVC）

每次通信前根据用户请求，利用控制信令确定路由、确定服务类别和传输质量（QoS）、建立链接表、通信结束后释放信道资源。

（2）永久虚连接（PVC）

根据用户的租赁要求，预先配置好网络，建立固定的传输路径和相应的链接表，用户随时可以传输数据。

信元传输采用异步时分复用，又称统计复用。信息源随机地产生信息，因而信元到达队列

也是随机的。高速业务的信元来得十分频繁、集中，低速业务的信元来得很稀疏。这些信元都
按顺序在队列中排队，然后按输出次序复用到传
输线上。具有同样标志的信元在传输线上并不对
应某个固定的时间间隙，也不是按周期出现的，
信息和它在时域的位置之间没有关系，信息只是
按信头中的标志来区分的。而在同步时分复用方
式，如 PCM 复用方式中，信息以它在一帧中的
时间位置（时隙）来区分，一个时隙对应着一条
信道，不需要另外的信息头来表示信息的身份。
信元头中的 VPI 字段用于选择一条特定的虚通
道，VCI 字段在一条选定的虚通道上选择一条特
定的虚通路。当进行 VP 交换时，选择一条特定
的虚通道。若在交换过程中出现拥塞，该信息被
记录在信元的 PTI 中。

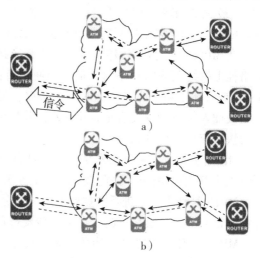

图 4-20 两种虚连接比较
a）交互式虚连接 b）永久虚连接

采用信元交换的 ATM 主要具有以下优点：

1）ATM 使用相同的数据单元，可实现广域
网和局域网的无缝连接。

2）ATM 支持 VLAN（虚拟局域网）功能，可以对网络进行灵活的管理和配置。

3）ATM 具有不同的速率，分别为 25 Mbit/s、51 Mbit/s、155 Mbit/s、622 Mbit/s，从而为
不同的应用提供不同的速率，并且 MAN 传输速度能够达到 10 Gbit/s。

4）ATM 具有使用相同大小的信元可以提供一种方法，预计和保证应用所需要的带宽。

ATM 是一项数据传输技术，适用于局域网和广域网，它具有高速数据传输率和支持许多
种类型如声音、数据、传真、实时视频、CD 质量音频和图像的通信。ATM 是在 LAN 或 WAN
上传送声音、视频图像和数据的宽带技术。ATM 是一项信元中继技术，数据分组大小固定。

由信元交换组成的 ATM 网络，可满足多业务需求，传输效率高，保证服务质量，有流量
控制，但存在技术复杂、可扩展性不好的问题。

4.2.5 多协议标记交换的概念及工作原理

1. MPLS 的基本概念

多协议标记交换（Multi-Protocol Label Switch，MPLS）是一种在开放的通信网上利用标签
引导数据高速、高效传输的技术。MPLS 的价值在于能够在一个无连接的网络中引入连接模式
的特性。其主要优点是减少了网络复杂性，兼容现有各种主流网络技术，能降低网络成本，在
提供 IP 业务时能确保 QoS 和安全性，具有流量工程能力。此外，MPLS 能解决 VPN 扩展问题
和维护成本问题。MPLS 是一种用于快速数据包交换和路由的体系，它为网络数据流量提供了
目标、路由、转发和交换等能力。它具有管理各种不同形式通信流的机制。MPLS 独立于第二
和第三层协议，诸如 ATM 和 IP。它提供了一种方式，将 IP 地址映射为简单的具有固定长度的
标签，用于不同的包转发和包交换技术。它是现有路由和交换协议的接口，如 IP、ATM、帧中
继、资源预留协议（RSVP）、开放最短路径优先（OSPF）等。

采用 MPLS 的数据包只需在 OSI 第二层（数据链路层）执行硬件式交换，取代第三层（网
络层）软件式路由，它整合 IP 选径与第二层标记交换为单一的系统，因此可以解决 Internet 路

由的问题，使数据包传送的延迟时间减短，增加网络传输的速度，更适合多媒体信息的传送。MPLS 最大技术特色为可以指定数据包传送的先后顺序，MPLS 使用标记交换（Label Switching），网络路由器只需要判别标记后即可进行转送处理。

在 MPLS 中，数据传输发生在标签交换路径（LSP）上。LSP 是每一个沿着从源端到终端的路径上的结点的标签序列。是现今使用着的一些标签分发协议，如标签分发协议（LDP）、RSVP 或者建于路由协议之上的一些协议，如边界网关协议（BGP）及 OSPF。因为固定长度标签被插入每一个包或信元的开始处，并且可被硬件用来在两个链接间快速交换包，所以使数据的快速交换成为可能。

MPLS 主要设计来解决网络问题，如网络速度、可扩展性、服务质量管理以及流量工程，同时也为 IP 中枢网络解决宽带管理及服务请求等问题。

MPLS 是利用标记进行数据转发的。当分组进入网络时，要为其分配固定长度的短的标记并将标记与分组封装在一起，在整个转发过程中，交换节点仅根据标记进行转发。

MPLS 具有"多协议"特性，对上兼容 IPv4、IPv6 等多种主流网络层协议，将各种传输技术统一在一个平台之上；对下支持 ATM、FR、PPP 等链路层多种协议，从而使得多种网络的互联互通成为可能。

MPLS 包头结构如图 4-21 所示，包头由 32 bit 构成。其中 20 bit 的标签，是用于转发的指针；3 bit 保留，用于试验，现在通常用做 CoS（Class of Service）；1 bit 的 S 用作栈底标识。MPLS 支持标签的分层结构，即多重标签，S 值为 1 时表明为最底层标签；8 bit 的生存期字段TTL（Time to Live），用来对生存期值进行编码与 IP 报文中的 TTL 值功能类似。

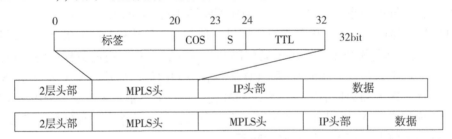

图 4-21　MPLS 包头结构

MPLS 作为一种分类转发技术，将具有相同转发处理方式的分组归为一类，称为转发等价类（Forwarding Equivalence Class，FEC）。相同转发等价类的分组在 MPLS 网络中将获得完全相同的处理。转发等价类的划分方式可以是源地址、目的地址、源端口、目的端口、协议类型、VPN 等的任意组合。例如，在传统的采用最长匹配算法的 IP 转发中，到同一个目的地址的所有报文就是一个转发等价类。

一个转发等价类在 MPLS 网络中经过的路径称为标签交换路径（Label Switched Path，LSP）。LSP 在功能上与 ATM 和帧中断的虚电路相同，是从入口到出口的一个单向路径。LSP中的每个节点由标签交换路由器（Label Switching Router，LSR）组成，根据数据传送的方向，相邻的 LSR 分别称为上游 LSR 和下游 LSR。

标签交换路径（LSP）分为静态 LSP 和动态 LSP 两种。静态 LSP 由管理员手工配置，动态LSP 则利用路由协议和标签发布协议动态产生。位于 MPLS 域边缘、连接其他用户网络的 LSR称为边缘 LSR，即 LER（Label Edge Router）或 ELSR，区域内部的 LSR 称为核心 LSR 或 ILSR。核心 LSR 可以是支持 MPLS 的路由器，也可以是由 ATM 交换机等升级而成的 ATM-LSR。域内部的 LSR 之间使用 MPLS 通信，MPLS 域的边缘由 LER 与传统 IP 技术进行适配。

分组被打上标签后，沿着由一系列 LSR 构成的标签交换路径（LSP）传送，其中，入节点 LER 称为 Ingress，出节点 LER 称为 Egress，中间的节点则称为 Transit。

标签交换路由器（LSR）是 MPLS 网络中的基本元素，所有 LSR 都支持 MPLS 协议。LSR 由控制单元和转发单元两部分组成。控制单元负责标签的分配、路由的选择、标签转发表的建立、标签交换路径的建立、拆除等工作。转发单元则依据标签转发表对收到的分组进行转发。

标签发布协议是 MPLS 的控制协议，相当于传统网络中的信令协议，负责 FEC 的分类、标签的分配以及 LSP 的建立和维护等一系列操作。MPLS 可以使用多种标签发布协议，包括专为标签发布而制定的协议，例如 LDP（Label Distribution Protocol）、CR-LDP（Constraint-Routing Label Distribution Protocol），也包括现有协议扩展后支持标签发布的协议，例如 BGP（Border Gateway Protocol）、RSVP（Resource Reservation Protocol）。

2. MPLS 的工作原理

如图 4-22 所示，当一个未被标记的分组（IP 包、帧中继或 ATM 信元）到达 MPLS LER 时，入口 LER 根据输入分组头查找路由表以确定通向目的地的标记交换路径（LSP），把查找到的对应 LSP 的标记插入分组头中，完成端到端 IP 地址与 MPLS 标记的映射。分组头与标记的映射规则不但考虑数据流目的地的信息，还考虑了有关 QoS 的信息；在以后网络中的转发，MPLS LSR 就只根据数据流所携带的

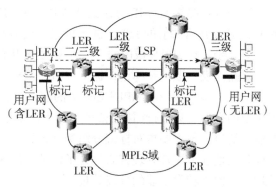

图 4-22 MPLS 的工作原理

标记进行转发。图 4-22 中为三级 MPLS 嵌套，所以各交换节点都是 LER，如果只有一层 MPLS，则各节点为 LSR。

3. MPLS 网中 IP 分组的转发过程

下面以图 4-23 所示的终端 I 将 IP 分组传送到终端 II 为例说明 MPLS 网中 IP 分组的转发过程。图中 A、B 为边缘节点 LER，R_1、R_2、R_3、R_4、R_5、R_6 为内部节点 ILSR，LSP 为标记交换路径。

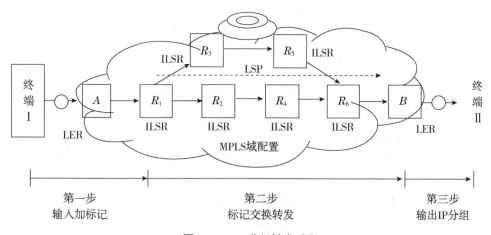

图 4-23 IP 分组转发过程

MPLS 运行可分为自动路由表生成和 IP 分组传送执行两个阶段，在实际运行时这两个阶段是交叉进行。

(1) 自动路由表生成

第一步：建立 MPLS 域上各节点之间的拓扑路由。在域内运行开放式最短路径优先协议，即 OSPF 路由协议，也可同时运行其他路由协议，使域内各节点都具有全域的拓扑结构信息；在管理层的参与下，可在全域均匀分配流量，优化网络传输性能。在域间主要运行边界网关协议（BGP），对邻域和主干核心网络提供和获取可达信息。

第二步：运行标记分配协议 LDP，使 MPLS 域内节点间建立邻接关系，按可达目的地址分类划分转发等价类 FECS，创建 LSP，沿 LSP 对 FEC 分配标记 L，在各 LSR 上生成转发路由表。

第三步：对路由表进行维护和更新。

(2) IP 分组传送执行

第一步：终端 I 的 IP 分组进入 MPLS 域的边缘节点 A，LER 读出 IP 分组组头，查找相应的 FEC F 及其所映射的 LSP，加上标记，成为标记分组，向指定的端口输出。

第二步：在 MPLS 域内的下一跳 ILSR，从输入端口接收到标记分组，用标记作为指针，查找转发路由表，取出新标记，标记分组用新标记替代旧标记，新的标记分组由指定的输出端口发送给下一跳。在到达 MPLS Egress 的前一跳，即倒数第二跳时的操作，对标记分组不进行标记调换的操作，只进行旧标记的弹出，然后用空的标记分组传送。因为在 Egress 已是目的地址的输出端口，不需要再对标记分组按标记转发，而是直接读出 IP 分组组头，将 IP 分组传送到最终目的地址。这种处理方式是为了保证 MPLS 全程所有 LSR 对需处理的分组只进行一次观察处理，也便于转发功能的分级处理。

第三步：MPLS 域的 Egress LSR 接收到空的标记分组后，读出 IP 分组的组头，按最终目的地址，将 IP 分组从指定的端口输出。

参照图 4-22 举例说明如下：终端 I 连接 LER A，终端 II 连接 ELSR B，由 $A \rightarrow B$ 有 LSP<A, R_1, R_2, R_4, R_6, B>，由 I$\rightarrow$II 的 IP 分组被映射进特定 FEC BA；并沿 LSP 的标记分配为 A FEC B　$R_1 = L_A$，R_1FEC B $R_2 = L_1$，R_2 FEC B $R_4 = L_2$，R_4 FEC B　$R_6 = L_4$，R_4 FEC B $B =$ 空标记。上述标记分配是在 MPLS 域自动路由表生成阶段完成的，也可以由管理层干预，并在各 LSR 上生成相应的转发路由表。

由 I$\rightarrow$II 的 IP 分组，传送分三步执行：

第一步：由 I 到 A 传送的是纯 IP 分组，由 LER A 读出并分析 IP 分组组头，查找所映射的 FEC BA，从转发路由表读出标记 L_A 和输出端口 1，将 IP 分组和标记 L_A 封装为标记分组，标记分组由 LER A 输出端口 1 输出。

第二步：由 $R_1 \rightarrow B$ 传送的是标记分组。A 的下一跳 ILSR R_1 从输入端口 1 接收到标记分组，读出标记 L_A 作为指针，从 R_1 的转发路由表读出新标记 L_1 和输出端口 2；标记分组用新标记 L_1 替代旧标记 L_A 后，将更新的标记分组由 R_1 的输出端口 2 输出，后续 R_2、R_4 执行相同的过程，在倒数第二跳 R_6 时，只将旧标记 L_4 弹出，不再更新标记，用空标记分组，由 R_6 的输出端口 1 输出。

第三步：由 $B \rightarrow$ II 传送纯 IP 分组，LER B 从输入端口 1 接收到空标记分组，直接读出 IP 分组组头并按目的地址将 IP 分组传送给终端 II。

MPLS 技术特点如下：

1）流量工程　传统 IP 网络一旦为一个 IP 包选择了一条路径，则不管这条链路是否拥塞，

IP 包都会沿着这条路径传送,这样就会造成整个网络在某处资源过度利用,而另外一些地方网络资源闲置不用,MPLS 可以控制 IP 包在网络中所走过的路径,这样可以避免 IP 包在网络中的盲目行为,避免业务流向已经拥塞的节点,实现网络资源的合理利用。

2)负载均衡 MPLS 可以使用两条和多条 LSP 来承载同一个用户的 IP 业务流,合理地将用户业务流分摊在这些 LSP 之间。

3)路径备份 可以配置两条 LSP,一条处于激活状态,另外一条处于备份状态,一旦主 LSP 出现故障,业务立刻导向备份的 LSP,直到主 LSP 从故障中恢复,业务再从备份的 LSP 切回到主 LSP。

4)故障恢复 当一条已经建立的 LSP 在某一点出现故障时,故障点的 MPLS 会向上游发送 Notification 消息,通知上游 LER 重新建立一条 LSP 来替代这条出现故障的 LSP。上游 LER 就会重新发出 Request 消息建立另外一条 LSP 来保证用户业务的连续性。

5)路径优先级及碰撞 在网络资源匮乏的时候,应保证优先级高的业务优先使用网络资源。MPLS 通过设置 LSP 的建立优先级和保持优先级来实现的。每条 LSP 有 n 个建立优先级和 m 个保持优先级。优先级高的 LSP 先建立,并且如果某条 LSP 建立时,网络资源匮乏,而它的建立优先级又高于另外一条已经建立的 LSP 的保持优先级,那么它可以将已经建立的那条 LSP 断开,让出网络资源供它使用。

标签与 ATM 的 VPI/VCI 以及帧中继 FR(Frame Relay)的 DLCI 类似,是一种连接标识符。如果链路层协议具有标签域,如 ATM 的 VPI/VCI 或 Frame Relay 的 DLCI,则标签封装在这些域中,如果链路层协议没有标签域,则标签封装在链路层和 IP 层之间的一个垫层中。

以太网络的性能、价格与 ATM 和其他的网络相比,具有巨大的优势,纯的以太网络具有以下的不足:VLAN 空间限制,没有端点到端点的带宽预留机制,没有流量工程。但是在和 MPLS 结合以后,以太网络就变成了面向连接、有流量控制、有 QoS 保证、支持低延迟服务的网络。

4. 移动 MPLS IP 技术

随着移动通信向第四代发展,手机上网服务大量增加,将 MPLS 与移动技术相融合,实现高速可靠的手机 IP 服务,出现了移动 MPLS IP 技术。

基于 MPLS 标记交换路径的移动 IP 网络模型中,注册及标记交换路径建立过程为:假设移动节点由归属网络移动到外地网络,外地代理便广播消息,移动节点接收到广播消息后,得知自己处在外地网络并获得转交地址,随后向外地代理发送注册请求消息,外地代理收到注册请求消息后,对其进行认证,通过认证后外地代理和移动节点交互信息。外地代理更新其路由信息,并在路由信息中增加移动节点的归属代理的路由信息。然后,外地代理根据更新后的路由信息把移动节点的注册和请求信息送给归属代理。归属代理得到移动节点的注册信息和请求信息以及移动节点的转交地址,查找其标记栈,并把移动节点的归属地址作为转发等价类(FEC)。归属代理根据标记分发协议(LDP)为归属代理到外地代理的路径分发标记,并向外地代理发送标记请求信息,此时把移动节点的转交地址作为 FEC。外地代理收到标记请求信息后,向归属代理回送标记匹配消息,归属代理收到标记匹配消息后更新其移动节点在标记栈中的进入信息。归属代理通过标记交换路径向外地代理发送注册回应信息,外地代理收到注册回应后,更新其标记栈,并增加外地代理到归属代理的标记交换路径信息,注册便告成功。这样,就在归属代理到外地代理之间建立起一条标记交换路径,如图 4-24 所示。

基于 MPLS 标记交换路径的移动 IP 网络模型中,数据包的传送过程为:由通信节点向移动节点传送的数据包，首先被归属代理截获，归属代理通过分析数据包的包头，为其分配标记，并查找自己的标记栈，确定数据包转发的出口。如果移动节点仍然在归属网络，则出口标记为空，数据包被送往 IP 层，通过 IP 层的路由协议向移动节点传送数据分组。如果移动节点在外地网络，数据包则通过归属代理到外地代理的标记交换路径传送分组到外地代理，外地代理收到数据包后把它送往 IP 层，按 IP 层的路由协议转发至移动节点。而由移动节点向通信节点传送数据包时，

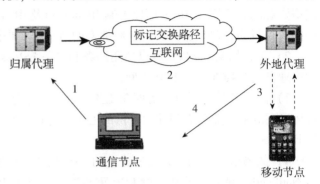

图 4-24 基于 MPLS 标记交换路径的移动 IP 网络

不必经过归属代理转交，可以在外地代理和通信节点之间建立单向标记交换路径来传送，也可以根据单纯的 IP 路由协议来传送。

MPLS 与移动 IP 融台的技术优势有以下几方面：

1）MPLS 机制下的移动 IP 技术集成了移动 IP 的高移动性和 MPSL 的高速交换特性，使这些技术可以在核心网络中协调工作，并为 MPLS 提供移动性支持。

2）在同一个 MPLS 域中的归属代理和外地代理都具有标记边缘路由器的功能，提供移动性和 MPLS 功能。MPLS 交换方式通过标记交换路径传送数据包，取代隧道技术中的 IP-in-IP 数据包传送方式。

3）整个传输过程都在 MPLS 交换层进行，并且归属代理的处理过程也不涉及 IP 层的路由协议，从而提高了数据包的传输速率并增强了移动 IP 的可扩展性。

4）MPLS 对 QoS 具有较好的支持性能，因此 MPLS 的引入改变了移动 IP 网络中数据包传送尽力而为的状态，使移动 IP 网络能够较好地实现 QoS 和 CoS。

5）MPLS 能较好地实施流量工程和建立 VPN，因此 MPLS 和移动 IP 网络的结合，对移动 IP 网络实施流量工程和建立安全性 VPN 具有重要意义。

4.3 交换前沿技术

交换领域新技术主要体现在高速化、软件化、分组化方面。光交换技术是交换技术高速化的典型代表，软交换则是交换技术软件化的代表，即时通信则是分组化结合地址交换的代表。

4.3.1 光交换技术

光交换技术指不经过任何光/电转换，在光域直接将输入光信号交换到不同的光路输出端。光交换技术可分成光路光交换和分组光交换两种类型。光路光交换又可进一步分成空分（SD）、时分（TD）和波分/频分（WD/FD）光交换，以及由这些交换组合而成的复合型。由于目前光逻辑器件的功能还较简单，不能完成控制部分复杂的逻辑处理功能，因此国际上现有的光交换单元还要由电信号来控制，即所谓的电控光交换。

1. 空分光交换技术

空分光交换技术是在空间域上对光信号进行交换，其基本原理是将光交换元件组成门阵列开关，并适当控制门阵列开关，即可在任一路输入光纤和任一路输出光纤之间构成通路。空分

光交换的功能是使光信号的传输通路在空间上发生改变。

空分光交换的关键器件是光开关。光开关有电光型、声光型和磁光型等多种类型。其中电光型开关具有开关速度快、串扰小和结构紧凑等优点。根据交换元件的不同，空分光交换又可进一步分为机械型、光电转换型、复合波导型、全反射型和激光二极管门开关型等。

其中，复合波导型交换元件采用铌酸钾这种电光材料，具有折射率随外界电场变化而发生变化的光学特性。以铌酸钾为基片，在基片上进行钛扩散，以形成折射率逐渐增加的光波导，即光通路，再焊上电极后即可作为光交换元件使用。当将两条很接近的波导进行适当的复合，通过这两条波导的光束将发生能量交换。能量交换的强弱随复合系数、平行波导的长度和两波导之间的相位差变化，只要所选取的参数适当，光束就会在波导上完全交错，如果在电极上施加一定的电压，可改变折射率及相位差。由此可见，通过控制电极上的电压，可以得到平行和交叉两种交换状态，如图4-25所示。

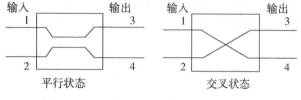

图4-25 改变折射率及相位差得到两种状态

空分光交换按光矩阵开关所使用的技术可分为基于波导技术的波导空分和使用自由空间光传播技术的自由空分光交换。

2. 时分光交换技术

时分光交换是以时分复用为基础，把时间划分为若干互不重叠的时隙，由不同的时隙建立不同的子信道，通过时隙交换网络完成话音的时隙搬移，从而实现入线和出线间话音交换的一种交换方式。其基本原理与现行的电子程控交换中的时分交换系统完全相同，因此它能与采用全光时分多路复用方法的光传输系统匹配。在这种技术下，可以时分复用各个光器件，能够减少硬件设备，构成大容量的光交换机。该技术组成的通信技术网由时分型交换模块和空分型交换模块构成。它所采用的空分交换模块与空分光交换功能块完全相同，而在时分型光交换模块中则需要有光存储器，如光纤延迟存储器、双稳态激光二极管存储器，并且还需要光选通器，如定向复合型阵列开关，以便进行相应的交换。

时分光交换采用时隙互换完成信道交换，通过把时分复用帧中各个时隙的信号互换位置达到信道交换的目的。如图4-26所示，首先使时分复用信号经过分接器，在同一时间内，分接器每条出线上一次传输某一个时隙的信号，然后使这些信号分别经过不同的光延迟器件，获得不同的延迟时间，最后用复接器把这些信号重新组合起来。

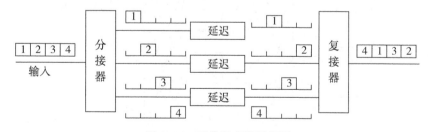

图4-26 时分光交换原理图

时分交换的关键在于时隙位置的交换，交换是受主叫拨号控制的。为了实现时隙交换，必须设置话音存储器。在抽样周期内有 n 个时隙分别存入 n 个存储器单元中，输入按时隙顺序存入。若输出端是按特定的次序读出，这就可以改变时隙的次序，实现时隙交换。时分光交换系统采用光器件或光电器件作为时隙交换器,通过光读写门对光存储器进行有序读写操作来完成交换动作。

3. 波分光交换技术

波分光交换是以光的波分复用原理为基础,采用波长选择或波长变换的方法实现路由交换功能。其基本原理是通过改变输入光信号的波长,把某个波长的光信号变换成另一个波长的光信号输出。

波分光交换模块由波长复用器/去复用器、波长选择空间开关和波长变换器(波长开关)组成,其原理框图如图4-27所示。图中信号都是从某种多路复用信号开始,先进行分路,再进行交换处理,最后进行合路,输出的还是一个多路复用信号。图4-28和图4-29分别给出了波长选择法交换和波长变换法交换的原理框图。

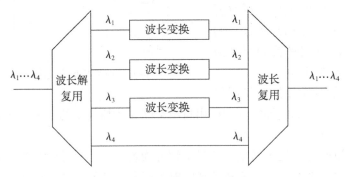

图4-27 波分光交换原理框图

设图4-28中的波分交换机的输入和输出都与N条光纤相连接,这N条光纤可能组成一根光缆。每条光纤承载W个波长的光信号,从每条光纤输入的光信号首先通过分波器(解复用器)WDMX分为W个波长不同的信号。所有N路输入的波长为$i=1$,2,$\cdots$,W的信号都送到空分交换器,在那里进行同一波长N路信号的空分交叉连接,由控制器决定如何交叉连接。然后以W个空分交换器输出的不同波长的信号再通过合波器(复用器)WMUX复接到输出光纤上。但由于每个空分交换器可能提供的连接数为$N \times N$,故整个交换机可能提供的连接数比波长变换法少。

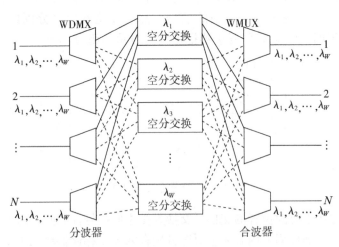

图4-28 波长选择法交换原理框图

图 4-29 的波长变换法与波长选择法的主要区别是用同一个 $NW \times NW$ 空分交换器处理 NW 路信号的交叉连接，在空分交换器的输出必须加上波长变换器，然后进行波分复接。这样，可能提供的连接数为 NW，即内部阻塞概率较小。

波分光交换方式能充分利用光路的宽带特性，获得电子线路所不能实现的波分型交换网。可调波长滤波器和波长变换器是实现波分光交换的基本元件，前者的作用是从输入的多路波分光信号中选出所需波长的光信号；后者则将可变波长滤波器选出的光信号变换为适当的波长后输出，用分布反馈

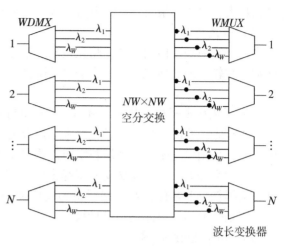

图 4-29 波长变换法交换原理框图

（DFE）型和分布 Bragg 反射（DBR）型的半导体激光器可以实现这两类元件的功能。

4. 复合型光交换技术

复合型光交换技术是指在一个交换网络中同时应用两种以上的光交换方式。例如，在波分技术的基础上实现空分+波分复合型光交换系统，还可将波分和时分技术结合起来得到复合型光交换。

空分+时分、空分+波分、空分+时分+波分等都是常用的复合光交换方式。

光交换的优点在于光信号通过光交换单元时，无须经过光电/电光转换，因此不受监测器和调制器等光电器件响应速度的限制，可以大大提高交换单元的吞吐量。

光交换技术包括如下实现方法：

（1）光电交换

利用光电晶体材料（如锂铌和钡钛）的波导组成输入/输出端之间的波导通路。两条通路之间构成 Mach-Zehnder 干涉结构，其相位差由施加在通路上的电压控制。当通路上的驱动电压改变两通路上的相位差时，利用干涉效应将信号送到目的输出端。这种结构可以实现 1×2 和 2×2 的交换配置，特点是交换速度较快（达到纳秒级），但它的介入损耗、极化损耗和串扰较严重，对电漂移较敏感，通常需要较高的工作电压。

（2）光机械交换

通过移动光纤终端或棱镜将光线引导或反射到输出光纤，其工作原理简单，成本也较低，但只能实现毫秒级的交换速度。

（3）热光交换

采用可调节热量的聚合体波导，由分布于聚合体中的薄膜加热元素控制。当电流通过加热器时，改变了波导分支区域内的热量分布，从而改变折射率，这样可以将光耦合从主导波导引导至目的分支波导。这种光交换的速度可达毫秒级，实现体积小，但介入损耗较高、串扰严重、消光率较差、耗电量较大、并需要良好的散热器。

（4）液晶光交换

利用液晶片、极化光束分离器（PBS）或光束调相器来实现。液晶片的作用是旋转入射光的极化角。当电极上没有电压时，经过液晶片光线的极化角为 90°，当电压加在液晶片的电极上时，入射光束将维持其极化状态不变。PBS 或光束调相器起路由器作用，将信号引导至目的端口。对极化敏感或不敏感的矩阵交换机都能利用此技术。该技术可以构造多通路交换机，缺

点是损耗大、热漂移量大、串扰严重、驱动电路也较昂贵。

(5) 声光交换

在光介质中加入横向声波，将光线从一根光纤准确地引导至另一根光纤。声光交换可用于构建端口数较少的交换机。用这种技术制成的交换机的损耗随波长变化较大，驱动电路也较昂贵。

(6) 采用微电子机械技术（MEM）的光交换 这种光交换的结构实质上是一个二维镜片阵，当进行光交换时，通过移动光纤末端或改变镜片角度，把光直接送到或反射到交换机的不同输出端。采用微电子机械系统技术可以将极小的晶片排列在大规模机械矩阵上，其响应速度和可靠性大大提高。这种光交换实现起来比较容易，插入损耗低、串扰低、消光好、偏振和基于波长的损耗也非常低，对不同环境的适应能力良好，功率和控制电压较低，并具有闭锁功能；缺点是交换速度只能达到毫秒级。

(7) 光标记交换技术

利用各种方法在光包上打上标记，即把光包的包头地址信号用各种方法打在光包上，这样在光交换节点上根据光标记来实现全光交换。基于这种原理实现的光交换称为光标记交换（Optical Label Switch，OLS）。

4.3.2 软交换技术

1. 软交换技术的背景

20 世纪 90 年代中期，朗讯的贝尔实验室提出"软交换"（Softswitch）概念。当时在企业网络环境下，用户采用基于以太网的电话，通过一套基于 PC 服务器的呼叫控制软件，实现 PBX 功能（IPPBX）。对于这样一套设备，系统不需要单独铺设网络，而只通过与局域网共享就可实现管理与维护的统一，综合成本远低于传统的 PBX。受到 IP PBX 成功的启发，为了提高网络综合运营效益，网络的发展更加趋于合理、开放，更好地服务于用户。业界提出了这样一种思想：将传统的交换设备部件化，分为呼叫控制与媒体处理，二者之间采用标准协议（MGCP、H. 248）且主要使用纯软件进行处理，于是，软交换（Soft Switch）技术应运而生。软交换概念一经提出，很快便得到了业界的广泛认同和重视，软交换相关标准和协议得到了 IETF、ITU-T 等国际标准化组织的重视。1999 年建立"国际软交换论坛"（ISC）。根据国际软交换论坛的定义，软交换是基于分组网利用程控软件提供呼叫控制功能和媒体处理相分离的设备和系统。因此，软交换的基本含义是将呼叫控制功能从媒体网关（传输层）中分离出来，通过软件实现基本呼叫控制功能，从而实现呼叫传输与呼叫控制的分离，为控制、交换和软件可编程功能建立分离的平面。软交换主要提供连接控制、翻译和选路、网关管理、呼叫控制、带宽管理、信令、安全性和呼叫详细记录等功能。与此同时，软交换还将网络资源、网络能力封装起来，通过标准开放的业务接口和业务应用层相连，可方便地在网络上快速提供新的业务。软交换的功能框图如图 4-30 所示。

软交换是下一代网络的核心设备之一，各运营商在组建基于软交换技术的网络结构时，必须考虑到与其他各种网络的互通。在下一代网络中，应有一个较统一的网络系统结构。软交换位于网络控制层，较好地实现了基于分组网利用程控软件提供呼叫控制功能和媒体处理相分离的功能。软交换的实现目标是在媒体设备和媒体网关的配合下，通过计算机软件编程的方式来实现对各种媒体流进行协议转换，并基于分组网络（IP/ATM）的架构实现 IP 网、ATM 网、PSTN 网等的互连，以提供和电路交换机具有相同功能并便于业务增值和灵活伸缩的设备。

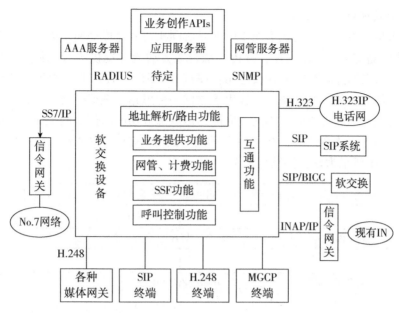

图 4-30 软交换的功能框图

软交换与应用/业务层之间的接口提供访问各种数据库、三方应用平台、功能服务器等接口，实现对增值业务、管理业务和三方应用的支持。其中：软交换与应用服务器间的接口可采用 SIP、API，如 Parlay，提供对三方应用和增值业务的支持；软交换与策略服务器间的接口对网络设备工作进行动态干预，可采用 COPS 协议；软交换与网关中心间的接口实现网络管理，采用 SNMP；软交换与智能网 SCP 之间的接口实现对现有智能网业务的支持，采用 INAP。

通过核心分组网与媒体层网关的交互，接收处理中的呼叫相关信息，指示网关完成呼叫。其主要任务是在各点之间建立关系，这些关系可以是简单的呼叫，也可以是一个较为复杂的处理。软交换技术主要用于处理实时业务，如语音业务、视频业务、多媒体业务等。

软交换之间的接口实现不同于软交换之间的交互，可采用 SIP-T、H.323 或 BICC 协议。目前比较普遍的看法认为，软交换系统主要应由下列设备组成：

1）软交换控制设备（Softswitch Control Device）　这是网络中的核心控制设备（也就是我们通常所说的软交换）。它完成呼叫处理控制功能、接入协议适配功能、业务接口提供功能、互连互通功能、应用支持系统功能等。

2）业务平台（Service Platform）　完成新业务生成和提供功能，主要包括 SCP 和应用服务器。

3）信令网关（Signaling Gateway）　目前主要指七号信令网关设备。传统的七号信令系统是基于电路交换的，所有应用部分都是由 MTP 承载的，在软交换体系中则需要由 IP 来承载。

4）媒体网关（Media Gateway）　完成媒体流的转换处理功能。按照其所在位置和所处理媒体流的不同可分为：中继网关（Trunking Gateway）、接入网关（Access Gateway）、多媒体网关（Multimedia Service Access Gateway）、无线网关（Wireless Access Gateway）等。

5）IP 终端（IP Terminal）　目前主要指 H.323 终端和 SIP 终端两种，如 IP PBX、IP Phone、PC 等。

6）其他支撑设备　如 AAA 服务器、大容量分布式数据库、策略服务器（Policy Server）等，它们为软交换系统的运行提供必要的支持。

2. 软交换系统的结构与功能

软交换技术是一组由多个功能平面中的网元协同执行并完成交换功能（建立端到端通信连接），利用集成电路交换与分组交换，并传送融合业务功能（提供语音、数据、传真和视频相结合的业务以及未来通过软交换的开放应用程序接口（API）提供的新业务）的技术。

软交换可看作为一种控制设备，它诞生于这样一种思路：把传统交换机按功能分解，控制功能由软交换完成，承载功能由媒体网关完成，信令部分功能由信令网关完成。软交换技术采用了电话交换机的先进体系结构，并采用互联网中的 IP 包来承载语音、数据以及多媒体流等多种信息。图 4-31 所示为软交换结构框图。

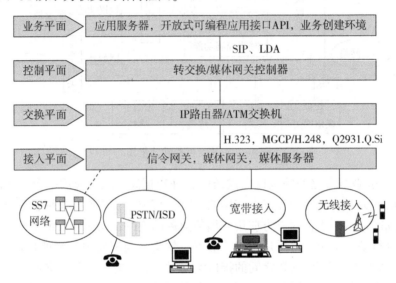

图 4-31 软交换结构框图

（1）业务平面

业务平面包含应用服务器、开放式可编程应用接口（API）和业务创建环境。应用服务器提供增强业务（如统一消息业务、预付费卡业务和 IP 呼叫等待业务等）的执行、管理和计费，具有至控制平面的信令接口，并提供用于创建和配置各种业务的应用程序接口。

（2）控制平面

控制平面主要由媒体网关控制器（MGC）组成，业界通常将其称为"软交换机"。它提供传统有线网、无线网、七号信令网和 IP 网的桥接功能（包括建立电话呼叫和管理通过各种网络的语音和数据业务流量），是软交换技术中的呼叫控制引擎。

媒体网关控制器主要执行以下功能：呼叫控制、根据媒体网关控制协议控制媒体网关、支持 H.323 和 SIP 等会话层协议、提供业务等级/业务质量控制、提供 SS7 over IP 的接口、为受控媒体网关和 SS7 信令网关提供各种配置、有选择地支持带宽管理控制和关守功能、支持选路和编号。

（3）交换平面

交换平面由 IP 路由器/ATM 交换机组成。

（4）接入平面

接入平面包括媒体网关（MGW）、信令网关（SGW）和媒体服务器（MS）。

媒体网关执行不同媒体流之间的转换处理功能，如 ATM/IP 分组网与传统 PSTN 之间需提供电路交换与分组资源之间的转换处理，包括语音和视频压缩、回波抵消、传真、中继等所需的 DSP 资源管理、TDM 时隙指配、实时传输协议（RTP）以及媒体网关控制协议的执行等。媒体网关可通过 SS7 接口与原先的系统集成为现有用户带来新业务。根据所处位置或所处理媒体流的不同，媒体网关可分为中继网关、接入网关、无线网关以及多媒体网关等几种类型。

信令网关用于桥接七号信令与 PSTN、ATM/IP 网，建立信令网关到软交换之间用 ATM/IP 承载七号信令所需的协议、定时和组帧，以便在 SGW 与软交换机之间传送 SS7 信息。

媒体服务器用于提供特殊资源，如会议、传真、通知、语音识别和处理至网关的承载接口等。它的功能有时也可在媒体网关中构建。

软交换是下一代网络的核心设备之一，在下一代网络中，应有一个较统一的网络系统结构。软交换位于网络控制层，较好地实现了基于分组网利用程控软件提供呼叫控制功能和媒体处理相分离的功能。软交换是实现传统程控交换机的"呼叫控制"功能的实体，但传统的"呼叫控制"功能是和业务结合在一起的，不同的业务所需要的呼叫控制功能不同，而软交换是与业务无关的，这要求软交换提供的呼叫控制功能是各种业务的基本呼叫控制。

软交换技术核心思想的三个基本要素是：

1）开放的业务生成接口　软交换提供业务的主要方式是通过 API 与"应用服务器"配合以提供新的综合网络业务。与此同时，为了更好地兼顾现有通信网络，它还能够通过 INAP 与 IN 中已有的 SCP 配合以提供传统的智能业务。

2）综合的设备接入能力　软交换可以支持众多的协议，以便对各种各样的接入设备进行控制，最大限度地保护用户投资并充分发挥现有通信网络的作用。

3）基于策略的运行支持系统　软交换采用了一种与传统 OAM 系统完全不同的、基于策略的实现方式来完成运行支持系统的功能，按照一定的策略对网络特性进行实时、智能、集中式的调整和干预，以保证整个系统的稳定性和可靠性。

3. 软交换可提供的主要业务

软交换可提供的业务类型包括：基本业务、PSTN/ISDN 补充业务、多媒体增值业务等，具体说明如下：

1）软交换可以提供现有的网络所能提供的各种业务　如数据业务，多媒体业务和移动业务，包括电话网络的业务，本地、长途、国际电话业务，高速和低速数据业务，以便与传统网络业务兼容。

2）提供各种补充业务　补充业务主要是指 PSTN 上能够提供的各种业务，如主叫号码显示、主叫号码显示限制业务、三方通话、会议呼叫、呼叫转移、语音邮箱消息提示、呼叫等待、Centrex 业务等。

3）提供智能网业务　具有比智能网更加灵活的业务功能，可以提供目前智能网具有的各种业务，特别是通过与第三方的合作，可以提供更多的业务种类。

4）基于应用服务器和多媒体服务器的业务　如视频多媒体业务、WEB800 业务、白板业务、VPN 业务、统一消息业务、可视电话、点击传真业务等。

5）个人呼叫管理业务　如个人数据维护业务、个人图片服务、网络用户服务、通过 WEB 自定制业务等。

4. 软交换技术的优点

（1）软交换技术可以降低处理业务的成本

因为 IP 传送和交换的成本要低于电路交换的成本，PSTN 中的软交换可以卸载拨号数据呼叫的中继传真数据,并将它们转移到低成本的 IP 网中支。业务提供者可用软交换技术替代 C4/C5 电话交换机,从而降低了新的业务提供者涉足该领域的"门槛"。软交换的运行和管理比传统交换机容易,因为它的控制功能是通过基于软件的软交换来执行的,升级和改变配置较传统交换机更加灵活和方便。

(2)软交换技术具有优异的提供新业务的能力

在采用软交换技术的网络中,业务可通过开放的 API 编程来提供。软交换不仅可以提供现有的各种基本业务,而且可通过不同的应用服务器来提供对于传统交换机来说是过于复杂的不同的增强业务。用户终端与应用服务器之间类似于客户机/服务器的关系,业务提供商可通过对基于软件的软交换进行升级或取代原有的应用服务器来增加新业务,这要比传统的方式更快,成本也更低。

(3)软交换技术良好的互操作性有利于向 IP 网无缝演进

软交换支持各种协议,且具有综合的设备接入能力。基于电路交换的 PSTN 向全 IP 网演进是一个长期的过程,在 PSTN 与 IP 网并存的情况下,软交换可提供它们之间的互操作性,这对于促进这种演进十分关键。软交换技术采用分布式结构也适合于电话网继续发展,并允许业务提供商随时随地增容或增加业务。通过协议适配器,软交换技术还可有效地作用于现有的资源,如 PSTN 上 IN 的 SCP 数据库,允许新业务与老的数据库实现互操作。若在软交换中增加新的设备控制协议适配器,则业务提供商可方便地利用新设备与网络的配合来扩充网络和业务。

(4)软交换技术具有开放的结构

软交换技术可将软件与智能以及硬件、传送与交换层划分开,故可不必依赖于个别制造商,从而为多厂商竞争基于软交换解决方案的下一代网络所需软硬件等提供开放的环境。

(5)软交换技术有利于营运商

电话公司可用其取代 C4 或 C5 交换机,借此增容和增强提供业务的能力。IP 业务提供商可借此超越基本的因特网连通性,扩大其经营业务的范围。正在兴起的靠出售带宽的电信公司可采用软交换技术并利用其建立的专用光纤网来传送语音、传真和视频等融合数据。业务提供者可利用软交换技术无缝连接到 PSTN 来扩充新的客户而不必通过其光纤骨干网。总之,软交换技术的应用将在降低网络成本、提供业务多样性以及推动 PSTN 向基于 IP 的网络演进方面带来好处。

4.3.3 IM 技术

即时通信(Instant Messenger,IM)指能够即时发送和接收互联网消息等的业务,是一种使人们能在网上识别在线用户并与他们实时交换消息的技术。

即时通信源自四位以色列籍年轻人,他们在 1996 年 7 月成立了 Mirabilis 公司,并于同年 11 月推出了全世界第一个即时通信软件 ICQ,目前 ICQ 已经归 AOL 所有,意为"我在找你" ("I Seek You",简称 ICQ)。1998 年面世以来,即时通信的功能日益丰富,逐渐集成了电子邮件、博客、音乐、电视、游戏和搜索等多种功能。即时通信不再是一个单纯的聊天工具,它已经发展成集交流、资讯、娱乐、搜索、电子商务、办公协作和企业客户服务等为一体的综合化信息平台。即时通信最初是由 AOL、微软、雅虎、腾讯等独立于电信运营商的即时通信服务商提供的。但随着其功能日益丰富、应用日益广泛,特别是即时通信增强软件的某些功能如 IP 电话等,已经在分流和替代传统的电信业务,使得电信运营商不得不采取措施应对这种挑战。

2006 年 6 月，中国移动已经推出了自己的即时通信工具 Fetion，中国联通也推出了即时通信工具"超信"，但由于进入市场较晚，其用户规模和品牌知名度还比不上原有的即时通信服务提供商。目前最具代表性的几款的 IM 通信软件有 MSN、Google Talk、Yahoo、Messenger、Talk Box、Skype。我国的即时通信工具主要有：微信、QQ、米聊、盛大 Kiki、友信、口信、E 话通、UC、商务通、网易泡泡、盛大圈圈、淘宝旺旺及电信营运商提供的 IM 等。

大多数常用的即时通信程序所提供的服务包括如下功能：

1）即时通信，在线用户之间来回发送信息。

2）聊天，创建用户与朋友间的自定义聊天室。

3）网页链接，共享用户喜爱的网址。

4）支持图片，浏览朋友计算机中的图片。

5）支持声音，给朋友播放音乐。

6）支持文件传输，直接将文件发送给朋友，以便于共享。

7）交谈，使用 Internet 而不是电话与朋友们进行语音交谈。

8）影音串流内容，实时或准实时的股市行情或新闻。

在安全性方面，对于企业级用户来说，一个重要问题就是大多数即时通信系统是公开的，这意味着用户只要知道另一个用户的即时通信地址，就可以直接向对方发送信息，这使员工向外界泄露企业的商业秘密变得便利。而且即时通信的主要特点是两台终端之间可以直接进行交流，而不必通过任何第三方服务器中转。这就使得网络监管对即时通信用户的数据交换进行监控的难度增加。

从发展的角度来看，即时通信软件已开发出 PC 版、手机版、网页版等多个版本，各个版本之间实现消息互通，支持文字对话、音视频对话、文件传输、远程协助、网络硬盘、资源共享、电子传真及 VOIP 等强大功能。在集团和企业内部，提供了一个可靠而灵活的集成平台，可方便快捷地接入应用程序和复杂的业务流程。在电子商务领域，它可轻松融合各种大型电子商务网站，帮助买卖双方快捷高效沟通，从而提高交易成功率。即时通信可与一些电子商务网站（如：B2B/C2C/B2C 等交易网）整合，买卖双方的在线状态在网站的页面同步显示，网页版功能使用户即使不下载软件，通过网页就能实现消息互通。企业版集中式用户管理将为企业建立起网上沟通渠道，使企业员工之间达到"零距离"交互，以提高办公效率。通过实现手机版与 PC 版即时通信软件的消息互通，无论何时何地，企业成员都可以与集团其他成员保持高效的沟通。此外，通过将手机版即时通信软件与其他系统如 OA、EPR 等系统进行紧密整合，真正实现了 3A（Anytime、AnywhErl、Anything）的全新办公模式。手机即时通信适用于企事业单位、政府机关、电子政务等移动办公需要，为大型电子商务网站提供移动即时通信解决方案。

即时通信优势可归纳为：

1）采用专业强大的即时通讯服务器集群构架。

2）可实现办公即时通讯、网络 IP 电话、协同办公、视频会议、远程协助等多种应用。

3）用户一次登录，既可在多个系统中切换，实现单点登陆。

4）接入企业应用系统、与现有的系统无缝集成：可以从现有的系统中提取部门、用户列表，支持树形组织架构。

5）客户端自动升级功能：所有应用的客户端都具有自动安装、自动升级的功能。

6）性能稳定，安全可靠，二次开发扩展，插件等强大功能。

7）严谨的用户权限机制，身份验证、访客控制。

8）3A 办公，这种全新的办公模式，可以摆脱时间和空间对办公人员的束缚、提高工作效率、加强远程协助，尤其是可以处理常规办公模式下难以解决的紧急事务背景。

目前的 IM 系统，如 AOL IM、Yahoo IM 和 MSN IM，使用了不同的技术，而且它们互不兼容，没有即时通信的统一标准，这些标准包括：IETF 的对话初始协议（SIP）以及即时通信对话初始协议和表示扩展协议（SIMPLE）、应用交换协议（APEX）、显示和即时通信协议（PRIM）、基于 XML 且开放的可扩展通信和表示协议（XMPP）协议。下面对部分即时通信传输协议进行简要介绍。

（1）即时通信对话初始协议和表示扩展协议（SIMPLE）

SIMPLE 协议为 SIP 指定了一整套的架构和扩展方面的规范，而 SIP 是一种网际电话协议，可用于支持 IM 的消息表示。SIP 能够传送多种方式的信号，如 INVITE 信号和 BYE 信号分别用于启动和结束会话。SIMPLE 协议在此基础上还增加了另一种方式的请求，即 MESSAGE 信号，可用于发送单一分页的即时通信内容，实现分页模式的即时通信。SUBSCRIBE 信号用于请求把显示信息发送给请求者，而 NOTIFY 信号则用于传输显示信息。较长 IM 对话的参与者们需要传输多种的延时信息，它们使用 INVITE 和消息会话中继协议（MSRP）。与 SIMPLE 相协议结合，MSRP 可用于 IM 的文本传输，正如与 SIP 相结合，RTP 就可以用于传输 IP 电话中的语音数据包一样。

（2）可扩展通信和表示协议（XMPP）

用于流式传输准实时通信、表示和请求/响应服务等的 XML 元素。XMPP 是基于 Jabber 协议，是用于即时通信的一个开放且常用的协议。尽管 XMPP 没有被任何指定的网络架构所融合，它还是经常会被用于客户机/服务器架构中，客户机需要利用 XMPP 通过 TCP 连接来访问服务器，而服务器也是通过 TCP 连接进行相互连接。

（3）Jabber

Jabber 是一种开放的、基于 XML 的协议，用于即时通信消息的传输与表示。国际互联网中成千上万的服务器都使用了基于 Jabber 协议的软件。Jabber 支持用户使用其他协议访问网络，如 AIM 和 ICQ、MSN Messenger 和 Windows Messenger、SMS 或 E-mail。

（4）网际转发聊天协议（IRCP）

IRCP 支持两个客户计算机之间、一对多（全部）客户计算机和服务器对服务器之间的通信。该协议为大多数网际即时通信和聊天系统提供了技术基础。IRC 协议在 TCP/IP 网络系统中已经得到了开发，尽管没有需求指定这是 IRC 协议的唯一操作环境。IRC 协议是一种基于文本的协议，使用最简单的客户端程序就可作为其连接服务器的接口（Socket）程序。

即时通信是一种基于 Internet 的通信技术，涉及 IP/TCP/UDP/Sockets、P2P、C/S、多媒体音视频编解码/传送、Web Service 等多种技术手段。无论即时通信系统的功能如何复杂，它们大多基于相同的技术原理，主要包括客户/服务器（C/S）通信模式和对等通信（P2P）模式。

C/S 结构以数据库服务为核心，将连接在网络中的多个计算机形成一个有机的整体，客户机（Client）和服务器（Server）分别完成不同的功能。

P2P 模式是非中心结构的对等通信模式，每一个客户（Peer）都是平等的参与者，扮演着服务使用者和服务提供者两个角色。客户之间进行直接通信，可充分利用网络带宽，减少网络的拥塞状况，使资源的利用率大大提高。同时由于没有中央节点的集中控制，系统的伸缩性较强，也能避免单点故障，提高系统的容错性能。

当前使用的 IM 系统大都组合使用了 C/S 和 P2P 模式。在登录 IM 进行身份认证阶段是工作在 C/S 方式，随后如果客户端之间可以直接通信则使用 P2P 方式工作，否则以 C/S 方式通过 IM 服务器通信。

在图 4-32 中，用户 A 希望和用户 B 通信，必须先与 IM 服务器建立连接，从 IM 服务器获取到用户 B 的 IP 地址和端口号，然后 A 向 B 发送通信信息。B 收到 A 发送的信息后，可以按照 A 的 IP 和端口直接与其建立 TCP 连接，与 A 进行通信。此后的通信过程中，A 与 B 之间的通信则不再依赖 IM 服务器，而采用一种对等通信（P2P）方式。由此可见，即时通信系统结合了 C/S 模式与 P2P 模式，首先客户端与服务器之间采用 C/S 模式进行注册、登录、获

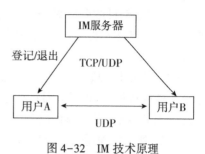

图 4-32　IM 技术原理

取通信成员列表等，随后，客户端之间可以采用 P2P 通信模式交互信息。

QQ 使用 UDP 进行发送和接收消息。当用户 A 的机器安装了 OICQ 软件以后，实际上，用户 A 既是服务端（Server）又是客户端（Client）。当用户 A 登录 OICQ 时，用户 A 的 OICQ 作为 Client 连接到腾讯公司的主服务器上，当用户 A 看谁在线时，用户 A 的 OICQ 又一次作为 Client 从 QQ Server 上读取在线网友名单。当用户 A 和自己的 OICQ 伙伴用户 B 进行聊天时，如果用户 A 和用户 B 的连接比较稳定，双方的聊天内容都是以 UDP 的形式，在计算机之间传送。如果双方的连接不是很稳定，QQ 服务器将为双方的聊天内容进行中转。其他的即时通信软件原理与此大同小异。

一般的步骤：首先，用户 A 输入自己的用户名和密码登录即时通信服务器，服务器通过读取用户数据库来验证用户身份，如果用户名、密码都正确，就登记用户 A 的 IP 地址、IM 客户端软件的版本号及使用的 TCP/UDP 端口号，然后返回用户 A 登录成功的标志，此时用户 A 在 IM 系统中的状态为在线（Online Presence）。其次，根据用户 A 存储在 IM 服务器上的好友列表（Buddy List），服务器将用户 A 在线的相关信息发送到也同时在线的即时通信好友用户 B 的 PC，这些信息包括在线状态、IP 地址、IM 客户端使用的 TCP 端口号等，即时通信好友用户 B 的 PC 上的即时通信软件收到此信息后将在 PC 桌面上弹出一个小窗口予以提示。第三步，即时通信服务器把用户 A 存储在服务器上的好友列表及相关信息回送到用户 A 的 PC，这些信息包括也在线状态、IP 地址、IM 客户端使用的 TCP 端口号等信息，用户 A 的 PC 上的 IM 客户端收到后将显示这些好友列表及其在线状态。接下来，如果用户 A 想与他的在线好友用户 B 聊天，他将利用服务器发送过来的用户 B 的 IP 地址、TCP 端口号等信息，直接向用户 B 的 PC 发出聊天信息，用户 B 的 IM 客户端软件收到后显示在屏幕上，然后用户 B 再直接回复到用户 A 的 PC，这样双方的即时文字消息就不通过 IM 服务器中转，而是通过网络进行点对点的直接通信，这称为对等通信方式（Peer To Peer，P2P）。在商用即时通信系统中，如果用户 A 与用户 B 的点对点通信由于防火墙、网络速度等原因难以建立或者速度很慢，IM 服务器还提供消息中转服务，即用户 A 和用户 B 的即时消息全部先发送到 IM 服务器，再由服务器转发给对方。早期的 IM 系统，在 IM 客户端和 IM 服务器之间通信采用 UDP，UDP 是不可靠的传输协议，而在 IM 客户端之间的直接通信中，采用具备可靠传输能力的 TCP。随着用户需求和技术环境的发展，目前主流的即时通信系统倾向于在即时通信客户端之间、即时通信客户端和即时通信服务器之间都采用 TCP。

QQ 聊天信息是在两个用户间直接通信的，而 MSN 要经过服务器中转。

IM 通信方式包括在线直接通信、在线代理通信、离线代理通信、扩展方式通信方式。

（1）在线直接通信　如果用户 A 想与他的在线好友用户 B 聊天，他将直接通过服务器发送过来的用户 B 的 IP 地址、TCP 端口号等信息，直接向用户 B 的 PC 发出聊天信息，用户 B 的 IM 客户端软件收到后显示在屏幕上，然后用户 B 再直接回复到用户 A 的 PC，这样双方的即时文字消息就不再 IM 服务器中转，而是直接通过网络进行点对点的通信，即对等通信方式（Peer To Peer）。

（2）在线代理通信　用户 A 与用户 B 的点对点通信由于防火墙、网络速度等原因难以建立或者速度很慢，IM 服务器将会主动提供消息中转服务，即用户 A 和用户 B 的即时消息全部先发送到 IM 服务器，再由服务器转发给对方。

（3）离线代理通信　用户 A 与用户 B 由于各种原因不能同时在线的时候，如此时 A 向 B 发送消息，IM 服务器可以主动寄存 A 用户的消息，到 B 用户下一次登录的时候，自动将消息转发给 B。

（4）扩展方式通信　用户 A 可以通过 IM 服务器将信息以扩展的方式传递给 B，如短信发送方式发送到 B 的手机，传真发送方式传递给 B 的电话机，以 email 的方式传递给 B 的电子邮箱等。

早期的 IM 系统，在 IM 客户端和 IM 服务器之间通信采用 UDP，UDP 是不可靠的传输协议，而在 IM 客户端之间的直接通讯中，采用具备可靠传输能力的 TCP。随着用户需求和技术环境的发展，目前主流的 IM 系统倾向于在 IM 客户端之间、IM 客户端和 IM 服务器之间都采用 TCP。

即时通信相对于其他通信方式如电话、传真、email 等的最大优势就是消息传达的即时性和精确性，只要消息传递双方均在网络上可以互通，使用即时通信软件传递消息，传递延时仅为 1 s。

在图 4-32 中 IM 服务器从功能上讲是一种交换设备，它完成了用户 A 与用户 B 的路由交换，使 A、B 间建立起了通信的桥梁。然而，这与传统交换方式由交换节点转发数据不同，IM 服务器只对用户 A、B 互相交换 IP 地址，使两者相互知道对方的 IP 地址，这之后用户 A、B 就不再依赖 IM 服务器进行数据交换，而是通过 UDP 直接进行点对点的互联网通信。这就产生了一种全新的思维方式，即通信双方可以通过 IP 地址的相互通报进行跨平台、跨网络的通信。如果用户终端能将语音转换为数据，就可在用户 A、B 间进行电话通信，并且这种电话通信可以跨越电信运营商的业务平台进行，造成电信运营商电话资费的大量流失，使电信运营商成为通信管道（信道）的提供者，而 IM 业务提供商却成了电话业务的提供者，他们提供服务只需租用电话运营商的管道即可，于是出现了微信服务。进一步讲，如果微信服务具备了待机和呼叫功能，则有可能与电话运营商开展电话服务竞争。

腾讯公司于 2011 年 3 月底推出的微信软件就是一个很好的例证。腾讯提供的微信具有零资费、跨平台沟通、显示实时输入状态等功能，与传统的短信沟通方式相比，更灵活、智能、节省资费。

小结

本章介绍了电话交换技术、数据交换技术和交换前沿技术。包括电话交换的分类与组成、程控数字电话交换技术、信令技术；电路交换与报文交换技术、分组交换技术、信元交换技术、多协议标记交换技术、移动 MPLS IP 技术；空分光交换技术、时分光交换技术、波分光交换技术、软交换技术、即时通信技术。使读者了解信号在经过通信网络交换节点时会面临的问题和所涉及的相关技术。交换技术是通信体系中终端、交换、传输三要素中的其中一个重要内容，关系到信号在通过多路由节点时的信号流向安排或路由选择。交换技术归结为两种类型的路由选择方案。一种是信号传输前先发出路由信息，交换设备根据这些信息预先建立好路由，以后的信息直接通过交换节点而不用再向交换设备提供路由信息，这种路由交换方式常用于面向连接的点对点传输方式，具有安全、保密、可靠、快速的优点，电话交换就属于这一类。另一种为根据信息自身所携带的路由信息，由交换设备临时安排交换路由，因此对每个信息都要进行路由分析，这种路由交换方式常用于面向无连接的点对多点传输方式，具有资源利用率高、抗网络摧毁性强、网络中信号流量可随时调整、交换方式灵活的优点，以互联网为代表的分组交换就属于这一类。结合上述两种方式的优点提出的多协议标记交换技术，可在面向无连接的分组网络中实现面向连接的网络的功能。

思考题

4-1 电话交换机是如何分类的？有哪些种类的交换机？它们的功能异同点是什么？

4-2 程控电话交换机由哪些部分构成？各自的功能是什么？

4-3 程控电话交换是如何完成话路交换的？举例说明。

4-4 叙述输入端 $PCM_0 TS_{204}$ 时隙的语音信号交换到输出端 $PCM_1 TS_{35}$ 时隙的交换过程。

4-5 母局程控交换机和远端交换模块的入线与交换器的集线比是如何考虑的？

4-6 如果某用户线在最繁忙时被占用的时长为 40min，其话务量为多少爱尔兰？

4-7 什么是信令？信令是如何分类的？信令的功能是什么？

4-8 数据交换设备有哪些？它们各自有哪些特点？

4-9 什么是虚电路？它们与永久性虚电路有什么区别？是如何工作的？有何特点？

4-10 什么是信元交换？信元头中各字段的功能是什么？说明交换过程。

4-11 编写一个 4 路、3 时隙输入和 4 路、3 时隙输出的信元交换映射表。

4-12 什么是多协议标记交换？MPLS 的工作原理是什么？举例说明。

4-13 叙述将终端 I 的 IP 分组传送到终端 II，中间经过边缘节点 LER 的 A、B，内部节点 ILSR 中的 R_1、R_2、R_3、R_4、R_5，标记出交换路径 LSP。

4-14 叙述基于 MPLS 标记交换路径的移动 IP 网络模型中，注册及标记交换路径的建立过程。

4-15 光交换技术包括哪些种类？它们各自的特点是什么？

4-16 软件交换技术的基本特点是什么？

4-17 即时通信中，两个用户间的连接是如何完成的？

第5章 有线通信应用技术

5.1 骨干通信网络技术

5.1.1 SDH 网络技术

在 20 世纪 70~80 年代，随着数字通信和计算机技术的发展，要求传送的信息不仅是语音，还有文字、数据、图像和视频等，加之陆续出现了 T1（DS1）/E1 数字传输系统（1.544/2.048Mbps）、X.25 帧中继、ISDN（综合业务数字网）和 FDDI（光纤分布式数据接口）等多种网络技术，人们希望现代信息传输网络能快速、经济、有效地提供各种电路和业务，于是，美国的贝尔通信技术研究所提出了同步光网络（SONET）概念，国际电话电报咨询委员会（CCITT）（现 ITU-T）于 1988 年接受了 SONET 概念，并重新命名为同步数字体系（Synchronous Digital Hierarchy，SDH），使其成为不仅适用于光纤，也适用于微波和卫星传输的通用技术体制，还可与光波分复用（WDM）、ATM 技术、Internet 技术（IP over SDH）等结合使用。SDH 解决了由于入户媒质的带宽限制而跟不上骨干网和用户业务需求的发展，而产生了用户与核心网之间的接入"瓶颈"的问题，SDH 提高了传输网上大量带宽的利用率。自从 20 世纪 90 年代引入 SDH 技术以来，由于 SDH 同步复用、标准化的光接口、强大的网管能力、灵活的网络拓扑能力和高可靠性，已在骨干网和接入网中被广泛采用，且价格越来越低。

1. SDH 的帧结构

SDH 采用的信息结构等级称为同步传送模块 STM-N（Synchronous Transport，N = 1，4，16，64），SDH 最基本的模块为 STM-1，4 个 STM-1 同步复用构成 STM-4，16 个 STM-1 或 4 个 STM-4 同步复用构成 STM-16，4 个 STM-16 同步复用构成 STM-64。SDH 采用块状的帧结构来承载数据，如图 5-1 所示。SDH 的每帧由纵向 9 行和横向 270×N 列字节组成，每个字节含 8 bit，整个帧结构分成再生段开销（Regenerator SecTion OverHead，

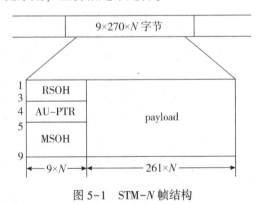

图 5-1 STM-N 帧结构

RSOH）、复用段开销（MulTiplex Section OverHead，MSOH）、STM-N 净负荷区（payload）、管理单元指针（AU PTR）。

（1）净负荷区 用于存放真正用于数据业务的比特和少量的用于通道维护管理的通道开销（POH）字节，POH 作为净负荷的一部分与信号业务一起装载在 STM-N 中传送，负责对打包的低速信号进行通道性能监视、管理和控制。

（2）段开销区 主要用于网络的运行、管理和维护（OAM）及指配，以保证信息能够正常灵活地传送。段开销可进行对 STM-N 中的净负荷是否有损坏进行监控，而 POH 在有损坏时

监控具体是哪个净负荷受到损坏。RSOH 和 MSOH 分别对相应的段进行监控，例如，若光纤上传输的是 2.5 G 的信号，则 RSOH 监控的是 STM-16 整体的传输性能，而 MSOH 则是监控 STM-16 信号中每个 STM-1 的性能情况，POH 则是监控 STM-1 中每一个打包了的低速信号（如 2 Mbit/s）的传输状态。再生段开销在 STM-N 帧中的位置是第 1 到第 3 行的第 1 到第 9×N 列，共 3×9×N 个字节；复用段开销在 STM-N 帧中的位置是第 5 到第 9 行的第 1 到第 9×N 列，共 5×9×N 个字节。

（3）管理单元指针　在 STM-N 帧中的位置是第 4 行的 9×N 列，共 9×N 个字节，用来指示净负荷区内的信息首字节在 STM-N 帧内的准确位置，以便接收时能根据这个位置指示符的指针值正确分离净负荷。

SDH 的帧传输时按由左到右、由上到下的顺序排成串型码流依次传输，每帧传输时间为 125 μs，每秒传输 1/125×1000000 帧＝8000 帧。对于 8bit 的 PCM 语音编码数据而言，每秒将传输 8000×8 bit＝64 kbit；对有 32 个时隙的一次群数字信号 E1 而言，E1 的传输速率为 32×8000×8 bit/s＝2.048 Mbit/s；对 STM-1 而言，传输速率为（9×270×1）×8000×8 bit＝155.520 Mbit/s；而 STM-4 的传输速率为 4×155.520 Mbit/s＝622.080 Mbit/s；STM-16 的传输速率为 16×155.520（或 4×622.080）Mbit/s＝2488.320 Mbit/s≈2.5 Gbit/s。

2. SDH 对传输信号的处理过程

SDH 传输业务信号时，各种不同速率业务信号要进入 SDH 的帧都要经过映射、定位和复用三个步骤。

（1）映射　映射是将各种速率的信号先经过码速调整装入相应的标准容器（C），再加入通道开销（POH）形成虚容器（VC）的过程。

（2）定位　帧相位发生偏差称为帧偏移。定位是将帧偏移信息收进支路单元（TU）或管理单元（AU）的过程。通过支路单元指针（TU PTR）或管理单元指针（AU PTR）的功能来实现定位。

（3）复用　复用是一种使多个低阶通道层的信号适配进高阶通道层，或把多个高阶通道层信号适配进复用层的过程。复用也就是通过字节交错间插方式把 TU 组织进高阶 VC 或把 AU 组织进 STM-N 的过程，由于经过 TU 和 AU 指针处理后的各 VC 支路信号已相位同步，因此该复用过程与同步复用原理与数据的并串变换相类似。

信号在 SDH 中的传输过程如图 5-2 所示。来自不同网络的信号，如 PDH/ATM/IP 信号先要在传输终端 TM 中经过打包，将其封装成 SDH 的块状的帧结构数据包，然后在 STM-N 的网

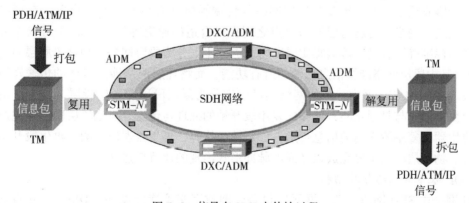

图 5-2　信号在 SDH 中传输过程

络中传输，经 ADM 上载到 SDH 传输网中，再经 DXC/ADM 等网络节点传输到接收方的 ADM 下载，再到传输终端（TM），数据包在传输终端进行解复用和拆包，还原出原来的 PDH/ATM/IP 信号。

3. SDH 传送网的分层模型

SDH 传送网可以分为电路层、通道层和传输媒质层，其分层模块如图 5-3 所示。

（1）电路层网络　电路层网络是面向业务的，不属于 SDH 传送层，但它由 SDH 传送网支撑。电路层网络直接为用户提供通信业务，如电话交换、分组交换等。电路层网络的主要节点设备有交换机、分组交换机等。电路层网络与相邻的通道层网络是相互独立的。

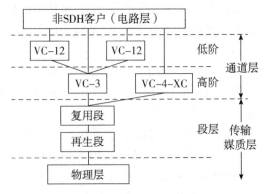

图 5-3　SDH 传输网的分层模型

（2）通道层网络　通道层网络可以支持一个或多个电路层网络，它为电路层网络的节点设备提供透明的通道。通道层网络可以进一步划分为高阶通道层（VC-3、VC-4）和低阶通道层（VC-12）。其中 VC-12 是电路层网络节点间通道的基本传送单位，VC-3/VC-4 是骨干通道的基本传送单位。SDH 传送网的一个重要特点是能够对通道层网络的连接进行管理与控制，因此网络的应用方便灵活。通道层网络与相邻的传输媒质层网络是相互独立的。

SDH 的复用单元中，C 表示容器、VC 表示虚容器、TU 表示支路单元、TUG 表示支路单元组、AU 表示管理单元、AUG 表示管理单元组。因此 VC-4 为用来装载 C-4 容器的虚容器。VC-4 也代表了不同的速率等级。参与 SDH 复用的各种速率的业务信号都应首先通过码速调整适配技术装进一个与信号速率级别相对应的标准容器：VC-12 的一个复帧由 144 字节组成，信号速率为 2 Mbit/s 可装进 C-12、34 Mbit/s 可装进 C-3、140 Mbit/s 可装进 C-4。容器的主要作用就是进行速率调整。

C-4 是 9 行 260 列，加上一列高价通道开销 POH 变成 9 行 261 列，这样的结构就是一个 VC-4 了。在 VC-4 基础上添加 AU-PTR 构成 AU-4，在 AU-4 上添加再生段开销 RSOH 和复用段开销 MSOH，就构成了一个 9 行 270 列的 STM-1 帧结构。一个 VC-4 时隙包含 3 个 VC-3 时隙，可以容纳 3 个 34 Mbit/s 信号。3 个 TU-12 复用成 1 个 TUG-2，7 个 TUG-2 复用成 1 个 TUG-3，3 个 TUG-3 复用成一个 VC-4，即一个 VC-4 时隙包含 63/64 个 VC-12 时隙。

（3）传输媒质层网络　传输媒质层网络与传输媒质（光缆或微波）有关，它可以支持一个或多个通道层网络，为通道层网络节点之间提供合适的通道容量。STM-N 可以作为传输媒质层网络的标准等级容量。传输媒质层网络可进一步划分为段层网络和物理媒质层网络（简称物理层）。其中段层网络涉及信息传输的所有功能，而物理层网络涉及具体的传输媒质，如光缆或微波。在 SDH 传送网中，段层网络还可以细分为复用段层和再生段层。其中复用段层网络为通道提供同步与复用功能，并完成复用段开销的处理与传送。再生段层网络则完成再生器之间、再生器与复用段之间的信息传送，如定帧、扰码、再生段误码检测、再生段开销的处理与传送等。物理层网络主要完成以光或电脉冲形式出现的比特传送任务。

4. SDH 基本的网络拓扑结构

SDH 网是由 SDH 网络节点（网元）设备，即数字交叉连接设备（DXC）、分插复用设备（ADM）、传输终端复用器（TM），通过光缆互连而成。网络节点和传输线路的几何排列构成网络的拓扑结构。网络的有效性、可靠性和经济性在很大程度上与其拓扑结构有关。

（1）数字交叉连接设备（DXC） DXC 的核心是交叉矩阵，主要完成将输入的 M 路 STM-N 信号交叉连接到输出的 N 路 STM-N 信号上，能够实现高速信号在交叉矩阵内的低级别交叉。

（2）分插复用设备（ADM） ADM 用于 SDH 传输网络的转接点处，如链路的中间结点或环上结点。ADM 有两个线路端口和一个去路端口，两个线路端口各接一侧的光缆，每侧有收/发共两根光纤，ADM 的作用是将低速去路信号交叉复用到线路上去，或从线路端口收到的信号中拆分出低速去路支路信号。此外还可进行线路两侧的 STM-N 信号的交叉连接。ADM 利用时隙交换实现宽带管理，即允许两个 STM-N 信号之间的不同 VC 实现互连，并且无须分接和终结整体信号，即可将各种 G.703 规定的接口信号（PDH）或 STM-N 信号（SDH）接入 STM-M（$M>N$）内作任何支路。它并不终接和多路分解在某光缆上的整个范围的信号，而是分/插次速率信号。如果一个信号需要被交换到其他环网，它从一个环网上分离下来并插入另一个环网上。这意味着执行"光-电-光"转换。

（3）传输终端复用器（TM） TM 是把多路低速信号复用成一路高速信号，或者反过来把一路高速信号分接成多路低速信号的设备。

网络拓扑的基本结构有链形、星形、树形、环形和网孔形，如图 5-4 所示。

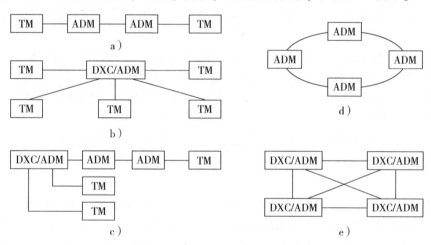

图 5-4 SDH 基本网络拓扑结构

a）链形 b）星形 c）树形 d）环形 e）网孔形

1）链形网 此种网络拓扑是将网中的所有节点——串联，而首尾两端开放。这种拓扑的特点是较经济，在 SDH 网的早期用得较多，主要用于专网中。

2）星形网 此种网络拓扑是将网中某一网元作为特殊的中心节点与其他各网元节点相连，其他各网元节点互不相连，网元节点的业务都要经过这个特殊节点转接。这种网络拓扑的特点是可通过特殊节点来统一管理其他网络节点，利于分配带宽，节约成本，但存在特殊中心节点的安全保障和处理能力的潜在瓶颈问题。特殊中心节点的作用类似于交换网的汇接局，此种拓扑多用于本地网中的接入网和用户网。

3）树形网 此种网络拓扑可看成是链形拓扑和星形拓扑的结合，也存在特殊中心节点的安全保障和处理能力的潜在瓶颈。

4）环形网 环形拓扑实际上是指将链形拓扑首尾相连，从而形成网上任何一个网元节点都不对外开放的网络拓扑形式。这是使用最多的网络拓扑形式，因为它具有很强的生存性，即自愈功能较强。环形网常用于本地网中的接入网和用户网、局间中继网。

5）网孔形网 将所有网元节点两两相连，就形成了网孔形网络拓扑。这种网络拓扑为两网元节点间提供多个传输路由，使网络的可靠性更强，不存在瓶颈问题和失效问题。但是由于系统的冗余度高，使系统有效性降低，成本高且结构复杂。网孔形网主要用于长途网中，以提供网络的高可靠性。

当前用得最多的网络拓扑是链形和环形，通过它们的灵活组合，可构成更加复杂的网络。

5. SDH 的优缺点

（1）优点

1）SDH 传输系统在国际上有统一规范的数字信号速率等级、帧结构、复接方法、线路接口、监控管理标准、电接口与光接口，使网管系统互通，SDH 容易实现多厂家互连，因此有很好的横向兼容性，它能与 PDH 完全兼容，并容纳各种新的业务信号，形成了全球统一的数字传输体制标准，提高了网络的可靠性。

2）SDH 接入系统的不同等级的码流在帧结构净负荷区内的排列非常有规律，而净负荷与网络是同步的，它利用软件能将高速信号一次直接分插出低速支路信号，实现了一次复用的特性，克服了 PDH 准同步复用方式对全部高速信号进行逐级分解然后再生复用的过程，由于大大简化了数字交叉连接（DXC），减少了背靠背的接口复用设备，改善了网络的业务传送透明性。

3）由于采用了较先进的分插复用器，数字交叉连接、网络的自愈功能和重组功能增强，具有较强的生存率。SDH 帧结构中安排了信号的 5% 开销比特，它的网管功能好，并能统一形成网络管理系统，对网络的自动化、智能化、提高信道的利用率、降低网络的维护管理费和生存能力起到了积极作用。

4）由于 SDH 多种网络拓扑结构，它所组成的网络灵活，它能增强网络监控，运行管理和自动配置功能，优化了网络性能，同时也使网络运行灵活、安全、可靠，使网络的功能齐全和多样化。

5）SDH 有传输和交换的性能，其中的 DXC 设备主要完成路由交换，ADM 完成上下电路的信号复用和解复用功能。它们的自由组合，可灵活地实现不同层次和各种拓扑结构的网络。

6）SDH 并不专属于某种传输介质，它可用于双绞线、同轴电缆或微波传输，但 SDH 用于传输高数据率则需用光纤。这一特点表明，SDH 既适合用作干线通道，也可作支线通道。例如，我国的国家与省级有线电视干线网就是采用 SDH，而且它也便于与光纤电缆混合网（HFC）相兼容。

7）从国际标准化组织（OSI）模型的观点来看，SDH 属于其最底层的物理层，并未对其高层有严格的限制，便于在 SDH 上采用各种网络技术，支持 ATM 或 IP 传输。SDH 是严格同步的，从而保证了整个网络稳定可靠，误码少，且便于复用和调整。

（2）缺点

1）SDH 以牺牲速率换取高可靠性 SDH 由于在 STM-N 帧中加入了大量的用于 OAM 功能的开销字节，这样使在传输同样数量有效信息时，PDH 信号所占用的频带要比 SDH 信号所占用的频带窄，即 PDH 信号所用的速率低。例如：SDH 的 STM-1 信号可复用进 63 个 2 Mbit/s 或 3 个 34 Mbit/s（相当于 48×2 Mbit/s）或 1 个 140 Mbit/s（相当于 64×2 Mbit/s）的 PDH 信号。当 PDH 信号以 140 Mbit/s 的信号复用进 STM-1 信号的帧时，STM-1 信号可能容纳 64×2 Mbit/s 的信息量，但此时它的信号速率是 155 Mbit/s，速率要高于 PDH 同样信息容量的 E4 信号（140 Mbit/s），也就是说 STM-1 所占用的传输频带要大于 PDH E4 信号的传输频带，SDH 以牺牲速率换取高可靠性。

2）指针调整机理复杂 SDH 体制可从高速信号中直接取下低速信号，省去了多级复用/解复用过程，而这种功能的实现是通过指针机理来完成的。指针的作用是时刻指示低速信号的位置，以便在"拆包"时能正确地拆分出所需的低速信号，保证了 SDH 从高速信号中直接取下低速信号的功能的实现。但是指针功能的实现增加了系统的复杂性，使系统产生 SDH 的一种特有的由指针调整引起的结合抖动。这种抖动多发于网络边界处，其频率低，幅度大，会导致低速信号在拆出后性能劣化，而且这种抖动的滤除相当困难。

3）软件的大量使用对系统安全性的影响 SDH 的一大特点是 OAM 的自动化程度高，这也意味着软件在系统中占用相当大的比重，这就使系统容易受到计算机病毒的侵害。另外，在网络层上人为的错误操作、软件故障，对系统的影响也是致命的。所以设备的维护人员必须熟悉软件，选用可靠性较高的网络拓扑。

由于 SDH 的众多特性，使其在广域网领域和专用网领域得到了巨大的发展。中国移动、电信、联通、广电等电信运营商都曾经大规模建设了基于 SDH 的骨干光传输网络。利用大容量的 SDH 环路承载 IP 业务、ATM 业务或直接以租用电路的方式出租给企、事业单位。而一些大型的专用网络也采用了 SDH 技术，架设系统内部的 SDH 光环路，以承载各种业务。对组网迫切但又没有可能架设专用 SDH 环路的单位，很多都采用了租用电信运营商电路的方式。由于 SDH 基于物理层的特点，单位可在租用电路上承载各种业务而不受传输的限制。承载方式有很多种，可以是利用基于 TDM 技术的综合复用设备实现多业务的复用，也可以利用基于 IP 的设备实现多业务的分组交换。SDH 技术可真正实现租用电路的带宽保证，安全性方面也优于 VPN 等方式。一般来说，SDH 可提供 E1、E3、STM-1 或 STM-4 等接口，完全可以满足各种带宽要求。

近年来，随着 SDH 设备逐渐老化，故障率增加，维护成本增加，加上 4G 的广泛应用，骨干网上传输的主要信息由原来的语音信号变为分组数据，导致 SDH 越来越难以满足新的需求，逐渐退出了几大电信营运商在主干网中的应用。

6. SONET 光网络概念

SONET 是同步光纤网络的缩写，最初是在 20 世纪 80 年代由 Bellcore 提出的，现在是一个 ANSI 的光纤传输系统标准。SONET 定义接口的标准位于 OSI 七层模型结构的物理层，这个标准定义了接口速率的层次，并且允许数据以多种不同的速率进行多路复用。ITU 改编 SONET 成 SDH，SONET 现在被认为是 SDH 的子集，但是术语 "SONET/SDH" 在北美很通用。

SONET 的基本组成块结构为 STS-1 信号，速率为 51.84 Mbit/s，适合于装载 1 路 DS-3 信号。SONET 体系达到 STS-48，即 48 路 STS-1 信号，能够传输 32256 路语音信号，容量为 2488.32 Mbit/s，其中 STS 表示电信号接口，相应的光信号标准表示为 OC-1、OC-2 等。

图 5-5 描绘了一个 SONET/SDH 网络。小的接入环网连接到较大的区域或主干环网上，再依次连接到地区和全国环网上。从小环网到大环网的转接涉及向更高 OC 级别的转换。接入环网通常运行在 OC-3(155 Mbit/s) 上。这些环网汇入 OC-12(622 Mbit/s) 或 OC-48(2.4 Gbit/s) 区域环路，再转而汇入运行在 OC-96(4.9 Gbit/s) 或 OC-192(10 Gbit/s) 的主干环网。环网通过 ADM 和 DXC 互联。另外，存在点（PoP）设备通过分插复用器和接入环网互联。光电和电光转换在连接点处发生。在 PoP 内的数字交叉连接为话音和数据通信提供连接点。

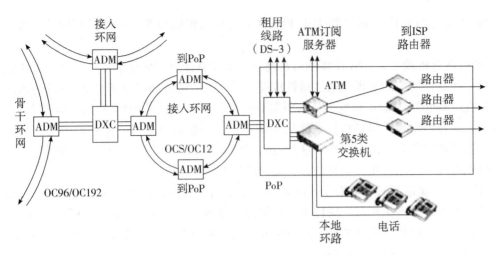

图 5-5 SONET 光网络环和 PoP 组件

5.1.2 PTN 技术

1. PTN 的基本概念

PTN（Packet Transport Network，分组传送网）是当前业界为了能够在传送层更加有效地传递分组业务，并提供电信级的 OAM 和保护而提出的一种分组传送技术。

PTN 是一种光传送网络架构，技术特点是针对分组业务流量的突发性和统计复用传送要求，在 IP 业务和底层光传输媒质之间设置一个层面，以分组业务为核心并支持多业务提供，具有更低的总体使用成本（TCO），同时秉承光传输的传统优势，包括高可用性、可靠性、高效的带宽管理机制和流量工程、便捷的 OAM 和网管、可扩展、较高的安全性等。

PTN 分组化传送技术主要如下实现方法：

1）基于以太网技术的 PBB-TE（Provider Backbone Bridge-Traffic Engineering），主要由 IEEE 开发，这是一种以太网增强技术，以 PBB-TE 为代表。

2）基于 MPLS 技术的 T-MPLS/MPLS-TP（Transport Proffile for MPLS），由 ITU-T 和 IETF 联合开发，这是一种传输技术结合 MPLS 的技术，以 T-MPLS 为代表。T-MPLS/MPLS-TP 已逐渐成为目前 PTN 在传送层唯一的主流技术，并且已在中国移动城域网络中规模部署。

3）作为分组传送演进的另一个方向，电信级以太网（Carrier Ethernet，CE）也在逐步推进中，这是一种从数据层面以较低的成本实现多业务承载的改良方法。相比 PTN，在全网端到端的安全可靠性方面及组网方面还有待进一步改进。

PTN 支持多种基于分组交换业务的双向点对点连接通道，具有适合各种粗细颗粒业务、端到端的组网能力，提供了更加适合于 IP 业务特性的"柔性"传输管道；具备丰富的保护方式，保证网络具备保护切换、错误检测和通道监控能力，精确的故障定位和严格的业务隔离功能，遇到网络故障时能够实现基于 50 ms 的电信级业务保护倒换，实现传输级别的业务保护和恢复；继承了 SDH 技术的操作、管理和维护机制（OAM），具有点对点连接的 OAM 体系，最大限度地管理和利用光纤资源；完成了与 IP/MPLS 多种方式的互连互通，无缝承载核心 IP 业务；网管系统可以控制连接信道的建立和设置，可利用各种底层传输通道（如 SDH/Ethernet/OTN），实现了业务 QoS 的区分和保证，灵活提供服务等级协议（Service-Level Agreement，SLA），在结合 GMPLS 后，可实现资源的自动配置及网状网的高生存性。

PTN 主要面向 3G/LTE 以及后续综合的分组化业务承载需求，解决移动运营商面临的数据业务对带宽需求的增长和每用户平均收入（Average Revenue Per User，ARPU）下降之间的矛盾。

2. PTN 的基本结构

PTN 设备由数据平面、控制平面、管理平面组成。其中数据平面包括 OAM、保护、交换、同步、QoS 等模块；控制平面包括路由、信令和资源管理等模块，数据平面和控制平面采用 UNI 和 NNI 与其他设备相连，管理平面还可采用管理接口与其他设备相连。PTN 设备功能模块和系统结构如图 5-6 所示。

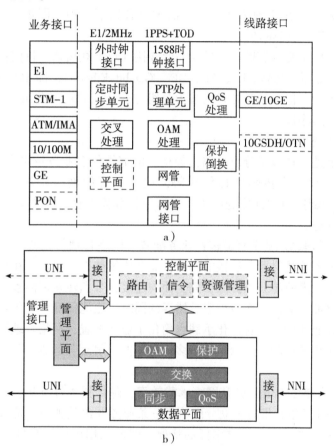

图 5-6　PTN 设备功能模块和系统结构
a) 功能模块　b) 系统结构

基于 MPLS-TP/T-MPLS 技术的 PTN 产品有如下形式。

MoS：T-MPLS over SDH　　　　MOE：T-MPLS over Ethernet

MoO：T-MPLS over OTH　　　　MOP：T-MPLS over PDH

MoR：T-MPLS over RPR

3. PTN 的主要特点

1）采用与现有本地传输网相同的分层网络架构，灵活的组网调度能力。

2）接入层采用环形或链形结构组网，客户侧采用电接口 E1、快速以太网（Fast Ethernet，FE，也是通常说的百兆网）端口。汇聚层及以上采用大容量 10G 线路侧端口，可采用环形或网状网组网，可承载在波分系统上。上下层相连可采用两点接入方式。全面的电信级安全性、电信级的 OAM 能力、具备业务感知和端到端业务开通管理能力、传送单位比特成本低。

3）可充分利用现有资源，保护已有投资，提供各种接入方式，实现快速部署，适应环境能力更强。

4）在对 TDM 业务的支持上，目前一般采用端到端伪线仿真（Pseudo Wire Emula Tion Edge-to-Edge，PWE3）的方式，目前 TDM PWE3 支持非结构化和结构化两种模式，封装格式支持 MPLS 格式。

5）可实现分组时钟同步，分组时钟同步是 3G 等分组业务对于组网的客观需求，包括时间同步、频率同步两类。在实现方式上，目前主要有如下三种：同步以太网、TOP（Timing Over Packet）方式、IEEE 1588V2。

PTN 技术主要定位于高可靠性、小颗粒的业务接入及承载场景，目前主要应用于城域网各个层面的业务及网络层面，提供 E1、FE、GE（Gigabit Ethernet，即 1000M 传输速率的以太网）、10GE 的带宽颗粒，但由于其处理内核为分组方式，因此对于分组业务的承载优势较大，承载 TDM 业务的能力有限。

4. PTN 的技术理念

PTN 技术本质上是一种基于分组的路由架构，能够提供多业务技术支持，更适合 IP 业务传送的技术。同时继承了光传输的传统优势，包括良好的网络扩展性，丰富的操作维护（OAM），快速的保护倒换和时钟传送能力，高可靠性和安全性，整网管理理念，端到端业务配置与精准的告警管理。

1）管道化的承载理念，基于管道进行业务配置、网络管理与运维，实现承载层与业务层的分离。管道化保证了承载层面向连接的特质，业务质量能得以保证。在管道化承载中，业务的建立、拆除依赖于管道的建立和拆除，完全面向连接，节点转发依照事先规划好的规定动作完成，无须查表、寻址等动作，在减少意外错误的同时，也能保证整个传送路径具有最小的时延和抖动，从而保证业务质量。管道化承载也简化了业务配置、网络管理与运维工作，增强业务的可靠性。PTN 采用统一的分组管道实现多业务适配、管理与运维，从而满足移动业务长期演进和共存的要求。

2）变刚性管道为弹性管道，提升网络承载效率，降低资本性支出。2G 时代的 TDM 移动承载网，采用 VC 刚性管道，带宽独立分配给每一条业务并由其独占，造成了实际网络运行中大量的空闲可用资源释放不出来，效率低的状况。PTN 采用由标签交换生成的弹性分组管道 LSP，当满业务的时候，通过精细的 QoS 划分和调度，保证高质量的业务带宽需求优先得到满足；在业务空闲的时候，带宽可灵活地释放和实现共享，网络效率得到极大提升，从而有效降低了承载网的建设投资资本性支出。

3）以集中式的网络控制/管理替代传统 IP 网络的动态协议控制，同时提高 IP 可视化运维能力，降低资本性支出。移动承载网的特点是网络规模大、覆盖面积广、站点数量多，这对于网络运维是极大的挑战，而网络维护的难易属性直接影响着资本性支出的高低。传统 IP 网络的动态协议控制平面适合部署规模较小、站点数量有限，同时具有更加灵活调度要求的核心网，而在承载网面前显得力不从心，而且越靠近网络下层，其问题就越突出。移动承载网的 IP 化必须继承 TDM 承载网的运维经验，以网管可视化丰富 IP 网络的运维手段，降低运维难度，同时实现维护团队的维护经验、维护体验可继承，这就是 PTN 移动 IP 承载网的管理运维理念。

4）植入新技术，补齐移动承载 IP 化过程中在电信级能力上的短板。时钟同步是移动承载的必备能力，而传统的 IP 网络都是异步的，移动承载网在 IP 化转型中必须要解决这个短板。所有的移动制式都对频率同步有 50×10^{-9} 的要求，同时某些移动制式如 TD-SCDMA 和 CD-MA2000，包括 LTE 还有对相位同步的要求，目前业界能够通过网络解决相位同步要求的只有 IEEE 1588V2 技术，植入该技术已成为移动承载 IP 化的必选项。

IP 化是网络发展的必然趋势，面临技术和网络转型期的通信业正在积极跟进相关技术和产业的发展动向。目前作为分组传送网的代表技术 PBT、T-MPLS 还面临着标准、芯片成熟度、产品成熟度和应用模式等多方面的完善问题，同时任何一种技术的网络规模应用都是一个逐步演进的过程。

5. PBB 和 PBB-TE 技术的基本概念

（1）PBB 技术与特点

图 5-7 所示为 PBB 所采用的 IEEE 802.1ah 的演进过程。

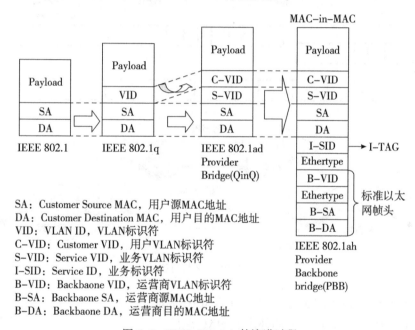

SA：Customer Source MAC，用户源MAC地址
DA：Customer Destination MAC，用户目的MAC地址
VID：VLAN ID，VLAN标识符
C-VID：Customer VID，用户VLAN标识符
S-VID：Service VID，业务VLAN标识符
I-SID：Service ID，业务标识符
B-VID：Backbaone VID，运营商VLAN标识符
B-SA：Backbaone SA，运营商源MAC地址
B-DA：Backbaone DA，运营商目的MAC地址

图 5-7　IEEE 802.1ah 的演进过程

以太网中，为了支持和隔离不同部分的业务，在局域网（LAN）的基础架构上逻辑划分出多个虚拟局域网（Virtual LAN，VLAN）。每个 VLAN 被一个 Q-tag 所定义，Q-tag 是一个添加在 IEEE 802.1 帧头的 12 bit 的域 VID，该域由 IEEE 802.1Q 协议所定义，它把一个大的网络在逻辑上划分为若干个部分，每部分供不同的业务来使用。VLAN 的作用是将网络分层以利于管理和提高性能。IEEE 802.1ad 提出用 Q-in-Q 技术来实现不同业务类型的隔离及不同用户的隔离，即在原有内层 Q-tag 基础上再简单地添加一层新的 Q-tag，原有内层Q-tag用于在用户网络内定义 VLAN，新的一层 Q-tag 让运营商能够管理自己的标签，定义独立的用户网络。

以 IEEE 802.1 为基础，叠加 IEEE 802.1Q 为二层，IEEE 802.1ad 为三层的 Q-in-Q 技术可使运营商只能最多建立 4096 个用户 VLAN，于是提出 IEEE 802.1ah，称为运营商骨干网桥（Provider Backbone Bridge，PBB）。PBB 技术的基本思路是将用户的以太网数据帧再封装一个运营商的以太网帧头，形成两个 MAC 地址，又称为 MAC-in-MAC。用户 MAC 被封装在运营商 MAC 内，通过二次封装对用户流量进行隔离，增强了以太网的可扩展性和业务的安全性。

PBB 的关键是在运营商 MAC 头内包含一个 24bit 的业务实例标签（I-Tag），用以提供超过 1600 万个业务实例。在 PBB 中，网络被区分为运营商域和用户域，在运营商域中网络交换基于运营商 MAC 头，用户的 MAC 头是不可见的。这给运营商和用户提供严格的分界，实现真正意义上的网络分层。

图 5-8 为 PBB 网络与协议结构。其中：

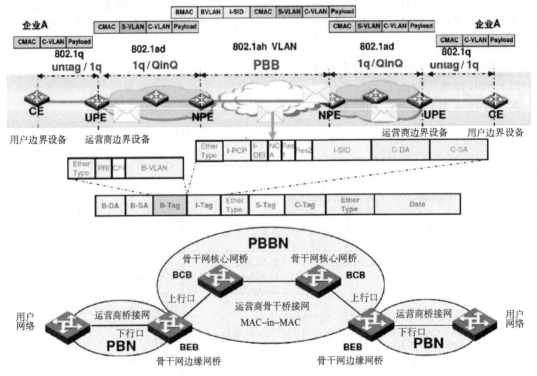

图 5-8 PBB 网络与协议结构

- B-DA 为 MAC-in-MAC 封装的外层目的 MAC 地址。
- B-SA 为 MAC-in-MAC 封装的外层源 MAC 地址。
- B-Tag 为 MAC-in-MAC 封装的外层 VLAN Tag，标识报文在 PBT 网络中的 VLAN 信息和优先级信息。
- I-Tag 为 MAC-in-MAC 封装中的业务标记，包括报文在 BEB 处理时的传送优先级 I-PCP 和丢弃优先级 I-DEI，以及标识业务实例 I-SID，并包括了用户报文的目的 MAC 和源 MAC。
- VSI 为 BEB 上支持 MAC-in-MAC 或 VLAN 的虚拟交换实例，是一个具有以太网桥功能的 VPN 实体，根据用户 MAC 地址进行二层报文转发。
- I-SID 为在 PBT 网络中用来标识业务处理实例的标签，对一个 VSI 的标识，用来供 EBE 设备识别（B-DA、B-VLAN）隧道中所承载的不同业务。一个 VPN 业务中所有 BEB 都相同。
- S-Tag、C-Tag 为原先在 802.1ad 网络中的内外层 VLAN Tag。

PBBN（Provider Backbone Bridge Network）是建立在 IEEE 802.1ah 协议基础上的运营商骨干网桥网，由 BCB（Backbone Core Bridge）、BEB（Backbone Edge Bridge）节点组成。BCB 相

当于 MPLS 网络中的 P 设备, 负责将 MAC-in-MAC 报文按照 B-MAC 和 B-VLAN 进行转发。BEB 相当于 MPLS 网络中的 PE 设备, 负责将来自用户网络的报文进行 MAC-in-MAC 封装并转发到 PBBN 中, 或将来自 PBBN 的 MAC-in-MAC 报文进行解封装再转发到用户网络中。

B-MAC 为 BEB 的 MAC 地址。BEB 设备在对用户报文进行封装时, 将本 EBE 的 MAC 作为报文的源 B-MAC, 将隧道目的端的 BEB 的 MAC 作为报文的目的 B-MAC。B-VLAN 为运营商骨干网的 VLAN, 用于承载一个或多个由 I-SDI 标识的 MAC-in-MAC 隧道服务。在 BEB 设备上连接 PBBN 的端口称为上行口, 连接用户网络的端口称为下行口。

PBN (Provider Bridge Network) 为建立在 IEEE 802. 1ad 或 IEEE 802. 1q 协议基础上的运营商桥接网, 是连接用户网络和 PBBN 之间的一层网络, 用户网络可以直接接入 PBBN 或通过 PBN 接入 PBBN。

图 5-9 所示为 PBB 网络中报文转发过程。PBB 数据转发需经 MAC 地址学习过程和报文转发过程两个步骤。

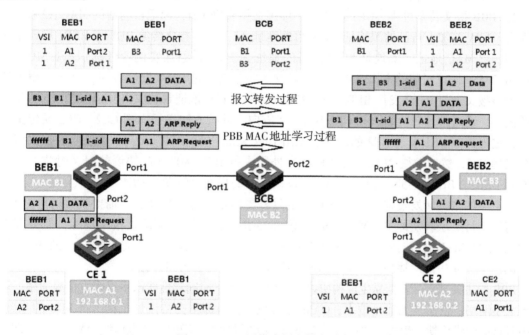

图 5-9　PBB 网络中报文转发过程

1) PBB MAC 地址学习过程　假定客户站点 1 的流量通过用户交换机的用户边界设备 CE1 (Client Edge, CE), MAC 地址为 A1, 进入运营商的骨干网边缘网桥 BEB1, 数据帧传输的目的站点为客户站点 2, MAC 地址为 A2。CE1 将自己的 MAC 地址作为 A1 源地址加入地址解析请求字段之前, 然后用 FFFFFF 头来表示地址未知的目的地客户站点 2 的地址。该请求帧经 CE1 的端口 1 (Port1) 传给 BEB1 的端口 2 (Port2), BEB1 对 CE1 传来的请求帧再加上一层自己的 MAC 地址 B1 (B-SA), 并添加实例业务标识符 I-SID, FFFFFF 头来表示目的地 BEB2 的 MAC 地址 (B-DA), 从而完成 MAC-in-MAC 封装, 或 IEEE 802. 1ah 数据帧封装。在地址转换表中建立一个虚拟交换实例 (VSI), 指示 MAC A1 源自 Port2。该请求帧在 PBB 网络中广播, 并传输到 BCB 的 Port1, 在地址转换表中标注 MAC B1 源自 Port1。经 BCB 的 Port2 输出, 从 BEB2 的 Port1 输入。由于 BEB2 已是 PBB 网络的边缘, 去掉 PBB 网络层的 MAC 地址 MAC B1, 还原 CE1 的请求帧 IEEE 802. 1q。BEB2 的地址转换表指示 MAC B1 来自 Port1, 分配一个虚拟交换实例 VSI，指示 MAC A1 源自 Port1。从 BEB2 的 Port 2 输出的请求帧按 IEEE 802.1q 协议在 VLAN 网络中传输到 CE2 的 Port1。CE2 接收广播并识别到该请求是要传输给自己的，建立一个地址转换表，表明 MAC A1 来自 Port1。于是 CE2 用自己的 MAMC A2 作为源地址，以客户站点 1 的 MAC A1 作为目的地址，再将地址解析请求字段改为地址解析应答，最后回送应答帧给 CE1。BEB2 的 Port 2 收到该应答帧后，在 IEEE 802.1q 协议帧外层封装一层 PBB 的 MAC 地址，包括实例业务标识符 I-SID、BEB2 的源地址（B-SA）MAC B3、目的地址（B-DA）MAC B1，然后发往 BCB。同时在地址转换表中增加了个 VSI，标记 A2 来自 Port2。BCB 转发该应答帧，同时在地址转换表中标记 MAC B3 来自 Port2。BEB1 接收 BCB 转发的应答帧，去掉上层的 MAC 地址还原 VLAN 的 IEEE 802.1q 协议帧，并通过下行端口转发给 CE1，在 BEB1 的地址转换表中标记 MAC B3 来自上行端口 Port2。最后 CE1 接收应答帧，得知客户站点 2 的 MAC A2，并标记在路由表中。从而完成 PBB MAC 地址学习过程，在 CE1、BEB1、BCB、BEB2、CE2 之间，通过地址转换表指定了一个数据传输的虚通道。

2）PBB 报文转发过程　CE1 建立一个虚拟交换实例 VSI，标记目的地的 MAC A2 在 Port2，在报文 DATA 前加上自己的源地址 A1 和目的地址 A2，经上行口传给 BEB1。BEB1 在该报文外层添加一层 MAC 地址，源地址为 B1，目的地址为 B3，并添加实例业务标识符 I-SID，得到 IEEE 802.1ah 协议封装的报文。根据地址转换表将报文通过 Port1 发往 BCB，BCB 再根据地址转换表将报文通过 Port2 发往 BEB2，BEB2 去掉外层 MAC 地址封装取出 IEEE 802.1q 协议帧封装的报文，通过地址转换表得知 CE2 在 Port2 方向，并按此转发报文到 CE2。CE2 回传报文给 CE1 的过程类似 CE1 发往 CE2 的过程。先由 CE2 建立一个 IEEE 802.1q 协议帧的报文和虚拟交换实例 VSI，然后发往 BEB2，由 BEB2 在外层进行 IEEE 802.1ah 协议的报文封装，经 BCB 转发给 BEB1，BEB1 还原 IEEE 802.1q 协议帧封装的报文再转发给 CE1。

从上面的报文转发过程可知：BCB 设备只需要学习公网的 MAC，不需要学习用户侧 MAC，且仅需要支持二层转发即可；MAC-in-MAC 的连接不需交互任何协议报文建立，业务报文直接触发 MAC-in-MAC 连接建立；每个 VSI（由 I-SID 唯一确定）独立维护自己的 MAC 地址表；同一个 VSI 中的广播报文会向该 VSI 的所有上行口、下行口广播。

PBB 的主要缺点是：依靠生成树协议进行保护，保护时间和性能都不符合电信级要求，不适用于大型网络；依然是无连接技术，OAM 能力很弱；内部不支持流量工程。在 PBB 的基础上，关掉复杂的泛洪广播、生成树协议以及 MAC 地址学习功能，增强一些电信级 OAM 功能，即可将无连接的以太网改造为面向连接的隧道技术，提供具有类似 SDH 可靠性和管理能力的硬 QoS 和电信级性能的专用以太网链路，即 PBT（网络提供商骨干传送）技术，又称 PBB-TE。

（2）PBB-TE 技术与特点

PBB-TE（Provider Backbone Bridge-Traffic Engineering）目前的技术标准是 IEEE 802.1Qay，是在 PBT（Provider Backbone Transport）技术基础上发展起来的支持流量工程的运营商骨干桥接技术。

PBT 技术基于 PBB 技术，其核心是对 PBB 技术进行改进，通过网络管理和控制，使网络中的业务事实上具有连接性，以便实现保护倒换、PAM、QoS、流量工程等电信网络的功能。

PBT 的显著特点是扩展性好。关掉 MAC 地址学习功能后，转发表通过管理或者控制平面产生，从而消除了导致 MAC 地址泛洪和限制网络规模的广播功能；同时，PBT 技术采用网管/控制平面替代传统以太网的"泛洪和学习"方式来配置无环路 MAC 地址，提供转发表，这样每个 VID 仅具有本地意义，不再具有全局唯一性，从而消除了 12 bit（4096）的 VID 数限制引起的全局业务扩展性限制，使网络具有几乎无限的隧道数目。此外，PBT 技术还具有如下特点：转发信息由网管/控制平面直接提供，可以为网络提供预先确知的通道，容易实现带宽预留和 50 ms 的保护倒换时间；作为二层隧道技术，PBT 具备多业务支持能力；屏蔽了用户的真实 MAC，去掉了泛洪功能，安全性较好；用大量交换机替代路由器，消除了复杂的 IGP 和信令协议，城域组网和运营成本都大幅度下降；将大量 IEEE 和 ITU 定义的电信级网管功能从物理层或重叠的网络层移植到数据链路层，使其能基本达到类似 SDH 的电信级网管功能。

然而，PBT 存在部分问题：首先，它需要大量连接，管理难度加大；其次，PBT 只能环形组网，灵活性受限；再次，PBT 不具备公平性算法，不太适合宽带上网等流量大、突发较强的业务，容易存在设备间带宽不公平占用问题；最后，PBT 比 PBB 多了一层封装，在硬件成本上必然要付出相应的代价。此外，由于北电的衰弱，该技术的发展受到影响。

6. T-MPLS 技术的基本概念

T-MPLS（Transport MPLS）是一种面向连接的分组传送技术，在传送网络中，将客户信号映射进 MPLS 帧并利用 MPLS 机制进行转发，同时它增加传送层的基本功能，例如连接和性能监测、生存性（保护恢复）、管理和控制面（ASON/GMPLS）。T-MPLS 选择了 MPLS 体系中有利于数据业务传送的一些特征，抛弃了 IETF（Internet Engineering Task Force）为 MPLS 定义的复杂的控制协议族，简化了数据平面，去掉了不必要的转发处理。T-MPLS 继承了现有 SDH 传送网的特点和优势，同时又可以满足未来分组化业务传送的需求。T-MPLS 采用与 SDH 类似的运营方式，这一点对于大型运营商尤为重要，因为他们可以继续使用现有的网络运营和管理系统，减少对员工的培训成本。由于 T-MPLS 的目标是成为一种通用的分组传送网，而不涉及 IP 路由方面的功能，因此 T-MPLS 的实现要比 IP/MPLS 简单，包括设备实现和网络运营方面。T-MPLS 最初主要是定位于支持以太网业务，但事实上它可以支持各种分组业务和电路业务，如 IP/MPLS、SDH 和 OTH 等。

T-MPLS 是面向连接的分组传输技术，利用一组 20 位 MPLS 标签来标识一个端到端的转发中路径（LSP），LSP 分为两层，内层为 T-MPLS PW（伪线）层，标识用户业务的类型，外层为 T-MPLS（隧道）层，标识业务转发路径，如图 5-10 所示。T-MPLS 具有可扩展性和多业务承载能力，通道层（TMC）和通路层（TMP）的统计复用能力使其传送管道成为柔性管道，为 IP 化业务提供更高的资源利用率。在 TMC 层打上内层标签，标识类似于 SDH 的低阶电路，实现对业务的区分，进一步在 TMP 层打上外层标签，标识类似于 SDH 的高阶电路。T-MPLS 的标签是局部标签，在各节点可重用。

图 5-10 T-MPLS 的帧结构

图 5-11 所示为 T-MPLS 帧头格式和数据的封装方式。图中的伪线（PW）是一种通过 PSN

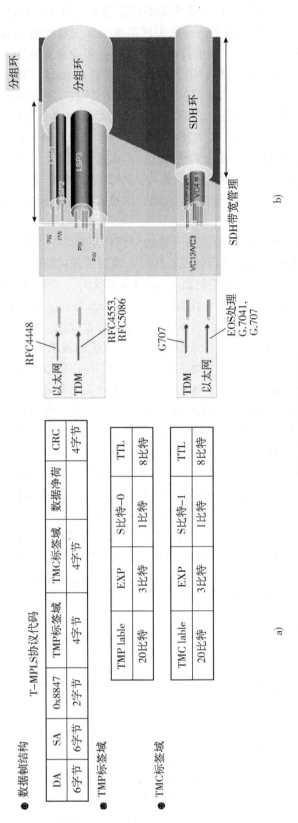

图5-11 PTN的帧结构

a) T-MPLS的帧头格式 b) PTN数据的封装

（Packets Switch Network）把一个仿真业务的关键要素从一个分组设备（PE）运载到另一个或多个其他 PE 的机制。通过 PSN 网络上的一个隧道（IP/L2TP/MPLS）对多种业务（ATM、FR、HDLC、PPP、TDM、Ethernet）进行仿真，PSN 可以传输多种业务的数据净荷。这种方案里使用的隧道定义为伪线（Pseudo Wires）。PW 所承载的内部数据业务对核心网络是不可见的，即核心网络对电路设备（CE）数据流是透明的，多个伪线可集中分配在一个标签交换通道（LSP）中。

T-MPLS 满足 ITU-T G.805 定义的分层结构，T-MPLS 网络垂直分层包括电路层和通路层、段层、媒质层，如图 5-12 所示为 T-MPLS 的网络分层结构示例，图中标签①～⑨为 T-MPLS 适配和特征信息插入点，具体参照 ITU-T G.8 110.1 建议。其中，通道层（电路层）（T-MPLS Channel，TMC）表示业务的特性，例如连接的类型和拓扑类型、业务的类型等，提供 T-MPLS 传送网业务通路，一个 TMC 连接传送一个客户业务实体（包括一个单个的客户的业务或一组窗户业务）。通路（隧道）层（T-MPLS Path，TMP）类似于 MPLS 中的隧道层，表示端到端逻辑连接的特征，提供传送网连接通道，一个 TMP 连接在 TMP 域的边界之间传送一个或多个 TMC 信号。段层（T-MPLS Section，TMS）表示相邻的虚层连接，提供两个相邻 T-MPLS S 节点之间的 OAM 监视。由于 TMS 实例与服务层路径之间是一对一的，所以它不需要标签。物理媒介层表示传输的媒介，如光纤、铜线或无线。

T-MPLS 的主要功能特征包括：

1）T-MPLS 的转发方式采用 MPLS 的一个子集　T-MPLS 的数据平面保留了 MPLS 的必要特征，以便实现与 MPLS 的互联互通。

2）传送网的生存性　T-MPLS 支持传送网所具有的保护恢复机制，包括 1+1、1:1、环网保护和共享网状网恢复等。MPLS 的 FRR 机制由于要使用 LSP 聚合功能而没有被采纳。

3）传送网的 OAM 机制　T-MPLS 参考 Y.1711 定义的 MPLS OAM 机制，延用在其他传送网中广泛使用的 OAM 概念和机制，如连通性校验、告警抑制和远端缺陷指示等。

4）T-MPLS 控制平面　初期 T-MPLS 将使用管理平面进行配置，与现有的 SDH 网络配置方式相同。目前 ITU-T 已经计划采用 ASON/GMPLS 作为 T-MPLS 的控制平面，下一步将开始具体的标准化工作。

5）不使用保留标签　任何特定标签的分配都由 IETF 负责，遵循 MPLS 相关标准，从而确保与 MPLS 的互通性。

由于 T-MPLS 是利用 MPLS 的一个功能子集提供面向连接的分组传送，并且要使用传送网的 OAM 机制，因此 T-MPLS 取消了 MPLS 中一些与 IP 和无连接业务相关的功能特性。T-MPLS 与 MPLS 在具体的功能实现方面，两者的主要区别包括：

1）T-MPLS 使用双向 LSP　MPLS LSP 都是单向的，而传送网通常使用的都是双向连接。因此 T-MPLS 将两条路由相同但方向相反的单向 LSP 组合成一条双向 LSP。

2）T-MPLS 不使用倒数第二跳弹出（PHP）选项　PHP 的目的是简化对出口节点的处理要求，但是它要求出口节点支持 IP 路由功能。另外由于到出口节点的数据已经没有 MPLS 标签，将对端到端的 OAM 造成困难。

3）T-MPLS 不使用 LSP 聚合选项　LSP 聚合是指所有经过相同路由到同一目的节点的数据包可以使用相同的 MPLS 标签。虽然这样可以提高网络的扩展性，但是由于丢失了数据源的信息，从而使得 OAM 和性能监测变得很困难。

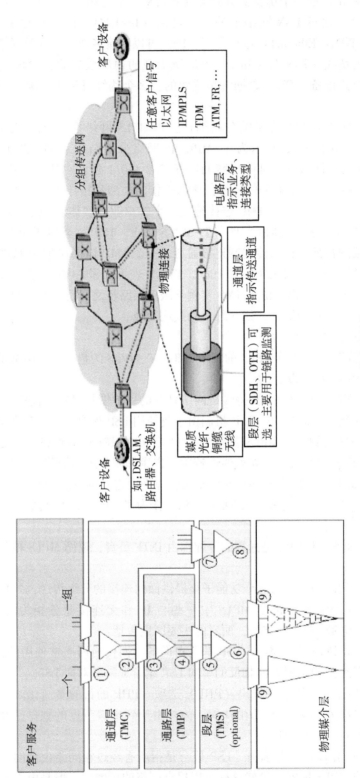

图5-12 T-MPLS的分层结构

4）T-MPLS 不使用相同代价多路径（ECMP）选项 ECMP 允许同一 LSP 的数据流经过网络中的多条不同路径。它不仅增加了节点设备对 IP/MPLS 包头的处理要求，同时由于性能监测数据流可能经过不同的路径，从而使得 OAM 变得很困难。

5）T-MPLS 支持端到端的 OAM 机制 端到端的保护倒换机制，MPLS 支持本地保护技术 FRR。

7. PBT 和 T-MPLS 技术主要协议的比较

PTN 可以看作二层数据技术的机制简化版与 OAM 增强版的结合体。在实现的技术上，两大主流技术 PBB/PBT 和 T-MPLS 都将是 SDH 的替代品而非 IP/MPLS 的竞争者，其网络原理相似，都是基于端到端、双向点对点的连接，并提供中心管理、在 50 ms 内实现保护倒换的能力；两者都可以用来实现 SONET/SDH 向分组交换的转变，在保护已有的传输资源方面，都可以类似 SDH 网络功能在已有网络上实现向分组交换网络转变。

表 5-1 所示为 PBB/PBT 和 T-MPLS 技术的比较。总体来看，T-MPLS 可看作是 IP/MPLS 的简化版，着眼于解决 IP/MPLS 的复杂性，在电信级承载方面具备较大的优势；PBT 着眼于解决以太网的缺点，在设备数据业务承载上成本相对较低。标准方面，T-MPLS 走在前列；PBT 即将开展标准化工作。芯片支持程度上，目前支持 Martini 格式 MPLS 的芯片可以用来支持 T-MPLS，成熟度和可商用度更高，而 PBT 技术需要多层封装，对芯片等硬件配置要求较高，所以逐渐已经被运营商和厂商所抛弃。目前 T-MPLS 除了在沃达丰和中国移动等世界顶级运营商得到大规模应用之外，在 T-MPLS 的基础上更推出了更具备协议优势和成本优势的 MPLS-TP（MPLS Transport Profile）标准，MPLS-TP 标准可以在 T-MPLS 标准上上平滑升级，可能成为 PTN 的最佳技术体系。

表 5-1 PBB/PBT 和 T-MPLS 技术的比较

	PBB	PBT	T-MPLS
核心技术	基于两层 MAC 帧头提供用户网络隔离和业务标识	基于两层 MAC 帧头提供用户网络隔离和业务标识	基于两层 MPLS 标签提供用户和业务标识
隧道类型	VLAN+MAC	VLAN+MAC	PW/LSP
连接类型	点对点、LAN	点对点	点对点、点对多点、多点对多点
网络管理	可基于 IEEE 802.1ag/Y.731	可基于 IEEE 802.1ag/Y.731	可基于 MPLS 实现管理
保护方式	基于 xSTP	基于 Ethernet OAM	基于 MPLS OAM
成本	较低	较低	较高

5.1.3 SDN 技术

软件定义网络（Software Defined Network，SDN），2006 年诞生于美国 GENI 项目资助的斯坦福大学 Clean Slate 课题，以 Nick McKeown 教授为首的研究团队提出了 Openflow 的概念用于校园网络的试验创新，后续基于 Openflow 的概念给网络带来的可编程的特性导致 SDN 概念的出现。2009 年，SDN 概念入围 Technology Review 年度十大前沿技术，自此获得了学术界和工业界的广泛认可和大力支持。

1. SDN 技术的基本思想

SDN 不是一种具体的技术，而是一种思想，一种理念。SDN 的核心诉求是让软件应用参与到网络控制中并起到主导作用，而不是让各种固定模式的协议来控制网络。为了满足这种核心诉求，SDN 思想指导下的网络必须设计成一种新的架构。

在传统的网络交换设备中，控制平面和转发平面是紧密耦合的，被集成到单独的设备盒子中。各个设备的控制平面被分布到网络的各个节点上，很难对全网的网络情况有全局把控。因此 SDN 网络一个重要的理念就是把每台单独网络设备中的控制平面从物理硬件中抽离出来，交给虚拟化的网络层处理，整个虚拟化的网络层加载在物理网络上，屏蔽底层物理转发设备的差异，在虚拟空间内重建整个网络。这样一来，物理网络资源被整合成网络资源池，如同服务器虚拟化技术把服务器资源转化为计算能力池一样，它使网络资源的调用更加灵活、满足业务对网络资源的按需交付需求。SDN 架构的核心组件如图 5-13 所示。

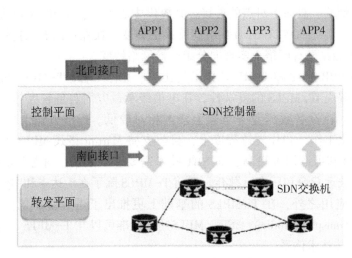

图 5-13　SDN 架构的核心组件

1）控制平面　主要用于对交换机的转发表或路由器的路由表进行管理，同时负责网络配置，系统管理等方面的操作，控制平面通常由网络操作系统来实现。将控制平面进行集中控制，中央控制器可以获取网络资源的全局信息并根据业务需要进行资源的全局调配和优化，如QoS、负载均衡功能等。同时集中控制后，全网的网络设备都由中央控制器去管理，使网络节点的部署以及维护更加敏捷。

2）转发平面　主要用于对每个数据报文进行处理，使之可以通过网络交换设备，这些操作大多采用专门的硬件实现，主要包括转发策略、转发背板、输出链路调度等功能，转发平面通常会采用专门设计的 ASIC 芯片实现性能提升。

3）SDN 交换机　进行数据转发，自己不产生各个表项，由控制器统一下发，可以是硬件、软件等多种形态。

4）南向接口　控制器通过南向接口管控 SDN 交换机，并向其下发各项流表。在众多的南向接口设计方案中，OpenFlow 是比较流行的。

5）SDN 控制器　负责整个网络的控制平面，承接物理网络和上层应用 APP。目前各个厂商基本都为自己的解决方案配备了独有的控制器，比较有名的开源控制器有：NOX、ONOS、Floodlight、Ryu。

6）北向接口　通过控制器向上层业务应用 APP 开放接口，使业务应用可以便捷地按需调度底层网络资源。由于 OpenFlow 标准没有定义北向接口，因此北向接口方面尚无业内公认的标准，比较有名的是 OpenDaylight 的表述性状态传递（Representational State Transfer，REST）。

7）SDN 应用　SDN 的最终目标是服务于多样化的应用。因此未来会有越来越多的 SDN 应用 APP 被开发，这些应用能够便捷地通过 SDN 北向接口按需调用底层网络资源，目前比较有名的是 Openstack 的 Neutron。

在 SDN 架构的每一层次上都具有很多核心技术，其目标是有效地分离控制层面与转发层面，支持逻辑上集中化的统一控制，提供灵活的开放接口等。控制层是整个 SDN 的核心，系统中的南向接口与北向接口也是以它为中心进行命名的。SDN 的主要核心技术涉及 SDN 交换机及南向接口技术、控制器及北向接口技术、应用编排和资源管理技术。

2. 三大 SDN 设计思路

目前世界上有许多机构和组织在开展 SDN 的具体实现方案的研究，比较有名的包括 ONF、ETSI、OpenDaylight。

（1）ONF 的 SDN 体系架构

开放网络基金会（Open Networking Foundation，ONF）是 2011 年成立的一个非营利组织机构，是现在规模最大的 SDN 标准组织。该组织提出的 SDN 体系架构基于 OpenFlow 协议，该协议源于 2008 年斯坦福大学的 Nick McKeown 提出的 SDN 架构，但在北向接口和控制器上没有统一要求。ONF 成员包括电信运营商、设备制造商、IT 厂商、互联网业务提供商、芯片制造商等。ONF 的 SDN 由基础设施层、控制层、应用层三个层面组成。如图 5-14 所示。

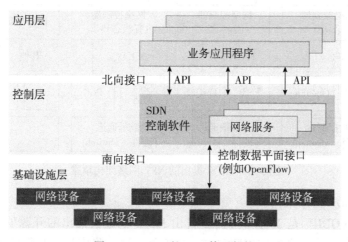

图 5-14　ONF 的 SDN 体系架构

1）应用层　由终端用户业务应用组成，其使用 SDN 通信服务，应用层和控制层之间通过北向接口连接。

2）控制层　提供逻辑集中化控制功能，负责处理数据平面的资源安排、维护网络拓扑及状态信息，通过开放式接口负责监视网络转发。

3）基础设施层　由网元 NE 和其他设备组成，提供分组交换和转发，负责状态收集等，基础设施层和控制层之间通过南向接口连接。

（2）ETSI 的 NFV 体系架构

欧洲电信标准化协会（European Telecommunications Standards Institute，ETSI）是由欧共体委员会 1988 年批准建立的一个非营利性的电信标准化组织，总部设在法国南部的尼斯。ETSI 的标准化领域主要是电信业，并涉及与其他组织合作的信息及广播技术领域。ETSI 作为一个被 CEN（欧洲标准化协会）和 CEPT（欧洲邮电主管部门会议）认可的电信标准协会，其制定的推荐性标准常被欧共体作为欧洲法规的技术基础而采用并被要求执行。ETSI 着力于网络功能虚拟化（NFV）的研究，ETSI 成立了专门用于讨论网络功能虚拟化（NFV）架构和技术的行业规范组（Industry Specification Group, ISG），其目标是基于软件实现网络功能并使之运行在种类广泛的业界标准设备上，使更多网络设备类型能融入符合行业标准的服务器、交换机和存储设备中，体现的是运营商的需求和思路。

ETSI 的 NFV 的重点是网络功能的虚拟化，更为关注当前网络中第 4 层至第 7 层的业务应用，而与之对应的底层网络架构则是支撑上层技术实现的基础。如图 5-15 所示。NFV 网络架构草案在设计时参考了 ONF 的 SDN 定义，实现了转发层面与控制层面的分离，并在控制层面之上提出了类似 SDN 中应用层的虚拟化架构的管理和编排层。

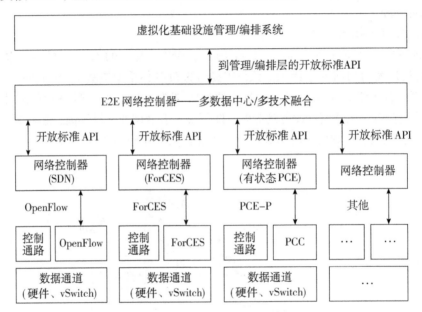

图 5-15　ETSI 提出的 NFV 网络架构草案

（3）ODL 的 SDN 体系架构

OpenDaylight（ODL）是 2013 年 4 月 8 日由 Linux 基金会推出的开源项目，集聚了 Cisco、Juniper 为主的 IT 行业中领先的供应商和 Linux 基金会的一些成员。其目的在于通过开源的方式创建共同的供应商支持框架，每个人都可以贡献自己的力量，打造一个共同开放的 SDN 平台，在这个平台上进行 SDN 普及与创新，供开发者来利用、贡献和构建商业产品及技术。ODL 的终极目标是建立一套标准化软件，帮助用户以此为基础开发出具有附加值的应用程序。

如图 5-16 所示，OpenDaylight 开源项目的架构与 ONF SDN 架构类似，主要包括：与 SDN 基础设施层对应的数据平面网元（例如虚拟交换机、物理设备等）、相应的南向接口（例如 OpenFlow 等标准协议及一些厂商专有的接口）、与 SDN 控制层对应的控制平台层及相应的基于表述性状态传递（Representational State Transfer, REST）的 OpenDaylight API 北向接口、与 SDN 应用层对应的网络应用、编排和服务层。OpenDaylight 开源项目的主要内容包括 SDN 控制器开发、南北向接口 API 的扩展、用于多个控制器关联的南北向协议实现等。作为项目核心，OpenDaylight 拥有一套模块化、可插拔且灵活的控制器，这使其能够被部署在任何支持 Java 的平台之上。这款控制器中还包含一套模块合集，能够执行需要快速完成的网络任务。

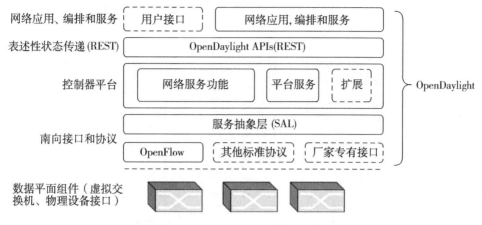

网络应用、编排和服务
表述性状态传递 (REST)
控制器平台
南向接口和协议
数据平面组件(虚拟交换机、物理设备接口)

图 5-16　ODL 的 SDN 体系架构

上述三个组织对 SDN 认识上的共同点是 SDN 应该是控制与转发分离,应用和网络解耦,开放的可编程接口,集中化的网络控制,多层次网络灵活部署。区别在于灵活性不同,使用难度不同,适合不同的用户业务场景。

3. SDN 实现方案

关于 SDN 的实现方案,主要分为基于专用接口、基于开放协议和基于叠加网络三种。

(1) 基于专用接口的方案

实现思路如下:在不改变传统网络的实现机制和工作方式的基础上,通过对网络设备的操作系统进行升级改造,在网络设备上开发出专用的 API,管理人员可以通过 API 实现网络设备的统一配置管理和下发,改变原先需要一台台设备登录配置的手工操作方式,同时这些接口也可供用户开发网络应用,实现网络设备的可编程。

这类方案由目前主流的网络设备厂商主导,最大的优点是能够依托网络设备厂商已有的产品体系,对现有的网络部署改动小,实施部署方便快捷。这种方案严格意义上不能算是 SDN,因为底层的物理设备的转发、控制层面没有解耦,还是跑着以前的传统协议,仍旧是一个封闭系统的解决方案,只是增加了一个统一控制的功能而已,存在着网络设备和能力被厂商锁定的风险。

(2) 基于开放协议

基于开放协议的方案是当前 SDN 实现的主流方案,ONF SDN 和 ETSI NFV 都属于这类解决方案。该类解决方案基于开放的网络协议,实现控制平面与转发平面的分离,支持控制全局化,获得了最多的产业支持,相关技术进展很快,产业规模发展迅速,业界影响力最大。这类属于比较经典的 SDN 模型的 OpenFlow 解决方案,称为狭义 SDN。如图 5-17 所示,主要思路是重建流表,然后再由控制器统一将流表下发至物理设备,物理设备按照 OpenFlow 流表进行转发。传统的物理设备实质上是一个包转发的过程,设备上会有一张转发表,不同功能的交换机/路由器分别对数据包进行二层/三层转发。而 OpenFlow 交换机会维护一张流表,形成一个数据流的概念。OpenFlow 存在的问题是需要交换机硬件来支持,并且目前交换机的 ASIC 芯片都是为二、三层转发而设计的,对于 OpenFlow 的流表会有很多问题,无论是重构交换机的芯片还是挖掘现有交换机芯片,都似乎难以得到传统交换机厂商的支持。

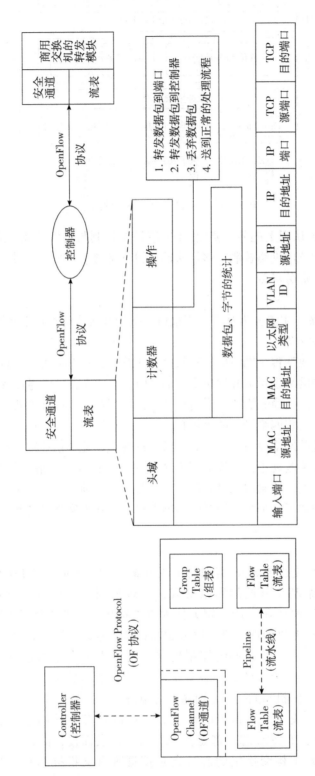

图5-17　SDN模型的OpenFlow解决方案

（3）基于叠加网络

实现思路是以现行的 IP 网络为基础，在其上建立叠加的逻辑网络（Overlay Logical Network），屏蔽掉底层物理网络差异，实现网络资源的虚拟化，使得多个逻辑上彼此隔离的网络分区，以及多种异构的虚拟网络可以在同一共享网络基础设施上共存。该类方案的主要思想可被归纳为解耦、独立和控制三个方面。这是一种 Overlay 的解决方案，最大的问题是无法管理非虚拟化环境的网络以及软件转发的性能问题，因此后续 Cisco 提出了 ACI 这种硬件 Overlay 的解决方案。

三种 SDN 典型实现方案都能够支持逻辑上集中的网络控制系统，并且具有灵活的软件接口供上层调用底层设备的能力。同时，转发层面设备的能力都被隐藏在软件接口之下，使设备的物理差异透明化。开放协议通过开放的架构和运作方式获得广泛的支持；专用接口是传统网络设备厂商为了在 SDN 大潮来临之时继续保持其领先地位而做出的妥协；基于叠加网络的虚拟化是当前的一项热门技术，通过屏蔽底层物理设备的差异实现网络资源的池化，能够很好地满足云计算数据中心内部和之间的虚拟机迁移等业务场景的网络需求。

SDN 可以被广泛地应用在云数据中心、宽带传输网络、移动网络等场景中，其中为云计算业务提供网络资源服务是一个典型案例。在当前的云计算业务中，服务器虚拟化、存储虚拟化被广泛应用，它们将底层的物理资源进行池化共享，进而按需分配给用户使用。SDN 通过标准的南向接口屏蔽底层物理转发设备的差异，实现资源的虚拟化，同时开放灵活的北向接口供上层业务按需进行网络配置并调用网络资源。云计算领域中的 OpenStack 可以工作在 SDN 应用层的云管理平台，通过在其网络资源管理组件中增加 SDN 管理插件，管理者和使用者可利用 SDN 北向接口便捷地调用 SDN 控制器对外开放的网络能力。当有云主机组网需求（例如建立用户专有的 VLAN）被发出时，相关的网络策略和配置可以在 OpenStack 管理平台的界面上集中制定并进而驱动 SDN 控制器统一地自动下发到相关的网络设备上。因此，网络资源可以和其他类型的虚拟化资源一样，以抽象的资源能力的面貌统一呈现给业务应用开发者，开发者无须针对底层网络设备的差异耗费大量开销从事额外的适配工作，这有助于业务应用的快速创新。

5.1.4 量子通信技术

1982 年，法国物理学家艾伦·爱斯派克特和他的小组成功地完成了一项实验，证实了微观粒子"量子纠缠"（Quantum Entanglement）的现象确实存在，这一结论对西方科学的主流世界观产生了重大的冲击。从笛卡儿、伽利略、牛顿以来，西方科学界主流思想认为，宇宙的组成部分相互独立，它们之间的相互作用受到时空的限制（即是局域化的）。量子纠缠证实了爱因斯坦的幽灵，即超距作用的存在，它证实了任何两种物质之间，不管距离多远，都有可能相互影响，不受四维时空的约束，是非局域的，宇宙在冥冥之中存在深层次的内在联系。在量子纠缠理论的基础上，1993 年，美国科学家 C. H. Bennett 提出了量子通信（Quantum Teleportation）的概念。

量子通信主要基于量子纠缠态的理论，使用量子隐形传态的方式实现信息传递。根据实验验证，具有纠缠态的两个粒子无论相距多远，只要一个发生变化，另外一个也会瞬间发生变化，利用这个特性实现光量子通信的过程是事先构建一对具有纠缠态的粒子，将两个粒子分别放在通信双方，将具有未知量子态的粒子与发送方的粒子进行联合测量，则接收方的粒子瞬间发生坍塌（变化），坍塌（变化）为某种状态，这个状态与发送方的粒子坍塌（变化）后的状态是对称的，然后将联合测量的信息通过经典信道传送给接收方，接收方根据接收到的信息对坍塌的粒子进行么正变换（相当于逆转变换），即可得到与发送方完全相同的未知量子态。

量子通信的工作原理是利用粒子的量子纠缠效应，将信息加载在粒子状态中，通过传输量子状态实现绝对安全的通信，在通信过程中，粒子并没有被传输。根据量子纠缠效应，无论粒子相隔多远，当其中一个粒子状态发生变化，另外一个粒子也会发生相应的变化，这有点类似于时空穿梭中的"心灵感应"。而且在传输过程中，一旦有人试图窃听，粒子状态也就会相应变化，从而很容易发现信息是否被窃取，在发生窃取破解之后，会自动生成一个全新的随机安全密钥，这些机制和特性，让量子通信具有无可比拟的"绝对安全"。量子通信主要涉及：量子密码通信、量子远程传态和量子密集编码等。

按其所传输的信息是经典还是量子，可将量子通信系统分为两类。前者主要用于量子密钥的传输，后者则可用于量子隐形传态和量子纠缠的分发。所谓隐形传态是指脱离实物的一种"完全"的信息传送。从物理学角度，可以这样来想象隐形传送的过程：先提取原物的所有信息，然后将这些信息传送到接收地点，接收者依据这些信息，选取与构成原物完全相同的基本单元，制造出原物完美的复制品。但是，量子力学的不确定性原理不允许精确地提取原物的全部信息，这个复制品不可能是完美的。因此长期以来，隐形传态不过是一种幻想而已。

现阶段通信中使用的各种加密的算法，在理论上都存在着被暴力破解的可能。而量子通信则是利用纠缠光子对的非定域的关联、耦合特性，瞬时地完成信号的传输，且除非有密钥，信号不可破译。量子做的事情是利用量子的不可克隆和测不准原理，产生一次性的不可窃听不可破解的密钥，再分发给需要通信双方使用，但最初的量子态分配是需要一个经典信道的，通过光纤、大气等。由于大气的色散、随机涨落比较大，会引起量子纠缠态的退相干，所以目前量子通信中使用光纤是用来传递光量子，通信过程跟现在的各种通信网络没有区别。因此，量子密钥分发是对传统加解密通信机制的一个补充。

图 5-18 所示为叠加在传统通信网上的量子通信网，传统的通信系统由通信终端和通信信道与网络组成，图中 A、B、C、D 四个终端通过传统的通信信道和网络进行通信。终端可以是计算机，也可以是电话、传真或智能终端，还可以是交换机、路由器等通信设备。通信网络可以是 IP 网，也可以是 PSTN、移动通信网等。传输介质可以是双绞线、铜缆或光纤等。量子保密通信即是在此传统通信系统上附加一套光纤传输系统和分发密钥的设备，以及加密解密设备，各节点直接通过这套量子保密通信系统即可完成保密通信。

其中量子密钥分发终端完成量子密钥的发送和接收，加解密设备完成通信数据的加密和解密，量子路由器完成密码的交换和分发，光纤量子信道完成各个量子密钥分发终端和量子路由器之间的连接，其上承载的即是含有量子信息的光子，光纤量子信道可以利用已经铺设的光纤完成。

假定要进行 A、C 终端双方的加密通信。A 终端随机选一个信息嵌入方式，将随机的 0 或 1 编入光子的量子态，然后通过光纤量子信道发给收方 C 终端；收方 C 终端随机选一个信息读取方式读出光子携带的 0 或 1；然后告知发方 A 终端每个光子的读取方式；发方 A 终端告知收方哪些光子的读取方式是正确的；双方将信息嵌入方式和信息读取方式一致的那些比特作为密钥。最后复用传统信道与网络按约定的加密方式进行通信。由于一个脉冲只含一个光子，绝大多数光子都没有到达对方，不能传送这消息。

量子通信这个名字，实际上叫作量子加密通信更贴切，并不是人们想象中的利用纠缠效应传递信息，也不是利用量子远距离纠缠来直接进行通信数据传输，整个通信过程并不存在所谓的超光速传输，量子实用的未来在于量子计算。

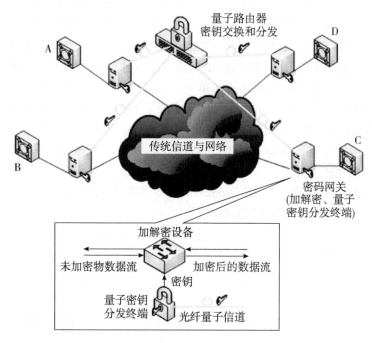

图 5-18 叠加在传统通信网上的量子通信网

5.1.5 ULH DWDM 技术

长途大容量传输技术现在基本上都采用了光纤技术，尤其是密集波分复用（DWDM）技术。根据国内关于波分复用（WDM）系统的行业标准，可以把长途光纤传输系统分为常规长距离传输系统（Long Haul，LH<1000km）、亚超长距离传输系统（Enhanced Long Haul，ELH<1000~2000km）、超长距离传输系统（Ultra Long Haul，ULH>2000km）。

光纤衰减通常为 0.18~0.2dB/km，考虑到接头附加衰减和其他因素，工程上实际要按0.275dB/km 进行考虑，因此当光传输一定距离后，信号将减弱，导致误码率增加，降低通信质量，这就限制了通信传输距离，要想延长通信距离，就必须加中继器进行光信号放大、整形等一系列措施，同时还要提供电源、增加维护人员，这将导致通信成本的增加。人们希望光信号能够无中继传输越远越好，可减少由中继带来的麻烦，这就是超长距离传输系统提出来的原因。超长距离传输适用于长距离骨干网及大跨距传输链路的建设。在长距离骨干网建设中，ULH 可减少供电中继站的数量、功耗、机房面积等，具有初期投资少、长期运营成本低的优势。在组网上，ULH 与光分插复用器（OADM）结合可组成点对点传输链路、DWDM 环网，并与交换节点结合可组成格状网。

长途波分系统的组网能力主要体现在无电中继组网能力和单跨距组网能力两方面。ULH DWDM 引入各种编码和调制技术来降低长距离组网对系统的要求，同时联合色散补偿、功率均衡、拉曼（Raman）放大器和遥泵等技术提升系统组网能力。单跨距达到 350km，无电中继组网能力达到 4000km。

ULH DWDM 系统采用的主要新技术：拉曼放大器与掺铒光纤放大器（EDFA）相结合、超强前向纠错/前向纠错（SFEC/FEC）、光均衡、非线性处理、色散/偏振模色散（PMD）处理、

RZ 编码等。

直接建设大城市之间的超长距传输系统可以解决对带宽的迫切需要，优化网络结构，同时节省大量的供电再生中继站，降低系统的建设成本和维护费用；UHL 技术与可配置 OADM 技术结合，在骨干网上可以实现大城市之间的快速直达路由，中间的大城市站点可以采用 OADM 透明上下业务。目前我国 ULH DWDM 超长距离传输系统通过采用分布式拉曼放大器与 EDFA 的混合放大技术、带超强前向纠错的光传送单元（OUT）、NRZ 及 RZ 调制码型、动态功率均衡、分布式色散管理技术等一系列先进技术，已实现了 ULH DWDM 的实用化。其中，分布式拉曼放大器的增益可达到 12 dB，具有宽带（增益带宽可大于 80 nm）、增益平坦、可根据信号分布自动调整增益谱的特点。能够支持 OC-192/STM-64，波长通道间隔 50 GHz，最大容量 1.6 Tbit/s，具有模块化扩容能力，可方便地从 40 波、80 波升级到 160 波，所有波长都实现了无误码。波长范围覆盖 C+L 波段，在 G.652、G.655 光纤上实现超过 5000 km 的无电中继传输。如图 5-19 所示为 ULH DWDM 的组网情况。

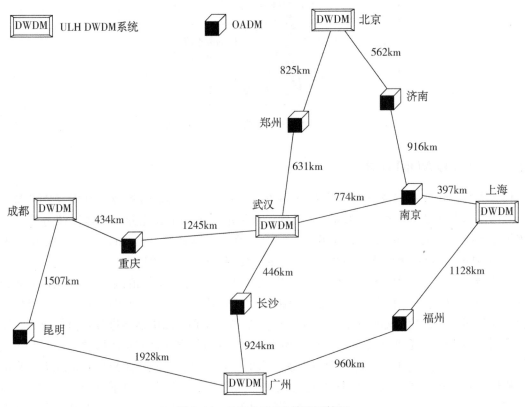

图 5-19   ULH DWDM 的组网情况

5.1.6   光孤子通信技术

孤子（Soliton）又称孤立波，是一种特殊形式的超短脉冲，孤子与其他同类孤立波相遇后，能维持其幅度、形状和速度不变。

孤子这个名词源于流体力学。1834 年，美国科学家约翰·斯科特·罗素观察到这样一个现象：在一条窄河道中，迅速拉一条船前进，在船突然停下时，在船头形成的一个孤立的水波迅速离开船头，以每小时 14~15 km 的速度前进，而波的形状不变，前进了 2~3 km 才消失。他称这个波为孤立波。其后，1895 年，卡维特等人对此进行了进一步研究，人们对孤子有了更清楚的认识，并先后发现了声孤子、电孤子和光孤子等现象。从物理学的观点来看，孤子是物质非线性效应的一种特殊产物。从数学上看，它是某些非线性偏微分方程的一类稳定的、能量有限的不弥散解。即是说，它能始终保持其波形和速度不变。孤立波在互相碰撞后，仍能保持各自的形状和速度不变，好像粒子一样，故人们又把孤立波称为孤立子，简称孤子。

1973 年，孤立波的观点开始引入到光纤传输中。在频移时，由于折射率的非线性变化与群色散效应相平衡，光脉冲会形成一种基本孤子，在反常色散区稳定传输。由此，逐渐产生了新的电磁理论——光孤子理论，从而把通信引向非线性光纤孤子传输系统这一新领域。光孤子就是这种能在光纤中传播的长时间保持形态、幅度和速度不变的光脉冲。利用光孤子特性可以实现超长距离、超大容量的光通信。

光纤通信中，限制传输距离和传输容量的主要原因是损耗和色散。损耗使光信号在传输时能量不断减弱；而色散则是使光脉冲在传输中逐渐展宽。光脉冲是一系列不同频率的光波振荡组成的电磁波的集合，光纤的色散使得不同频率的光波以不同的速度传播，这样，同时出发的光脉冲，由于频率不同，传输速度就不同，到达终点的时间也就不同，这便形成脉冲展宽，使得信号畸变失真。随着光纤制造技术的发展，光纤的损耗已经降低到接近理论极限值的程度，色散问题就成为实现超长距离和超大容量光纤通信的主要问题。

光纤的色散是使光信号的脉冲展宽，而光纤中还有一种非线性的特性，这种特性会使光信号的脉冲产生压缩效应。光纤的非线性特性在光的强度变化时使频率发生变化，从而使传播速度变化。在光纤中这种变化使光脉冲后沿的频率变高、传播速度变快；而前沿的频率变低、传播速度变慢。这就造成脉冲后沿比前沿运动快，从而使脉冲受到压缩变窄。如果有办法使光脉冲变宽和变窄这两种效应正好互相抵消，光脉冲就会像一个一个孤立的粒子那样形成光孤子，能在光纤传输中保持不变，实现超长距离、超大容量的通信。

在色散效应和自相位调制的共同作用下产生光孤子的过程可简述如下。

由相位变化引起的频率漂移为

$$\delta\omega(t) = -d[\Delta\phi(t)]/dt = -[2\pi L/\lambda]d[\Delta n(t)]/dt \tag{5-1}$$

其中，$\omega(t)$ 为频率漂移；$d[\Delta\phi(t)]/dt$ 为相位的变化率；L 为光纤长度；$d[\Delta n(t)]/dt$ 为折射率的变化率。这种频率漂移作用对光脉冲所产生的影响如下：

脉冲前沿：由于在脉冲前沿，光波电场 $E(t)$ 随时间 t 是增加的，故由 $\Delta n(t) = n_2|E(t)|^2$ 知

$$d[\Delta n(t)]/dt > 0 \tag{5-2}$$

从而有 $\delta\omega(t)$ 为负，即对应于脉冲前沿频率应下移。

脉冲后沿：由于在脉冲后沿，光波电场 $E(t)$ 随时间 t 是减少的，故由 $\Delta n(t) = n_2|E(t)|^2$ 知

$$d[\Delta n(t)]/dt < 0 \tag{5-3}$$

从而有 $\delta\omega(t)$ 为正，即对应于脉冲后沿频率应上移。

如果这时处在单模光纤的负色散区，即

$$d[Vg]/d\omega > 0 \tag{5-4}$$

于是光脉冲的前、后沿的群速 Vg 将出现如下的变化：

脉冲前沿：脉冲前沿频率将下移，$d\omega/dt < 0$，因为 $d[Vg]/d\omega > 0$，于是 $d[Vg]/dt < 0$，即在脉冲前沿这段时间里，随时间增加，Vg 减小，必然在前沿的起始时的群速大，或光脉冲前沿的群速大。

脉冲后沿：同理，由于脉冲后沿频率上移，脉冲后沿的群速会变小。

上述光纤非线性效应使传输中的光脉冲前沿群速变大，光脉冲的后沿群速变小，其结果是使脉冲缩窄。

另外，由于单模光纤的色散效应会使光纤中的光脉冲波形展宽。

如果光脉冲的压缩和展宽的作用相平衡，在传输的过程中就不会产生畸变，而且传输速度不变，并保持一个一个的孤立的脉冲波形，从而形成孤子波。

光孤子通信是一种全光非线性通信方案，其基本原理是光纤折射率的非线性（自相位调制）效应导致对光脉冲的压缩可以与群速色散引起的光脉冲展宽相平衡，在光纤的反常色散区及脉冲光功率密度足够大的条件下，光孤子能够长距离不变形地在光纤中传输。它完全摆脱了光纤色散对传输速率和通信容量的限制，其传输容量比当今最好的通信系统高出1~2个数量级，中继距离可达几百 km。从光孤子传输理论分析，光孤子是理想的光脉冲，因为它很窄，其脉冲宽度在皮秒级。这样，就可使邻近光脉冲间隔很小而不至于发生脉冲重叠，产生干扰。利用光孤子进行通信，其传输容量极大，可以说是几乎没有限制，传输速率将可能高达每秒兆比特。如此高速将意味着世界上最大的图书馆——美国国会图书馆的全部藏书，只需要100 s就可以全部传送完毕。图5-20所示为基阶（N=1）光孤子在一个周期内的演化。

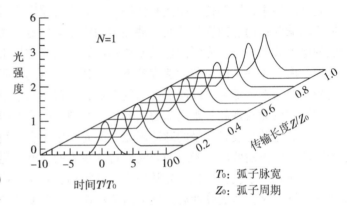

T_0：孤子脉宽
Z_0：孤子周期

图5-20 基阶（N=1）光孤子在一个周期内的演化

全光式光孤子通信，是新一代超长距离、超高码速的光纤通信系统，更被公认为是光纤通信中最有发展前途、最具开拓性的前沿课题。迄今为止的研究已为实现超高速、超长距离无中继光孤子通信系统奠定了理论的、技术的和物质的基础，其原因如下：

1）孤子脉冲的不变性决定了无须中继。

2）光纤放大器，特别是用激光二极管泵浦的掺铒光纤放大器补偿了损耗。

3）光孤子碰撞分离后的稳定性为设计波分复用提供了方便。

4）采用预加重技术，且用色散位移光纤传输，掺铒光纤集总信号放大，这样便在低增益的情况下减弱了 ASE 的影响，延长了中继距离。

5）导频滤波器有效地减小了超长距离内噪声引起的孤子时间抖动。

6）本征值通信的新概念使孤子通信从只利用基本孤子拓宽到利用高阶孤子，从而可增加每个脉冲所载的信息量。

光孤子通信的这一系列进展使目前的孤子通信系统实验已达到传输速率10~20 Gbit/s，传输距离13000~20000 km 的水平。

光孤子技术未来的前景：

1）在传输速度方面采用超长距离的高速通信，时域和频域的超短脉冲控制技术以及超短脉冲的产生和应用技术使现行速率10~20 Gbit/s 提高到 100 Gbit/s 以上。

2）在增大传输距离方面采用重定时、整形、再生技术和减少 ASE，光学滤波使传输距离提高到 100000 km 以上。

3）在高性能 EDFA 方面是获得低噪声高输出 EDFA。

光孤子通信中的问题：

1）光纤损耗 光孤子峰值功率的减少，会导致光孤子的展宽，而且这种展宽随传输距离的增加而加大。

2）码间干扰 每个光孤子仅占其比特时间的一部分，即 $T_s = 1/B$（T_s 为每个码持续的时间，B 为每秒的比特数）相互邻近的光孤子会产生相互影响。同相的两个光孤子会相互吸引并沿光纤周期性地碰撞；反相的两个光孤子将相互排斥，它们的间距将随传输距离的增加而加大。

3）频率啁啾 光脉冲的初始频率啁啾会打破光纤群色散与自相位调制之间原有的平衡，从而对光孤子传输产生很大的影响。

4）时间抖动 时间抖动，会形成误码。

5）多信道光孤子间的碰撞 碰撞如发生在放大器中，可能破坏碰撞的对称性，使光孤子的载频出现移动，导致光孤子到达接收端的时间发生变化，出现定时抖动。

在未来光孤子通信研究中，其努力的焦点将集中在如下方面：

1）在皮秒级光孤子通信实用化基础上研究和开发多波长皮秒级光孤子通信，以进一步提高传输码速率和传输距离，其期望速率不小于 100 Gbit/s，直通距离不小于 10^4 km。

2）除泵浦光源仍采用半导体激光器外，其余功能元件均采用光纤制作的全光纤孤子通信系统，在现有基础上将进一步研究和开发光纤孤子激光器、光孤子开关和光孤子逻辑等。

3）研究 1.3 μm 波长的光孤子通信，利用 1.3 μm 窗口正色散区比负色散区大的特点。

4）利用高阶光孤子实现多值传输。

5.2 用户接入网技术

5.2.1 PON 接入技术

无源光纤网络（Passive Optical Network，PON）是指光配线网（ODN）中不含有任何电子器件及供电电源，光配线网全部由光分路器（Splitter）等无源器件组成，不需要贵重的有源电子设备。目前一根光芯可提供 2.5 Gbit/s 的传输速率，经光分路器分配给 256 个用户使用。

光配线网络（Optical Distribution Network，ODN）是基于 PON 设备的 FTTH 光缆网络。其作用是为 OLT 和 ONU 之间提供光传输通道。从功能上分，ODN 从局端到用户端可分为馈线光缆子系统、配线光缆子系统、入户线光缆子系统和光纤终端子系统四个部分。

一个无源光网络包括一个安装于中心控制站的用于连接光纤干线的光线路终端（Optical Line Terminal，OLT），以及一些配套的安装于用户场所的以广播方式发送以太网数据的光网络单元（ONU）。在 OLT 与 ONU 之间的光配线网（ODN）包含了光纤以及无源分光器或者耦合器。PON 的网络结构如图 5-21 所示。

PON 在下行方向上，交换机发出的信号是广播式发给所有的用户。在上行方向上，各ONU 必须采用某种多址接入协议，如时分多路访问（Time Division Mutiple Access，TDMA）协议，才能完成共享传输通道进行信息访问。

PON 主要用于解决用户通信的宽带接入问题。从整个网络的结构来看，由于光纤的大量敷设，DWDM 等新技术的应用使得主干网络已经有了突破性的发展。同时由于以太网技术的

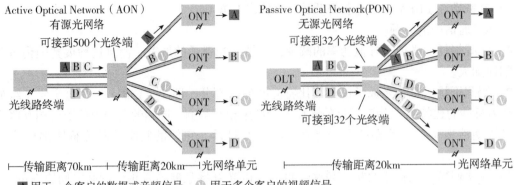

图 5-21　PON 的网络结构

进步，由其主导的局域网带宽也从 10 Mbit/s、100 Mbit/s 到 1 Gbit/s 甚至 10 Gbit/s。但连接网络主干和局域网以及家庭用户之间的一段，这就是常说的"最后一公里"是个瓶颈。在这种情况下，PON 被认为是最好的解决办法。PON 由于消除了局端与用户端之间的有源设备，从而使得维护简单、可靠性高、成本低，而且能节约光纤资源，是未来 FTTH 的主要解决方案。目前 PON 技术主要有 APON、EPON 和 GPON 等几种，其主要差异在于采用了不同的二层技术。

APON 是 20 世纪 90 年代中期就被 ITU 和全业务接入网论坛（FSAN）标准化的 PON 技术，FSAN 在 2001 年年底又将 APON 更名为 BPON，在无源光网络中采用 ATM 技术就成为 ATM-PON，简称 APON，其最高速率为 622 Mbit/s。APON 实现用户与 PSTN/ISDN 宽带业务、BISDN 宽带业务和非 ATM 业务（如数字视频付费业务和互联网业务）节点之一的连接。APON 的二层采用的是 ATM 封装和传送技术，因此存在带宽不足、技术复杂、价格高、承载 IP 业务效率低等问题，未能取得市场上的成功。图 5-22 为一种 APON 架构功能框图。

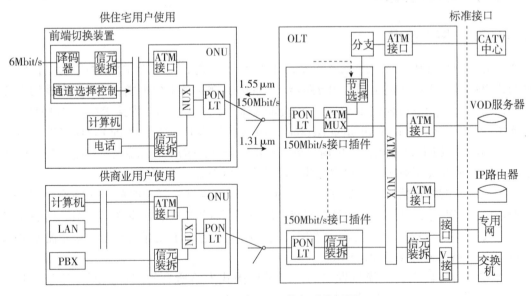

图 5-22　一种 APON 构架功能框图

为更好适应 IP 业务，第一英里以太网联盟（EFMA）在 2001 年年初提出了在二层用以太网取代 ATM 的 EPON 技术，IEEE 802.3ah 工作小组对其进行了标准化，EPON 可以支持 1.25 Gbit/s

对称速率，将来速率还能升级到 10 Gbit/s。EPON 产品得到了更大程度的商用，由于其将以太网技术与 PON 技术很好地结合，因此成了适合 IP 业务的宽带接入技术。对于 Gbit/s 速率的 EPON 系统也常被称为 GE-PON。EPON 与 APON 最大的区别是 EPON 根据 IEEE 802.3 协议，包长可变至 1518 字节传送数据，而 APON 根据 ATM 协议，按照固定长度 53 字节包来传送数据，其中 48 字节负荷，5 字节开销。

在 EFMA 提出 EPON 概念的同时，FSAN 又提出了 GPON，FSAN 与 ITU 已对其进行了标准化，其技术特色是在二层采用 ITU-T 定义的 GFP（通用成帧规程）对 Ethernet、TDM、ATM 等多种业务进行封装映射，能提供 1.25 Gbit/s 和 2.5 Gbit/s 下行速率和所有标准的上行速率，并具有强大的 OAM 功能。在高速率和支持多业务方面，GPON 有明显优势，但成本目前要高于 EPON，产品的成熟性也逊于 EPON。

PON 的优点如下：

1）消除了户外的有源设备，所有的信号处理功能均在交换机和用户宅内设备完成。而且这种接入方式的前期投资小，大部分资金要推迟到用户真正接入时才投入，因此建设初期相对成本低。

2）无源光网络是纯介质网络，彻底避免了电磁干扰和雷电影响，极适合在自然条件恶劣的地区使用；因为是纯介质网络，故传输途中不需电源，没有电子部件，因此容易敷设，基本不用维护，长期运营成本和管理成本低。

3）传输距离比有源光纤接入系统的短，覆盖范围较小，但它造价低，无须另设机房，容易维护、扩展、升级，因此这种结构可以经济地为居家用户服务。

4）提供高的带宽。EPON 目前可以提供上下行对称的 1.25 Gbit/s 的带宽，并且随着以太技术的发展可以升级到 10 Gbit/s，GPON 则是高达 2.5 Gbit/s 的带宽。

5）服务范围大。PON 作为一种点到多点网络，以一种扇出的结构来节省资源，服务大量用户。用户共享局端设备和光纤的方式更是节省了用户投资。

6）带宽分配灵活，服务有保证。G/EPON 系统对带宽的分配和保证都有一套完整的体系。可以实现用户级的服务水平协议（SLA）。

5.2.2 FTTx 接入技术

FTTx 中的 x 包括了多种含义，FTTx 属于光纤接入技术。光纤接入指电信局端与用户之间完全以光纤作为传输媒体的连接，光纤接入可以分为有源光接入和无源光接入。根据光纤深入用户的程度，可分为 FTTH（光纤到达住户的门口）、FTTP（光纤到驻地）、FTTB（光纤到大楼）、FTTC（光纤到路边）、FTTN（光纤到邻里）、FTTF（光纤到楼层）、FTTZ（光纤到小区）、FTTO（光纤到办公室）、FTTD（光纤到桌面）、FTTSA（光纤到服务区）等，目前讨论较多的是 FTTH。

按照 ITU-T 的定义，FTTH（Fiber To The Home）指光纤到达住户的门口，在端局和住户之间没有铜线，美国的联邦通讯委员会（FCC）对 FTTH 中的 "H" 定义了新的含义，"H" 既包括狭义上的家庭，也包括小型商业机构。综合以上两种定义，对 FTTH 可定义为：FTTH 是以光纤为传输媒介，为家庭、小型商业机构等终端用户提供接入到电信端局的服务，并具有信息复用/解复用功能。

FTTH 将光网络单元（ONU）安装在住家用户或企业用户处，是光接入系列中除 FTTD 外最靠近用户的光接入网应用类型。FTTH 的显著技术特点是不但提供更大的带宽，而且增强了网络对数据格式、速率、波长和协议的透明性，放宽了对环境条件和供电等要求，简化了维护和安装。如图 5-23 所示为 FTTH 的接入方式。

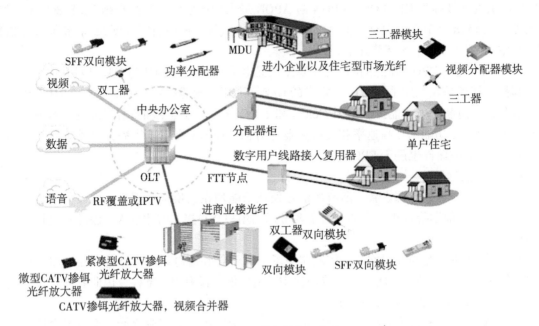

图 5-23 FTTH 的接入方式

FTTH 在通信网络中的地位属于接入网部分，是市话局或远端模块到用户之间的部分，主要完成复用和传输功能，一般不含交换功能，这部分又称为本地环路或用户环路。FTTH 接入方式比现有的数字用户线路（DSL）宽带接入方式更适合一些已经出现或即将出现的宽带业务和应用，这些新业务和新应用包括电视电话会议、可视电话、视频点播、IPTV、网上游戏、远程教育和远程医疗等。DSL 技术虽然也能达到很高的带宽，但通信距离短，而且对线路条件有较高的要求。而光纤接入可以在 20 km 范围内很容易达到千兆带宽，并且性能稳定。FTTH 使用光纤直接延伸到用户家庭，入户后直接连接一台 ONU 设备（俗称光猫），可以输出百兆宽带上网端口+普通电话端口，目前常用的 ONU 设备有 4 个宽带口+2 个电话端口、2 个宽带口+2 个电话端口、2 个宽带口+1 个电话端口、1 个宽带口+1 个电话端口等多种方式。8 芯网线中，实际用于网络的只有 4 根线，还有 2 根网络备用线和 2 根电话线。蓝和蓝白这 2 根是用于电话的，可以分离出来用来制作电话接头。

FTTH 的优势主要有：

1）它是无源网络，从局端到用户，中间基本上可以做到无源。

2）虽然现在移动通信发展速度惊人，但因其带宽有限、终端体积不可能太大、显示屏幕受限等因素，人们依然追求性能相对占优的固定终端，也就是希望实现光纤到户。光纤到户的优点在于它具有极大的带宽，它是解决从互联网主干网到用户桌面的"最后一公里"瓶颈现象的最佳方案。

3）将光纤直接接至用户家，其带宽、波长和传输技术种类都没有限制，适于引入各种新业务，是最理想的业务透明网络，是接入网发展的最终方式。

4）就世界范围看，绝大多数电信公司是以 ADSL 为主发展宽带接入的，然而，ADSL 是建立在铜线基础上的宽带接入技术，铜是世界性战略资源，随着国际铜缆价格持续攀升（近几年年均 20%~30%的增幅），以铜缆为基础的 xDSL 的线路成本越来越高，而光纤的原材料是二氧化硅，在自然界取之不尽，用之不竭。其次，作为有源设备，xDSL 电磁干扰难以避免，维护成本越来越高。作为无源传输介质的光纤可以避免这类问题。

5.2.3 IPTV 技术

交互式网络电视（Internet Protocol Television，IPTV），是一种利用宽带有线电视网，集互联网、多媒体、通信等多种技术于一体，向家庭用户提供包括数字电视在内的多种交互式服务的技术。用户在家中可以有两种方式享受 IPTV 服务：一种是利用计算机，另一种方式是利用网络机顶盒+普通电视机。IPTV 能够很好地适应当今网络飞速发展的趋势，充分有效地利用网络资源。

IPTV 业务将电视机或个人计算机作为显示终端，通过宽带网络向用户提供数字广播电视、视频服务、信息服务、互动社区、互动休闲娱乐、电子商务等宽带业务。IPTV 的主要特点是交互性和实时性。它的系统结构主要包括流媒体服务、节目采编、存储及认证计费等子系统，主要存储及传送的内容是流媒体文件，基于 IP 网络传输，通常要在边缘设置内容分配服务节点，配置流媒体服务及存储设备，用户终端可以是 IP 机顶盒+电视机，也可以是 PC。

（1）IPTV 的主要应用领域

IPTV 业务应用领域主要为：

1）广电行业的互联网电台、电视台。

2）宽带视频点播（VOD）。

3）企业视频资讯平台，音视频信息发布平台。

4）教育行业的音视频教学，政府机构的音视频电子政务。

5）小区的点播电影、网上学习、医疗保健。

6）军队、医疗、电力部门进行现场演习、手术、调度等的音视频存储和同步监看。

（2）IPTV 主要业务和功能

1）核心视频业务 直播、轮播、时移、回看、VOD 等。

2）增值业务 综合资讯、电视购物、电视消息、卡拉 OK、互动游戏、互动广告、在线教育、网络录制、视频、贺卡、视频通告等。

3）个性化的业务体验 定制电子节目指南（EPG）风格、定制频道顺序、定制增值服务等。

4）辅助收视功能 书签、收藏、搜索、推荐、排序。

5）专业的内容管理功能 节目的编码制作、编排、发布，版权控制、节目播控，内容提供/服务提供（CP/SP）接入等。

6）强大运营支撑功能 用户管理、业务订购、计费、账务管理、用户自助服务等。

7）完善的网络管理功能 设备层面包括网络管理、设备管理、终端管理等。

8）功能层面 包括配置管理、故障管理、性能管理、安全管理等。

IPTV 是一个综合业务，它的基本系统模型中包括三个组成部分，即 IPTV 业务系统平台、IP 网络和用户端，每个部分都由一些关键设备组成，完成相应的基本功能以保证 IPTV 业务的顺利运营。

（3）IPTV 的业务系统

IPTV 的业务系统前端平台主要包括了流媒体系统、用户管理系统、存储设备、编码器、信源转换设备等。内容提供方提供原始内容，它们可以是模拟或数字内容。

1）流媒体系统　流媒体系统把经过数字化处理的视频内容以视频流的形式推送到网络中，使用户可以在仅下载部分视频文件后即可开始观看，在观看的同时，后续视频内容将继续传输。流媒体系统中包括了提供组播和点播服务的视频服务器。

2）用户管理系统　用户管理包括对 IPTV 业务用户的认证、计费、授权等功能，保证合法用户可以得到安全高质量的服务。

3）存储系统　存储系统主要用于存储数字化后的供点播的视频内容和各类管理信息，考虑到数字化后的视频文件相当庞大以及各类管理信息的重要性，因此存储系统必须兼顾海量和安全等特性。

4）编码系统　编码器的作用是按照一定的格式和码率特性要求，完成模拟视频信号的数字化。

5）信源接收转换系统　信源接收转换系统能完成各种视频信号源，如有线电视、卫星电视等的接收。

（4）IPTV 系统所使用的网络

IPTV 系统所使用的网络是以 TCP/IP 为主的网络，包括骨干/城域网络、宽带接入网络和内容分发网络。

1）骨干/城域网络　主要完成视频流在城市范围和城市之间的传送，目前城域网络主要采用千兆/万兆以太网络，而长距离的骨干网络则较多选用 SDH 或 DWDM 作为 IP 业务的承载网络。

2）宽带接入网络　主要完成用户到城域网络的连接，目前常见的宽带接入网络包括 xDSL、LAN、WLAN 和双向 HFC 等，可以为用户提供数百 kbit/s 至 100 Mbit/s 的带宽。

3）内容分发网络　是一个叠加在骨干/城域网络之上的应用系统，其主要作用是将位于前端的视频内容分布存放到网络的边缘以改善用户获得服务的质量，减少视频流对骨干/城域网络的带宽压力。

一般而言 IPTV 系统的业务提供平台直接连接在骨干/城域网络上，视频流通过内容分发网络被复制到位于网络边缘的宽带接入设备或边缘服务器中，然后通过宽带接入网络传送到业务的接收端，由此可以看出网络电视业务中的视频流实际上是通过分布在全网边缘的各个宽带接入设备或边缘服务器与前端部分共同完成的。

（5）IPTV 系统的用户端

IPTV 系统的用户端一般有三种接收方式，包括了个人计算机（PC）、机顶盒+电视和手机。

1）PC 终端　PC 终端包括各种台式计算机以及各种可以移动的计算机，如 PDA 等，此类设备的特点是自身具备较强的处理能力，不仅可以独立完成视频解码显示任务，同时还可以安装其他软件完成信息交互、自动升级和远程管理等功能，如浏览器和终端管理代理等。

2）机顶盒+电视　电视一般仅具备显示各类模拟和数字视频信号的能力，而不具备交互能力，无法满足 IPTV 的业务要求。因此目前采用机顶盒+电视的终端应用较多。机顶盒主要作为数字视频信号的接收和处理设备，与网络进行交互控制，实现 IPTV 业务功能。电视机只完成数字视频的显示工作。

3）手机　手机作为 IPTV 业务的终端设备必须具备处理和显示数字视频信号的能力，一般用于移动 IPTV 业务。

（6）IPTV 的工作原理

IPTV 系统是把呼叫分为数据包，通过互联网发送，然后在另一端进行复原。IPTV 先将把原始的电视信号数据进行编码，转化成适合互联网传输的数据形式。然后通过互联网传送，最后解码，通过计算机或是电视播放。如果效果要达到普通的电视效果每秒 24 帧甚至是 DVD 效果，对传输速度的要求是非常高的。所以 IPTV 采用的编码和压缩技术是最新的高效视频压缩技术，IPTV 对带宽的要求至少应达到 500 kbit/s~700 kbit/s 才可收看 IPTV。768 kbit/s 的能达到 DVD 的效果，2 Mbit/s 就非常清楚了。但是现在的 ADSL 宽带很少能提供 2 Mbit/s 的带宽。图 5-24 所示为 IPTV 的网络图。

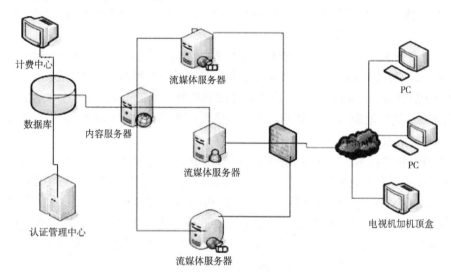

图 5-24　IPTV 的网络

（7）IPTV 的关键技术

IPTV 关键技术主要涉及以下方面：

1）视频编码技术　编码技术使传输的数据量得到大幅度压缩。常见的视频编码技术有：H. 261、H. 262、H. 263、H. 264 以及 MPEG-1、MPEG-2、MPEG-4 等。目前互联网使用较多的流媒体格式主要是美国 Real Networks 公司的 RealMedia，Apple 公司的 QuickTime，微软公司的 Windows Media 以及 Macromedia 的 ShockWave Flash。国内外已经开展的 IPTV 业务基本上都是使用 MPEG-2 编码方式。我国自行开发、具有自主知识产权的新一代编码方式称为 AVS，AVS 视频主要面向高清晰度电视、高密度光存储媒体等应用中的视频压缩。

MPEG-2 主要目的是提供标准数字电视和高清晰度电视的编码方案，DVD 就是采用的这种格式，发展趋势是使用更加适合于流媒体系统的 H. 264/MPEG-4。H. 264 是 MPEG-4 的第 10 部分，它不仅能使 MPEG-4 节约 50% 的码率，而且引入了面向 IP 包的编码机制，更加有利于网络中的分组传输。

2）数字版权管理技术　数据数字版权管理（Digital Rights Management，DRM）技术为内容提供者保护其私有视频、音乐或其他数据的版权提供了一种技术手段，也为这些问题的解决带来了希望。目前使用最为普遍的数字版权技术是数字水印，它使用一定的算法，在被保护的数字格式的音乐、歌曲、图片或影片中嵌入某些标志性信息（称为数字水印），来达到证明版权归属和跟踪侵权行为的目的。数字多媒体内容是 IPTV 中最为关键的节目来源。有了 DRM 技术，可使无论是因特网、流媒体还是交互数字电视各个平台的内容提供商们放心地提供更多的内容，采取更灵活的节目销售方式，同时有效地保护知识产权。

3）内容分发网络技术　内容分发网络（CDN）起初只是一个为了加快用户的互联网访问速度而建立的网络，可提高用户的响应速度。然而，对于IPTV业务，如果直接使用原来互联网中所使用的CDN，就无法承载完整的IPTV业务，因为电视观众对视频信号的高质量及实时性要求远比其对互联网内容的要求高得多。针对IPTV实时性和高质量的要求，可采用将原来依靠互联网的网络传输改为通过专线传输和将文件进行切片并利用P2P机制传输来解决。对于CDN网络管理，通过制定一个合理的内容管理方案来提高CDN网络的效率。例如，可将媒体内容分为直播内容、点播内容来分别处理，再根据点播率将点播内容分为冷/热片来分别对待。

4）光纤到户技术　光纤到户（FTTH）是将光纤作为物理媒介实现用户和运营商之间网络连接的一种技术，在诸多FTTH技术中，近年来兴起的无源光网络（PON）接入技术尤其引人注目。千兆无源光网络（GPON）的带宽下载速度将达到2.4Gbit/s，上传速率达到1.2Gbit/s，可支持长达20km的传输距离，消除了各类铜缆接入的距离限制。GPON技术已经成为一种理想的IPTV宽带接入技术。

5）电子节目指南技术　电子节目指南（EPG）也就是电视节目导航系统，主要用来描述提供给电视观众的所有节目的信息，它是构成交互电视的重要技术之一。在IPTV业务中，用户可通过EPG来了解电视节目的名称、播放时间和内容梗概等相关信息，并实现对节目的快速检索和访问，进行频道选择或视频点播等操作。此外，还可通过电子节目指南向用户提供由文字、图形和图像组成的人机交互界面来实现各种增值业务的导航。一般来讲，一个EPG系统包含两个主要部分，即发生器子系统和解码器子系统。

6）机顶盒（STB）技术　机顶盒（STB）适用于IPTV的计算机、手机和电视机三种基本类型终端中，计算机配备相应的软件，即可直接用于IPTV的终端；用于移动流媒体平台的多媒体手机也可以直接使用；但由于电视机本身并没有存储功能，不支持软件安装，也无法像手机那样加装流媒体支持功能，因而无法实现IP的支持功能，必须加装一个将IP数据流转换成电视机可以接收的信号的机顶盒设备作为中介才能收看IPTV节目。这样，作为普及面最广的接收终端电视机，为它制作机顶盒就成为开展IPTV业务的关键。STB需要具备包括数据转换、接入支持、协议支持、业务支持、解码支持等在内的多种功能。数据转换是STB最基本的功能，就是要将接收到的IP数据转换成电视屏幕可以显示的数据。在接入支持方面，STB一般需要支持目前应用较多的LAN或xDSL或WLAN等多种宽带接入方式，未来还要提供FTTH接入支持。在协议支持方面，STB需要支持TCP/UDP/IP协议族来完成互操作信息的网络传输，以及IP数据和视频流媒体数据的接收和处理工作。在业务支持方面，STB一般需要支持目前较为流行的视频点播、组播、互联网浏览、短消息、可视业务和网络游戏等业务。在解码支持方面，STB需要支持对多媒体码流的解码能力，一般需要支持现行的国际标准格式（如MPEG-2，MPEG-4等）以及国产标准格式AVS。除了上述这些功能之外，STB还要支持数字版权管理、内容缓存、交互控制、接入鉴权和业务及网络管理功能。

5.2.4 网络电话技术

1. VoIP技术

VoIP（Voice over Internet Protocol）即互联网电话或称网络电话和IP电话，指将模拟的声音信号经过压缩与封包之后，以数据封包的形式在互联网环境下进行语音信号的传输。

VoIP 的基本原理是通过语音的压缩算法对语音数据编码进行压缩处理，然后把这些语音数据按 TCP/IP 标准进行打包，使之可以采用无连接的 UDP 协议进行传输。经过互联网把数据包送至接收方，再把这些语音数据包串联起来，经过解压处理后，恢复成原来的语音信号，从而达到由互联网传送语音的目的。

要想实现在一个 IP 网络上传输语音信号，需要两个或多个具有 VoIP 功能的设备，这些设备通过 IP 网络连接。收发两者之间的网络必须支持 IP 传输，且可以是 IP 路由器和网络链路的任意组合。因此可以简单地将 VoIP 的传输过程分为下列几个阶段：

1）语音到数据的转换　为了通过 IP 方式来传输语音，首先要将模拟语音信号转换为数字信号，即对模拟语音信号进行 8 位或 16 位的量化，然后送入到缓冲存储区中，缓冲器的大小可以根据延迟和编码的要求选择。许多低比特率的编码器采取以帧为单位进行编码，典型帧长为 10~30 ms。考虑传输过程中的代价，语音包通常由 60 ms、120 ms 或 240 ms 的语音数据组成。数字化可以使用各种语音编码方案来实现，目前采用的语音编码标准主要有 ITU-T G.711。源和目的地的语音编码器必须实现相同的算法，这样目的地的语音设备才可以还原模拟语音信号。

2）将原数据转换为 IP 数据包的过程　将语音码片以特定的帧长进行压缩编码，大部分的编码器都有特定的帧长，若一个编码器使用 15 ms 的帧，则把从各 60 ms 的语音数据包分成 4 帧，并按顺序进行编码。抽样率为 8 kHz 的语音信号，每个帧含 $(8000/1000) \times 15 = 120$ 个语音样点。编码后，将 4 个压缩的帧合成一个压缩的语音包送入网络处理器。由网络处理器为语音添加包头、时标和其他信息后通过网络传送到另一端点。IP 网络不像电路交换网络，不形成点对点的连接，而是把数据放在可变长的数据包或分组中，然后给每个数据包附带寻址和控制信息，并通过网络发送，逐站转发到目的地。

3）传送　在 IP 网络通道中，全部网络被看成一个从输入端接收语音包，然后在一定时间 t 内将其传送到网络输出端的整体。通常 t 是变化的，反映了网络传输中的抖动。网络中的各节点检查每个 IP 数据附带的寻址信息，并使用这个信息把该数据转发到目的地路径上的下一站。网络链路可以是支持 IP 数据流的任何拓扑结构或访问方法。

4）将 IP 包还原为语音数据过程　目的地 VoIP 设备接收语音 IP 数据包并进行处理。网络终端设置有一个可变长度的缓冲器，用来调节网络产生的抖动。该缓冲器可容纳许多语音包，用户可以选择缓冲器的大小。小的缓冲器产生延迟较小，但对抖动的调节能力较弱。接收端的解压缩器将经压缩的 IP 语音包解压缩后还原为成帧的语音包，这个帧长应与发送端的帧长相同。若帧长度为 15 ms，是由 60 ms 的语音包拆分成 4 帧得来的，可将它们解码还原成 60 ms 的语音数据流送入解码缓冲器。在数据包的处理过程中，去掉寻址和控制信息，保留原始的数据，然后把这个原数据提供给解码器。

5）数字语音转换为模拟语音信号　播放驱动器将缓冲器中的 $120 \times 4 = 480$ 个语音样点取出送入声卡，通过扬声器按预定的频率（例如 8 kHz）播出。

IP 电话系统建设应遵循五项基本原则：

1）延时 400 ms 的基本原则　只有端到端延迟降低到 400 ms 以下，将丢包率降低到 5%~8%，才能使 IP 电话达到传统电话所具有的语音质量。因此必须自始至终保证这两项指标。

2）99.9999% 可靠电信原则　要达到电信服务质量、通用业务、全球互通，必须有 99.9999% 的可靠性、内容丰富的服务及收费质量等。

3）多媒体应用发展原则　IP 电话可提供多媒体功能和呼叫管理功能，如交互式 WEB 商务、呼叫中心、LAN PBX、协商计算、企业传真等。

4）网络的开放原则　IP 电话网络的开放性，使用户今后可以随时买到最先进的程序或者自己编写需要的程序，而不是必须依赖于某些厂商，增大了用户应用的自由度。

5）后方管理的保障原则　大规模的语音业务需要后方管理工具和措施以支撑其商业运作和服务，内容包括用户管理、认证授权，异地漫游、精确到秒或字节的可靠计费系统、网络管理和大规模的业务管理、管理安全性、大规模网络配置和监控等，都是运营商必须具备的条件，才能提高网络运营效率。

IP 电话的核心与关键设备是 IP 网关，它把各地区电话区号映射为相应的地区网关 IP 地址。这些信息存放在一个数据库中，数据接续处理软件将完成呼叫处理、数字语音打包、路由管理等功能。在用户拨打长途电话时，网关根据电话区号数据库资料，确定相应网关的 IP 地址，并将此 IP 地址加入 IP 数据包中，同时选择最佳路由，以减少传输时延，IP 数据包经互联网到达目的地的网关。在一些互联网尚未延伸到或暂时未设立网关的地区，可设置路由，由最近的网关通过长途电话网转接，实现通信业务。

VoIP 的种类包括 PC 到 PC、PC 到电话、电话到电话。

1）PC 到 PC 和 PC 到电话称为软件电话，是指在电脑上下载安装软件，然后购买网络电话卡，通过耳麦实现和对方的固话或手机进行通话。

2）电话到电话是一种硬件电话，首先要安装一个语音网关，网关一边接到路由器上，另一边接到普通的话机上，然后普通话机即可直接通过网络进行通话。

VoIP 主要优点如下：

1）免除长途话费　企业使用 VoIP 语音网关之后，能够完全免除公司各分部之间高昂的跨国、跨区长途话费。利用网络电话，用户可通过互联网直接拨打对方的固定电话和手机，包括国内长途和国际长途，而且资费是传统电话费用的 10%~20%。

2）清晰、稳定、低延时的语音质量。

3）先进的拨号规划　先进的拨号规划和地址对应功能，令其轻易地连接到 PBX 交换机上，灵活且多样化的拨号通达各个目的地。

4）便于集成智能　VoIP 电话网集成了计算机网的智能模块，可以灵活地控制信令和连接，有利于各种增值业务的开发。

5）开放的体系结构　IP 电话的协议体系是开放式的，有利于各个厂商产品的标准化和之间的互相联通。

6）多媒体业务的集成　IP 电话网络同时支持语音、数据、图像的传输，为将来全面提供多媒体业务打下了基础。

2. VoLTE 技术

VoLTE（Voice over Long Term Evolution）是一种基于 IMS 网络的 LTE 语音解决方案。VoLTE 架构在 LTE 网络上、全 IP 条件下、基于 IMS 服务器的端到端语音提供方案，全部业务承载于 4G 网络上，可实现数据与语音业务在同一网络下的统一传输。

VoLTE 引入了 IP 多媒体子系统（IP Multimedia Subsystem，IMS），它提供多媒体 IP 服务，包括 VoIP。因为 LTE 网络只传送数据包，所以，LTE 把语音和相关信令看成和其他数据一样，都打包成数据包传输；IMS 网络接收处理这些数据包，并区分这些数据包的信令和语音数据部分，管理语音的信令包和媒体包。

IMS 是一个在应用层上的网络，工作于 2G、3G、4G，甚至 WiFi 网络之上，包含了很多实体、接口、协议等。IMS 网络结构可简化为 SIP 服务器和媒体网关两部分。会话初始协议（Session Initiation Protocol，SIP）服务器负责管理信令部分的功能，媒体网关负责媒体的处理。SIP 服务器类似于 2/3G 网络的移动交换中心（Mobile Switching Center，MSC）。

SIP 也分为注册服务器和呼叫代理服务器，但 SIP 的注册服务器只是记录一个 SIP 账号当前的 IP 地址数据、认证账号密码是否正确；IMS 里的本地用户服务器（Home Subscriber Server，HSS）是在 SIP 的注册服务器基础上，增加了来电显示业务、呼叫等待业务、彩铃业务等的开关，即收费的计费点。

VoIP 一般是企业内部用，所以 VoIP 的 SIP 软件、SIP 电话机网关可以直接通过 IP 地址和账号注册，然后呼叫在多台服务器上互相路由就可以完成呼叫的目的。这些服务器，一般是 SIP 代理服务器，当涉及和固定电话、手机号码互通时，会有 FXO 网关、E1 网关等负责转换。而 IMS 作为运营商的方案，有上亿用户规模，且又分为各省市地分公司，涉及通信漫游。

在图 5-25 所示 IMS 的网络构架中，SIP 代理服务器在 IMS 里称为呼叫会话控制功能（Call Session Control Function，CSCF），包含多个子系统，其中代理 CSCF（PCSCF）负责直接与 IMS 的终端（类似于 SIP 的软电话、硬件电话等）可能会把 SIP 进行压缩或者加密，然后交给查询 CSCF（ICSCF）。ICSCF 通过查询 HSS 数据来对用户名和密码进行认证，并查询是否欠费，开通或关闭了哪些业务，以及用户是从哪个 PCSCF 来的，以判断是否是漫游。整个呼叫过程中，PCSCF 只负责接收 SIP 消息，相当于对外联络点。ICSCF 是运营商的核心网络，是运营商内部网络的入口，它根据 HSS 查找到用户属于哪个地区，对应分配一个空闲的为该地区服务的服务 CSCF（SCSCF），此时，SCSCF 才是真正的 VoIP 代理服务器的角色，SCSCF 完成用户注册认证和呼叫的路由处理，以及电话业务的触发（IMS 称为 AS，另外独立成一个子系统）。

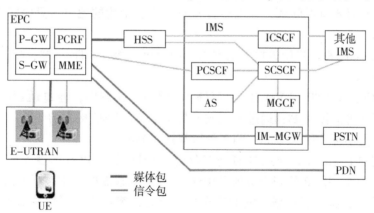

图 5-25　IMS 的网络构架

综合来分析，PCSCF 和 ICSCF 只起到一个边界安全防护、会话边界控制器（SBC）服务器、负载平衡、服务器分流这一类功能，真正处理 SIP 注册和呼叫的原先 VoIP 里标准逻辑的组件，是 SCSCF。

从物理上看，PCSCF 可能是全国或省一级中心统一的服务器集群，配合更多的 ICSCF 服务器分布在主干核心网上做分流，背靠一个大的 HSS 服务器群，将不同市县的用户分配到各地的 SCSCF 上进行实际的处理，并且 SCSCF 会更多地与当地的通信机房里原有的 2G、3G 发生交流，也就是媒体网关（MGW），负责把新的 4G 的手机终端和旧的 3G、2G 以及固定电话之类的对接起来，保持兼容（也就是 PS、CS 域的互通）。

因此一个最精简的 IMS 系统的核心组件包含 HSS、CSCF（P、I、S）即可，即把 VoIP SIP 的核心注册服务器和代理服务器按运营需求进行发展。而 MGW 为市面上大量被使用的 VoIP 的模拟网关、数字中继网关，只是运营商对稳定性要求需要更高，需要额外的集中管理和控制能力，提供一些即时通信（Instant Messaging，IM）服务，面向个人用户。所以一般还要加一个存在服务器、推送服务器、离线存储服务器等云的概念，提供类似于 QQ 或微信的功能。

同样，通信不只是面向个人的，也要面向企业，因此还需加入应用服务器（Application Server，AS）子系统，即现在的通信行业内的增值方案，提供例如电话会议、语音留言、企业语音导航 IVR、电话呼入自动分配 ACD 等，这样，VoIP 就发展成为具备运营商级的 VoLTE。

VoLTE 的基本流程如下：

1）VoLTE 终端接入 LTE 网络，进行 LEE 附着。

2）附着成功后从 PGW 得到 IP 地址并建立到 IMS 网络的信念承载。

3）VoLTE 终端通过 IMS 信令承载注册到 IMS 网络。

4）VoLTE 终端通过客户端发起向另一 VoLTE 终端的高清语音或视频呼叫。

5）IMS 网络对被叫进行寻址呼叫，被叫振铃。

6）被摘机，呼叫成功，双方进行通话。

3. VoWiFi 技术

VoWiFi（Voice over WiFi，也叫 WiFi calling）技术是用户使用具有 VoWiFi 功能的智能终端，在 WiFi 环境下能够通过传统的拨号方式进行语音和视频通话的一种技术。

相比传统的通话服务，VoWiFi 利用 WiFi 连网完成通话功能，实现移动网络及 WiFi 网络间的自动转换，用户无须特别设置就可以在不同地点实现通话。利用 WiFi 连网克服了移动基站在室内或地下室信号不良的问题，在网络覆盖较弱或受干扰的地方，只要能连上 WiFi，就可拨打或接听电话。

由于 LTE 和 WiFi 都是只传送数据的网络，因此可以像 VoLTE 一样，把 WiFi 作为接入网接入 IMS 实现 VoWiFi。

在图 5-26 所示 VoLTE 和 VoWiFi 并存的 4G 网络结构图中，通过运营商自己的 WiFi 经 TWAG 接入的叫作可信任 WiFi，通过家里或公共 WiFi 经 ePDG 接入的叫作不可信任 WiFi。不管是可信任的还是不可信任的 WiFi，两者最后都接入 IMS 域。

不可信任用户 UE 接入必须通过演进型分组数据网关（ePDG）接入核心网，用户设备（UE）和 ePDG 之间采用 IP 的安全协议（IPSec）隧道承载数据，使得不可信任网络的网元无法感知数据传输，从而保证数据传输的安全性。此时，客户识别模块（SIM）卡将被用于认证，使入侵者无法访问 ePDG 和核心网。可信任用户设备（UE）接入移动运营商自建的 WLAN 网络，直接通过分组数据网关（Packet Data Network Gateway，PDN-GW）就能接入到移动核心网。

应用于可信任 WiFi 网络和核心网的接口叫 S2a 接口，采用 GTP/PMIP。为了支持互通，需要对现有固网进行较大的改动。例如，需要对固网设备（BRAS/BNG）进行增强改造，使之支持移动性要求。但这种接入方式符合国内运营商的运营环境，对终端影响小。

应用于不可信任 WiFi 网络和核心网的接口叫 S2b 接口，采用 GTP/PMIP。固网通过 ePDG 接入 PDN-GW，通过增强 ePDG 以实现非信任固网和全 IP 的分组核心网（EPC）的互通，对固网改造较小。但 S2b 方式要求终端和 ePDG 之间建立 IPSec，额外开销比较大。

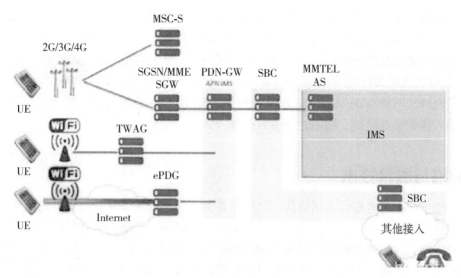

图 5-26 VoLTE 和 VoWiFi 并存的 4G 网络结构

当建立不可信任或可信任 WiFi 网络连接时，验证、授权和记账（AAA）服务器会选择一个已经在归属位置寄存器（HLR）/HSS 登记的接入点 APN。PDN-GW（PGW）会从这个 APN 的地址池里为 WiFi 终端动态分配一个 IP 地址。这个终端设备的 IP 地址被 VoWiFi SIP 用户代理（User Agent，UA）用于注册 IMS 网络的联系信息。假如设备中的 SIP UA 不能使用 SIM 进行身份验证，则需要通过用户名/密码来进行身份验证。通常情况下，对于 VoWiFi 和 VoLTE，它们有单独的 UA，通常被注册到同一个 IMS APN，但会使用不同凭证和联系地址。

IMS 可以处理来自同一用户的不同 IP 地址，由于有多个 UA，网络需要增加接入转换网关 ATGW/接入转换控制功能 ATCF，以实时分流下行媒体流，包括实时传输协议/实时传输控制协议（RTP/RTCP）包。

对于 WiFi 网络与蜂窝网络之间的切换，过去使用 MIP 和 IPSec 解决方案，但这种解决方案需要保留 IP 地址，用户需要在不同的接入系统中同时建立不同的 PDN 连接。最新的 SaMOG（S2a-based Mobility Over GTP）技术方案无须保留 IP 地址，可实现终端在 WLAN 网络和 LTE 网络间切换时 IP 地址同时发生改变，但需要对终端进行改动。

VoWiFi 和 VoIP 的区别：VoWiFi 只是将 WiFi 作为接入网，最终接入 IMS，它是运营商可以控制和管理的 IP 语音服务。网络采用 IMS 来控制和管理语音数据包后，IMS 为每一个数据连接分配一个代码，叫服务质量类标识符（Quality-of-service Class Identifier，QCI），这个 QCI 确定了每个数据连接的优先级。QCI 被存储在路由表里，描述了传输要求，包括最大时延、可接受的丢包数量、是否要求保证速率。如果视频电话的 QCI 为 1，则无论网络是否拥挤，必须保证 99.99% 的数据包在 100ms 内到达目的地。而通常的 Internet 数据，如 E-mail 或浏览网页，被分配一个较低的优先级，QCI 为 8 或 9。路由器根据 QCI 对数据包序列排队，这样就防止了 VoLTE 数据包卡在交通堵塞的道路上。

对于 VoIP，由于数据分组交换遵循"谁先到，谁先服务"的原则，语音包和数据包混在一起传输，不能保证语音包的优先级别，这就会引起丢包和时延问题，无法确保语音质量。由于语音包并没有受到更好的保护，它们和其他数据包一样，遵循着"尽力而为"的原则在网络里传输，所以 VoIP 无法保证通话质量的稳定性，这也是 VoIP 电话的语音质量时好时坏的原因。不过，随着这几年宽带的提速，VoIP 的通话质量也在逐渐改善。

对于终端用户而言，运营商的 VoWiFi 有两种实现方式：OTT（Over The Top）应用和终端内置式。OTT 指通过互联网向用户提供各种应用服务。基于 OTT 的 VoWiFi 需要下载 APP 应用程序，通过 APP 应用拨打/接听电话或收发短信，不过它无法实现 WiFi 和蜂窝网之间的切换，这并没有实现蜂窝网和 WiFi 的融合。而终端内置式的 VoWiFi 应用无须下载 APP，直接内置终端，直接接入移动运营商核心网络，由运营商统一管理。

5.3　网络与融合技术

最早的通信技术是电报和电话通信，当时只是为了解决异地快速传递消息的问题。随着技术的进步和应用领域的扩展，派生出了广播与电视、互联网、物联网等新的应用。针对不同的应用，又产生的相应的通信终端和传输/交换设备，众多的设备和终端给维护和使用带来不便，于是人们提出用一种统一的终端实现所有可能的通信服务，用一种统一的传输网络承载所有种类的信息，用一种统一的交换设备完成所有种类的信息交换，这样，网络融合的问题便提了出来。网络融合涉及了两个层面的问题，一是业务的融合，二是技术和设备的融合。业务的融合包括电信、电视、互联网的三网融合，以及物联网的融合。技术和设备的融合是设法用一种相互兼容的方式使不同业务能在一个统一的技术和设备平台上完成对不同业务的支持。三网融合使人们可以在一个终端上解决人类的信息通畅与共享，与物联网的融合则进一步实现人与人、人与物、物与物的通信。

5.3.1　网络融合技术

1. 统一通信与融合通信技术

统一通信（Unified Communication, UC）技术是指在 IP 网络上无缝集成语音、视频、即时通信、数据等四种主要通信方式的系统架构，统一通信系统将语音、传真、电子邮件、移动短消息、多媒体和数据等信息集合为一体，可用电话、传真、手机、PC、掌上电脑、PDA 等通信设备中的任何一种接收，从而在有线、无线、互联网之间架构起一个信息互联通道。

融合通信技术是指将计算机网络与传统通信网络融合在一个网络平台上，实现电话、传真、数据传输、音/视频会议、呼叫中心、即时通信等众多应用服务。融合通信以 IP 通信为基础，以 VoIP、视频通信、多媒体会议、协同办公、通讯录，以及即时通信等为核心业务能力，无论用户身在何处，都可以接入到网络并得到融合通信的各种服务。融合通信平台还可以使用户通过多样化的终端，以 IP 为核心的统一控制和承载网，以及融合的业务平台实现各类通信的统一和用户体验的统一。融合通信能够适应不同行业甚至不同企业的通信需求，与企业的应用相结合，例如可以与 OA/CRM 系统、邮件和办公软件以及第三方应用集成。融合通信有三大特点：①业务融合（视频、语音和数据）；②电信、互联网、IT 三个领域交互；③企业应用特点显著。

统一通信概念大于融合通信，统一通信强调的是通信工具的融合，用户使用通信工具更加简捷。而融合通信是指网络方面，有无线通信、互联网、语音网和有线网等融合。融合网络是更加注重网络性能，统一通信注重企业的业务流程。但在许多情况下，统一通信和融合通信两者的区别并不明显，故通常不加区分地混用。图 5-27 所示为企业内部统一通信的结构组成。

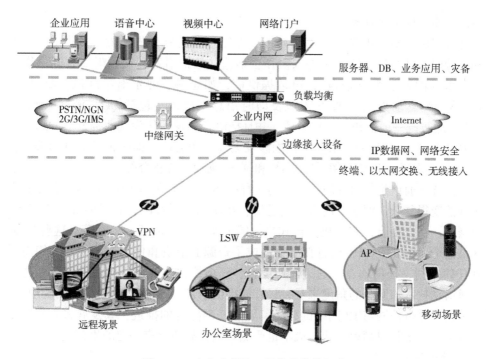

图 5-27 企业内部统一通信的结构组成

统一通信提出的背景是：通常人们用电脑查看电子邮件，用电话进行语音沟通，用传真机收发传真，三种不同的系统分别管理三种不同类型的通信方式，并使用三套不同的工具来进行访问，这给用户使用这些业务带来不便。统一通信概念的提出及深入推广，正是顺应这种强烈市场需求的结果。

统一通信系统中的语音、视频和 IP 通信产品的应用，能够帮助企业更加有效地进行通信，精简业务流程，及时、准确地获取资源，提高盈利能力。另外，企业还可以通过软件更新或者在现有投资基础上追加硬件的方式为这种集成式网络添加新特性和功能。统一通信的技术优势可体现在如下方面：

1) 部署优势　更快速、更经济有效的 IP 电话能够简化电话的移动、添加和修改；交换机能针对语音需求自动进行配置；IP 电话能自动执行自配置并有效使用电源；企业可以获得最佳的 WAN 语音质量；企业可以在网络基础设施的任何地方保护 IP 通信；简化电话的移动、添加和修改以及节省管理成本。

2) 运作优势　利用集中排障功能，企业可以快速发现并修复语音异常；语音和数据管理员可以看到统一的网络视图；企业可以减少紧急事件的处理成本和调度错误；使语音配置修改更容易、更准确。由于语音应用比较重要，因此，网络基础设施必须提供对语音流量的可视性，以便快速发现和解决问题。当网络基础设施和管理工具检测到过量的语音分组丢失、抖动或延迟时，可以向网络管理员通报这些问题。接到警报之后，网络管理员不需要亲临故障地点就能够以集中的方式实时排除语音流量传输中遇到的故障。

3) 融合优势　统一联系中心能够简化语音记录；无线语音服务是可扩展的；企业可以集成服务，简化网络；企业可以更加方便地增加视频；企业可以提供集成式服务和支持。在无线网络中添加 IP 语音功能之后，企业可以进一步改善协作能力，提高响应能力，节约成本。如果将统一通信与统一无线网络结合在一起，企业及其他机构不但能立即使移动员工获得 IP 通信的优势，还能降低总拥有成本。

统一通信市场主要有几方面的驱动力量：首先是企业软件提供商，如微软、SAP、IBM、甲骨文等，希望通过即时通信应用进入协作会话，并且把语音和视频附加到其协作解决方案中。第二个重要的驱动力量来自 IP 电话提供商，如思科、阿尔卡特朗讯、西门子、北电、Avaya 等。第三个驱动力量是 Web 入口及即时消息供应商，包括 QQ、MSN、雅虎、Skype、ICQ 等，可以通过统一通信作为协作会话，并且把语音和视频作为其业务发展的新增长点。第四个驱动力量来自 3G 运营商，其业务范围涉及无线视频会议、即时视频消息和聊天、短视频呼叫中心、PC 到移动、移动视频、WiMAX 和 WiFi 驱动内容整合等。

事实上，统一通信是技术和应用发展的一种必然。随着科技的不断进步，企业和个人的信息系统正日益变得复杂，网络方面有无线通信、互联网、语音网、有线网等，应用上有语音、视频、数据等；在设备上，有手机、台式机、笔记本电脑、电话、传真等，这些通信应用之间由于无法融合而彼此形成了信息孤岛，造成了资源的浪费和使用的不便。人们需要一种技术能够在任何时间、任何地点，通过任何设备、任何协议，实现端到端的互联互通。

统一通信从技术与服务的角度来看，尽管能提供语音、视频和 IP 通信产品的应用与服务，但本质上讲是一种电信网与 IP 网络的融合，随着三网融合的推进，其发展将受到影响。但由于缺少广电网，系统相对简单一些，成本也要低一些，故还会有一定的生存空间。

2. 三网融合技术

三网融合（FDDX）是指电信网、广播电视网、互联网在向宽带通信网、数字电视网、下一代互联网演进过程中，三大网络通过技术改造，其技术功能趋于一致，业务范围趋于相同，网络互联互通、资源共享，能为用户提供语音、数据和广播电视等多种服务。三网融合并不意味着三大网络的物理合一，而是指高层业务应用的融合。三网融合应用广泛，遍及智能交通、环境保护、政府工作、公共安全、平安家居等多个领域。三网融合的结果将导致手机可以看电视、上网，电视可以打电话、上网，电脑也可以打电话、看电视。三者之间相互交叉，形成三个网络中你中有我、我中有你的格局。

通过三网融合，使电信网、有线电视网和计算机通信网之间相互渗透、互相兼容、并逐步整合成为全世界统一的信息通信网络。三网融合是为了实现网络资源的共享，避免低水平的重复建设，形成适应性广、容易维护、费用低的高速宽带的多媒体基础平台。其表现为技术上趋向一致，网络层上可以实现互联互通，形成无缝覆盖，业务层上互相渗透和交叉，应用层上趋向使用统一的 IP，在经营上互相竞争、互相合作，朝着向人类提供多样化、多媒体化、个性化服务的同一目标方向发展，行业管制和政策方面也逐渐趋向统一。

三网融合在概念上可以涉及技术融合、业务融合、行业融合、终端融合及网络融合。目前更主要的是应用层次上互相使用统一的通信协议。图 5-28 所示为三网融合示意图。

（1）三网融合的技术基础

1）数字技术的迅速发展和全面采用 使电话、数据和图像信号都可以通过统一的编码进行传输和交换，所有业务在网络中都将成为统一的 "0" 或 "1" 的比特流。

2）光通信技术的发展 为综合传送各种业务信息提供了必要的带宽和较高的传输质量，成为三网业务的理想公共平台。

3）软件技术的发展 使得三大网络及其终端都通过软件的变更，最终支持各种用户所需的特性、功能和业务。

4）统一的 TCP/IP 的普遍采用 使得各种业务内容可以转换为 IP 数据包，在以 IP 为基础

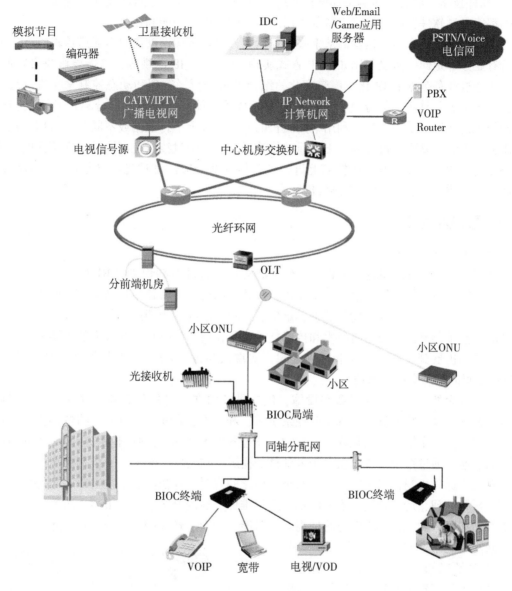

图 5-28 三网融合示意图

的不同网络上传输，并实现互通。人类首次具有统一的、三大网都能接受的通信协议，从技术上为三网融合奠定了基础。

（2）三网融合所涉及的关键技术

1）宽带接入技术 包括利用铜线资源通过 xDSL 实现宽带接入、采用 FTTC+HFC 实现全业务接入、发展宽带 PON、WDM 进入接入网、发展 LMDS 实现宽带无线接入。

2）基于光缆的宽带光纤接入技术 包括宽带有源光接入、宽带无源光接入网。

3）宽带 TCP/IP 技术 宽带 TCP/IP 技术是一种适用于不同传输技术和传输媒体的广域网技术。采用吉位路由交换机为核心设备，在光缆上直接架构宽带 IP 网已经成为当前宽带综合业务骨干网主流组网技术之一。

4）视频编码技术 目前的趋势是使用更适合流媒体系统的 H.264/MPEG-4、AVS 编码方式。

5）软件技术 联合与协调不同操作系统、不同网络环境的中间件技术，使得三大网络及其终端都能通过软件变换，最终支持各种用户所需的特性、功能和业务。

三网融合最终结果是各运营商从事多业务运营，多业务运营就需要多通道传输。一个办法是让所有业务都走同一协议，比如用 IP 方式实现 IP 电话、IP 电视等，这需要解决带宽问题。最终应用通过业务数据的 IP 化、高带宽化，结合流量分析、管理和动态控制来实现。另一个办法就是采用波分复用、频分复用、时分复用等技术，使同一传输介质分离出不同的传输通道，例如在光网络中采用波分，利用不同波长的光谱区分上下行数据或不同业务数据，在电缆中采用频分和时分复用也可以划分出不通的传输通道。作为过渡，也可同时建立两张网络或多张网络传输不同的业务。但是从技术上讲，最后传输部分应该都被光网络替换，应用都会 IP 化，即同一介质不同通道下的 IP 协议化。

5.3.2 万物互联技术

1. 物联网技术

物联网（Internet of Things，IoT）技术的定义是：通过射频识别（RFID）、红外感应器、全球定位系统、激光扫描器等信息传感设备，按约定的协议，将任何物品与互联网相连接，进行信息交换和通信，以实现智能化识别、定位、追踪、监控和管理的一种网络技术。物联网技术的核心和基础仍然是通信网络技术和传感技术，是在通信网络技术基础上的延伸和扩展，其用户端延伸和扩展到了任何物品和物品之间，实现人与人（P2P）、人与物（P2M）、物与物（M2M）之间的信息交换和通信。

物联网将无处不在的末端设备和设施，包括具备内在智能的传感器、移动终端、工业系统、数控系统、家庭智能设施、视频监控系统等，和外在使能的贴上 RFID 的各种资产、携带无线终端的个人与车辆等智能化物件或动物，通过各种无线和/有线的长距离/短距离通信网络实现互联互通。通过系统集成以及基于云计算的模式，在内网、专网、通信网环境下，采用适当的信息安全保障机制，提供安全可控乃至个性化的实时在线监测、定位追踪、报警联动、调度指挥、预案管理、远程控制、安全防范、远程维保、在线升级、统计报表、决策支持、领导桌面等管理和服务功能，实现对万物的高效、节能、安全、环保的管、控、营一体化。

物联网通常被公认为有 3 个层次，从下到上依次是感知层、传送层和应用层，如图 5-29 所示。感知层负责识别物体、采集信息；传送层将信息传递到数据处理中心进行处理；应用层完成各种不同的应用。

物联网涉及传感器技术、通信网络技术、嵌入式微处理节点和计算机软件系统，包含了自动控制、通信、计算机等不同领域，是跨学科的综合应用。

1）感知层 物联网的感知层主要完成信息的采集、转换和收集。感知层包含传

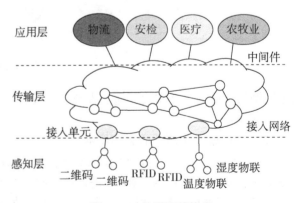

图 5-29 物联网的构成

感器（或控制器）、短距离传输网络两个部分。传感器（或控制器）用来进行数据采集和控制，短距离传输网络将传感器收集的数据发送到网关或将应用平台控制指令发送到控制器。感知层的关键技术涉及传感器技术和短距离传输网络技术，包括射频识别技术、视频采集的摄像

头和各种传感器中的传感与控制技术、ZigBee 等短距离无线通信技术和由短距离传输技术组成的无线传感网技术。在实现这些技术的过程中，又涉及芯片研发、通信协议研究、智能节点供电等细节问题。

2）传送层 物联网的传送层主要完成信息传递和处理，传送层包括接入单元、接入网络两个部分。接入单元是连接感知层的网桥，它汇聚从感知层获得的数据，并将数据发送到接入网络，接入网络即现有的通信网络。传送层的关键技术既包含现有的通信技术，如移动通信技术、有线宽带技术、公共交换电话网（PSTN）技术、WiFi 通信技术等，也包含了终端技术，如实现传感网与通信网结合的网桥设备、为各种行业终端提供通信能力的通信模块等。

3）应用层 物联网的应用层主要完成数据的管理和数据的处理任务，并将这些数据与各行业应用相结合。应用层包括物联网中间件、物联网应用两部分。物联网中间件是一种独立的系统软件或服务程序，中间件将许多可以公用的能力进行统一封装，提供给丰富多样的物联网应用。统一封装的能力包括通信的管理能力、设备的控制能力、定位能力等。物联网应用是用户直接使用的各种应用，既包括家庭物联网应用，如家电智能控制、家庭安防等，也包括很多企业和行业应用，如石油监控应用、电力抄表、车载应用、远程医疗等。应用层主要基于软件技术和计算机技术实现。应用层的关键技术主要是基于软件的各种数据处理技术，此外，云计算技术作为海量数据的存储、分析平台，也将是物联网应用层的重要组成部分。

物联网的感知网络借助于节点中内置的传感器测量周边环境中的热、红外、声呐、雷达和地震波信号，从而探测包括温度、湿度、噪声、光强度、压力、土壤成分、移动物体的大小/速度/方向等现象，这些被检测到的信号，经接入网络与通信传输骨干网和互联网相接，由中间件进行分析计算和处理，传送到相关应用部门，实现对检测目标的远程感知和控制。

物联网的目标是把感应器嵌入和装备到电网、铁路、桥梁、隧道、公路、建筑、供水系统、大坝、油气管道等人们日常工作、生活、娱乐、学习的各种物体中，然后将物联网与现有的互联网整合起来，实现人类社会与物理系统的整合。

2. 卫星物联网技术

卫星物联网也称天基物联网，指通过卫星系统将全球范围内各通信节点进行连接，并提供人与物、物与物有机联系的信息生态系统，拥有覆盖地域广、不受气候条件影响、系统抗毁性强、可靠性高等特点，是地面物联网的补充和延伸。

据统计，2015 年全球物联网连接数约为 60 亿个，预计 2025 年将增长至 270 亿个，全球物联网市场规模将达到 2 万亿美元，形成潜在经济价值将达到 11 万亿美元。

然而，人们难以在占地球表面大部分面积的海洋、沙漠等区域建立基站，也难以承担在用户稀少或人员难以到达的边远地区建基站的高成本，并且在发生洪涝、地震、海啸等自然灾害时地面网络容易被损坏，导致地面物联网的覆盖范围受限。因此，将基站搬到天上建立卫星物联网，能有效克服地面物联网的不足。

（1）卫星物联网的优势

由于卫星覆盖地域广，可实现全球覆盖，传感器的布设几乎不受空间限制，几乎不受天气、地理条件影响，可全天时全天候工作，系统抗毁性强，在自然灾害、突发事件等紧急情况下依旧能够正常工作，易于向飞机、舰船等大范围运动目标提供无间断的网络连接等。

目前卫星物联网选择的卫星主要是低轨道卫星。相较于对地静止轨道（GEO）卫星，采用低轨道（LEO）卫星实现物联网，可降低功耗和传播时延，有助于终端的小型化。通过多颗低轨卫星构成星座可实现全球无缝物联网覆盖，实现见天通，解决 GEO 卫星视线受限的城市、峡谷、山区、丛林等特定地形通信效果不佳的问题，缓解 GEO 卫星轨道位置和频率协调难度大的问题。在全球物联网中，60%需要使用广域低功耗窄带技术的终端，需要借助于靠卫星通信架构的物联网来实现连接。

（2）卫星物联网发展现状

国外，SpaceX 公司宣布了名为"星链"（Starlink）的卫星互联网服务项目，计划在近地轨道组成两层庞大的卫星星座，内层 340 km 轨道高度的 7518 颗卫星与外层的 1000 多 km 轨道高度的 4425 颗卫星组成的 11943 颗卫星星座。OneWeb 计划发射 2700 颗低地球轨道宽带通信卫星，将帮助偏远或者互联网基础设施建设落后的地区提供经济实惠的宽带服务。O3B 公司使用距离地球约 8000 km 的中地球轨道卫星，数据来回传输需要 150 ms，这些卫星向地球发射 120 个可调节方向的互联网光束，每个光束可以覆盖直径为 644 km 的区域，区域中的任何人都可以以光纤的速度接入互联网，O3B 已拥有 16 颗运行中的中地球轨道卫星。

我国在轨卫星已超过 200 颗，空间信息正加快与大数据、云计算、物联网等高技术融合。中国航天科技集团的鸿雁星座计划由 300 颗低轨道小卫星及全球数据业务处理中心组成，具有全天候、全时段及在复杂地形条件下的实时双向通信能力，可为用户提供全球实时数据通信和综合信息服务。中国航天科工集团的虹云工程计划发射 156 颗小卫星，在距离地面 1000 km 的轨道上组网运行，构建一个星载天基宽带全球移动互联网络，以满足中国及国际互联网欠发达地区、规模化用户单元同时共享宽带接入互联网的需求。九天微星打算部署 60 颗低轨互联网卫星，打造中国第一个商用低轨卫星物联网星座系统。深圳市天启星座科技有限公司计划部署由 38 颗低轨卫星组成的覆盖全球的物联网数据通信星座，天启物联网星座除能有效解决地面网络覆盖盲区的物联网应用，广泛应用于地质灾害、水利、环保、气象、交通运输、海事和航空等行业部门的监测通信需求。阿里巴巴也将启动"一站一星"计划，向太空发射"糖果罐号"迷你空间站和"天猫国际号"通信卫星。

3. 车联网技术

车联网（Internet of Vehicles to X，V2X）是实现车辆与周围的车、人、交通基础设施和网络等全方位连接和通信的新一代信息通信技术，是物联网技术在交通系统领域的典型应用。车联网通信包括车与车之间（V2V）、车与路之间（V2I）、车与人之间（V2P）、车与网络之间（V2N）等，具有低时延、高可靠等特殊严苛的通信要求。通过 V2X 将"人、车、路、云"等交通参与要素有机地联系在一起，一方面能够获取更为丰富的感知信息，促进自动驾驶技术发展；另一方面通过构建智慧交通系统，提升交通效率、提高驾驶安全、降低事故发生率、改善交通管理、减少污染等。

车联网标准体系可分为无线和应用两大部分。目前，国际上主流的车联网无线通信技术有 802.11p 和 C-V2X（Cellular-V2X）两条技术路线，而应用层标准则由各国家和地区根据区域性的应用定义进行制定。

802.11p 技术基于 WiFi 标准改进，由 IEEE 进行标准化工作，于 2010 年完成标准化工作，该技术支持车辆在 5.9 GHz 专用频段进行 V2V、V2I 的直连通信。应用层部分标准由汽车工程学会（Society of Automotive Engineers，SAE）完成，包括 SAE J2735、J2945 等标准。基于 802.11p 技术的车联网标准体系架构如图 5-30 所示。

图 5-30　基于 802.11p 的车联网标准架构

C-V2X 是 3GPP 主导的基于 4G/5G 蜂窝网通信技术演进形成的 V2X 技术,可实现长距离和更大范围的通信,在技术先进性、性能及后续演进等方面,相对 802.11p 具有优势。C-V2X 包含 R14 LTE-V2X、R15 LTE-V2X 和向后演进的 NR-V2X,其中 R14/R15 LTE-V2X 由大唐、华为等中国企业牵头推动,分别于 2017 年 3 月和 2018 年 6 月正式发布,NR-V2X 标准化工作目前已经启动,预计 2020 年左右完成。无论是 IEEE 主导的 802.11p 技术还是 3GPP 的 C-V2X 技术,目前都已经完成阶段性技术研究和标准化制定,车联网产业化的技术条件已具备。

在技术路径选择上,由于 802.11p 技术成熟相对较早,产业链相对较成熟,因此车联网起步较早的发达国家如美国、日本等早期均倾向部署 802.11p 技术。C-V2X 作为后起之秀,依托于蜂窝网络,以通信速度更快、技术更先进、性能更优越等优势获得产业界支持:中国企业主推 LTE-V2X 技术;美国电信运营商、福特等国际主流车企明确表示倾向于 LTE-V2X 技术;欧洲的奥迪、宝马、标志雪铁龙等国际主流车企也已转向支持 C-V2X 技术;日本 ITS 行业标准和产业组织 ITS-forum 宣布采取技术中立,将 LTE-V2X 作为备选技术。

美国目前有将近 50 个专用短程通信(DSRC)车联网示范项目,各个示范项目的道路长度从几英里到几百英里不等,主要选取典型的 V2V、V2I、V2P 用例进行示范应用。欧洲车联网产业推进起步较早,在不同国家和城市开展实际道路的部署和验证项目。日本工业界积极推进车联网产业进展,在技术评估、测试等方面已经形成跨行业合作的态势。韩国自 2014 年起,已开始在全国多个地区部署智能交通试点。

我国车联网技术标准体系已经从国家标准层面完成顶层设计,围绕 LTE-V2X 形成包括通信芯片、通信模组、终端设备、整车制造、运营服务、测试认证、高精度定位及地图服务等较为完整的产业链生态。

C-V2X 应用可以分近期和中远期两大阶段。近期通过车车协同、车路协同实现辅助驾驶安全,提高交通效率。中长期将结合人工智能、大数据等新技术,融合雷达、视频感知等技术,通过车联网实现从单车智联到网联智能,最终实现自动驾驶。

车联网的技术创新涉及如下方面:

1)融合多传感器信息技术 包括车内外传感器网络,用于对环境的感知,通过计算机对这些传感器及观测信息进行自动分析、综合以及合理支配和使用,形成基于知识推理的多传感器信息融合。

2)开放智能车载终端系统平台 车联网的终端系统平台必须能搭载与 Android、iPhone 平台载体,如 iPhone、iPad、Android 手机、Android 导航仪、Android 平板电脑等,只有开放的系统平台才能更好地为用户服务。

3)自然语音识别技术 驾驶环境的特殊性决定了车联网时代人机交互不能用鼠标、键盘,手机触摸屏,成熟的语音技术使司机能通过语音来对车联网发号施令,能用耳朵来接收车联网提供的服务,这依赖于强大的语料库及运算能力,因此车载语音技术的发展本身就得依赖于网络,因为车载终端的存储能力和运算能力都无法解决好非固定命令的语音识别技术,而必须要采用基于服务端技术的"云识别"技术。

4)云计算 云计算将在车联网中用于分析计算路况、大规模车辆路径规划建议、智能交通调度计算等,完成实时智能导航。

5)LBS 位置服务 LBS 可提供的服务包括导航、餐馆、娱乐、加油站等服务位置信息搜索、资讯推送、天气提醒、汽车服务信息、位置信息共享、自定义交通信息生成、用车经验交流、基于位置的优惠信息提供等,为用户的工作、生活、娱乐带来更多便利。

6）通信及其应用技术　车联网主要依赖短距离视频通信和远距离的移动通信技术，重点是将这些通信技术应用于高速公路及停车厂自动缴费、无线设备互联、VoIP 应用（车友在线、车队领航等）、监控调度数据包传输、视频监控等移动通信技术应用。

7）移动互联网技术　在车网互联的终端上，可进行导航、车友会、突发事件上报等，以及自由安装微博、微信、米聊、各种游戏等应用，满足用户与汽车生活相关的所有应用需求。

5.3.3　云计算技术

1. 云计算的基本概念

云计算（Cloud Computing）技术透过网络将庞大的计算处理程序自动拆分成无数个较小的子程序，再交由多部服务器所组成的庞大系统，经搜寻、计算分析之后将处理结果回传给用户。云计算的核心部分是数据中心，以成千上万的工业标准服务器作为硬件支撑设备，用户通过网络和浏览器，以云作为存储和应用服务的中心。之所以被冠名为"云"，是因计算机群像云一样分布在全球各地，无边无际，并可随时更新。

实现云计算依赖于两个重要前提：一是互联网络的快速发展与普及，以解决传输与接入问题；二是数据中心计算能力的充裕，使资源共享成为可能。

云计算模式展现了现代互联网络的重要特质：云中具有海量数据存储、无数的软件和服务、依据标准和协议，可以通过各种设备来获得云计算中心所拥有的各种软件和硬件资源。

云计算是一种基于互联网的超级计算模式，在远程的数据中心里，成千上万台计算机和服务器连接成一片电脑云，用户通过电脑、笔记本、手机等方式接入数据中心，按自己的需求进行运算。利用云计算用户可体验每秒 10 万亿次的运算能力，可以模拟核爆炸、预测气候变化和市场发展趋势。图 5-31 所示为云计算的概念图。

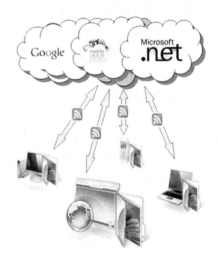

图 5-31　云计算的概念

（1）云计算的关键技术

云计算是分布式处理、并行计算及网格计算等概念的发展和商业实现，技术上是对计算、存储、服务器、应用软件等 IT 软硬件资源的虚拟化。云计算的关键技术包括以下几个方面：

1）虚拟机技术　服务器虚拟化是云计算底层架构的基础。在服务器虚拟化中，虚拟化软件需要实现对硬件的抽象、资源的分配、调度和管理、虚拟机与宿主操作系统及多个虚拟机间的隔离等功能。

2）数据存储技术　云计算系统需要同时满足大量用户的需求，并行地为大量用户提供服务。因此，云计算的数据存储技术必须具有分布式、高吞吐率和高传输率的特点。

3）数据管理技术　云计算需要对海量的数据存储、读取后进行大量的分析，如何提高数据的更新速率以及进一步提高随机读取速率是数据管理技术必须解决的问题。

4）分布式编程与计算　为了使用户能更轻松地享受云计算带来的服务，让用户能利用该编程模型编写简单的程序以实现特定的目的，云计算上的编程模型必须十分简单，保证后台复杂的并行执行和任务调度向用户和编程人员透明。

5）虚拟资源的管理与调度　云计算区别于单机虚拟化技术的重要特征是通过整合物理资

源形成资源池，并通过资源管理层中的管理中间件实现对资源池中虚拟资源的调度。云计算的资源管理需要负责资源管理、任务管理、用户管理和安全管理等工作，实现节点故障的屏蔽、资源状况监视、用户任务调度、用户身份管理等多重功能。

6）云计算的业务接口　为了方便用户业务由传统 IT 系统向云计算环境的迁移，云计算应对用户提供统一的业务接口。业务接口的统一不仅方便用户业务向云端的迁移，也会使用户业务在云与云之间的迁移更容易。在云计算时代，SOA 架构和以 Web Service 为特征的业务模式仍是业务发展的主要路线。

7）云计算相关的安全技术　云计算模式带来一系列的安全问题，包括用户隐私的保护、用户数据的备份、云计算基础设施的防护等，这不仅需要更好的技术手段，还需要法律手段去解决。

（2）云计算技术的体系结构

云计算技术的体系结构分为 4 层：物理资源层、资源虚拟化层、管理中间件层和面向服务的体系结构（Service-Oriented Architecture，SOA）构建层，如图 5-32 所示。

图 5-32　云计算技术的体系结构

1）物理资源层　将大量相同类型的计算机、存储器、网络设施、数据库和软件等资源，构成同构或接近同构的资源池，如计算资源池、数据资源池等。

2）资源虚拟化层　完成物理资源的集成和管理工作，如在一个标准集装箱的空间如何装下 2000 个服务器、解决散热和故障节点替换的问题，并降低能耗。

3）管理中间件层　负责对云计算的资源进行管理，对众多应用任务进行调度，使资源能够高效、安全地为应用提供服务。其中用户管理是实现云计算商业模式的一个必不可少的环节，它提供用户交互接口、用户身份识别、用户程序的执行环境创建、对用户的使用进行计费等；映像管理负责执行用户或应用提交的任务，包括完成用户任务映像的部署、调度、执行、生命期管理等；资源管理负责均衡地使用云资源节点、检测节点的故障并试图恢复或屏蔽故障、对资源的使用情况进行监视统计。

4）SOA 构建层　将云计算能力封装成标准的 Web 服务，并纳入到 SOA 体系进行管理和使用，包括服务注册、查找、访问和构建服务工作流等。

云计算的基本特点可归结为以下几方面：

1）云计算提供了可靠、安全的数据存储中心，用户不用担心数据丢失、软件更新、病毒入侵等问题。因为在云端，有专业团队来管理信息，有先进的数据中心来保存数据。同时，严格的权限管理策略可以帮助用户与指定的人共享数据。

2）云计算对用户端设备的要求低，使用起来也方便。用户只要有一台可以上网的电脑或手机，有一个浏览器，就可以在浏览器中直接编辑存储在云端的文档。

3）云计算实现了异地处理文件、不同设备间的数据与应用共享。在云计算的网络应用模式中，数据只有一份，保存在云端，所有符合权限的电子设备只要连接互联网，就可以同时、多人、不同地点地访问和使用同一份数据。人们可以方便地与合作者共同规划并执行各项任务，并随时随地进行有效的交流和沟通。

4）云计算具有超大规模的服务器集群，以增强其计算能力，加上基于海量数据的数据挖掘技术，可获得大量的新知识。

5）云计算是一个虚拟化服务，支持用户在任意位置、使用各种终端获取应用服务。用户所请求的资源来自"云"，而不是固定实体。

6）云计算体系具有很高的扩张性，"云"规模可以动态伸缩，满足应用和用户规模的增长需要。利用云海中由成千上万的计算机群所提供的强大计算能力、存储能力等，可为用户完成传统上单台计算机根本无法完成的事情。

（3）云计算提供的服务

云计算可分类为公有云、私有云和混合云。公有云指所有软硬件和其他支持性基础结构均为云提供商所提供和管理，并通过互联网向用户提供计算资源。私有云是指专供一个企业或组织使用的云计算资源，私有云可实际位于公司的数据中心或托管在第三方服务商处。混合云是公有云和私有云之间共享移动数据和应用程序的结合，混合云可以为企业提供更加灵活和更丰富的部署选项。

云计算可以提供基础设施即服务（IaaS），平台即服务（PaaS）和软件即服务（SaaS）三个层次的服务。对于 IaaS，消费者通过互联网可从完善的计算机基础设施获得服务，如租用硬件服务器等。PaaS 指将软件研发的平台作为一种服务，以 SaaS 的模式提交给用户，如软件的个性化定制开发。SaaS 是一种通过互联网提供软件的模式，用户无须购买软件，而是向提供商租用基于 Web 的软件来管理企业经营活动。

2. 移动云计算的基本概念

云计算的发展并不局限于 PC，随着移动互联网的蓬勃发展，将手机等移动终端与云计算服务相融合，导致移动云计算的出现。

移动云计算的定义：移动云计算指通过移动网络以按需、易扩展的方式获得所需的基础设施、平台、软件或应用等的一种 IT 资源或信息服务的交付与使用模式。移动云计算是云计算技术在移动互联网中的应用。

移动云计算的优势：

1）突破终端硬件限制。

2）便捷的数据存取。

3）智能均衡负载。

4）降低管理成本。

5）按需服务，降低成本。

移动云计算技术在电信行业的应用开创了移动互联网的新时代，随着移动云计算技术的进一步发展以及移动互联网相关设备的进一步成熟和完善，移动云计算业务势必会在世界范围内迅速引发新一轮技术与服务的发展，成为移动互联网服务的新热点，使得移动互联网站在云端之上。

5.3.4 未来通信技术

1. NGN 技术

下一代通信网络（Next Generation Net，NGN）是一种分组网络，它以软交换技术为核心，具有低成本、高带宽、多业务综合承载的特性。NGN 概念自 20 世纪 90 年代末期出现，是电信业讨论最多的话题之一。

一般认为，NGN 是可以提供包括语音、数据和多媒体等各种业务在内的综合开放的网络构架，其特征为：

1）NGN 采用开放的网络构架体系　NGN 将传统交换机的功能模块分离成为独立的网络部件，各部件可以按相应的功能划分，各自独立发展，各部件间的协议接口基于相应的标准。部件化使原有的电信网络逐步走向开放，部件间协议接口的标准化可以实现各种异构网的互通。

2）NGN 是业务驱动的网络　NGN 业务与呼叫控制分离，呼叫与承载分离，分离的目标是使业务真正独立于网络，灵活有效地实现业务的提供，用户可以自行配置和定义自己的业务特征，不必关心承载业务的网络形式以及终端类型。

3）NGN 是基于统一协议和分组的网络　现有的信息网络，无论是电信网、计算机网和有线电视网不可能以其中某一网络为基础平台来生长信息基础设施，但近几年随着 IP 的发展，才使人们真正认识到电信网络、计算机网络及有线电视网络将最终汇集到统一的 IP 网络，IP 使得各种以 IP 为基础的业务都能在不同的网络上实现互通，人类首次具有了统一的为电信、电视、数据三大网都能接受的通信协议，从技术上为国家信息基础设施（NII）奠定了基础。

如图 5-33 所示，NGN 的网络架构可大致分为业务和应用层、控制层、传送层、边缘接入层。

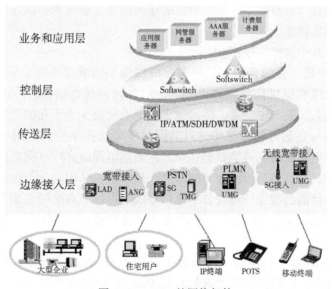

图 5-33　NGN 的网络架构

1）业务和应用层　处理业务逻辑，其功能包括 IN（智能网）业务逻辑、AAA（认证、鉴权、计费）和地址解析，且通过使用基于标准的协议和 API 来发展业务应用。

2）控制层　负责呼叫逻辑，处理呼叫请求，并指示传送层建立合适的承载连接。控制层的核心设备是软交换，软交换需要支持众多的协议接口，以实现与不同类型网络的互通。

3）传送层 这是 NGN 的承载网络。负责建立和管理承载连接，并对这些连接进行交换和路由，用以响应控制层的控制命令，可以是 IP 网或 ATM 网。

4）边缘接入层 由各类媒体网关和综合接入设备（IAD）组成，通过各种接入手段将各类用户连接至网络，并将信息格式转换成为能够在分组网络上传递的信息格式。

支撑 NGN 的主要技术包括：

1）采用软交换技术实现端到端业务的交换。

2）采用 IP 技术承载各种业务，实现三网融合。

3）采用 IPv6 技术解决地址问题，提高网络整体吞吐量。

4）采用 MPLS 实现 IP 层和多种链路层协议（ATM/FR、PPP、以太网，或 SDH、光波）的结合。

5）采用 OTN（光传输网）和光交换网络解决传输和高带宽交换问题。

6）采用宽带接入手段解决"最后一公里"的用户接入问题。

因此，可以预见实现 NGN 的关键技术是软交换技术、高速路由/交换技术、大容量光传送技术和宽带接入技术。其中软交换技术是 NGN 的核心技术。

2. 未来通信网络技术

未来通信网络是一种目前尚未出现但开始探讨的今后可能出现的网络，因此无法进行严格的定义，但至少应是一种更能满足人们需求的更好的网络，用以解决目前通信中存在的问题。从目前的研究和发表的学者观点来看，姑且可以给出一个参考性的定义：

未来通信网络是一种能提供电信网、广电网、互联网、物联网、电力网五网的融合接入，满足用户的宽带数据需求，提供开放的业务接入和业务提供平台，提供开放的信道提供和信道资源的网络，实现任何人、任何物可通过任何终端，在任何时间、任何地点，调用任何信道、任何带宽，提供点对点、点对多点、多点对点的任何服务、获取和提供任何业务，这是一种近乎完美的未来通信网络体系。

未来网络的提出基于这样的现实：

1）用户接入线问题 目前接入到用户家庭的线缆是为满足不同公司提供业务而敷设的，包括提供能量的电力线和提供信息的数据线，它们共同完成电信网、广电网、互联网、物联网、电力网的分别接入。要传输能量，传输线必须能承受至少上千瓦的功率，要传输数据，传输线必须有上百 Mbit/s 的信号传输速率。目前同时满足这些条件的金属导线还没有。电力线可传输大功率电能，但无法高速传输数据；反之，通信电缆或光纤有很高的数据传输速率，但不能传输大功率电能。从目前对传输介质的研究成果来看，采用高分子塑料导线可能会是其中一种有希望的选择。目前已能在一对高分子塑料导线上提供 200 W 的电能和将近 2 GHz 的信道带宽，传输衰减已接近光纤。通过进一步的改进，将可能在五网融合的用户接入线中发挥作用。

2）网络地址分配问题 目前的三网融合正以 TCP/IP 为基础进行，方法是将电信网、广电网、互联网上的业务，以数据包的形式包封在 TCP/IP 中并在互联网中传输和获取。当提出 128 位地址的 IPv6 协议时，其可提供约 3.4×10^{38} 个地址，是 IPv4 地址空间（2^{32}）的近 1600 亿倍（2^{96}），人们认为 IPv6 足够给地球上每一粒砂子分配一个 IP 地址。但当物联网开始得到越来越多的应用后，人们发现，如果将物联网与三网进一步融合为四网，IP 地址开始紧张，因此有必要研究新的传输协议以应对未来网络可能出现的地址短缺问题。

3）网络安全问题 人们在未来网络中获取电能、通电话、看电视、网上冲浪、接入云计算、传输物联网信号、从事远程网上教育、医疗、购物、娱乐、咨询、银行业务、家中上班等服务，对网络的安全性提出了更高的要求，而由于ICP/IP是一种面向无连接的通信协议，在安全问题上始终会有病毒、黑客问题。图5-34、图5-35所示为互联网紊乱的网络结构和复杂协议栈体系。而传输电信服务中的面向连接的分层结构和点对点服务是相对安全的，因此回归面向连接的电信网络也许会被人们在更高层次重新提出。

图5-34 美国某地的IP网

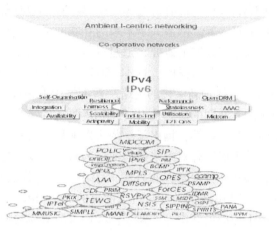

图5-35 复杂的IP

4）开放业务平台问题　目前的信息服务主要由若干大的业务商提供，如电信、广电、腾讯、谷歌等，一般用户很难介入信息服务提供领域。因此应当降低准入门槛，让普通用户只需通过简单的网上操作就可提供信息服务业务，这就需要有一个开放的业务平台，使任何人都可通过该平台提供个人专长的服务，同时其他用户也能够方便地通过网络获取这些服务并支付费用。

5）开放信道平台问题　目前的传输信道提供者主要有电信、广电企业，开放信道平台可使所有企业和个人，只要有能力就可建设通信网络，并通过简单的方式将这些网络能力纳入公共信道池，用户通过租用信道池中一定带宽的信道开展业务，信道提供商也可从中获得收益。

6）终端融合问题　随着网络的融合，终端融合也将势在必行。人们通过统一的智能终端平台可获取网络上提供的各种业务。这种融合的智能终端可提供电话、电视、PC、照明、学习、办公、交易、控制等功能。结合移动宽带接入功能，未来的融合智能终端可真正实现任何人、任何物，在任何时间、任何地点，调用任何信道、任何带宽，提供点对点、点对多点、多点对点的任何服务、提供或获取任何业务。

从目前网络融化的进程来看，目前比较多的思路是采用IP技术，但IP的地址问题和安全等问题（如图5-34所示的紊乱管理，图5-35所示复杂的协议），使人们重新审视这种网络体系。正如方滨兴院士所讲，未来网络应从物理层、运行层、数据层、内容层考虑信息安全的问题。刘韵洁院士认为互联网的问题越来越严重是关键，包括可扩展性的问题、路由表增加的收敛变慢、网络没有感知和测量的功能、安全与质量问题、绿色与节能。原因是互联网当初设计的时候根本没有考虑到现在应用得这样复杂和广泛，所以通过眼前的方式可能很难从正面解决这个方面，可以不限现在的架构体系来探讨新的架构体系。邬贺铨院士认为未来网络应能够提供用现有网络技术难以做到的服务。李国杰院士认为：未来网络研究的动机是解决现在网络比较难解决的问题，就是解决TCP/IP网络不能解决的问题。

在新一代信息网络技术领域中，未来网络将是重要的发展趋势与方向，对未来网络的研究已成为世界各国占领信息技术制高点、增强国际竞争力的战略性需求。

美国 2005 年提出未来网络的计划，支持了 50 个项目，其中 16 个项目是研究未来网络体系结构的。2006 年就提出 IIND 计划，从这个里面演进了 FIA 计划。2010 年 8 月，美国 NSF 批准了 4 个未来 Internet 体系结构方面的项目。美国国家自然科学基金会支持的项目中还有 FIND 和 GENI，FIND 目前纳入 NetSE；GENI 的目标是信息介入的可用性与可信性，无论合适何时、何地的接入等。欧盟关于未来的互联网提出了不同的版本，如 IOG、IOM、IOS、IOE 等。欧洲关于未来互联网的研究，通过先导性的试验，然后支持创新，再是策略性的研究，然后再推进，所以是分阶段的。日本 2005 年研究的是 NGN，通过对当时要建 NXGN 做一些修改，到 2015 年过渡到新一代的网络。日本关于下一代互联网的研究计划为 AKARI 项目。韩国所提的未来的互联网的研究是 IP 和非 IP 两者的结合，将宽带通信网络融合到未来的 IP 里面，具有实时性和智能性，提出了一些研发项目，实际上跟英国、日本、美国的研究内容相近。

从上面国外对未来通信网络的研究与发展趋势来看，主流思想是基本 IP，但 IP 地址的分配权和核心技术掌握在外国人手中。尽管我国有世界上最大的 IP 用户数，但到 2009 年的 1 月，我国 IPv4 的地址只占全世界的 7%，IPv6 只有百分之零点几。如果在未来通信网络的研究思路上依旧沿袭国外的路子，我们可能只能长期跟在别人后面，并受制于人。

小结

本章介绍了骨干通信网络技术、用户接入技术和网络与融合技术。包括 SDH 技术、PTN 技术、SDN 技术、量子通信技术、ULH DWDM 技术、光孤子通信技术；PON 接入技术、FTTx 接入技术、IPTV 技术、VoIP 技术、VoLTE 技术、VoWiFi 技术；统一通信与融合通信技术、三网融合技术、物联网技术、卫星物联网技术、车联网技术、云计算技术、区块链技术、未来通信技术。使读者了解信号在有线传输信道中传输时会面临的问题和解决这些问题所涉及的相关技术手段。

思考题

5-1　什么是 VoIP 技术、VoLTE 技术、VoWiFi 技术？其各自的特点是什么？

5-2　什么是卫星物联网技术？其特点是什么？

5-3　什么是车联网技术？其特点是什么？

5-4　什么是三网融合技术？其特点是什么？

5-5　什么是物联网技术？其特点是什么？

5-6　什么是云计算技术？其特点是什么？

5-7　什么是区块链技术？其特点是什么？

第6章 无线通信应用技术

无线技术的进步可以从远距离传输技术、近距离传输技术、低速传输技术几个方面来观察，其发展方向是走向泛在网和移动 IP 应用，实现任何时间、任何地点、任何人"一机在手操控万物"，从这些技术演进过程中，可以折射出人们对移动情况下信息获取和对目标进行远程控制的更高追求，同时也反映出人们为此进行的大量研究工作。

6.1 远距离无线传输技术

6.1.1 移动通信技术

1. 第四代移动通信技术

第四代移动通信系统，简称 4G，国际电信联盟的官方称谓是"IMT-Advanced"。4G 技术由于信号传输速率大幅提高，从而能引入高质量的视频通信，如韩国三星电子所演示的 4G 技术，实现了静止时以 1 Gbit/s 级的速度和移动时以 100 Mbit/s 级的传输速率连续无停顿传输数据。其次，4G 的应用和功能得到了扩展。如韩国三星的 4G 演示中，同时使用宽带、视频通话、直播论坛等的示范服务，4G 传输的影像画面清晰，无停顿和抖动。

根据国际电信联盟发布的一项声明，4G 技术包括了常规长期演进（Long Term Evolution，LTE）、WiMAX 等技术，甚至扩展到"演进的 3G 技术"、HSPA+网络也可以称为 4G 技术。在此之前，只有那些完全符合 4G 技术标准的技术才能算数，例如 LTE 高级版或者 WiMAX 2。这样降低标准后，一些运行速度达 14.4 Mbit/s 的网络也可称为 4G 技术，而 4G 的标签原本是为那些运行速度超过 100 Mbit/s 的网络所准备的。

目前的 4G 系统有网络融合的趋势，如图 6-1 所示。图中的固定无线接入、WLAN 接入、卫星通信系统、GSM 等 2G 通信系统、3G 通信系统、蓝牙技术接入、数字音频/视频广播以及其他新的接入系统都将接入全 IP 核心网。全 IP 核心网包括从 IP 骨干传输层到控制层、应用层的一个整体。未来的无线基站将具备通过 IP 直接接入全 IP 核心网的能力，2G 移动通信系统原有的交换中心 MSC、归属位置寄存器 HLR、鉴权中心 AUC 等网元的主要功能都将由 4G 网络上的服务器或数据库来实现，信令网上的各层协议也将逐渐被 IP 所取代。整个网络将从过去的垂直树形结构演变为分布式的路由结构，业务的差异性也只体现在接入层面。

图 6-1 4G 通信系统网络组成

4G 蜂窝系统不仅容量大而且速度高、比特成本低。为了用合理的带宽实现大容量，4G 的小区半径应该缩小。基于 IP 技术的网络架构使得在 3G、4G、W-LAN、固定网之间无缝漫游可以实现。这种网络的基本结构概念模型如图 6-2 所示。上层是应用层，中间是网络业务执行技术层，下层是物理层。物理层提供接入和选路功能，中间层作为桥接层提供 QOS 映射、地址转换、即插即用、安全管理，有源网络。物理层与中间层提供开放式 IP 接口。应用层与中间层之间也是开放式接口，提供第三方开发和提供新业务。

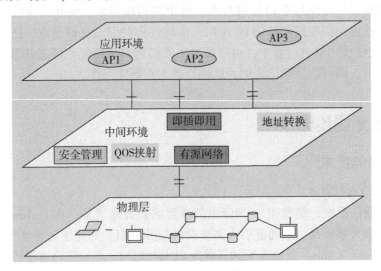

图 6-2 4G 网络的基本结构概念模型

在 4G 通信系统中采用的关键技术主要包括 OFDM、软件无线电、智能天线、MIMO、基于 IP 的核心网等。

（1）正交频分复用（Orthogonal Frequency Division Multiplexing，OFDM）技术

第四代移动通信以 OFDM 为核心技术，OFDM 技术是多载波调制技术（MCM）中的一种，其主要思想是：将信道分成若干正交子信道，将高速数据信号转换成并行的低速子数据流，调制在每个子信道上进行传输。其优点是：频谱效率比串行系统高、抗衰落能力强、适合高速数据传输、抗码间干扰（ISI）能力强。

（2）软件无线电（Software Defined Radio，SDR）技术

SDR 可以将不同形式的通信技术联系在一起。软件无线电技术的基本思想是将模拟信号的数字化过程尽可能地接近天线，即将 A/D 和 D/A 转换器尽可能地靠近 RF 前端，利用 DSP 技术进行信道分离、调制解调和信道编、译码等工作。SDR 通过建立一个能运行各种软件系统的高弹性软、硬件系统平台，实现多通路、多层次和多模式的无线通信，使不同系统和平台之间的通信兼容，因此是实现无疆界网络世界的技术平台。

（3）智能天线（Smart Antenna，SA）技术

SA 也叫自适应阵列天线，由天线阵、波束形成网络、波束形成算法三部分组成。SA 通过满足某种准则的算法去调节各阵元信号的加权幅度和相位，从而调节天线阵列的方向图形状，达到增强所需信号和抑制干扰信号的目的，如图 6-3 所示。图 6-3 左边反映的是利用智能天线实现对用户的跟踪过程，右边反映的是利用智能天线的多天线技术实现空分多路接入。SA 具有抑制信号干扰、自动跟踪以及数字波束调节等智能功能，被认为是解决频率资源匮乏、有效提升系统容量、提高通信传输速率和确保通信品质的有效途径。

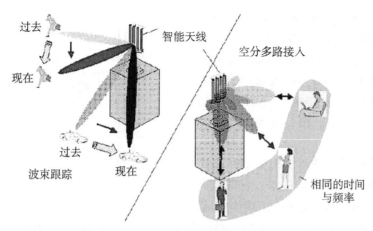

图 6-3　智能天线的功能

（4）MIMO（Multiple Input Multiple Output，MIMO）技术

MIMO 技术在发射端和接收端分别设置多副发射天线和接收天线，通过多发送天线与多接收天线相结合来改善每个用户的通信质量或提高通信效率。利用 MIMO 信道成倍地提高无线信道容量，在不增加带宽和天线发送功率的情况下，频谱利用率可以成倍地提高。MIMO 技术实质上是为系统提供空间复用增益和空间分集增益。空间复用技术用以提高信道容量，空间分集则用以提高信道的可靠性，降低信道误码率。MIMO 技术的关键是能够将传统通信系统中存在的多径衰落影响因素变成对用户通信性能有利的增强因素，有效地利用随机衰落和可能存在的多径传播来成倍地提高业务传输速率，因此它能够在不增加所占用的信号带宽的前提下使无线通信的性能改善几个数量级。

（5）基于 IP 的核心网

从图 5-15 可见，4G 的核心网是一个基于全 IP 的网络，可以实现不同网络间的无缝互联。核心网独立于各种具体的无线接入方案，能提供端到端的 IP 业务，能同已有的核心网和 PSTN 兼容。4G 的核心网具有开放的结构，能允许各种空中接口接入核心网，同时核心网能把业务、控制和传输等分开。采用 IP 后，所采用的无线接入方式和协议与核心网络协议、链路层是分离独立的。IP 与多种无线接入协议相兼容，因此在设计核心网络时具有很大的灵活性，不需要考虑无线接入究竟采用何种方式和协议。由于 IPv4 地址几尽枯竭，4G 将采用 128 位地址长度的 IPv6，地址空间增大了 2^{96} 倍，几乎可以不受限制地提供地址。IPv6 的另一个特性是支持自动控制，支持无状态和有状态两种地址自动配置方式。无状态地址自动配置方式下，需要配置地址的节点，使用一个邻居发现机制获得一个局部连接地址，一旦得到一个地址以后，使用一种即插即用的机制，在没有任何外界干预的情况下，获得一个全球唯一的路由地址。有状态配置机制需要一个额外的服务器对 DHCP 进行改进和扩展，使得网络的管理方便和快捷。此外，IPv6 技术还有服务质量优越、移动性能好、安全保密性好的特性。

2. HSDPA 技术

高速下行分组接入（High Speed Download Packet Access，HSDPA）技术是一种移动通信协议，也称为 3.5G。在具体实现中，采用了自适应调制和编码（AMC）、多输入多输出（MIMO）、混合自动重传请求（HARQ）、快速调度、快速小区选择等技术。

HSDPA 是基于 3GPP R99/R4 架构的附加方案，也就是通用移动通信系统（Universal Mobile Telecommunications System，UMTS）的一种空中介面，其架构中主要包含三个元件，分

别是用户设备（User Equipment，UE）、Node B
和无线网路控制器（RNC），如图 6-4 所示。
在基本型的标准下，采用耙式接收器（Rake
Receiver）的六类（category 6）行动用户，其
高峰资料传输率可达 3.6 Mbit/s；采用先进接
收器方案的十类（category 10）行动用户则可
再提升到 14.4 Mbit/s。

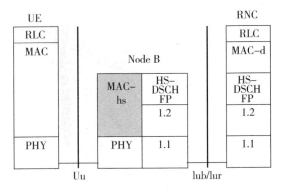

图 6-4　HSDPA 协议架构

HSDPA 技术是实现提高 WCDMA 网络高
速下行数据传输速率最重要的技术，它可以在
不改变已经建设的 WCDMA 系统网络结构的基
础上，大大提高用户下行数据业务速率。利用 HSDPA 技术，通过在 WCDMA 的无线接入部分
增加相应基带处理功能，即可将 WCDMA 系统下行速率从 384 kbit/s 大幅度提升到 14 Mbit/s。
对于 TD-SCDMA，单载波 HSDPA 采用的上、下行时隙比例为 1∶5 时，理论峰值速率可达到
2.8 Mbit/s。将 HSDPA 与多载波相结合，当采用 16QAM 调制时，TD-SCDMA 系统三载波理论
峰值速率可达 8.4 Mbit/s。若使用辅载波 TS_0 传输数据，则三载波 HSDPA 可提供的峰值速率将
高达 10 Mbit/s。

从 HSDPA 第一阶段的下行 3.6 Mbit/s 和二阶段的下行 14.4 Mbit/s，以及 HSDPA 的上行
6~8 Mbit/s，到 LTE 阶段，预计实现下行 100 Mbit/s 和上行 50 Mbit/s。

HSDPA 是基于现有 WCDMA 网络的演进，其网络建设成本主要用于 Node B（基地台）和
RNC 的软/硬件升级。它将关键的数据处理从 RNC 转移到 Node B，使数据处理与空中介面更
靠近，从而实现更高的系统传输量并改善服务品质。不仅如此，HSDPA 还能扩大系统容量，
与现有的 WCDMA 技术相比，HSDPA 能在同一个无线载频上为更多的高速率用户提供服务。

HSDPA 是 WCDMA 下行链接的封包式数据服务，其数据传送速率在 5 MHz 的频宽下可达
8~10 Mbit/s，采用 MIMO 系统可达 20 Mbit/s。它加入一项新的高速下行共用通道（High Speed
Downlink Shared Channel，HS-DSCH），这个通道采用分割代码的方式，将主通道分成了 15 个
子通道，而且配合缩短的 TTI（Transmission Time Interval），在 2 ms 的时间内对不同用户进行通
道时间分配。这样一来，多个用户就能同时分享频宽，进而提升了频谱的利用率。此外，
HSDPA 也在实体层（PHY）导入更短的 TTI（2 ms），采用自适性调制、编码和 HARQ 的快速
重传等技术，让高速传送能够实现。

HSDPA 的技术特色如下：

1）自适应性调制和编码　为了提供每个用户最佳的数据传输速率，在 HSDPA 中采用了
自适应的调制和通道编码方案，以满足目前的通道条件。

2）快速调度　在 WCDMA 中，分组调度由 RNC 负责。在 HSDPA 中，分组调度转到了
Node B 本身，因此能够大幅度减小因条件改变带来的延迟。为了得到调度资料分组传输的最
大效率，HSDPA 使用了通道质量资讯、移动终端能力、QoS 和可用的功率/代码。

3）快速重传　发生链路错误时就需要进行资料重传，目前的 WCDMA 系统在 RNC 重新响
应前必须等待 100 ms 或更长的时间量级。将此功能引入到 Node B 中，该延迟将减小一个量级，
达到 10 ms 左右。此方法使用了混合 ARQ（HARQ）技术，在该技术中，先前传输的资料与重
传资料以一种特殊方式结合，可以改进解码效率和分散度增益。

4）WCDMA R5 版本高速数据业务增强方案参考了 cdma2000 1X EV-DO 的设计思想与经

验，新增加一条高速共享信道（HS-DSCH），同时采用了一些更高效的自适应链路层技术。共享信道使得传输功率、PN 码等资源可以统一利用，根据用户实际情况动态分配，从而提高了资源的利用率。自适应链路层技术根据当前信道的状况对传输参数进行调整，如快速链路调整技术、结合软合并的快速混合重传技术、集中调度技术等，从而尽可能地提高系统的吞吐率。

5）为改善 WCDMA 系统性能，HSDPA 在无线接口上做出了大量变化，这主要影响到物理层和传输层。这些变化包括：缩短了无线电帧、新的高速下行信道、除 QPSK 调制外还使用了 16QAM 调制、码分复用和时分复用相结合、新的上行控制信道、采用自适应调制和编码（AMC）实现快速链路适配、使用混合自动重复请求（HARQ）、将介质访问控制（MAC）调度功能转移到 Node-B 上。

6）HSDPA 无线帧（在 WCDMA 结构中实际是子帧）长 2 ms，相当于目前定义的三个 WCDMA 时隙。一个 10 ms WCDMA 帧中有五个 HSDPA 子帧。用户数据传输可以在更短的时长内分配给一条或多条物理信道。从而允许网络在时域及在码域中重新调节其资源配置。

3. WiMAX 技术

微波接入全球互通（Worldwide Interoperability for Microwave Access，WiMAX）技术，是一项基于 IEEE 802.16 标准的宽带无线接入城域网技术，因此又称为 802.16 无线城域网，是一种为企业和家庭用户提供"最后一公里"的宽带无线连接方案，是第四个 3G 标准。数据通信覆盖范围可以达到 50 km，在 3～10 km 半径单元部署中，有望提供每信道 40 Mbit/s 的容量。可以同时满足数百使用 T1 连接速度的商业用户或数千使用 DSL 连接速度的家庭用户的需求，并提供足够的带宽。移动网络部署将能够在最长 3 km 半径单元部署中提供 15 Mbit/s 的容量。

IEEE 802.16 标准又称为 IEEE Wireless MAN 空中接口标准，是工作于 2～66 GHz 无线频带的空中接口规范。根据使用频带的不同，802.16 系统可分为应用于视距和非视距两种，其中使用 2～11 GHz 频带的系统应用于非视距（NLOS）范围，而使用 10～66 GHz 频带的系统应用于视距（LOS）范围。根据是否支持移动特性，802.16 标准又可分为固定宽带无线接入空中接口标准和移动宽带无线接入空中接口标准，标准系列中的 802.16、16a、16d 属于固定无线接入空中接口标准，而 802.16e 属于移动宽带无线接入空中标准。

WiMAX 关键技术包括：

（1）OFDM/OFDMA 技术

在 WiMAX 系统中，OFDM 技术为物理层技术，主要应用方式有两种：OFDM 物理层和 OFDMA 物理层。OFDM 物理层采用 OFDM 调制方式，OFDM 正交载波集由单一用户产生，为单一用户并行传送数据流。它支持 TDD 和 FDD 双工方式，上行链路采用 TDMA 多址方式，下行链路采用 TDM 复用方式，可以采用空时编码（STC）发射分集以及自适应天线系统（AAS）。OFDMA 物理层采用 OFDMA 多址接入方式，支持 TDD 和 FDD 双工方式，可以采用 STC 发射分集以及 AAS。通常向下数据流被分为逻辑数据流，这些数据流可以采用不同的调制及编码方式，以及以不同信号功率接入不同信道特征的用户端。向上数据流子信道采用多址方式接入，通过下行发送的媒质接入协议（MAP）分配子信道传输上行数据流。

（2）混合自动重传要求（HARQ）技术

WiMAX 技术在链路层加入了 HARQ 机制，提高了频谱效率，同时因为重传可以带来合并增益，所以间接扩大了系统的覆盖范围，减少了到达网络层的信息差错，可大大提高系统的业务吞吐量。

（3）自适应调制编码（AMC）技术

由于 WiMAX 物理层采用的是 OFDM 技术，所以时延扩展、多普勒频移、峰值平均功率比（PAPR）值、小区的干扰等对于 OFDM 解调性能有重要影响的信道因素必须被考虑到 AMC 算法中，用于调整系统编码调制方式，达到系统瞬时最优性能。WiMAX 标准定义了多种编码调制模式，包括卷积编码、分组 Turbo 编码（可选）、卷积 Turbo 码（可选）、零咬尾卷积码（可选）和低密度奇偶校验码（LDPC）（可选），并对应不同的码率。

（4）MIMO 技术

WiMAX 相关协议给出了同时使用空间复用和空时编码的形式。支持 MIMO 是协议中的一种可选方案，结合自适应天线阵（AAS）和 MIMO 技术，能显著提高系统的容量和频谱利用率，可以大大提高覆盖范围并增强应对快衰落的能力，使得在不同环境下能够获得最佳的传播性能。

（5）QoS 机制

在 WiMAX 标准中，MAC 层定义了较为完整的 QoS 机制。MAC 层针对每个连接可以分别设置不同的 QoS 参数，包括速率、延时等指标。

（6）睡眠模式

802.16e 协议为适应移动通信系统的特点，增加了终端睡眠模式：Sleep 模式和 Idle 模式。Sleep 模式的目的在于减少移动站（MS）的能量消耗并降低对服务基站（Serving BS）空中资源的使用。Sleep 模式是 MS 在预先协商的指定周期内暂时中止 Serving BS 服务的一种状态。

（7）切换技术

802.16e 标准规定了一种必选的硬切换（HO）模式，还提供了两种可选的切换模式：宏分集切换（MDHO）和快速 BS 切换（FBSS）。

WiMAX 的主要技术参数如下：

双工方式：时分双工（TDD）或频分双工（FDD）。

多址方式：下行采用（TDM）方式，上行 TDMA 方式。

调制方式：256OFDM 调制方式。

信道带宽：可采用下列信道带宽中的一种：1.75、3、3.35、5.5、7、10、14、20 MHz。

发射功率：BS 不超过 35 dBm，SS 不超过 14~23 dBm。

覆盖范围：最大 50 km，典型值小于 10 km。

传输条件：LOS、NLOS。

移动速度：802.16d 不能，802.166e 小于 120 km。

WiMAX 的技术优势如下：

1）先进的技术性能，采用 OFDMA、MIMO、HARQ 等先进技术改善了非视距性能和频谱利用率。

2）长距离下的高容量，每个基站的覆盖范围最大可达 50 km，典型的基站覆盖范围为 6~100 km。每扇区吞吐量最高可达 75 Mbit/s。

3）系统容量具有可升级性，新增扇区简易，灵活的信道带宽规划。

4）开销和投资风险小。

5）提供无线形式的"最后一公里"宽带接入。

6）业务接入能力强，可以与现有网络实现互联互通，同时具有 IP 业务、互联网接入、局域网互联、IP 语音、热点地区回传等业务接入能力，它提供了一个可靠、灵活并且经济的平台。

WiMAX 的发展前景可用图 6-5 来表示。

4. 第五代移动通信技术

智能手机的普及，推动了移动互联网的高速发展，并由此引发巨大的新业务需求，物联网应用、增强现实（AR）、虚拟现实（VR）、云桌面和智能家居、车联网、工业控制应用，需要快速的接入响应及实时控制和精确管理，4G 技术显得已越来越不能满足人们的需求，2015 年 6 月国际电信联盟 ITU-RWP5D 第 22 次会议上，ITU 正式命名第五代移动通信（5G）为 IMT-2020，并确定了 5G 的愿景和时间表。

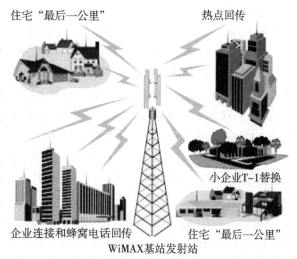

图 6-5 WiMAX 的发展前景

ITU-R 确定的 5G 主要应用场景有三大类，分别是增强型移动宽带（eMBB）、超高可靠与低延迟通信（URLLC）和大规模机器通信（mMTC）。其中，eMBB 通过支持更高效的数据传输，降低每比特数据传输成本，支持面向一系列终端和应用的无线宽带覆盖，适用于地铁等连续广域覆盖场景和住宅区、办公区等热点高容量区域；URLLC 主要作用于垂直行业和交通、自动化等领域，如工业控制、智能电网、远程医疗、车联网、无人机；mMTC 则适用于农业、能源、公用事业、城市基础设施与环境监控等方向。

（1）5G 关键能力与核心技术

面对多样化场景和差异化性能需求，5G 技术创新主要包括无线技术和网络技术两方面。

无线技术创新包括大规模天线（Massive MIMO）阵列技术、超密集组网技术、高频段传输技术、新型波形和多址技术、全频谱接入技术和新型网络架构技术。如图 6-6 所示为 5G 加强版的大规模天线阵列技术。

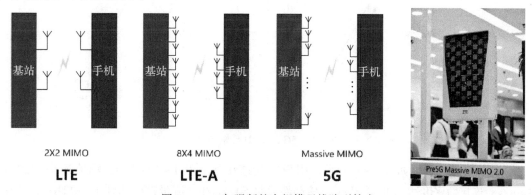

图 6-6 5G 加强版的大规模天线阵列技术

大规模天线阵列是提升系统频谱效率的最重要技术手段之一，对满足 5G 系统容量和速率需求有重要的支撑作用；超密集组网技术是通过增加基站部署密度，实现百倍量级的容量提升，是满足 5G 千倍容量增长需求的最主要手段之一；新型多址技术通过发送信号的叠加传输来提升系统的接入能力，可有效支撑 5G 网络千亿设备连接需求；全频谱接入技术通过有效利用各类频谱资源，可有效缓解 5G 网络对频谱资源的巨大需求。

网络技术创新包括基于软件定义网络（SDN）和网络功能虚拟化（NFV）的新型网络架

构、移动边缘计算（MEC）、雾计算（Fog Computing）和云计算等先进技术，实现以用户为中心的更灵活、智能、高效和开放的 5G 新型网络。

此外，基于滤波的正交频分复用（F-OFDM）、滤波器组多载波（FBMC）、全双工、灵活双工、终端直通（D2D）、多元低密度奇偶检验（Q-aryLDPC）码、网络编码、极化码等也被认为是 5G 重要的关键技术。5G 核心网云化技术（包括服务化架构、网络切片、与 4G 核心网互操作）、移动边缘计算（MEC）技术（包括基于 CUPS 的网络架构、数据面和业务面的分离以及未来 5G 服务化架构）、5G 上行覆盖增强技术、分布式数字室分和小微基站、5G 的语音解决方案所用的新空口承载语音（VoNR）技术、5G 网络智能运维和智能优化技术（包括网络性能指标智能分析、业务感知智能分析和保障、网络参数智能优化配置、网络故障智能检测、智能派单、智能恢复、智能预测等）。

其中的 VoNR 是基于服务架构的 5G 核心网和 5G 空口的技术创新，实现端到端网络切片技术，通过集成 SDN/NFV、控制承载分离、基于流的 QoS 机制等 ICT 技术创新，将极大提升 5G 网络基于应用驱动的定制化和优化，尤其是针对语音业务的实时性、低带宽等特性。借助于端到端切片技术，5G 语音业务的提供将更加高效可靠。一方面，端到端切片可为语音业务提供资源保障，确保其 QoS 不受其他大带宽业务的影响；另一方面，语音切片资源可动态调整，从而提升整个网络的资源利用率。更为重要的是，语音切片为运营商提供了新的商业模式，语音切片本身可以作为一种业务向垂直行业提供更优质的通信服务。

终端直通（D2D）指 5G 时代，同一基站下的两个用户，如果互相进行通信，它们的数据将不再通过基站转发，而是直接手机到手机间的数据传输，但控制消息仍要经基站传输，这样可节约大量的空中资源并减轻基站的压力，如图 6-7 所示。

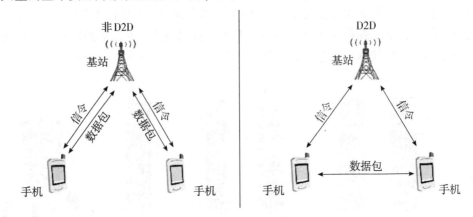

图 6-7　5G 的 D2D 传输方式

5G 的关键性能指标如表 6-1 所示。用户体验速率达到 0.1~1 Gbit/s，峰值速率达到 10~50 Gbit/s，连接数密度达到 10^6 个/km^2，移动性满足 500 km/h，流量密度达到 1~10 TB/(s·km^2)，终端到基站的时延可降低到 1 ms，终端到服务器 10 ms，频谱效率提高 3~5 倍，能效提高 50~100 倍。

表 6-1　5G 关键性能指标

指标名称	流量密度	连接密度	时延	移动性	能效	用户体验速率	频谱效率	峰值速率
4G	0.1 Mbit/s/m^2	10 万/km^2	10 ms	350 km/h	1 倍	10 Mbit/s	1 倍	1 Gbit/s
5G	10 Mbit/s/m^2	100 万/km^2	1 ms	500 km/h	100 倍	100 Mbit/s	3 倍	20 Gbit/s

（2）5G 的空中接口技术

5G 的空中接口技术包括：TDD、FDD、灵活双工和全双工技术；OFDM、单载波、F-OFDM、FBMC、UFMC 波形技术；大规模天线、集中式/分布式天线技术；OFDMA、SCMA、PDMA、MUSA、NOMA 多址技术；极化码、多元 LDPC、APSK、网络编码技术。

滤波正交波形频分复用技术（Filtered OFDM，F-OFDM）是基于子带滤波的 OFDM，能够满足 5G 需求的波形技术。F-OFDM 将系统带宽划分若干子带，通过优化滤波器，把不同带宽的子波之间的保护频带做到一个子波带宽，每种子带根据业务需求配置不同的波形参数，支持空口参数配置自动适应 5G 不同业务。

稀疏码多址技术（Sparse Code Multiple Access，SCMA）有两个关键技术：一是低密度扩频，即把单个子载波扩频成 4 个子载波，由 6 个用户共享，用户数据只占用了其中 2 个子载波，剩余 2 个空子载波，这就是稀疏的含义。二是高维调制，使多用户的星座点之间欧氏距离拉得更远，提高用户的解调和抗干扰性能。SCMA 通过引入码域的多址，调整了稀疏度，最终频谱效率可以提升多倍。

极化码（Polar Code）技术是在发送信息序列的同时增加额外的校验比特，并在接收端采用一定的译码技术，使传输过程中产生的差错以较高的概率进行纠正，从而正确接收发送的信息。过去所采用的多种纠错码技术如 RS 码、卷积码、Turbo 码等都未能达到香农极限。在 2008 年首次提出的极化码是第一种能够被严格证明可达到信道容量的信道编码方法。极化码具有简单明确的编码及译码算法，所能达到的纠错性已经远远超过 Turbo 码、LDPC 码。

（3）5G 对频率的使用

由于对峰值速率和小区容量的极致追求，已不能仅靠通过提高效率满足需要，故 5G 在低频基础上额外使用更高的频段和更大的带宽。ITU 在 WRC-15 会议上确定的低频段 5G 频率为：1427~1518 MHz、470~698 MHz、3.4~3.6 Hz。高频段候选频段分为三组，其中 Group 30 包括 24.25~27.5 GHz、31.8~33.4 GHz；Group 40/50 包括 37.0~40.5 GHz、40.5~42.5 GHz、42.5~43.5 GHz、45.5~47.0 GHz、47.0~47.2 GHz、47.24~50.2 GHz；Group 70/80 包括 66~76 GHz、81~86 GHz。世界各国在 5G 领域目前采用两种方法部署数百兆赫的 5G 新频谱。第一种的重心放在 6 GHz 以下的电磁（EM）频谱上（"低到中频段频谱"，也称为"Sub-6"），主要在 3 GHz 和 4 GHz 频段。第二种方法侧重于 24~300 GHz 之间的频段（"高频频谱"或"毫米波"），这是目前美国、韩国和日本采用的方法（虽然三国也在不同程度上探索 Sub-6 频段）。

（4）5G 的应用及影响

5G 将带来应用和管理方面新的变化。其一，5G 技术是为物联网而生，拥有更大的容量和更快的数据处理速度，通过手机、可穿戴设备和其他联网硬件推出更多的新服务将成为可能。其二，移动性和连续性指标提高，面向局部热点区域为用户提供极高的数据传输速率，满足网络极高的流量密度需求，提供每平方公里百万个的连接密度，500 km/h 的移动性。按照这样的速率，在演唱会、高铁、地铁之类的场景里，不会出现网络连接慢或无法上网的问题。其三，5G 时代的通信网络会形成传输层、管理层、业务层三层，在最早的通信体系中这三层是融合在一起的。5G 不只是用户的管理、终端的管理，由于同一用户会使用大量的终端，对于不同的终端会采用不同的计费模式，5G 的管理难度会加大，计费也会更加复杂。其四，5G 基站为精确室内外定位提供了支持，利用基站定位，2G 可实现的精度为 100 m，3G 为 40 m，4G 为 28 m，5G 有望达到 1 m 的精度，可弥补 GPS/BD 定位系统在室内无法接收信号的不足。5G 定位不仅可用于精确找人，还可确定某区域有多少人、有哪些人，可应用于安防、考勤、交通和景区管理、农牧渔业、物流、救灾、无人机和无人驾驶汽车及无人控制设备等场景。

4G 改变生活，5G 改变社会，这已经成为通信行业内的共识。3G/4G 时代，移动互联网实现了人与人之间的迅捷连接和移动宽带数据接入。到了 5G 时代，5G 网络将提供更加强大的移动接入和连接能力，不仅仅是人与人之间，还包括人与物、物与物之间都可以进行更加广泛的多种连接，每个人、每个物都会成为互联网上的一个节点，数据交互内容和方式也将更加丰富多样，从而开创万物互联的新时代。随着智慧城市、智能家居的快速发展，5G 技术与人工智能相结合，与生产流程和工业控制相结合，将极大改变人类的生产方式，极大提升社会生产力水平，从而极大提高国家的综合竞争力。

5. 后 5G 与第六代移动通信技术

人类对通信的追求是无限的，1G 主要提供模拟语音业务，缺点是带宽窄且信号质量差。2G 开始提供数字语音业务，语音信号质量明显改善，并可以提供几十 kbit/s 的数据传送能力。3G 则开始以提供多媒体业务为主，带宽达到 Mbit/s 的量级。4G 实际数据传送速率达到百Mbit/s，这使得通过手机看视频、高速下载变成现实。5G 可提供 Gbit/s 量级的传送速率，下载一部高清电影只需要几秒钟。进一步，人们已开始对 5G 之后的移动通信技术产生了新的期待，并开始着手后 5G（B5G）甚至第六代移动通信（6G）、第七代移动通信（7G）的思考。

从目前技术来看，5G 将是基于异构多层的高速网，将在 2020 年左右进入商用的 5G 属于早期 5G 或基本 5G，中期 5G 将是云计算+5G，末期 5G 将是边缘计算+5G（三层异构移动边缘计算系统）。6G 将是 5G+卫星网络（通信、遥测、导航），特征包括以无线光通信（如 FSO、LiFi）技术实现超高宽带。7G 将分为基本 7G 与 7.5G，其中基本 7G 将是 6G+可实现空间漫游的卫星网络，7G 时代将解决如何实现不同卫星系统间的切换和漫游。

目前对 6G 的设想与探讨涉及如下方面：

1）6G 应该是一种便宜、超快的网络技术，无线或移动终端即使是在偏远地区接入 6G 网络，也可获得高达 11 Gbit/s 网络速率。

2）组成 6G 系统的卫星通信网络，可以是电信卫星网络、地球遥感成像卫星网络、导航卫星网络，实现全球无缝覆盖，网络信号能够抵达任何一个偏远的乡村，可为 6G 用户提供网络定位标识、多媒体与互联网接入、天气信息、快速应对自然灾害、让深处山区的病人能接受远程医疗、让孩子们能接受远程教育等服务。

3）6G 系统的天线将是纳米天线，将广泛部署于各处，包括路边、村庄、商场、机场、医院等。

4）6G 时代，可飞行的传感器将为处于远端的观察站提供信息、对有恐怖分子、入侵者活动的区域进行实时监测等。

5）6G 时代，在高速光纤链路辅助下，点到点（P2P）无线通信网络将为 6G 终端传输快速宽带信号。

6）6G 将探索并汇集 5G 所遗漏的相关技术、基于区块链的动态频谱共享技术。

6G 技术的优势将体现在如下方面：

1）6G 将迈向太赫兹频率时代，网络致密化，理论下载速度达到 Tbit/s（5G 的 100 倍）的量级，用户实际体验到的数据率将达 10~11 Gbit/s。

2）提供家庭自动化、智慧家庭/城市/村落、防卫、灾害防治以及其他相关应用。

3）提供基于家庭的 ATM 通信系统、卫星到卫星直接通信、海上到空间通信。

4）提供物和物之间、物和人之间的通信联系。

6G 将涉及三大类关键技术：包括 6G 频谱、6G 无线超大容量如何实现、6G 频谱使用如何创新。

国际电信标准组织定义的 5G 的主流频段是 3～6 GHz，属于毫米波频段。6G 将使用 100 GHz～10 THz 的太赫兹（THz）频段，进入亚毫米波的频段。6G 网络的致密化程度将达到前所未有的水平，人们的周围将充满小基站。6G 基站将可同时接入数百个甚至数千个无线连接，其容量将可达到 5G 基站的 1000 倍。

6G 将探索采用频谱共享的方式，采用更智能、分布更强的动态频谱共享接入技术，即基于区块链的动态频谱共享。区块链在 6G 中，使用去中心的分布式账本来记录各种无线接入信息，将可进一步激发新技术创新，甚至改变未来 6G 使用无线频谱的方式。

6.1.2　无线网络技术

1. WiFi 技术

无线保真（Wireless Fidelity，WiFi）技术是一种可以将个人计算机、手持设备（如 PDA、手机）等终端以无线方式互相连接的技术。

WiFi 是由一个名为"无线以太网相容联盟"的组织所发布的业界术语，中文译为"无线相容认证"。它是一种短程无线传输技术，能够在数十米范围内支持互联网接入的无线电信号。随着技术的发展，以及 IEEE 802.11a 及 IEEE 802.11g 等标准的出现，现在 IEEE 802.11 这个标准已被统称为 WiFi。

从应用层面来说，要使用 WiFi，用户首先要有 WiFi 兼容的用户端装置。WiFi 也是一种无线联网技术，过去通过网线连接计算机等设备才能上网，现在将 WiFi 与路由器相结合，在无线路由器的电波覆盖的有效范围内，用户都可以采用 WiFi 连接方式进行上网，因而 WiFi 也是一种帮助用户访问电子邮件、Web 和流式媒体的互联网技术。它为用户提供了无线的宽带互联网访问，同时，也是在家里、办公室或在旅途中上网的快速、便捷的途径。

能够访问 WiFi 网络的地方被称为热点，利用 WiFi 技术可实现无线用户经热点上网。方法是将具有 WiFi 接入功能的无线路由器连接到 ADSL 线路或者局域网，或利用有 WiFi 功能的手机的"无线和网络"选项中的"绑定与便携式热点"及"便携式 WLAN 热点"设置，即可实现有 WiFi 接口的 PC、PDA、iPad、手机等终端以无线方式上网。

WiFi 热点是通过在互联网连接上安装访问点来创建的。当一台支持 WiFi 的设备（例如 Pocket PC）遇到一个热点时，这个设备可以用无线方式连接到网络。大部分热点都位于供大众访问的地方，例如机场、咖啡店、旅馆、书店以及校园等。许多家庭和办公室也拥有 WiFi 网络。

WiFi 或 802.11G 在 2.4 GHz 频段工作，所支持的速度最高达 54 Mbit/s（802.11n 工作在 2.4 GHz 或者 5.0 GHz，最高速度 600 Mbit/s）。现在市面上的无线路由器为 54 Mbit/s、108 Mbit/s、300 Mbit/s 速率的 WiFi 路由器，WiFi 下一代标准制订启动最高传输速率可达 6.7 Gbit/s。需要注意的是，这个速率并不是上网的速度，上网的速率主要取决于 WiFi 热点的网络线路。

由于无线频率资源非常紧缺，世界各国均保留了一些无线频段，即 ISM 频段，以用于工业、科学研究和微波医疗方面的应用。应用这些频段无须许可证，只需要遵守一定的发射功率（一般低于 1 W），并且不要对其他频段造成干扰即可。ISM 频段在各国的规定并不统一。美国联邦通信委员会（FCC）分配的不必许可证的无线电频段有三个：工业频段为 902～928 MHz，科学研究频段为 2.42～2.4835 GHz，医疗频段为 5.725～5.850 GHz，发射功率不能超过 1 W。

在欧洲，900 MHz 的频段则有部分用于 GSM 通信。

1997 年，IEEE 802. 11 第一个版本中定义了介质访问接入控制层（MAC 层）和物理层。物理层定义了工作在 2. 4 GHz 的 ISM 频段上的两种无线调频方式和一种红外传输的方式，总数据传输速率设计为 2 Mbit/s。1999 年加上了两个补充版本：802. 11a 定义了一个在 5 GHz ISM 频段上的数据传输速率可达 54 Mbit/s 的物理层，802. 11b 定义了一个在 2. 4 GHz 的 ISM 频段上但数据传输速率高达 11 Mbit/s 的物理层。

WiFi 突出优势如下：

1）无线电波的覆盖范围广，在开放性区域，通信距离可达 305 m，在封闭性区域，通信距离为 76 m~122 m，在整栋大楼中也可使用。由 Vivato 公司推出的一款新型交换机能够把 WiFi 无线网络的通信距离扩大到约 6. 5 km。

2）传输速率可以达到 54Mbit/s，符合个人和社会信息化的需求。

3）厂商进入该领域的门槛比较低，只要在机场、车站、咖啡店、图书馆等人员较密集的地方设置"热点"，并通过高速线路将互联网接入上述场所，用户只要将支持 WLAN 的笔记本电脑或智能手机拿到该区域内，即可高速接入互联网。

4）不需要布线，可以不受布线条件的限制，因此适合移动办公用户的需要，具有广阔市场前景。目前 WiFi 已经从传统的医疗保健、库存控制和管理服务等特殊行业向更多行业拓展开去，甚至开始进入家庭以及教育机构等领域。图 6-8 所示为 WiFi 在智能家居中的应用。

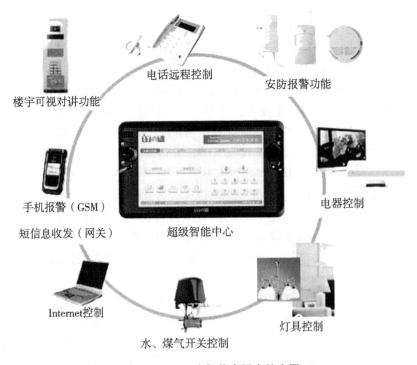

图 6-8　WiFi 在智能家居中的应用

5）发射功率低，IEEE 802. 11 规定的发射功率不可超过 100 mW，实际发射功率约 60~70 mW，而手机的发射功率约为 200 mW~1 W，手持式对讲机高达 5 W，而且无线网络使用方式并非像手机直接接触人体，相对来讲更为安全。

我国一直强烈推荐 WAPI 作为一个独立的国际标准，以此来与国外的 WiFi 抗衡。

WiFi 网络的组建方法如下：一般架设无线网络的基本配备就是无线网卡及一台无线访问节点接入点或叫桥接器（AccessPoint，AP），便能以无线的模式，配合既有的有线架构来分享网络资源，架设费用和复杂程度远远低于传统的有线网络。如果只是几台电脑的对等网，也可不要 AP，只需要每台电脑配备无线网卡。AP 主要在媒体存取控制层（MAC）中扮演无线工作站及有线局域网络的桥梁。有了 AP，就像一般有线网络的 Hub 一般，无线工作站可以快速地与网络相连。特别是对于宽带的使用，WiFi 更显优势。有线宽带网络（ADSL、小区 LAN等）到户后，连接到一个 AP，然后在计算机中安装一块无线网卡即可。普通的家庭有一个 AP已经足够，甚至用户的邻里得到授权后，则无须增加端口，也能以共享的方式上网。

一个 WiFi 联接点网络成员和结构如下：

1）站点（Station）　网络最基本的组成部分。

2）基本服务单元（Basic Service Set，BSS）　网络最基本的服务单元，可以只由两个站点组成，站点可以动态的联结到基本服务单元中。

3）分配系统（Distribution System，DS）　分配系统用于连接不同的基本服务单元，所使用的媒介逻辑和基本服务单元使用的媒介是截然分开的，尽管它们物理上可能会是同一个媒介，例如同一个无线频段。

4）接入点（Acess Point，AP）　接入点既有普通站点的身份，又有接入到分配系统的功能。

5）扩展服务单元（Extended Service Set，ESS）　由分配系统和基本服务单元组合而成，这种组合是逻辑上的，而非物理上的。不同的基本服务单元有可能在地理位置上相去甚远，分配系统也可以使用各种各样的技术。

6）关口（Portal）　也是一个逻辑成分，用于将无线局域网和有线局域网或其他网络联系起来。

有三种媒介，包括站点使用的无线的媒介、分配系统使用的媒介，以及和无线局域网集成在一起的其他局域网使用的媒介。物理上它们可能互相重叠。IEEE 802.11 只负责在站点使用的无线的媒介上的寻址。分配系统和其他局域网的寻址不属于无线局域网的范围。

IEEE 802.11 没有具体定义分配系统，只是定义了分配系统应该提供的服务。整个无线局域网定义了 9 种服务，5 种服务属于分配系统的任务，分别为连接、结束连接、分配、集成、再连接。4 种服务属于站点的任务，分别为鉴权、结束鉴权、隐私、MAC 数据传输。

对于应用而言，WiFi 可以作为下列应用中的一种补充技术：

1）作为高速有线接入技术的补充　有线接入技术主要包括以太网、xDSL 等。WiFi 技术作为高速有线接入技术的补充，具有可移动性、价格低廉的优点，WiFi 技术广泛应用于有线接入需无线延伸的领域，如临时会场等。所采用的关键技术决定了 WiFi 的补充力度。现在OFDM、MIMO、智能天线和软件无线电等，都开始应用到无线局域网中以提升 WiFi 性能，比如 802.11n 计划采用 MIMO 与 OFDM 相结合，使数据速率成倍提高。另外，天线及传输技术的改进使得无线局域网的传输距离大大增加，可以达到几千米。

2）蜂窝移动通信的补充　WiFi 技术的次要定位是对蜂窝移动通信的补充。蜂窝移动通信可以提供广覆盖、高移动性和中低等数据传输速率，它可以利用 WiFi 高速数据传输的特点弥补自己数据传输速率受限的不足。而 WiFi 不仅可利用蜂窝移动通信网络完善的鉴权与计费机制，而且可结合蜂窝移动通信网络广覆盖的特点进行多接入切换功能。这样就可实现 WiFi 与蜂窝移动通信的融合，使蜂窝移动通信进一步扩大其业务量。

3）现有通信系统的补充　WiFi 可作为 3G 的一种补充，无线接入技术主要包括 IEEE 的 802.11、802.15、802.16 和 802.20 标准，分别指 WLAN、无线个域网（WPAN）中的蓝牙与 UWB、无线城域网（WMAN）、WiMAX 和宽带移动接入 WBMA 等。一般来说，WPAN 提供超近距离的无线高数据传输速率连接；WMAN 提供城域覆盖和高数据传输速率；WBMA 提供广覆盖、高移动性和高数据传输速率；WiFi 则可以提供热点覆盖、低移动性和高数据传输速率。

2. LiFi 技术

光无线通信或光保真（LightFidelity，LiFi）技术是一种利用灯泡发出的可见光波谱进行数据传输的全新无线传输技术，由英国爱丁堡大学电子通信学院移动通信系主席、德国物理学家哈拉尔德·哈斯教授发明。

（1）LiFi 通信工作原理

利用 LiFi 技术进行数据传输所使用的工具是 LED 灯泡，LED 开表示 1，关表示 0，通过快速开关就能传输信息，只要在灯泡上植入一个微小的芯片，就能变成类似于 AP（WiFi 热点）的设备，使终端随时能接入网络。因为 LED 灯易于进行二进制编码，编码传输 0、1 信号所产生的灯光闪烁频率很高，不会被裸眼看出，只有光敏接收器才能探测出来。因此只要使用 LED 灯泡照明就可以获得无线互联网连接。

（2）LiFi 通信的优点

可减少对基础设施的投入，目前全世界的电灯泡数量约有 140 亿盏，这也意味着任何路灯都可以成为互联网接入点；数据传输速率高，由于可见光频谱的频谱宽度达到射频频谱的 1 万倍，LiFi 技术能带来高达 10Gbit/s 的数据传输速度；频带不受限，无线频谱基本分配完毕，光频谱资源丰富并且不受监管；信号传输安全性高，因为可见光只能沿直线传播，因此只有处在光线传播直线上的人才有可能截获信息；可在一些特殊环境中使用，如可以在水下等无线电波无法传播的场所使用。

（3）LiFi 通信的缺点

由于无法使用电灯泡向快速移动的物体发送数据，或是向树、墙和障碍物背后的物体发送数据，LiFi 光通信只能用于光线可直接照射到的小范围内。如在室内、飞机中使用该技术帮助手机和笔记本式计算机上网。

3. Ad hoc 技术

Ad Hoc 源于拉丁语，意思是"for this"引申为"for this purpose only"，即"为某种目的设置的，特别的"意思，也就是说，Ad hoc 网络用来解决某些特殊用途的网络连接问题，如战场上部队快速展开和推进、地震或水灾后的营救等，这些场合的通信不能依赖于任何预设的网络设施，而需要一种能够临时快速自动组网的移动网络。IEEE 802.11 标准委员会采用了"Ad hoc 网络"一词来描述这种特殊的自组织对等式多跳移动通信网络，Ad hoc 网络就此诞生。

Ad hoc 网络的前身是分组无线网（Packet Radio Network）。对分组无线网的研究源于军事通信的需要。早在 1972 年，美国 DARPA（Defense Advanced Research Project Agency）就启动了分组无线网（Packet Radio Network，PRNET）项目，研究分组无线网在战场环境下数据通信中的应用。项目完成之后，DAPRA 又在 1993 年启动了高残存性自适应网络（Survivable Adaptive Network，SURAN）项目。研究如何将分组无线网的成果加以扩展，以支持更大规模的网络，还要开发能够适应战场快速变化环境下的自适应网络协议。1994 年，DARPA 又启动了全球移动信息系统（Globle Mobile Information System，GloMo）项目。在分组无线网已有成果的基础上对能够满足军事应用需要的、可快速展开、高抗毁性的移动信息系统进行全面深入的研究。

在 Ad hoc 网络中，节点具有报文转发能力，节点间的通信可能要经过多个中间节点的转发，即经过多跳（MultiHop），这是 Ad hoc 网络与其他移动网络的最根本区别。节点通过分层的网络协议和分布式算法相互协调，实现了网络的自动组织和运行。因此它也被称为多跳无线网（MultiHop Wireless Network）、自组织网络（SelfOrganized Network）或无固定设施的网络（Infrastructureless Network）。

（1）Ad hoc 网络的特点

1）无中心 Ad hoc 网络没有严格的控制中心，所有节点的地位平等，即是一个对等式网络。节点可以随时加入和离开网络。任何节点的故障不会影响整个网络的运行，具有很强的抗毁性。

2）自组织 网络的布设或展开无须依赖于任何预设的网络设施。节点通过分层协议和分布式算法协调各自的行为，节点开机后就可以快速、自动地组成一个独立的网络。

3）多跳路由 当节点要与其覆盖范围之外的节点进行通信时，需要中间节点的多跳转发。与固定网络的多跳不同，Ad hoc 网络中的多跳路由是由普通的网络节点完成的，而不是由专用的路由设备（如路由器）完成的。

4）动态拓扑 Ad hoc 网络是一个动态的网络。网络节点可以随处移动，也可以随时开机和关机，这些都会使网络的拓扑结构随时发生变化。这些特点使得 Ad hoc 网络在体系结构、网络组织、协议设计等方面都与普通的蜂窝移动通信网络和固定通信网络有着显著的区别。

（2）Ad hoc 网络的应用领域

由于 Ad hoc 网络的特殊性，它的应用领域与普通的通信网络有着显著的区别。它适合于无法或不便预先敷设网络设施的场合、需快速自动组网的场合等，如图 6-9 所示。

1）军事应用 因其特有的无须架设网络设施、可快速展开、抗毁性强等特点，Ad hoc 网络技术已经成为美军战术互联网的核心技术，美军的近期数字电台和无线互联网控制器等主要通信装备都使用了 Ad hoc 网络技术。

图 6-9 Ad hoc 网络的应用

2）传感器网络 考虑到体积和节能等因素，传感器的发射功率不可能很大，使用 Ad hoc 网络实现多跳通信，将分散在各处的传感器组成 Ad hoc 网络，可以实现传感器之间和与控制中心之间的通信，因此传感器网络是 Ad hoc 网络技术的另一大应用领域。

3）紧急和临时场合 在发生了地震、水灾、强热带风暴或遭受其他灾难打击后，固定的通信网络设施，如有线通信网络、蜂窝移动通信网络的基站等网络设施、卫星通信地球站以及微波接力站等，可能被全部摧毁或无法正常工作，对于抢险救灾来说，这时就需要 Ad hoc 网络这种不依赖任何固定网络设施又能快速布设的自组织网络技术。同样，处于边远或偏僻野外地区时，同样无法依赖固定或预设的网络设施进行通信，Ad hoc 网络技术的独立组网能力和自组织特点，是这些场合通信的最佳选择。

4）个人通信 个人局域网（Personal Area Network，PAN）是 Ad hoc 网络技术的另一应用领域。不仅可用于实现 PDA、手机、便携式计算机等个人电子通信设备之间的通信，还可用于个人局域网之间的多跳通信。蓝牙技术中的超网（Scatternet）就是一个典型的例子。

5）与移动通信系统的结合　Ad hoc 网络还可以与蜂窝移动通信系统相结合，利用移动台的多跳转发能力扩大蜂窝移动通信系统的覆盖范围、均衡相邻小区的业务、提高小区边缘的数据速率等。在实际应用中，Ad hoc 网络除了可以单独组网实现局部的通信外，它还可以作为末端子网通过接入点接入其他的固定或移动通信网络，与 Ad hoc 网络以外的主机进行通信。因此，Ad hoc 网络也可以作为各种通信网络的无线接入手段之一。

（3）Ad hoc 网络的体系结构

1）节点结构　Ad hoc 网络中的节点不仅要具备普通移动终端的功能，还要具有报文转发能力，即要具备路由器的功能。因此，就完成的功能而言可以将节点分为主机、路由器和电台三部分。其中主机部分完成普通移动终端的功能，包括人机接口、数据处理等应用软件。而路由器部分主要负责维护网络的拓扑结构和路由信息，完成报文的转发功能。电台部分为信息传输提供无线信道支持。从物理结构上分，结构可以被分为以下几类：单主机单电台、单主机多电台、多主机单电台和多主机多电台。手持机一般采用的单主机单电台的简单结构。作为复杂的车载台，一个节点可能包括通信车内的多个主机。多电台不仅可以用来构建叠加的网络，还可作为网关节点来互联多个 Ad hoc 网络。

2）网络结构　Ad hoc 网络一般有两种结构：平面结构和分级结构。在平面结构中，所有节点的地位平等，所以又可以称为对等式结构。分级结构中，网络被划分为簇，每个簇由一个簇头和多个簇成员组成。这些簇头形成了高一级的网络。在高一级网络中，又可以分簇，再次形成更高一级的网络，直至最高级。在分级结构中，簇头节点负责簇间数据的转发。簇头可以预先指定，也可以由节点使用算法自动选举产生。分级结构的网络又可以被分为单频分级和多频分级两种。单频率分级网络中，所有节点使用同一个频率通信。为了实现簇头之间的通信，要有网关节点（同时属于两个簇的节点）的支持。而在多频率分组网络中，不同级采用不同的通信频率。低级节点的通信范围较小，而高级节点要覆盖较大的范围。高级的节点同时处于多个级中，有多个频率，用不同的频率实现不同级的通信。在两级网络中，簇头节点有两个频率。频率 1 用于簇头与簇成员的通信。而频率 2 用于簇头之间的通信。分级网络的每个节点都可以成为簇头，所以需要适当的簇头选举算法，算法要能根据网络拓扑的变化重新分簇。平面结构的网络比较简单，网络中所有节点是完全对等的，原则上不存在瓶颈，所以比较健壮。它的缺点是可扩充性差：每一个节点都需要知道到达其他所有节点的路由。维护这些动态变化的路由信息需要大量的控制消息。在分级结构的网络中，簇成员的功能比较简单，不需要维护复杂的路由信息。这大大减少了网络中路由控制信息的数量，因此具有很好的可扩充性。由于簇头节点可以随时选举产生，分级结构也具有很强的抗毁性。分级结构的缺点是，维护分级结构需要节点执行簇头选举算法，簇头节点可能会成为网络的瓶颈。因此，当网络的规模较小时，可以采用简单的平面式结构；而当网络的规模增大时，应用分级结构。美军在其战术互联网中使用近期数字电台（Near Term Digital Radio，NTDR）组网时采用的就是双频分级结构。

（4）Ad hoc 网络中的关键技术

1）信道接入技术　Ad hoc 网络的无线信道是多跳共享的多点信道，所以不同于普通网络的共享广播信道、点对点无线信道和蜂窝移动通信系统中由基站控制的无线信道。该技术控制节点如何接入无线信道。信道接入技术主要是解决隐藏终端和暴露终端问题，影响比较大的有MACA 协议，控制信道和数据信道分裂的双信道方案和基于定向天线的 MAC 协议，以及一些改进的 MAC 协议。

2）网络体系结构　网络主要是为数据业务设计的，没有对体系结构做过多考虑，但是当 Ad Hoc 网络需要提供多种业务并支持一定的 QoS 时，应当考虑选择最为合适的体系结构，并需要对原有协议栈重新进行设计。

3）路由协议　Ad hoc 网络中多跳路由是由普通节点协作完成的，而不是由专用的路由设备完成的。因此，必须设计专用的、高效的无线多跳路由协议。

4）QoS 保证　Ad hoc 网络出现初期主要用于传输少量的数据信息，随着应用的不断扩展，需要在 Ad hoc 网络中传输多媒体信息。多媒体信息对时延和抖动等都提出了很高要求，即需要提供一定的 QoS 保证。Ad hoc 网络中的 QoS 保证是系统性问题，不同层都要提供相应的机制。

5）多播/组播协议　由于 Ad hoc 网络的特殊性，广播和多播问题变得非常复杂，它们需要链路层和网络层的支持。

6）安全性问题　由于 Ad hoc 网络的特点之一就是安全性较差，易受窃听和攻击，因此需要研究适用于 Ad hoc 网络的安全体系结构和安全技术。

7）网络管理　Ad hoc 网络管理涉及面较广，包括移动性管理、地址管理和服务管理等，需要相应的机制来解决节点定位和地址自动配置等问题。

8）节能控制　可以采用自动功率控制机制来调整移动节点的功率，以便在传输范围和干扰之间进行折中；还可以通过智能休眠机制，采用功率意识路由和使用功耗很小的硬件来减少节点的能量消耗。

4. 无线网格网技术

无线网格网（Wireless Mesh Network，WMN）指大量终端通过无线连成网状结构，各节点通过路由交换数据，是一种低功率的多级跳点系统，是移动 Ad hoc 网络的一种特殊形态，它的早期研究均源于移动 Ad hoc 网络的研究与开发。

WMN 是一种大容量、高速率的分布式网络，不同于传统的无线网络，可以看成是一种 WLAN 和 Ad hoc 网络的融合，且发挥了两者的优势，是一种可以解决"最后一公里"瓶颈问题的新型网络结构。

无线网格网中每个节点都能接收/传送数据，也和路由器一样，将数据传给它的邻接点。通过中继处理，数据包用可靠的通信链路，贯穿中间的各节点抵达指定目标。相似于互联网和其他点对点路由网，网格网拥有多个冗余的通信路径。如果一条路径在任何情况下中断（包括射频干扰中断），网格网将自动选择另一条路径，维持正常通信。一般情况下，网格网能自动地选择最短路径，提高了连接的质量。根据实践，如果距离减小两倍，则接收端的信号强度会增加 4 倍，使链路更加可靠，且不增加节点发射功率。在网格网里，只要增加节点数目，就可以增大可及范围，或从冗余链路的增加上，带来更多的可靠性。

网格式无线局域网主要使用基于 802.11a/b/g 的标准以及 802.15.4 的 ZigBee 射频技术。网格的使用可以帮助各企业迅速地建立起新的无线网，或在不需要线连基站的条件下，扩展现有的 WLAN，因为它们可以为数据传输选择最佳的路径。此外，工业用户还能用嵌入的无线网格，迅速建立起传感器和控制器的网络，进行工业管理和运输管理。

在 WMN 中包括两种类型的节点：无线网格路由器和无线网格终端用户。WMN 主干由呈网状结构分布的路由器连接而成。WMN 有基础设施网格模式和终端用户网格模式。

在基础设施网格模式中，互联网的接入点（IAP）和终端用户之间可形成无线的闭合回路。IAP 通过路由选择及管理控制等功能，为移动终端选择通信的最佳路径。同时，移动终端通过 IAP 可与其他网络，如 WiFi、WiMAX 和传感器网络等互联，提高网络自身的兼容性。

在终端用户网格模式中，终端用户以无线方式形成点到点的网络。终端设备可以在没有其他基础设施的条件下独立运行，并且可以支持移动终端较高速地移动，快速形成宽带网络。终端用户具有主机和路由器的双重角色：一方面，节点作为主机运行相关的应用程序；另一方面，节点作为路由器运行路由协议，参与路由发现、路由维护等操作。

根据网格路由器和网格客户端这两种类型节点功能的不同，WMN 的系统结构可以分为三类：一类是骨干网网格结构（分级结构），一类是客户端网格结构（平面结构），以及它们的混合结构。

（1）WMN 骨干网网格结构

骨干网网格结构由网格路由器组成的可以自配置、自愈的链路来充当，通过网格路由器的网关功能与互联网相连，为客户端提供接入服务。骨干网网格结构如图 6-10 所示。终端节点设备通过下层的网格路由器（相当于各接入网络中的中心接入点）接入上层网格结构的网络中，实现网络节点的互联互通。这样，通过网关节点，任何终端都可与其他网络连接，从而实现无线宽带接入。这样不仅降低了系统建设的成本，也提高了网络的覆盖率和可靠性。但任意两个不在同一网格路由器范围内的终端节点间不具备直接通信的功能。

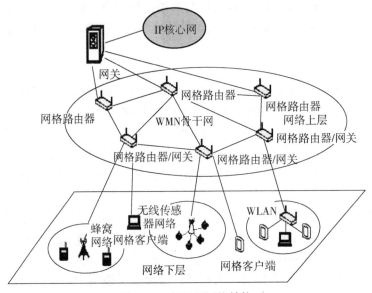

图 6-10 骨干网网格结构

（2）客户端网格结构

客户端网格结构由网格客户端组成，是在用户设备间提供点到点服务的 WMN。客户端组成一个能提供路由和自配置功能的网络，支持用户的终端应用，其结构如图 6-11 所示。网络中所有的节点是对等的，具有完全一致的特性，即每个节点都包含相同的媒体访问控制（MAC）、路由、管理和安全等协议，这些节点不仅具有客户端节点的功能，也具有能够转发业务的路由器节点的功能。这种网络中的节点不能兼容现有的多种无线接入技术，并且其单一的结构不适合大规模组网，只适用于节点数目较少且不需要接入到核心网络的应用场合。

（3）混合结构 WMN

混合结构 WMN 如图 6-12 所示。网格客户端可以通过网格路由器接入骨干网格网络。这种结构提供了与其他网络的互联功能，如互联网、WLAN、WiMAX、蜂窝和传感器网络。同

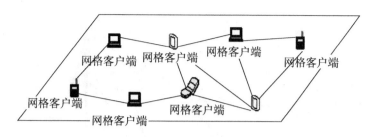

图 6-11 客户端网格结构

时，客户端的路由能力增强了网络的连通性，扩大了覆盖范围。这时的终端节点不仅支持单一无线接入技术的设备，而是增加了具有转发和路由功能的网格设备，设备间可以直接通信。通常要求终端节点设备具备同时支持接入上层网络网格路由器和本层网络对等节点的功能。

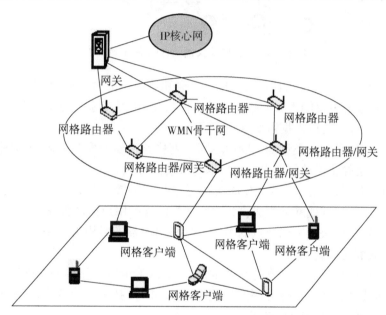

图 6-12 混合结构 WMN

在支持无线网状拓扑结构的标准中，802.11s 采用了树形多跳网状网以及 Ad hoc 方式多跳网状网两种基本结构，并定义了网格节点（MP）、网格接入点（MAP）、传统 WLAN 站点 3 种节点。在 Ad hoc 方式多跳网状网结构中，没有起集中控制作用的中心节点，网络中 MP 和 MAP 节点的地位是平等的，并具有类似于狭义 Ad Hoc 网络移动节点的功能，即节点可以是数据源产生数据分组，也可以转发来自其他节点的分组。节点间所形成的无线 P2P 网络，不需要网络基础设施的支持。802.16 定义了两种网络拓扑结构：点对多点（PMP）和网状网。通过网状结构以实现网络的全覆盖，结构如图 6-13 所示。网状网络由称为网格基站（WiMAX基站）的中心节点控制。中心节点可以与网状网络外的设备建立起直接链路，作为连接到外网的接口。

无线网格网络是多跳与多点到多点结构的融合，具有以下几个重要特点：

1）多跳的结构　在不牺牲信道容量的情况下，扩展当前无线网络的覆盖范围是 WMN 的最重要的目标之一。WMN 的另一个目标是为处于非视距范围内的用户提供非视距连接。网格网络中的链路比较短，所受干扰较小，因此可以提供较高的吞吐量和较高的频谱复用效率。

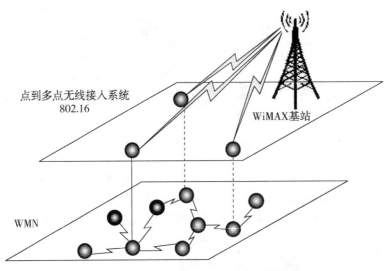

图 6-13   802.16 定义的两种网络拓扑结构

2）支持 Ad Hoc 组网方式，具备自形成、自愈和自组织能力   WMN 灵活的网络结构、便利的网络配置、较好的容错能力和网络连通性，使得 WMN 大大提升了现有网络的性能。在较低的前期投资下，WMN 可以根据需要逐步扩展。

3）移动特性随网络节点类型的不同而不同   网格路由器通常具有较小范围的移动性，而网格客户端既可以是静止不动的节点，也可以是移动的节点。

4）支持多种网络接入方式   WMN 既支持通过骨干网接入的方式，又支持端到端的通信方式。此外，WMN 可与其他网络集成，为这些网络的终端用户提供服务。

5）对功耗的限制取决于网格节点的类型   网格路由器通常没有严格的功耗限制，但网格客户端需要有效的节能机制。

6）与现有无线网络兼容，并支持与 WiMAX、WiFi 和蜂窝网络等的互操作。

WMN 的关键技术包括：正交分割多址接入（QDMA）技术、隐藏终端问题处理技术、路由技术、正交频分复用（OFDM）技术。

5. WLAN 技术

无线局域网（Wireless Local Area Network，WLAN）是利用无线通信技术在一定的局部范围内建立的网络，是计算机网络与无线通信技术相结合的产物，它以无线多址信道作为传输媒介，提供传统有线局域网 LAN（Local Area Network）的功能，能够使用户真正实现随时、随地、随意的宽带网络接入。

WLAN 开始是作为有线局域网络的延伸而存在的，各团体、企事业单位广泛地采用了 WLAN 技术来构建其办公网络。但随着应用的进一步发展，WLAN 正逐渐从传统意义上的局域网技术发展成为 "公共无线局域网"，成为国际互联网的宽带接入手段。WLAN 具有易安装、易扩展、易管理、易维护、高移动性、保密性强、抗干扰等特点。

由于 WLAN 基于计算机网络与无线通信技术，WLAN 标准主要是针对物理层和媒质访问控制层（MAC），涉及所使用的无线频率范围、空中接口通信协议等技术规范与技术标准。用于 WLAN 的标准主要有 IEEE 802.11x，包括：IEEE 802.11b，该标准规定 WLAN 工作频段在 2.4~2.4835 GHz，数据传输速率达到 11 Mbit/s，传输距离控制在 50~150 m；IEEE 802.11a，该标准规定 WLAN 工作频段在 5.15~8.825 GHz，数据传输速率达到 54~72 Mbit/s（Turbo 码），传输距离控制在 10～100 m；IEEE 802.11g 与 802.11a 和 802.11b 兼容；IEEE 802.11i，对 WLAN MAC 层进行修改与整合，定义了严格的加密格式和鉴权机制，以改善 WLAN 的安全性；IEEE 802.11e 标准对 WLAN MAC 层协议提出改进，以支持多媒体传输，以支持所有 WLAN 无线广播接口的服务质量保证 QoS 机制；IEEE 802.11f，定义访问节点之间的通信，支持 IEEE 802.11 的接入点互操作协议（IAPP）；IEEE 802.11h 用于 802.11a 的频谱管理技术。此外还有欧洲电信标准化协会（ETSI）的宽带无线电接入网络（BRAN）小组制定的接入泛欧标准，已推出 HiperLAN1 和 HiperLAN2。美国家用射频委员会推出的 HomeRF 2.0 版。

WLAN 网络结构分为对等网络和基础结构网络两种类型。对等网络由一组有无线接口卡的计算机组成。这些计算机以相同的工作组名、扩展服务集标识符（Extended Service Set Identifier，ESSID）和密码等对等的方式相互直接连接，在 WLAN 的覆盖范围之内，进行点对点与点对多点之间的通信。在基础结构网络中，具有无线接口卡的无线终端以无线接入点 AP 为中心，通过无线网桥 AB、无线接入网关 AG、无线接入控制器 AC 和无线接入服务器 AS 等将无线局域网与有线网网络连接起来，可以组建多种复杂的无线局域网接入网络，实现无线移动办公的接入。

作为有线网络无线延伸，WLAN 可以广泛应用在生活社区、游乐园、旅馆、机场车站等游玩区域实现旅游休闲上网；可以应用在政府办公大楼、校园、企事业等单位实现移动办公，方便开会及上课等；可以应用在医疗、金融证券等方面，实现医生在路途中对病人在网上诊断，实现金融证券室外网上交易。对于难于布线的环境，如老式建筑、沙漠区域等，对于频繁变化的环境，如各种展览大楼，对于临时需要的宽带接入，流动工作站等，建立 WLAN 是理想的选择。

6. WMAN 技术

无线城域网（Wireless Metropolitan Area Networks，WMAN）主要用于解决城域网的接入问题，覆盖范围为几千米到几十千米，除提供固定的无线接入外，还提供具有移动性的接入能力，包括多信道多点分配系统（Multichannel Multipoint Distribution System，MMDS）、本地多点分配系统（Local Multipoint Distribution System，LMDS）、IEEE 802.16 和高性能城域网（European Telecommunications Standards Institute High Performance MAN，ETSI HiperMAN）技术。

WMAN 标准的开发主要有 IEEE 的 802.16 工作组开发的 IEEE 802.16 系列标准和欧洲的 ETSI 开发的 HiperAccess 标准。因此，IEEE 802.16 和 HiperAccess 构成了宽带 MAN 的无线接入标准。

IEEE 802.16 标准的研发初衷是在 MAN 领域提供高性能的、工作于 10～66 GHz 频段的"最后一公里"宽带无线接入技术，正式名称是"固定宽带无线接入系统空中接口"，又称为 IEEE WirelessMAN 空中接口，是一点对多点技术。主要包括空中接口标准、共存问题标准和一致性标准。其中，空中接口标准包括：802.16-2001（即通常所说的 802.16 标准）、802.16a、802.16c、802.16d 与 802.16e；共存问题标准包括：802.16.2-2001、802.16.2a；一致性标准：802.16.1、802.16.2。上述标准中，起基础性作用的是空中接口 IEEE 802.16 与 802.16a。802.16 主要用于大业务量的业务接入，开发业已广泛使用的 11 GHz 以下频带无线市场，而且由于这一频段范围的非视距特性较理想，树木与建筑物等对信号传输的影响较小，基站可直接安装于建筑物顶部而不需要架设高大的信号传输塔。工作于 2～11 GHz 的系统基本上可以满足大多数宽带无线接入需求，因而更适于"最后一公里"接入领域。

7. WPAN 技术

无线个人局域网（Wireless Personal Area Network，WPAN）是一种采用无线连接的个人局域网，用在诸如电话、计算机、附属设备以及工作范围在 10 m 以内的个人数字助理设备之间的通信，可实现活动半径小、业务类型丰富、面向特定群体、无线无缝的连接。WPAN 能够有效地解决"最后的几米电缆"的问题。

支持无线个人局域网的技术包括蓝牙、ZigBee、超宽带（UWB）、红外线连接（IrDA）、家庭网络连接（HomeRF）等，其中蓝牙技术在无线个人局域网中使用得最广泛。

WPAN 是一种与无线广域网（WWAN）、无线城域网（WMAN）、无线局域网（WLAN）并列，但覆盖范围相对较小的无线网络。在网络构成上，WPAN 位于整个网络链的末端，用于实现同一地点终端与终端间的连接，如连接手机和蓝牙耳机等。WPAN 设备具有价格便宜、体积小、易操作和功耗低等优点。

WPAN 的目标是解决如何让人们将网络随身携带的问题，核心是解决小区域的无线多媒体传输。成立于 1999 年的 IEEE 802.15 工作组专门负责制定有关 WPAN 的标准，该工作组由 4 个小组组成。其中，IEEE 802.15.1 负责蓝牙的标准化；IEEE 802.15.2 研究 WPAN 和 WLAN 的互存性；IEEE 802.15.3（TG3，也被称为超波段或 UWB）制定高速 WPAN 标准；IEEE 802.15.4（TG4，也被称为 ZigBee）研究特别节电技术和低复杂度方案，应用领域主要为传感器、远端控制和家庭自动化等。

IEEE 802.15.1 标准以蓝牙 v1.1 规范为蓝本，定义了蓝牙技术的媒体访问控制（MAC）层（包括 L2CAP、LMP、基带）和物理层。IEEE 802.15.1 一直在关注蓝牙特别兴趣小组的标准版本升级工作，以使得 IEEE 802.15.1 与蓝牙标准保持同步。蓝牙特别兴趣小组已于 2003 年年底正式公布了蓝牙标准 v1.2。属于 WPAN 应用的蓝牙技术，由于其灵活、安全、低成本、小功耗的话音和数据通信，而成为目前的 WPAN 主流技术。在蓝牙特别兴趣小组的极力推广下，蓝牙技术正较快地渗透到 PC、消费类电子产品以及垂直应用市场中。

蓝牙的传输速率限制了其应用拓展，成为影响该技术全面普及的最主要因素，而 IEEE 802.15.3 由于比蓝牙具有更高的数据速率、更全面的业务及 QoS 支持、更短的连接时间等特点，得到了业界的关注。IEEE 802.15.3 于 2003 年 6 月完成了高速 WPAN 的 MAC 层/物理层标准制定。该标准具有以下特点：支持高达 55 Mbit/s 的数据速率，可传送高质量视像和声音，支持服务质量保障，具有 Ad hoc 点对点网络特点，功耗和成本低。

IEEE 802.15.4 已通过第 18 轮修正草案。该标准具有以下特点：数据速率为 25 kbit/s、40 kbit/s、250 kbit/s，采用 CSMA-CA 机制，保证传输可靠性，提供最优的功率管理。

相对于 WMAN 和 WLAN 来讲，WPAN 目前还以自成网络的内部应用为主，其接入技术还不够完善，在无线接入方面的应用拓展较为缓慢。

宽带 WPAN 是典型的 Ad hoc 网络，网络中所有设备的地位都是平等的，可以随时组成一个小区域网络。宽带 WPAN 中的任一设备可以与其前、后、左、右、上、下的类似设备构成网络，通过"多跳"可以扩展其应用空间和功能，设备有固定、半固定、小范围移动、较大范围移动等情况，需要考虑越区切换，图 6-14 是 WPAN 的网络结构示意图。

WPAN 与蜂窝网的融合可以扩大整个系统的容量，平衡相邻小区的业务量，减少基站的数目，减小移动终端的功耗，并可拓展蜂窝网的新应用。

在一个 WPAN 与蜂窝网融合的系统结构中通常将基站覆盖区域分为 3 个部分：第 1 部分是高速率 TDD 区域，该区域内的移动终端能够以高速率进行数据传送；第 2 部分是低速率 TDD 区域，该区域内的移动终端只能以较低的速率进行数据传送；第 3 部分是基站无法覆盖的区域，该区域内的移动终端由于接收不到基站发送的同步信息而无法进行数据传送。3 个区域内

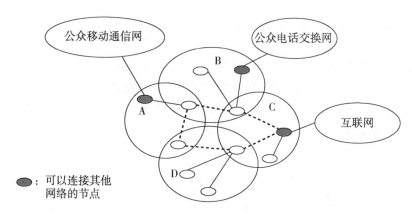

图 6-14 WPAN 的网络结构示意图

的移动终端都可以基于 Ad hoc 网络协议在一定范围内直接通信，或者由多个微微网组成散布网络，实现相互间的通信。

8. HomeRF 技术

家庭射频（HomeRF）无线标准是由 HomeRF 工作组开发的开放性行业标准，目的是在家庭范围内，使计算机与其他电子设备之间实现无线通信。HomeRF 由微软、英特尔、惠普、摩托罗拉和康伯等公司提出，使用开放的 2.4 GHz 频段，采用跳频扩频技术，跳频速率为 50 跳/s，共有 75 个宽带为 1 MHz 的跳频信道。

HomeRF 技术是对现有无线通信标准的综合和改进，无绳电话技术（Digital Enhanced Cordless Telephone，DECT）和 WLAN 技术相互融合的技术，采用共享无线应用协议（Shared Wireless Access Protocol，SWAP）。SWAP 使用 TDMA+CSMA/CA 方式，适合语音和数据业务。HomeRF 的最大功率为 100 mW，有效范围 50 m。调制方式分为 2FSK 和 4FSK 两种，在 2FSK 方式下，最大的数据传输速率为 1 Mbit/s；在 4FSK 方式下，速率可达 2 Mbit/s。

HomeRF 把业务类型分为三种：交互式语音及其他实时业务、高速分组数据和有优先级的流媒体业务，并根据业务的不同要求采用不同的接入机制。对实时性要求不高的数据业务采用 CSMA/CA 机制，获得除为语音预留时隙之外剩余时隙的使用权，其接入方式与 802.11 中的 DCF 一致。而对实时性要求较高的同步全双工均衡语音服务完全以 DECT 规范为基础，采用 TDMA 方式和分组预约语音插空技术以进一步提高网络容量，满足对时延的要求。而对实时性要求介于两者之间的流媒体业务则采用了 UDP/IP，规定了高级别的优先权并采用了带有优先权的重发机制，可随时占用数据信道资源，这样就确保了实时性流媒体业务所需的带宽和低干扰、低误码。HomeRF 的协议栈结构如图 6-15 所示。

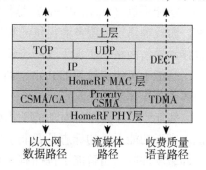

图 6-15 HomeRF 的协议栈结构

TDMA 传输的语音数据需要一个非常规则的时隙信道，而 CSMA/CA 机制则以一种不确定的方式抢占时隙，处于竞争状态。为了在 20 ms 内支持以上两种数据类型的传输，SWAP 规定了两种帧结构以满足不同业务类型的需求，其结构如图 6-16 所示。一种是 20 ms 的超帧（Superframe），另一种是 10 ms 的子帧（Subframe），应用程序根据是否有语音服务而决定采用哪种帧结构。当网络中只有数据业务时，HomeRF 将使用超帧，在一个跳频点上的通信时间为 20 ms，并且采用异步方式。当网络中有语音业务时，采用 10 ms 的子帧，并增加了一个标志位，以同步方式进行通信。无论在哪种帧结构中，大部分的时隙会留给异步数据通信，同时根据激活的语音信道数目，动态地为语音业务预留一部分资源，HomeRF 最多可同时支持 8 路全双工语音通信，而当有剩余时隙时，就把剩余时隙留给数据业务。数据业务中，流媒体拥有更高的优先权，最多可有 8 种等级的流媒体业务同时工作。同样，若流媒体业务不多，这些时隙都将留给异步数据业务。另外，HomeRF 语音的重发机制是 HomeRF 所独有的，若由于外界的干扰造成语音数据包丢失，则安排在下一个频点的 10 ms 时间里重发，以保证可靠的语音传输质量。

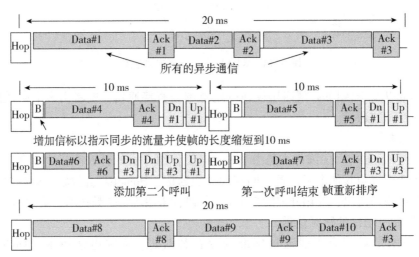

图 6-16　SWAP 规定的两种帧结构

HomeRF 的特点：安全可靠、成本低廉、简单易行、不受墙壁和楼层的影响、传输交互式语音数据采用 TDMA 技术，传输高速数据分组则采用 CSMA/CA 技术、无线电干扰影响小、支持流媒体。

6.1.3　无线智能终端技术

1. 智能手机技术

智能手机（Smart Phone）是指像 PC 一样，具有独立的操作系统，可以由用户自行安装软件、游戏等第三方服务商提供的程序，通过此类程序来不断对手机的功能进行扩充，并可以通过移动通信网络来实现无线网络接入的这类手机的总称。

智能手机应有较强的 PDA、商务、多媒体功能，有很强的扩展性，集移动通信、移动办公和移动多媒体于一身。

智能手机主要是针对功能手机而言，智能手机本身并不意味着这个手机有多智能。智能手机区别于功能手机的标志是智能手机可以随意安装和卸载应用软件，而功能手机是不能随意安装卸载软件的。当智能手机拥有一套嵌入式计算平台和操作系统后，就相当于掌上电脑与手机的结合体。随着软/硬件技术的不断发展，智能手机自身所具有的功能越来越强大。

因此通俗讲，"掌上电脑+手机=智能手机"，从广义上说，智能手机除了具备手机的通话功能外，还具备了 PDA 的大部分功能，特别是个人信息管理以及基于无线数据通信的浏览器和电子邮件功能。智能手机为用户提供了足够的屏幕尺寸和带宽，既方便随身携带，又为软件运行和内容服务提供了舞台，很多增值业务可以就此展开。

（1）智能手机的基本要求

1）高速度处理芯片。智能手机不仅要支持打电话，还要处理音频、视频，甚至要支持多任务处理，这需要一个功能强大、低功耗、具有多媒体处理能力的芯片。

2）大存储芯片和存储扩展能力。如果要实现智能手机的大量应用功能，必须有巨大的存储能力。如一个完整的 GPS 导航图，需要超过 1 GB 的存储空间，而大量的视频、音频及多种应用都需要存储。因此要保证足够的内存存储或扩展存储，才能真正满足智能手机的应用。

3）面积大、标准化、可触摸的显示屏。只有面积大和标准化的显示屏，才能让用户充分享受智能手机的应用。分辨率一般不低于 320×240 像素。

4）支持广播式的手机电视。广播式的手机电视是手机娱乐的一个重要组成部分。

5）支持 GPS 导航。除帮助定位外，GPS 还可以帮助寻找周围的兴趣点，很多服务都需要和位置结合起来。

6）操作系统必须支持新应用的安装。有可能安装各种新的应用，使用户的手机可以安装和定制自己的应用。

7）配备大容量电池并支持电池更换。无论采用何种低功耗的技术，电量的消耗都是一个大问题，必须要配备高容量的电池，1500 mAh 是标准配备，很可能未来外接移动电源也会成为一个标准配置。

8）良好的人机交互界面。

（2）智能手机的基本特点

1）具备普通手机的全部功能，能够进行正常的通话，收发短信等。

2）具备无线接入互联网的能力。

3）具备 PDA 的功能，包括 PIM（个人信息管理）、日程记事、任务安排、多媒体应用、浏览网页。

4）具备一个开放性的操作系统，在这个操作系统平台上，可以安装更多的应用程序，从而使智能手机的功能可以得到无限的扩充。

5）具有人性化的一面，可以根据个人需要扩展机器的功能。

6）功能强大、扩展性能强、第三方软件支持多。

2. 移动计算技术

移动计算（Mobile Computing）指移动终端通过无线通信与其他移动终端或者固定计算设备进行有目的的信息交互。移动的概念包括代码的移动和设备的移动，移动终端包括庞大的设备（如轮船、飞机、汽车、坦克等）、微小的用品（手表、手机等）、明显的设备（手机、笔记本电脑）、不明显的器件（嵌入式传感器）。移动计算是构建在一个系统之上的，移动终端往往只是这个系统的表象，基于无线通信的信息交互是移动计算的关键。

移动计算是随着移动通信、互联网、数据库、分布式计算等技术的发展而兴起的新技术。移动计算技术使计算机或其他信息智能终端设备在无线环境下实现数据传输及资源共享。它的作用是将有用、准确、及时的信息提供给任何时间、任何地点的任何客户，这将极大地改变人们的生活方式和工作方式。

移动计算是分布式计算在移动通信环境下的扩展与延伸。建立在网络上的分布式计算系统反映了一种自然的信息处理模式，其宗旨是在整合全局资源的基础上实现任务的分解与协同、数据的共享，减少集中处理的压力，从而最终获得较高的性能价格比、系统可伸缩性以及实用性与容错性。分布式计算的思想还被广泛应用在数据库、操作系统、文件系统以及通用信息处理环境上。

移动计算使用各种无线电射频（RF）技术或蜂窝通信技术，使用户携带他们的移动计算机、个人数字助手（PDA）和其他电信设备自由漫游。使用调制解调器的移动计算机用户也应该属于这一范畴，但侧重于无线远程用户。移动计算机用户依赖于无线传输服务，使其无论走到哪里都能和办公室保持联系。当移动用户从一个地方到另一个地方时，将恢复桌面排列和在最后会谈中打开的文件，就像计算机从来都没有被关闭一样。移动计算机用户获得信息的一种方式是与公司数据库简单相连，通过一个数据库查询，发送一个电子函件消息到数据库服务器，然后，服务器产生一个响应，并将响应放置在用户以后进行查取的信箱里。图 6-17 所示为智能手机中的移动计算。

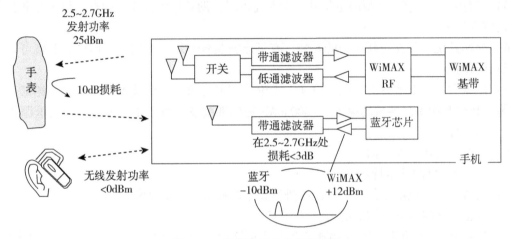

图 6-17　智能手机中的移动计算

移动计算是消息传递技术和无线通信的融合。典型的用户包括需要技术信息服务的专家、进行估算的保险代表和需要信息以决定投资的销售人员。获得信息的一种方式是与公司数据库简单相连，并进行实时查询，数据传送可减少电话费用。移动用户只需通过一个数据库查询发送一个电子函件消息到数据库服务器，然后，服务器产生一个响应，并将响应放置在用户以后进行查取的信箱里。

（1）移动计算的特点

与固定网络上的分布计算相比，移动计算具有以下一些主要特点：

1）移动性　移动计算在移动过程中可以通过所在无线单元的管理支撑系统（MSS）与固定网络的节点或其他移动计算机连接。

2）网络条件多样性　移动计算终端在移动过程中所使用的网络一般是变化的，这些网络既可以是高带宽的固定网络，也可以是低带宽的无线广域网，甚至处于断接状态。

3）频繁断接性　由于受电源、无线通信费用、网络条件等因素的限制，移动计算终端一般不会采用持续连网的工作方式，而是主动或被动的与网络断开或连接。

4）网络通信的非对称性　一般固定服务器节点具有强大的发送设备，移动节点的发送能力较弱。因此，下行链路和上行链路的通信带宽和代价相差较大。

5）移动计算机的电源能力有限　移动计算终端主要依靠蓄电池供电，因此容量有限。经验表明，电池容量的提高远低于同期 CPU 速度和存储容量的发展速度。

6）可靠性低　这与无线网络本身的可靠性及移动计算环境的易受干扰和不安全等因素有关。

由于移动计算具有上述特点，构造一个移动应用系统，必须在终端、网络、数据库平台以及应用开发上做一些特定考虑。移动计算系统模型如图 6-18 所示。

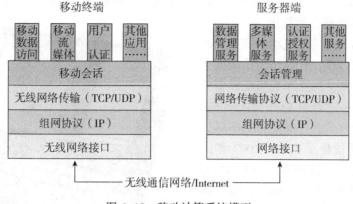

图 6-18　移动计算系统模型

有两种用于移动数据通信的基本方法：分组交换帧中继网络（Packet - Switched RF Network）和蜂窝电路交换产品（Cellular Circuit-Switched Product）。分组交换无线网络只有在传输时间较短时才具有优势，因为它对每一个分组都要收费。电路交换网络对传输长文件或需较长传输时间的应用有优势，因为它根据使用网络的时间长短来对顾客收费。

（2）移动计算的主要技术

移动计算所涉及的主要技术包括：

1）无线通信技术　用以解决无线介质中的数据传输问题，包括蜂窝技术（GSM/GPRS，CDMA，WCDMA）、WMAN 技术（WiMAX，Mesh）、WLAN 技术（802.11，HomeRF）、WPAN 技术（Bluetooth，ZigBee，UWB）。

2）移动终端技术　用以解决移动应用中的终端设备问题，包括嵌入式硬件平台、嵌入式 OS。

3）移动互联技术　用以解决移动终端之间的互联互通问题，包括 Mobile IP、无线 TCP、各种网络协议。

4）移动应用技术　用以提供各种应用系统及应用支撑系统，包括移动中间件、移动数据库。

5）其他关键技术　节能技术、安全保障。

（3）移动计算的应用优势

1）符合 802.3 以太网协议，对操作系统、网络协议、应用程序透明。

2）以太网接口，即插即用，安装简单，调试方便。

3）支持时速 90 km 以内的漫游。

4）每个接入点速率为 11 Mbit/s，可支持多达 256 台工作站接入。

5）多个接入点可构成 15 Mbit/s 的基站吞吐量。

6）采用 2.4G 扩频技术，无须申请专用频点。

（4）移动计算的应用范围

1）移动车辆数据通信系统，如机场、港口、军事部门、流动银行、流动售票车等。

2）大型电子化工业设备的通信系统，如工业机器人、自动化立体停车系统、各类装卸设备等。

3）手持式电脑、笔记本电脑的网络接入系统，如学校、医院、办公室、家庭等。

4）手持式数据读写设备的实时通信系统，如仓库、超级市场、机场、港口等。

（5）超移动计算概念的提出

针对作为移动设备的笔记本电脑存在的相对较大的重量和体积，长期作为移动商务的应用终端有所不便，以及作为移动设备的智能手机和 PDA 在进行复杂办公的时候，操作性、计算性能、信息存储能力的不尽如人意，超移动计算被提了出来。2007 年的 CES 展会上，比尔·盖茨展示了图 6-19 所示的重量 454 g，体积 14.224 cm×8.382 cm×2.54 cm，有 5 in 屏幕的全球最小能运行 Vista 系统的整机 OQO Model 02 超移动设备，称未来的 PC 为"超移动设备"，预言超移动设备未来将改变世界。

图 6-19　全球最小能运行 Vista 系统
的整机 OQO Model 02

超移动设备（Ultra Mobile Devices, UMD）注重的是其移动性，将通信、网络、GPS、PC 等多种消费电子功能高度集成到一起。在移动商务和移动娱乐方面，这种设备几乎能提供所有的主流应用。因此超移动平台与笔记本电脑之间将产生竞争。

从桌面计算时代到移动计算时代，再到超移动时代，需求的变化对芯片提出更高的要求，传统处理器的设计理念显得难以适用于超移动平台。不仅需要体积更轻便和很好的计算性能，同时需要能耗降低。

在传统桌面平台上，35 W 的处理器就可以被叫作节能低功耗型处理器，但对于超移动平台则是难以接受的。以英特尔针对移动网络设备推出的凌动处理器为例，CPU 核心面积只有 25 mm^2，在处理速度达到 800 MHz 到 1.86 GHz 的前提下，平均功耗只有 0.16~0.22 W，待机能耗则为 0.08~0.1 W，热设计功耗为 0.65~2.4 W。性能与功耗是影响超移动平台的两个重要参数，尤其是在电池技术进步缓慢的情况下，移动处理器必须平衡两者。

3. 移动 IP 技术

移动 IP 技术是移动通信技术和 IP 技术的深层融合，是对现有移动通信方式的变革，实现将无线语音和无线数据综合到基于 IP 的传输平台上。让人们能够通过手机和移动 PC 等移动终端随时、随地访问互联网，完成话音和数据在移动情况下的传输。无线接入中的移动 IP 技术使得无处不在的多媒体全球网络连接成为可能，适应了普遍计算时代的需求。这时，人们在网络世界中，可以通过拥有唯一的一个网络 IP 地址与外界保持统一的通信。从技术角度上讲，移动 IP 技术是实现移动终端在相对广大的范围内支持移动（漫游）的关键技术，它确保了移动终端在移动过程中正常通信，并具有双向连通特性。

现有的移动通信采用的是电路交换方式，用户通话时一直占用固定的带宽资源。这种通信方式适合语音业务，但对 IP 类型的业务则不是最适合的。为适应快速增长的数据型业务需求，需要将现有的以电路交换为基础的移动通信网络改造成以包交换为基础的无线网络。未来的移动网络将实现全包交换，包括语音和数据都由 IP 包来承载，语音和数据的隔阂将消失。移动通信的 IP 化进程将分为三个阶段：首先是移动业务的 IP 化，之后是移动网络的分组化演进，最后是在移动通信系统中实现全 IP 化。

当使用传统 IP 技术的主机用固定的 IP 地址和 TCP 端口号进行相互通信时，通信期间的 IP 地址和 TCP 端口号必须保持不变，否则 IP 主机之间的通信将无法继续。而移动 IP 的基本问题是 IP 终端在通信期间的位置可能移动，IP 地址也可能经常发生变化，IP 地址的变化最终会导致通信的中断。因此移动 IP 需要借用移动电话中所采用的漫游、位置登记、隧道、鉴权等技术，使移动节点借助固定不变的 IP 地址，一次登录即可实现在任意位置，包括移动节点从一个 IP（子）网漫游到另一个 IP（子）网时，保持与 IP 主机的单一链路层连接，使通信持续进行。

（1）移动 IP 的工作过程

1）归属代理和外区代理不停地向网上发送代理广告（Agent Advertisement）消息，以声明自己的存在。

2）移动终端收到这些消息，确定自己是在归属网还是在外区网上。

3）如果移动终端发现自己仍在归属网上，即收到的是归属代理发来的消息，则不启动移动功能。如果移动终端从外区重新返回，则向归属代理发出注册取消的功能消息，声明自己已回到归属网中。

4）当移动终端检测到它移到外区网，则获得一个关联地址，这个地址有两种类型：一种是外区代理的 IP 地址；另一种是通过某种机制与移动终端暂时对应起来的网络地址，也即是移动节点在外区暂时获得的新的 IP 地址。

5）然后移动终端向归属代理注册，表明自己已离开归属网，把所获的关联地址通知归属代理。

6）注册完毕后，所有通向移动终端的数据包都经归属代理经由"IP 通道"发往外区代理，外区代理收到这些数据包后，再将其转给移动终端，这样，即使移动终端已由一个子网移到另一个子网，移动终端的数据传输仍能继续进行。

7）移动终端发往外地的数据包按一般的 IP 寻径方法送出，不必通过归属代理。

下面以北京用户到上海漫游上网为例进行说明，如图 6-20 所示。首先，用户应在原网络中的"归属代理"或"家代理"（HA）移动 IP 服务器登记注册，只要一次登记注册便可终身受用。当用户携带移动终端，如笔记本电脑，从北京到上海出差，至上海后用户将自己的电脑接入上海某企业的有线局域网或无线局域网网络环境。然后，打开移动 IP 客户端软件，这时笔记本电脑会自动进行代理搜索，判断自己是处于漫游状态。接下来，上海局域网中的移动 IP 服务器"外区代理"（FA）分配给该电脑一个转交地址。得到转交地址后，该用户的笔记

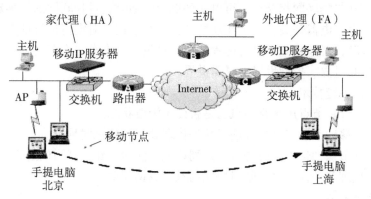

图 6-20 移动 IP 的工作过程

本电脑要进行认证登录的过程，认证成功后移动 IP 漫游系统就在北京与上海的两个移动 IP 服务器之间建立一条隧道。至此，该用户的笔记本电脑就可以通过外地代理与外界进行正常的网络通信。同时"归属代理"的移动 IP 服务器将北京其他与该用户联系的网络信息转发给上海的"外地代理"移动 IP 服务器，此时外区代理又将得到的信息转给该用户的笔记本电脑。在此过程中，该用户的网络 IP 地址没有发生变化，并且与原网络保持了统一的、双向的、即时的通信联系。如果将上面的笔记本电脑替换为可上网手机，则用户便可通过该手机进行移动上网。

（2）移动 IP 所产生的影响

当手机可以打电话、可以上网传输数据、可以看电视时，由移动 IP 所带来的增值业务服务，将超出传统电信业务的范畴。

1）利用手机在移动情况下完成固定电话通信所能提供的全部话音服务功能。网络传输速率的提高，使网络中传输的数据包丢失现象减少，数据包传输时延缩短，提高了数据传输的实时性，使通过 IP 完成通话的质量能够达到电话专网的水平。所带来的结果是电信通话资费的减少，反过来又可能促进用户通话时长的增加。当话音通信采用基于分组的交换而不是传统电路交换的方式来完成时，对通信信道等资源的占用方式将由独占变为共享，使信道和设备利用率增加，通信成本降低，最终可能导致通话资费的进一步下降。当通话费低到不是人们值得考虑的问题后，就没有必要再通过发短信的方式来节省通话费，可能导致移动短信业务的逐渐消失，因为通话所表达的信息毕竟比短信多，更清晰。

2）利用移动 IP 平台实现三网业务的融合。当视频信号变为 IP 数据包后，通过手机在移动情况下完成过去电视的所提供的全部功能，当需要大屏幕观看电视时，可利用的手机投影功能将放映图像投影到大屏幕上，或在可折叠屏幕手机上观看，从而实现移动 IP 与电视业务的融合。类似地，也可利用手机屏幕看电影、听收音机、看书、打游戏等娱乐活动以及远程教育、远程医疗等。由于基于 IP 网络的电视频道和广播频道不占用无线频谱资源，因此可以无限多，不同专业和部门可以自己建立本服务领域的 IP 电视台和 IP 广播电台为用户提供基于移动 IP 的专业服务，同时释放出广播电视所占用的无线频谱资源。这样的发展可能导致出版业、广播影视业、娱乐业、教育业、医疗业的运作方式发生转变。

3）利用移动 IP 实现与云计算的结合。当手机接入云计算网后，将变成一台高性能的计算机，完成复杂的运算和大容量的数据存储，各种信息都可在网上查到，各种物品都可在网上买到，各种费用都可在网上获取和支付，各种服务都可在网上买到。可能导致计算机终端市场的萎缩，但网络相关服务却会得到巨大增长，许多上班族只需在家中上班。

4）利用移动 IP 与物联网相结合。可以在外地便能随时通过物联网的传感器了解家里的情况，控制家里的门窗、电器开关，对工作现场进行远程监控，对灾情进行预警，对环境进行监视，对物流进行跟踪，对危险施工进行远程处理，对飞机、火车、汽车进行远程跟踪。最终实现一机在手便可感知世界、控制世界、享受世界。

（3）移动 IP 的关键技术

1）代理搜索，计算节点用来判断自己是否处于漫游状态。

2）转交地址，移动节点移动到外网时从外代理处得到的临时地址。

3）登录，移动节点到达外网时进行一系列认证、注册、建立隧道的过程。

4）隧道，家代理与外代理之间临时建立的双向数据通道。

（4）移动 IP 全业务

移动 IP 将带来电信增值业务的不断扩大，导致移动 IP 全业务的出现。如图 6-21 所示为移动 IP 全业务模型, 包括全业务综合接入平台、管理平台和传输平台。

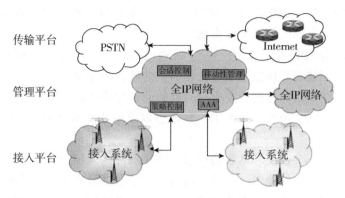

图 6-21　移动 IP 全业务模型

1) 全业务综合接入平台负责两方面的工作, 一是为用户提供业务接入服务, 二是为业务内容提供商提供接入服务。用户通过移动 IP 网得到业务内容提供商所提供的服务内容, 后者通过租用信道或与电信网络营运商合作获得网络服务的业务承载资源。

2) 管理平台负责整合各类业务资源, 不同网络的协调与兼容, 不同网络间协议与数据格式的转换, 不同网络使用情况的认证、受权、记账等。

3) 传输平台负责数据的承载, 包括路由切换、移动基站切换、移动 IP 节点切换, 整个传输网络以电信骨干网和 IP 骨干网为基础, 辅以其他网络, 最大限度整合和利用现有资源, 如广电网、电力网、铁路网、企业局域网等, 在管理平台的协调下, 根据用户对这些网络的使用情况进行相应的利益分配。

实现移动 IP 网络和提供相应的全业务, 对网络的基本要求是传输速率的保证, 至少应用几十 Mbit/s 的速率, 这点在 4G 网络中是可以做到的。另一点是无缝切换问题, 保证用户在高速移动环境下的基站无缝切换和 IP 节点在家乡代理与外部代理间的无缝切换, 避免切换造成数据丢失。

(5) 移动 IP 的优点

1) 对网络环境没有特殊要求。移动 IP 是一项网络增值服务, 对网络设备、结构等没有特殊的要求。只是在每个局域网 (网段) 中交换机的 RJ-45 网口接上移动 IP 服务器, 同时在笔记本电脑等需要移动的网络节点上安装相应的移动 IP 客户端软件。

2) 同时支持有线、无线网络环境。移动 IP 可以同时支持有线、无线网络的环境。移动 IP 是经过第三层 (IP 层) 的数据包进行封装、转发、拆封来实现移动通信的, 和链路层、物理层没有任何关系。

3) 基于 Web 进行配置、管理。移动 IP 是通过 Web 管理界面实现移动 IP 的相关配置、管理。这样可以方便用户的操作、远程管理等。

当一切生活都依赖于移动手机或移动计算时, 安全就会变得十分重要, 存款在手机上、工资在手机上、保险在手机上、个人工作内容在手机上、家庭管理在手机上、隐私在手机上, 一旦手机丢失将损失巨大, 此时启动手机必须由指纹识别加上话音识别来严格控制开机。

6.1.4　智能无线信道优化技术

1. 软件无线电技术

软件定义无线电 (Software Defined Radio, SDR) 或称软件无线电 (Software Radio, SR)

是指采用数字信号处理技术，在可编程控制的通用硬件平台上，利用软件来定义无线电台的各部分功能，包括前端接收、中频处理以及信号的基带处理等，使整个无线电台从高频、中频、基带直到控制协议部分全部由软件编程实现。

软件无线电论坛对 SDR 的定义为："一个无线电系统中，天线以后就数字化，对信号的所有的必要的处理都由存放在高速数字信号处理器中的软件来完成"。

为了达到软件编程控制的目的，要求对接收到的信号或准备发射的信号，在尽可能接近天线的地方实现数模（D/A）或模数（A/D）转换，以便用软件通过 DSP、FPGA 等可编程器件来实现硬件的功能。

软件定义无线电是一个系统和体系的概念。SDR 的无线通信设备考虑的是一个系统，它必须具有可重新编程和可重构的能力，使该设备可以使用于多种模式、多种标准、多个频带和多种功能。它不仅仅使用软件无线电中的可编程器件来实现基带数字信号处理，还将对射频及中频的模拟电路进行编程和重构。

软件无线电的基本思想是以硬件作为其通用的基本平台，把尽可能多的无线及个人通信功能用软件来实现，从而将无线通信新系统、新产品的开发逐步转移到软件上来，其价值也通过软件来体现。最终目的是使通信系统摆脱硬件布线结构的束缚，在系统结构相对通用和稳定的情况下，通过软件来实现各种功能，使得系统的改进和升级更加方便、代价更小、不同系统间容易互联与兼容。

软件无线电的研究目标是把多波段天线、射频变换、宽带数/模转换、中频处理、基带处理和信号处理等组合在一起，灵活地进行软件处理，形成可编程的模块化的无线电系统。达到在全波段内根据环境，灵活地设置参数，在多个频段上通信的目的。图 6-22 所示为 SDR 系统结构图。

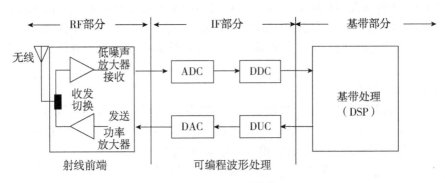

图 6-22　SDR 系统结构图

从图 6-22 中可见，SDR 主要包括三个部分：射频（RF）部分、中频（IF）部分、基带部分。射频部分基本是模拟的，而中频部分和基带部分是数字的。射频部分主要由天线、射频前端组成；中频部分由通用高速 A/D、D/A 转换器和专用数字信号处理器组成；基带部分由低速 A/D、D/A 转换器以及各种接口和各种软件组成。

软件无线电的天线一般要覆盖比较宽的频段，比如 1 MHz~2 GHz，要求每个频段的特性均匀，以满足各种业务的需求。例如可能为 VHF/UHF 的视距通信、UHF 卫星通信、HF 通信作为备用通信方式。为便于实现，可在全频段甚至每个频段使用几副天线，并采用智能化天线技术。在发射时，RF 部分主要完成滤波、功率放大等任务；接收时实现滤波、放大等功能。为实现射频直接带通采样，要求 A/D 转换器有足够的工作带宽（例如 2000 MHz 以上）、较高的采样速率（一般在 60 MHz 以上），而且要有较高的 A/D 转换位数，以提高动态范围。目前 8 位 A/D 转换器的工作带宽已做到 1500 MHz 以上。模拟信号进行数字化后的处理任务全由 DSP 和专用的可编程处理器的软件来承担。为了减轻通用 DSP 的处理压力，通常把 A/D 转换器传来的数字信号，经过专用数字信号处理器件（如数字下变频器 DDC）处理，降低数据流速率，并把信号变至基带后，再把数据送给通用 DSP 进行处理。通用 DSP 主要完成各种数据率相对较低的基带信号的处理，比如信号的调制解调、各种抗干扰、抗衰落、自适应均衡算法的实现等，还要完成经信源编码后的前向纠错（FEC）、帧调整、比特填充和链路加密等算法。也有采用多 DSP 芯片并行处理的方法，以提高其处理的能力。由于高速宽带 A/D 和 D/A 转换器目前还比较困难，价格也高，下变频和上变频模块（DDC/DUC）都用模拟线路放在 RF 部分中。

软件无线电的结构基本上可以分为三种：射频低通采样数字化结构、射频带通采样数字化结构和宽带中频带通采样数字化结构。

SDR 体系结构应具有如下特性：

1）灵活性：处理多模式、多频带、多标准等的可能性。

2）可升级性：必须兼容现有主要标准并有向未来可能考虑到的标准升级的能力。

3）可扩充性：有在设备功能、业务、容量等方面定量扩充的可能。

4）使用未来技术的可能性：SDR 设备应尽可能使用目前已在开发，未来可能应用的新技术。

使用 SDR 的无线通信系统或设备应具有如下功能：

1）重新编程及重新设定的能力　SDR 设备可以被快速、简便地重新编程及重新设定，以支持任意传输形式的应用和在任何频率上的传输或接收；重新编程及重新设定能力可实现用同一设备支持不同蜂窝技术、个人通信系统和其他无线业务在世界范围内使用。

2）提供并改变业务的能力　采用 SDR 设备，用户不但可以支持传统业务并且可以支持新业务；通过空中下载软件，可以保证用户获得最新的业务服务。

3）支持多标准的能力　SDR 能更好地体现互操作性，以支持多频段及多标准工作的无线通信系统；在公共安全和紧急事件处理部门，采用 SDR 技术支持多频段通信；SDR 能使无线运营商在基本不更换基站硬件的条件下，实现系统的版本更新、标准更新及升级换代。通过软件来定义出一个新的无线通信系统。

4）智能化频谱利用　SDR 可提高频谱利用率和频率共享，可以灵活地接入到新频段；SDR 设备具有智能功能，它可以监测其他设备使用的频谱，并在空闲频段上进行传输；SDR 可以大大降低频率分配的困难和频率分配的风险。

软件无线电的关键技术包括：

1）RF 转换技术　其功能是产生输出功率、接收信号的预放大、射频信号和中频信号的转换。

2）A/D 和 D/A 模数转换技术　决定宽带 A/D 和 D/A 性能的关键因素是采样速率和位数，采样速率是由信号带宽决定的，量化位数则要求满足一定的动态范围和数字信号处理精度。

3）高性能的互联结构　其功能是解决如何实现系统中各功能单元互联，组成一个开放、可扩展的硬件平台，同时具有较高的数据吞吐率。

4）数字中频处理　在发送数据时，中频处理完成上变频（DUC）；在接收数据时，中频处理完成下变频（DDC）、信道隔离。

5）基带和比特流数字信号处理　完成将多个信源比特复合，对比特流进行纠错处理；完成抗衰落、抗干扰的各种算法。

6）低功耗、小型化技术。

7）智能天线技术。

使用 SDR 概念来设计和实现下一代的无线通信系统和设备，与传统的产品和设备相比较，具有明显的优势。它将使得技术研究开发、设备制造商、电信运营商、每个无线通信最终用户都受益。SDR 将提供一个新概念和通用无线通信平台，在此平台上，可基于软件来实现新业务和使用新技术，大大降低开发成本和周期，使产品跟上技术发展的水平。未来的新业务将由用户来开发，只有使用 SDR 的概念，才可能让用户像使用 PC 一样，用 SDR 设备去开发所需的新业务。基于 SDR 产品的生产将比传统产品原材料成本低，产品寿命长，投资风险低，简单化及标准化的硬件使得产品容易生产。因此，制造商生产基于 SDR 技术的产品，可得到远大于生产传统产品的效益。而基于 SDR 技术的产品将比传统产品成本低，投资风险低，真正意义上的产品平滑过渡升级使得系统设备的寿命延长，为新业务提供了灵活方便的硬件平台。基于 SDR 技术用户的设备，为用户提供一个通用的终端设备平台，它应当能支持多达 5~8 种国际上通用的标准，而且可以通过空间加载软件技术达到用户设备升级的目的。只有这样，用户才不需要关心他所在的地区和运营商的问题而实现真正意义的全世界漫游，用户也才有可能获得他所希望得到的新业务。

2. 认知无线电技术

（1）认知无线电的定义

认知无线电（Cognitive Radio，CR）技术也称为动态频谱访问（Dynamic Spectrum Access，DSA）技术，是一种为解决软件无线电中的频谱利用问题而提出的技术。其核心思想是 CR 可以通过学习、理解等方式，能与周围环境交互信息，以感知其所在空间的可用频谱，自适应地调整内部的通信机理、实时改变特定的无线操作参数（如功率、载波调制和编码等）等来适应外部无线环境，自主寻找和使用空闲频谱，并限制和降低冲突的发生，甚至能够根据现有的或者即将获得的无线资源延迟或主动发起传送。

随着无线电技术的广泛应用，频谱资源越来越紧张，成为比黄金和石油还紧缺的不可再生资源，是制约无线电通信方式的重要瓶颈。1999 年 8 月，MITRE 公司的顾问、瑞典皇家技术学院 Joseph Mitola 博士生和 GERALD Q MAGUIRE，JR. 教授，在 IEEE Personal Communications 杂志上提出认知无线电概念，"无线数字设备和相关的网络在无线电资源和通信方面具有充分的计算智能来探测用户通信需求，并根据这些需求来提供最适合的无线电资源和无线业务"。美国联邦通信委员会（FCC）的大量研究表明，一些非授权频段如工业、科学和医用频段以及用于陆地移动通信的 2 GHz 左右的频段过于拥挤，如图 6-23a 所示，而有些频段却经常空闲，如图 6-23b 所示。FCC 于 2002 年 11 月发表一份关于改善美国频谱管理方式报告指出：频谱的使用已经变为比频谱的资源缺乏更重要的问题，因为传统的频谱分配法规已经限制了潜在的用户获得这些频谱资源。2003 年 12 月，美国联邦通信委员会（FCC）在相当于美国《电波法》的《FCC 规则第 15 章（FCC rulePart15）》，明确表示，只要具备认知无线电功能，即使是其用途未获许可的无线终端，也能使用需要无线许可的现有无线频带。IEEE 802.22 工作组正在进行认知无线电的标准化工作。其目的是研究基于认知无线电的物理层、媒体访问控制（MAC）层和空中接口，以无干扰的方式使用已分配给电视广播的频段。将分配给电视广播的甚高频/超高频（VHF/UHF）频带（北美为 54~862 MHz）的频率用于为宽带接入频段。国际学术界和 IEEE 标准化组织越来越对认知无线电技术感兴趣，称其为未来无线通信领域的"下一个大事件"。

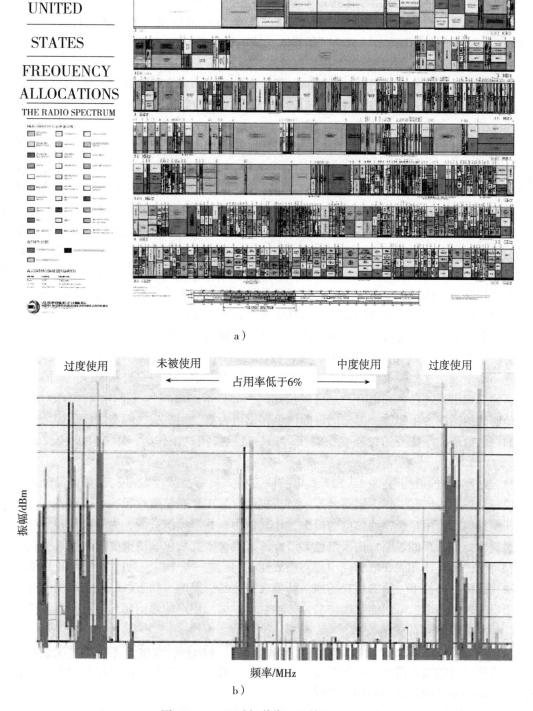

图 6-23　FCC 对频谱分配和利用的调查

a）过于拥挤的无线频谱　b）经常空闲的频段

　　FCC 更确切地把 CR 定义为基于与操作环境的交互能动态改变其发射机参数的无线电，其具有环境感知和传输参数自我修改的功能。CR 是一种新型无线电，它能够在宽频带上可靠地感知频谱环境，探测合法的授权用户（主用户）的出现，能自适应地占用即时可用的本地频谱,同时在整个通信过程中不给主用户带来有害干扰。无线电环境中的无线信道和干扰是随时间变化的,这就暗示 CR 将具有较高的灵活性。目前,CR 的应用大多是基于 FCC 的观点,因此也称 CR 为频谱捷变无线电、机会频谱接入无线电等。

(2) 认知无线电对频谱的可用性

认知无线电根据其授权用户对频谱的占用程度的不同,可将频谱分为三类:白色频谱、灰色频谱和黑色频谱。白色频谱是可供 CR 使用的最有保障的频谱,灰色频谱是可以争取的,而完全被授权用户占用的黑色频谱是不能用的。

1) 白色频谱的可用性:按照 FCC 规定,未获得无线频谱使用授权的用户(第二用户)工作应以不对授权用户(第一用户)的正常工作造成影响为前提,因此第二用户只能工作在白色频谱(无授权用户工作的频段)与灰色频谱(第二用户对授权用户工作的影响是可接受的频段)区域。在 3 kHz~300 GHz 频谱范围,尤其在 300 MHz~3 GHz 这一段频谱,资源非常紧张。白色频谱从管理层面是不存在的,但在实际上,由于技术和应用的变化,许多频谱虽然被登记占用,但并未实际使用或只有部分时间使用,从而留下白色频谱。如模拟电视信号转为数字信号后,频率利用率提高,使一些频谱空余出来。再有,一些地方改用有线电视后,已不再使用无线频道,其频谱也被空了出来。在可预见的白色频谱中,将所有电视信号从模拟转为数字后,由于减少了对传输带宽的要求,将释放部分频段,从而为 CR 提供了机会。

除完全空出来的频段可作为白色频谱外,已分配频谱中,间断使用的空隙时间也能提供白色频谱。据美国 FFC 所做的测量显示,在被分配的频率中,70% 的频率并未得到很好的利用。调查进一步发现,这些频率使用的持续时间也存在较大差别,有的只有几毫秒,有的长达数小时。这种间隙出现的白色频谱有的是可以预知的,如广播和电视的开播时间,有的是随机的,如移动通信的通路占用间隙。对于固定的白色频谱可为第二用户提供固定的信道容量,而随机出现的白色信道,则需要通过频谱探测获得,一旦授权用户工作时,第二用户应立即让出该频谱。

2) 灰色频谱的可用性:在认知无线电的研究中,具有挑战性的是灰色频谱的利用,即授权用户与第二用户同时工作,但后者不能对授权用户的正常通信造成影响。

在不影响授权用户正常通信的前提下,让其他用户共享频谱资源,为解决日益紧张的无线电频谱资源提供了新的思路。由于白色频谱资源有限,研究灰色频谱资源的利用具有更重要的意义和价值,也是认知无线电研究中最有挑战性的问题之一。研究表明,在不严重影响授权用户信噪比指标的前提下,第二用户的通信环境通常会是很差的,动态跟踪通信环境,适时调整第二用户的发射功率,采用通信间隙高速传输,可对第二用户的通信起到一定的改善作用。

(3) 认知无线电的关键技术

从比较完整的意义上讲,认知无线电系统应该具备检测、分析、学习、推理、调整等功能,而这些功能的实现需要一系列的技术来支持,主要包括干扰温度的界定与测量、动态频谱分配、传输功率控制以及原始用户检测等。

1) 干扰温度:干扰温度是由 FCC 提出来的,用来表征非授权用户在共享频段内对授权用户接收机产生的干扰。系统设定一个保证授权用户正常运行的干扰温度门限,该门限由授权用户能够正常工作的最坏信噪比水平决定。非授权用户被作为授权用户的干扰,一旦包括非授权用户信号在内的累积干扰超过了干扰温度门限,授权用户系统就无法正常工作;反之,可以保证授权用户与非授权用户同时正常工作。

2) 动态频谱分配:由于 CR 网络中用户对带宽的需求、可用信道的数量和位置都是随时变化的，传统的语音和无线网络的动态频谱分配方法不完全适用。另外，要实现完全动态频谱分配受到很多政策、标准及接入协议的限制，因此目前基于 CR 的 DSA 的研究主要基于频谱共享池这一策略。频谱共享池的基本思想是将一部分分配给不同业务的频谱合并成一个公共的频谱池，并将整个频谱池划分为若干个子信道，因此信道是频谱分配的基本单位。

3）传输功率控制：采用 CR 技术实现频谱共享的前提是必须保证对授权用户不造成干扰，而每个分布式操作的认知用户的功率分配是造成干扰的主要原因，因此需要探索适用于 CR 技术的分布式功率控制方法。

4）原始用户检测：在认知无线电中，原始用户的检测是一个非常重要的方面。在实际中，往往会出现这种情况，当正在工作的授权用户的功率水平很低或是受到屏蔽而无法被认知无线电系统及时有效地检测到时，认知无线电系统会认为授权用户正在使用的频带为一个或多个"频谱空穴"，从而试图在该频段上建立自己的通信，这时就可能发生认知无线电用户强行占用已授权频谱的问题，而这一问题在认知无线电工作过程中是绝对不允许出现的。

（4）认知无线电网络的基本特征

认知无线电网络是一个智能多用户无线通信网，它的基本特征主要体现在：

1）通过 CR 用户接收机对周围环境的实时监测达到对无线电环境的掌握。

2）通过对通信环境的学习实时调整无线电收发机的射频前端参数。

3）通过多用户之间以自组织形式的合作使通信过程更加顺畅。

4）通过对资源的合理分配对有竞争关系的用户的通信进行控制，使每个通信过程都能顺利进行。

（5）认知无线电网络的结构

如图 6-24 所示，认知无线电网络的结构分为：

1）中心控制结构，其主要特点是发射信号的控制设计相对简单，但受制于基站的建立，如图 6-24a 所示。

2）分布式控制结构，其主要不足是发射信号的控制设计相对困难，而且网络组建技术还不成熟，如图 6-24b 所示。

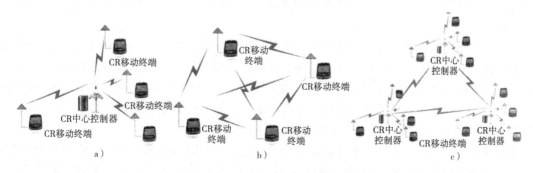

图 6-24 认知无线电网络的结构

a）中心控制结构 b）分布式控制结构 c）网状控制结构

3）网状控制结构，其主要特点是本地通信采用 Ad hoc 路由，非本地通信利用接入节点进行通信，CR 中心控制器作为接入节点，用于完成不同本地网间的信号传输，如图 6-24c 所示。

在网状控制结构中，当一个认知无线电用户进入本地通信网后，它应该具有下面的基本功能才能保证实现通信的无缝接入：能够发现临近用户的 CR 移动终端；能够发现接入节点的

CR 中心控制器；能够不断地更新临近用户的信息；能够在本地网中以无线自组网的方式建立与接收节点的通信路径；能够通过接入节点建立与其他本地网接收节点的通信。

当某一 CR 移动终端要进行通信时，作为新接入的节点，它通过广播通信信道与 CR 中心控制器进行联系，并能够发现其周围的节点。有两种可选方案：其一是自适应 CR 中心控制器的公共控制信道，此时每个命令的传输均是在与节点等价的认知信道中进行的，这样做的结果是系统的复杂性增加；另一种方案是采用预先分配的控制信道，此种信道易于实现，但是需要从有限的频谱资源中分配出可观的部分用于控制信道，这与认知无线电的精神相背离。如果 CR 移动终端要通信的节点在本 CR 中心控制器所辖本地网中，则可采用 Ad hoc 路由，如果要与其他本地网用户通信，则需要利用 CR 中心控制器接入节点进行路由转接。

6.1.5 无线终端应用技术

1. 卫星导航技术

卫星导航（Satellite Navigation）技术指采用导航卫星对地面、海洋、空中和空间用户进行无线电导航定位的技术。卫星导航综合了传统导航的优点，实现了全球、全天候、高精度的导航定位。图 6-25 所示为导航系统卫星分布图。

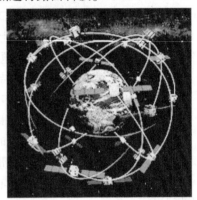

图 6-25　导航系统卫星分布图

卫星导航系统是重要的空间基础设施，它综合了传统天文导航定位和地面无线电导航定位的优点，相当于一个设置在太空的无线电导航台，可带来巨大的社会和经济效益。卫星导航系统由导航卫星、地面台站和用户定位设备三个部分组成。导航卫星是卫星导航系统的空间部分，由多颗导航卫星构成空间导航网。地面台站通常包括跟踪站、遥测站、计算中心、注入站及时间统一系统等部分，用于跟踪、测量、计算及预报卫星轨道并对星上设备的工作进行控制管理。用户定位设备通常由接收机、定时器、数据预处理机、计算机和显示器等组成。它接收卫星发来的微弱信号，从中解调并译出卫星轨道参数和定时信息等，同时测出导航参数，再由计算机算出用户的位置坐标和速度矢量分量。用户定位设备分为单人、车载、舰载、机载、弹载和星载等多种类型。

卫星导航分为多普勒测速、时间测距等方法。多普勒测速定位是用户测量实际接收到的信号频率与卫星发射的频率之间的多普勒频移，并根据卫星的轨道参数，算出用户的位置。时间测距导航定位是用户测量系统中 4 颗（或 3 颗）卫星发来信号的传播时间，然后完成一组包括 4 个（或 3 个）方程式的数学模型运算，可得出用户位置。全球定位系统（GPS）就是采用这种方法实现定位。图 6-26 所示为卫星导航系统的工作原理。

时间测距导航定位的工作原理是利用几何与物理上一些基本原理。首先假定卫星的位置和被测点 A 至卫星之间的距离为已知。那么 A 点一定是位于以卫星为中心、所测得距离为半径的圆球上。进一步，又测得点 A 至另一卫星的距离，则 A 点一定处在前后两个圆球相交的圆环上。再测得与第三个卫星的距离，就可以确定 A 点只能是在三个圆球相交的两个点上。根据一些地理知识，可以很容易排除其中一个不合理的位置。当然也可以再测量 A 点至另一个卫星的距离，也能精确进行定位。因此要实现精确定位，要解决两个问题：其一是要确知卫星的准确位置；其二是要准确测定卫星至地球上被测地点的距离。

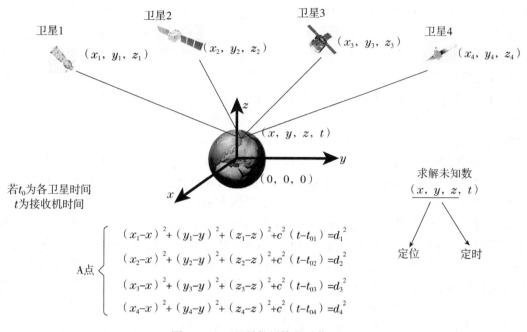

$$
A点\begin{cases}
(x_1-x)^2+(y_1-y)^2+(z_1-z)^2+c^2(t-t_{01})=d_1^2 \\
(x_2-x)^2+(y_2-y)^2+(z_2-z)^2+c^2(t-t_{02})=d_2^2 \\
(x_3-x)^2+(y_3-y)^2+(z_3-z)^2+c^2(t-t_{03})=d_3^2 \\
(x_4-x)^2+(y_4-y)^2+(z_4-z)^2+c^2(t-t_{04})=d_4^2
\end{cases}
$$

图 6-26　卫星导航系统的工作原理

卫星导航系统存在三部分误差。一部分是对每一个用户接收机所共有的，例如：卫星钟误差、星历误差、电离层误差、对流层误差等；第二部分为不能由用户测量或由校正模型来计算的传播延迟误差；第三部分为各用户接收机所固有的误差，例如内部噪声、通道延迟、多径效应等。利用差分技术第一部分误差可完全消除，第二部分误差大部分可以消除，这和基准接收机至用户接收机的距离有关。第三部分误差则无法消除，只能靠提高卫星导航系统接收机本身的技术指标。

卫星导航系统的特点：

1) 全球地面连续覆盖。

2) 功能多、精度高。

3) 实时定位、速度快。

4) 抗干扰性好、保密性强。

卫星导航系统的种类：

1) 美国的 GPS 系统。

2) 原苏联的全球导航卫星系统 GLONASS。

3) 欧盟的"伽利略"系统。

4) 我国的北斗导航卫星定位系统。

美国的全球定位系统（Global Positioning System，GPS）用 24 颗卫星在离地面 12000 km 的高空上，以 12 小时的周期环绕地球运行，使得在任意时刻，在地面上的任意一点都可以同时观测到 4 颗以上的卫星。这 24 颗 GPS 卫星沿六条轨道绕地球运行（每四颗一组），一般不会有超过 12 个卫星在地球的同一边，大多数 GPS 接收器可以追踪 8~12 颗卫星。卫星导航位置精度军用可达几米，民用为几十米。测速精度高于 0.1 m/s，授时精度优于 1 μs。

北斗卫星导航系统〔BeiDou（COMPASS）Navigation Satellite System〕是中国正在实施的自主研发、独立运行的全球卫星导航系统。北斗卫星导航系统由空间端、地面端和用户端三部分组成。空间端包括 5 颗静止轨道卫星和 30 颗非静止轨道卫星。地面端包括主控站、注入站和监测站等若干个地面站。用户端由北斗用户终端以及与美国 GPS、俄罗斯"格洛纳斯"(GLONASS)、欧洲"伽利略"(GALILEO)等其他卫星导航系统兼容的终端组成。北斗卫星导航系统建设目标是建成独立自主、开放兼容、技术先进、稳定可靠、覆盖全球的导航系统。该系统可在全球范围内全天候、全天时为各类用户提供高精度、高可靠性的定位、导航、授时服务,并兼具短报文通信能力。中国以后生产定位服务设备的产商,都将会提供对 GPS 和北斗系统的支持,会提高定位的精确度。北斗卫星导航系统致力于向全球用户提供高质量的定位、导航和授时服务,包括开放服务和授权服务两种方式。开放服务是向全球免费提供定位、测速和授时服务,定位精度 10 m,测速精度 0.2 m/s,授时精度 10 ns。授权服务是为有高精度、高可靠卫星导航需求的用户,提供定位、测速、授时和通信服务以及系统完好性信息。

北斗卫星导航系统的特色:北斗导航终端与 GPS、"伽利略"和"格洛纳斯"相比,优势在于短信服务和导航结合,增加了通讯功能;全天候快速定位,极少的通信盲区,精度与 GPS 相当,而在增强区域也就是亚太地区,甚至会超过 GPS;向全世界提供的服务都是免费的,在提供无源定位导航和授时等服务时,用户数量没有限制,且与 GPS 兼容;特别适合集团用户大范围监控与管理,以及无依托地区数据采集用户数据传输应用;独特的中心节点式定位处理和指挥型用户机设计,可同时解决"我在哪?"和"你在哪?";自主系统,高强度加密设计,安全、可靠、稳定,适合关键部门应用。但北斗一号系统属于有源定位系统,系统容量有限,定位终端比较复杂。北斗一号系统属于区域定位系统,2011 年 12 月 27 日起,开始向中国及周边地区提供连续的导航定位和授时服务,与 GPS 完善成熟的运营相比,未来处于不断完善之中。

北斗卫星导航系统的四大功能:

1) 短报文通信 北斗系统用户终端具有双向报文通信功能,用户可以一次传送 40~60 个汉字的短报文信息。现在可以达到一次传送多达 120 个汉字的信息。目前在远洋航行中有重要的应用价值。

2) 精密授时 北斗系统具有精密授时功能,可向用户提供 20~100 ns 时间同步精度。

3) 定位精度 水平精度 100 m(1σ),设立标校站之后为 20 m(类似差分状态)。工作频率:2491.75 MHz。

4) 系统容纳的最大用户数 每小时 540000 户。

卫星导航系统技术的应用:

1) 车载导航。

2) GPS 固定预警+蓝牙 GPS 导航连接+反测速雷达功能。

3) 手持导航。

4) 分享航迹、记录人生轨迹。

5) GPS 在地籍控制测量中的应用。

6) GPS 技术在气象测量中的应用。

7) GPS 在地震预警中的应用。

GPS 已广泛用于军事领域,如车辆、坦克、火炮和步兵定位;引导海上舰队的会合、进出港领航与登陆;给反潜、布雷、扫雷、搜索、营救和发射导弹提供精确的位置信息;飞机精确投弹,一发射导弹,照相侦察,实施空中支援、会合与加油,以及空中交通管制等;战略导弹精确制导,提高命中精度;低轨道侦察和监视卫星对目标精确定位和测图,以及为战略防御计划的战场管理、通信、指挥和控制提供统一的坐标系统等。图 6-27 所示为卫星导航系统在军事上的应用示意图。

2. 移动 GIS 技术

移动 GIS（Mobile Geospatial Information System, Mobile GIS）是建立在移动计算环境、有限处理能力的移动终端条件下，提供移动的、分布式的、随遇性的移动地理信息服务的 GIS，是一个集 GIS、GPS、移动通信（GSM/GPRS/CDMA）三大技术于一体的系统。它通过 GIS 完成空间数据管理和分析，GPS 进行定位和跟踪，利用 PDA、手机完成数据获取功能，借助移动通信技术完成图形、文字、声音等数

图 6-27 卫星导航系统在军事上的应用

据的传输。可提供移动条件下的电子地图与导航，并可进行远程对地图上的目标进行监测与控制。

地理信息系统（Geographic Information Systems, GIS）是多种学科交叉的产物，它以地理空间为基础，采用地理模型分析方法，实施提供多种空间和动态的地理信息，是一种为地理研究和地理决策服务的计算机技术系统。其基本功能是将表格型数据（无论它来自数据库、电子表格文件或直接在程序中输入）转换为地理图形显示，然后对显示结果浏览，操作和分析。其显示范围可以从洲际地图到非常详细的街区地图，现实对象包括人口、销售情况、运输线路以及其他内容。

在过去，外业工作人员使用纸质地图将地理信息带到工作现场，现场采集的信息在地图册上作简要的记录，返回办公室后再将这些信息输入到 GIS 系统中。采用这种方式的结果是，数据输入效率很低，需重复操作且容易出错，而且还不能保证数据的实时性。移动 GIS 就是为解决这类问题发展起来的一种技术，通过在移动终端里安装的 GIS 程序，工作人员可以使用手持移动终端设备远程实时采集、上传数据到服务器上的数据库。

在移动 GIS 的应用中，手持终端上传数据分为两种模式，一种是在外业人员采集数据的地点有无线网络信号的情况下，可以实时上传数据；另一种是没有网络信号时，先采集数据存储到手持终端上，到了有信号的地方再上传数据。在很多情况下，野外工作者的工作条件非常艰苦，没有网络信号，因此，这种离线采集、上传数据的方式较为实用。

面向大众的移动 GIS 应用可以分为两类，一类是在传统的行业或者城市管理应用中，是大众可以参与的应用，如当普通市民发现城市的某处有自来水漏水时，可通过手机发送消息到自来水管理机构，管理机构收到信息后做相应处理。另一类应用是消费类的应用，目前以汽车导航为主。还有一种比较常见的是基于位置的服务（LocationBasedService，LBS）网站上的一些应用。LBS 能够通过移动终端和移动网络确定用户的地理位置，并能在确定使用者位置的同时，向用户推荐该地理位置附近能够提供的各种服务，例如位置签到、周边搜索、位置游戏、物流跟踪、产品来源检查等。比如位置签到，网友到达一个地方后，通过手机或者平板电脑等终端设备在 LBS 网站上相应地点签到，通知好友自己目前所在的位置。

图 6-28 所示为"移动水利通"系统，以现有水文综合信息库、天气云图系统为基础，结合 GSM 无线网络、GIS 技术、GPS 定位系统，在一部智能手机上实现水文信息的预警功能、基于地理信息系统和 GPS 空间定位系统的位置服务和气象云图、降雨分布、台风路径等的查

询功能，使水利工作者可随时、随地、及时、准确、系统地掌握水文信息，为领导现场决策提供科学依据。

利用 ArcGIS 的移动 GIS 技术——ArcPad 软件，在掌上电脑中放入电子地图和电网图，并在掌上电脑上插入 GPS 模块进行现场定位，可帮助电力员工丢掉"老三样"（尺、图纸和资料袋），并有效使用与电力行业有关的野外巡视、检修、抢修、施工和测量等应用。此外，掌上电脑放在车内还是一个自动导航系统。

将移动 GIS 技术用于食品企业的移动监管系统，由服务器端与若干 PDA 移动终端组成。服务器端包括应用服务器、数据库服务器和基于 WebGIS 的监控软件系统，服务器端通过无线 GPRS 网络，向 PDA 端巡查人员下达巡查任务，同

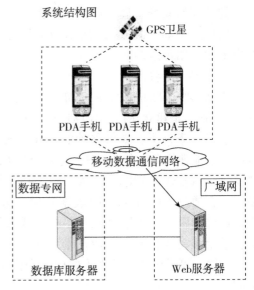

图 6-28 "移动水利通"系统

时又接收 PDA 终端发送过来的位置信息、报警信息、现场巡查信息。PDA 终端采用移动 GIS 技术，以 PDA 作为载体，将食品企业展示在电子地图上，食品企业监管员利用电子地图确定食品企业位置，并通过 GPS 导航功能迅速找到食品企业；此外，PDA 中采用嵌入式数据库技术，将食品企业日常巡查手簿通过表格的形式存储到数据库中，监管员在巡查时填写巡查记录并保存到巡查表单中。

6.1.6 特殊无线传输技术

1. FSO 技术

自由空间光通信（Free Space Optical Communication，FSO）技术指以激光为载体，用点对点或点对多点的方式在空气中实现连接，具有与光纤技术相同的带宽传输能力，也称"虚拟光纤"。FSO 具有高带宽、低误码率、安装快速、使用方便、伸缩性好、安全性高等特点。

激光是一种相干性很好的电磁波，具有出色的通路（通道）选择性，很高的接收灵敏度，可以实现频率调谐接收。激光波段比微波段的波长更小，增益更高，传输距离更远，所以无线激光传输设备可以比微波传输设备做得更小，更加灵活与方便。然而，由于长期不能解决光信号在接近地面的空间，所存在的对 FSO 诸多不利的因素，如易受大气衰减、大气湍流、烟雾干扰的影响等等，加之大气信道光传输特性本身的不稳定性问题，以及激光大气通信技术由于器件技术、系统技术等诸多客观因素一时得不到很好解决和弥补，因而被后来兴起的光纤通信所取代。

FSO 暴露在大气中，气候的变化对 FSO 的影响较大，主要体现在：

1）雾对 FSO 的影响最大，雾粒如同成千上万个棱镜，其吸收、散射和反射的力量联合起来足以修改光的特性或是完全遮蔽住光通道，从而破坏两个透镜之间的准直性。

2）大气层中悬浮的水分子对光子的吸收，会导致 FSO 的传输功率降低，将直接影响到系统的可用性。

3）光波与散射物质相碰撞会所产生的散射，会使各方向上的能量重新分配，从而降低远距离的光波强度。

4）光路上障碍物或长时间的物理阻隔，当光路径上有落叶或鸟群较长时间地挡住光线时，会使通信受阻。

5）建筑物的晃动/地震破坏光束的对准，会影响发射器和接收器之间的对准。

6）从地球或排热管这样的人造设备中上升的热空气会造成不同空间的温度差异，这会使信号的振幅产生波动，从而导致接收器端的图像跳动。

7）过强的激光带来对人体的安全性问题，可能对人眼造成伤害。

大雾对微波影响不大，但雨天对它的影响则比较明显。将 FSO 与微波通信两种技术互为补充、互为冗余、互相热备份，可实现全天候无线通信。

FSO 的技术优势：

1）频带宽、速率高、容量大。FSO 的传输速率是向下兼容的，物理层透明的光传输，各种业务均可传送。在大气环境下，FSO 的传输距离可达 4 km，传输速率可达 10 Mbit/s ~ 2.5 Gbit/s 或更高，低误码率，仅为 10^{-12}，FSO 技术在理论上没有带宽上限。

2）架设、组网灵活便捷、网络扩展性好。FSO 可以翻越山头，以及在江河湖海上进行通信，可以完成地对空、空对空等多种光纤通信无法完成的通信任务。FSO 可以在几小时内把宽带信道接到任何地方，而无须埋设光纤，装拆方便，因此大大缩短了施工周期。此外还可以构建包括点对点、点对多点、环/网状结构或者这些结构的组合形态，当增加网络节点时，原有网络结构无须改变，而是通过改变节点数量和配置就能轻而易举地增加用户的传输容量。图 6-29 所示为 FSO 在城域网中的特殊应用。

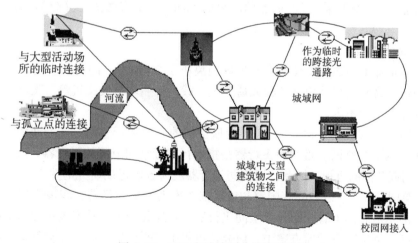

图 6-29　FSO 在城域网中的特殊应用

3）适用任何通信协议。FSO 产品作为一种物理层的传输设备，可以适应任何通信协议，如 SONET、SONET/SDH、ATM、以太网、快速以太网等，可用于传输数据、语音和影像等各种信息。

4）频谱资源丰富。目前，微波无线通信及其他无线通信方式的频率几乎被分配完毕，空间发展余地已所剩无几。与其他频段电磁波不同的是，300 GHz 以上的电磁波频段的应用在全球都不受管制，可以免费使用，唯一的要求是设备功率不能超过国际电子技术委员会规定的功率上限（IEC60825-1 标准）。

5）传输保密性好。由于 FSO 的波束很窄，属于不可见光，因此形成通信链路后很难发现。而且，这些波束的定向性很强，如果对准了某个接收机，要想截获它，就必须用另一部接收机在视距的范围内与该系统的发射机对准，并要了解如何接收信号等，这些都是很难做到的。即使波束被截获，也会因为光链路被插入的接收机中断了而很快被用户发现。

6）伸缩性好。当添加节点时，原有的网络结构无须改变，只要改变节点数量和配置即可。

7）体积小。FSO 的光学天线尺寸很小，一般只有 10~30 cm。目前 FSO 所使用的固体和半导体激光器，发光效率很高，功耗却很小，不需要有庞大的能源供给设施，因此系统设备极易小型化。

8）成本低廉。FSO 的传输介质是不需要付费的空气而非光纤，因此成本比光纤低得多。有资料表明，FSO 系统的造价仅为光纤系统造价的五分之一左右。

自由空间光通信的应用范围包括：

1）最后 1 公里宽带接入中的应用。

2）骨干网和城域网上的应用。

3）在应急支援和抗灾救灾中的应用。

4）在军事通信中的应用。

5）快速建网中的应用。

6）在蜂窝网与卫星之间的通信中的应用。

7）星际空间探测中的应用。

2. 宇宙通信技术

按照国际电信联盟的定义，地球与宇宙飞行器之间的通信被称为"宇宙无线电通信"，简称为"宇宙通信"、"空间通信"。依通信距离的不同，"宇宙通信"又分为"近空通信"和"深空通信"。

（1）近空通信技术

近空通信指地球上的通信实体与在离地球距离小于 2×10^6 km 的空间中的地球轨道上的飞行器之间的通信。这些飞行器包括各种人造卫星、载人飞船、航天飞机等，飞行器飞行的高度从几百千米到几万千米不等。

近空间下面的空域（20 km 以下）是传统航空器的主要运行空间，其上面的空域（100 km 以上）是航天器的运行空间。近空间飞行器是指运行在近空间范围的飞行器。近空间的战略价值直到最近才引起各国的重视。因此，近空间飞行器成为各国近期研究的热点。美国、俄罗斯、欧洲、韩国、英国、日本、以色列等国家和地区都在投入大量的经费，积极开展近空间飞行器的技术研究。但是从总体上看，国外近空间飞行器技术还处于关键技术攻关和演示验证阶段。

在世界各国的近空间飞行器方案中，研究热点集中在平流层飞艇、浮空气球和高空长航时无人机方面。平流层飞艇、浮空气球和高空长航时无人机的设计思想、主要特点如表 6-2 所示。其中，平流层飞艇是目前地球同步卫星之外另一种重要的定点平台。

表 6-2　几种近空间飞行器的设计思想和主要特点

类型	设计思想	主要特点
平流层飞艇	采用航空飞行器的设计思想，具有较大的气囊，内中充满轻质气体，依靠空气浮力来平衡飞行器的重力，依靠螺旋桨的推力来克服阻力	可定点悬停、可进行低速水平飞行，机动性好
浮空气球	具有较大的气囊，充灌轻质气体，无推进动力装置，依靠空气浮力进入近空间	优点是简单、成本低，缺点是阻力大、定点与机动性差
高空长航时无人机	采用航空飞行器的设计方法，采用太阳能、氢燃料电池等新能源，轻质结构，依靠空气动力达到近空间	可快速机动

空间飞行器与卫星比较，其优点是效费比高、机动性好、有效载荷技术难度小、易于更新和维护。近空间飞行器距地面目标的距离一般只是低轨卫星的 1/10～1/20，可收到卫星不能监听到的低功率传输信号，容易实现高分辨率对地观测。但缺点是视野小，近空间属国家领空范围，受领空限制。

近空间飞行器与传统飞机比较，其优点是：

1）持续工作时间长　近空间飞行器的留空时间以天为单位，目前正在研制的近空间平台预定留空时间长达数月，规划中的后续平台预定留空时间可达 1 年以上，易于长期、不间断地获得情报和数据，可对紧急事件迅速做出响应，而且人员保障少和后勤负担轻；传统飞机的留空时间则以小时为单位。

2）覆盖范围广　近空间飞行器的飞行高度在传统飞机之上，其覆盖范围比传统飞机广。

3）生存能力强　气球或软式飞艇的囊体采用非金属材料，雷达和热反射截面很小而且低速运行，传统的跟踪和瞄准办法不易发现；用地基导弹虽然能够打到近空间飞行器，但是导弹的成本比近空间飞行器高得多，受效费比限制，显然不划算。

近空间飞行器的缺点是：充灌氦气的时间较长，在充气时需要保持稳固，有时还需要占用机库；在放飞、通过平流层上升、下降、回收和放气的过程中，由于其庞大的截面积，容易受到风和湍流的影响。

近空间通信的应用前景：

1）近空间通信在军事领域的应用　由于近空间飞行器具有可持续对同一地区进行不间断覆盖、与目标距离近等优点，在区域情报、监视、侦察、通信中继、导航和电子战等方面显示出其独特的优势。近空间飞行器可对重点区域进行连续长时间监视和适时观测，有助于对战场进行准确评估；可作为电子干扰与对抗平台，对来袭飞机和导弹等目标实施电子干扰及对抗，使其偏离航线或降低命中率；可作为无线通信平台，提供超视距通信。

2）近空间通信在人口稀少地域通信中的应用　运用自由气球可实现边远山区、草原、海岛、油田地区的通信。

3）近空间通信在应急通信中的应用　利用近空间飞行器所携带的通信设备作为高空中继和路由器，可在地面通信设施因灾被破坏后，快速建设覆盖范围广大的临时通信网，为组织抢险救灾提供通信支撑。

（2）深空通信技术

深空通信（Deep Space Communications, DSC）指地球上的通信实体与处于深空（离地球的距离等于或大于 2×10^6 km 的空间）的离开地球卫星轨道进入太阳系的飞行器之间的通信。深空通信最突出的特点是信号传输的距离极其遥远。例如，探测木星的"旅行者1号"航天探测器，从 1977 年发射，1979 年到达木星，飞行航程达 6.8×10^8 km。航天器要将采集到的信息发回地球，需要经过 37.8 min 后才能到达地球。

深空通信包括三种形式的通信：其一是地球站与航天飞行器之间的通信；其二是飞行器之间的通信；其三是通过飞行器的转发或反射来进行的与地球站之间的通信。当飞行器距地球太远时，由于信号太弱，可采用中继的方式来延长通信距离，由最远处的飞行器将信号传到较远处的飞行器进行转接，再将信号传到地球卫星上或直接传到地球站上。图 6-30 为深空通信组网图。

深空通信系统的组成如图 6-31 所示，包括航天器上的通信设备和地面上的通信设备两部分，每部分又包括各自的子系统部分。该通信系统包括指令、跟踪、遥测三个基本功能，其中指令与跟踪功能执行从地球站进行对航天器的引导和控制，遥测功能负责传输通过航天器探测到的信息。

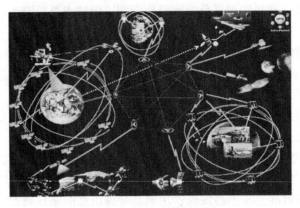

图 6-30　深空通信组网图

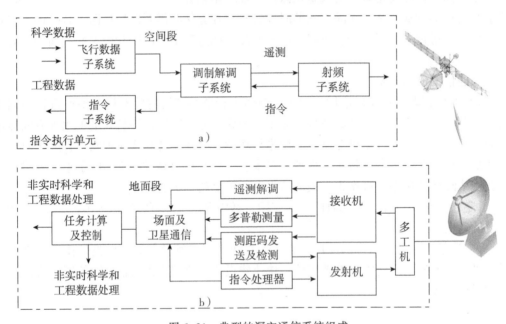

图 6-31　典型的深空通信系统组成

a) 航天器上的通信设备　b) 地面上的通信设备

深空通信的基本特点是距离远、信号弱、延时大、延时不稳定、数据量大。除此之外在技术和手段上还有如下特点：

1) 点对点的远距离通信　深空通信地面站和飞行器之间的通信通常是无中继远距离无线电通信。这种通信中，电波的传播损耗是与距离的平方成正比的。在进行行星探测等超远距离飞行的情况下，为了克服巨大的传播损耗，确保在有限发射功率情况下的可靠通信，必须采用在低信噪比下也能可靠工作的通信方式。

2) 深空通信无大气干扰　通信地面站收到的噪声包括由地面大气对电磁波的吸收而形成的等效噪声和热噪声以及宇宙噪声。其中宇宙噪声是由射电星体、星间物质和太阳等产生的。其频率特性在 1 GHz 以下时与频率的 2.8 次方成反比，1 GHz 以上时与频率的平方成反比。而大气中氧气和水蒸气对电波的吸收在 10 GHz 以上时逐渐增大，即增加了等效噪声。总的外来噪声在 1~10 GHz 之间比较小, 目前深空通信的工作频率多处于这一频率范围。深空通信中电磁波近似在真空中传播, 没有大气等效噪声和热噪声, 因此传播条件比地面无线通信相对较好。

3) 传输频道的频带无严格限制 由于通信距离远、宇航飞行器发射功率受限于电源、接收信号功率微弱, 对其他设备干扰小, 因而深空通信传输频道的频带没有受到严格限制, 可以充分地使用频带, 系统具有可选码型、调制方式灵活的特点。

目前, 深空通信采用了先进的调制技术、编码方案, 在接收机前端采用超低噪声放大器, 通过提高天线面的精度, 并增大发射机功率来延长通信距离。继采用改进的 PCM 编码之后, 又引入了链接码, 发射机功率达到 20 W 以上, 开始使用 X 波段, 天线直径增大到 3.6 m。深空通信的距离已经延伸到 15 亿千米。此外, 采用 FSO 技术进行深空通信也是一种很好的传输方法, 因为深空中不存在地面环境中大气的不利因素, 近似真空的环境激光的散射作用小, 使能量易于集中, 从而延长传输距离。

深空通信所面临的挑战:

1) 遥远的距离挑战探测距离极限 深空探测的距离远, 到达卫星和地面的信号非常微弱, 如何弥补深空测控通信的距离衰减是深空测控通信系统面临的困难之一。地球上使用 500 kW 的发射机, 发射的信号到达 40 亿千米处由小天线接收, 收到的信号几乎已经是噪声水平, 接收信号非常困难。同样, 地球上使用 70 m 口径天线才可以收到极其微弱的信号。接收机要冷却到接近零下 270° 以降低噪声。

2) 无线电波传输耗时巨大 与近程测控通信相比, 深空通信单程的时间延迟大大增加。电磁波以光速传播从地球到月球的单程通信时延为 1.35 s, 地球到火星的单程通信时延为 22.3 min, 地球到冥王星的单程通信时延约为 4 h (最近距离 43 亿千米), 地球到距离为 160 亿千米处的探测器的单程通信时延近 15 h。对于深空测量、控制和通信技术而言, 实时控制和通信都很难实现。

3) 信息传输速率受限 由于深空通信存在巨大的距离损耗, 很难通过单纯提高发射功率的方法来实现高速率数据传输, 目前只能在中、低数据传输速率之下工作。最低可能仅为 1 bit/s。

4) 高精度导航困难 在深空测控通信中主要依靠传统的多普勒测量和距离测量手段。随着目标距离的增大, 角度测量引起的误差也很大。

5) 长时间连续跟踪的困扰 由于地球自转, 单个地面测站可连续跟踪测量深空探测器 8~15 h, 但为了增加对探测器的跟踪测量时间, 需要在全球布站。

为了解决深空通信中特殊的问题, 如传输时延大而且时变、前向与后向链路容量不对称、射频通信信道链路误码率高、信息间歇可达、固定通信基础设施缺乏、行星之间距离影响信号强度和协议设计、功率与质量及尺寸和成本制约通信硬件和协议设计、为节约成本的后向兼容性要求等问题, 有许多关键技术有待进一步的研究。具体包括:

1) 阵列天线技术 单个天线的口径总会是有限的, 采用多天线构成的阵列天线是实现天线高增益的有效手段, 阵列天线具有性能良好、易于维护、成本较低、灵活性高的优点。还可以只使用一部分天线支持指定的航天器, 剩下的天线面积用来跟踪其他航天器。当某个天线失效时, 其他天线还可继续工作。图 6-32 为多天线构成的阵列天线。

2) 高效调制解调技术 深空通信距离远, 所收信号的信噪比极低, 飞行器通常采用非线性高功率放大器, 放大器一般工作在饱和点, 这使得深空信道具有非线性。因此, 在深空通信中采用具有恒包络或准恒包络的调制方式，以使调制后信号波形的瞬时幅度波动小，从而减小非线性的影响。目前提出的恒包络或准恒包络调制方式主要有 GMSK、FQPSKT、SOQPSK 等。

图 6-32　多天线构成的阵列天线

3）信道编码和传输层协议技术　深空通信传输时延大，无法利用应答方式保证数据传输的可靠性。纠错编码是一种有效提高功率利用率的方法，典型方案是以卷积码作为内码，里德-所罗门码作为外码的级联码，目前正考虑采用 Turbo 码和低密度奇偶校验码（LDPC 码）等长码。

4）信源编码和数据压缩技术　为了尽可能在经过目标的极短时间内多收集数据，飞行探测器一般采用高速取样并存储，等离开目标后再慢速传回地球。但速率慢则所花时间长，采用高效的信源压缩技术，可以减少需要传输的数据量，使相同传输能力情况下传送更多的数据。

5）通信协议　空间数据系统协调咨询委员会（CCSDS）建议的数据传输协议栈可以划分为应用层、传输层、网络层、数据链路层和物理层，五层协议栈结构如图 6-33 所示。

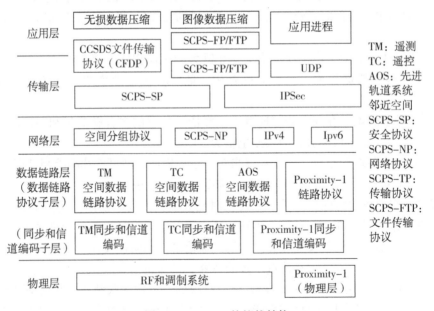

图 6-33　CCSDS 协议栈结构

除解决上面所提之外，更深入的技术还包括联合编码调制技术、图像压缩技术、喷泉编码技术、网络编码技术、自主网络技术、量子通信技术等。

我国发射的天链卫星是我国深空通信前哨站，两颗天链卫星可为我国的飞船提供中继控制信号。天链卫星是极其重要的航天基础设施，其监控范围比地面测控站、海上航天测控船大20倍，而且随时在轨。由两颗天链卫星组成的中继卫星系统被誉为"卫星的卫星"，是航天器太空运行的数据"中转站"，可为航天器提供跟踪、测控、数据中继等多种服务，从而极大地提高了各类卫星的使用效益和应急能力，能使资源卫星、环境卫星等数据实时下传，为应对重大自然灾害赢得更多预警时间，在空间探索事业中具有不可替代的地位和作用。由天链一号01、02星组成的我国第一代中继卫星系统已经在天宫一号任务中得到成功应用，取得测控覆盖率和传输速率的大幅突破。

天链卫星将在以下三个方面得到应用并会产生巨大效益：

1）"远望"号测量船队加上十余个地面站，才能为"神舟"飞船提供12%的测控覆盖率，而一颗中继卫星即可覆盖卫星或飞船50%的飞行弧段，无论是经济效益还是使用效率都有质的提高。

2）航天器在太空中出现故障，抢救时机往往以秒计，一旦错过就可能造成永远无法挽回的损失。随着我国卫星数量的增多，故障率不可避免要增加，而中继卫星投入应用后，将使航天器故障能够及早发现、尽早解决。

3）资源卫星、环境卫星等应用卫星获得的科学数据，要在卫星经过地面站上空时才能下传使用，如果突发重大自然灾害，就会失掉最佳的应对处置时机。中继卫星则可使各类卫星实现数据实时下传、及时应用，堪称各类应用卫星的效能倍增器。

3. 水下无线通信技术

水下无线通信（Underwater Wireless Communication）技术是以电磁波、光波、声波为信号传输的载体，在水中进行无线通信的技术。按载体的不同，水下无线通信可分为水下电磁波通信、水下光通信和水声通信三大类。

（1）水下电磁波通信技术

由于海水的导电性质，海水对电磁波起了屏蔽作用。海水的电导率随海区盐度、深度、温度而不同，为3~5西门子/米（S/m），它高于纯水的电导率5~6个数量级。所以对平面电磁波传播而言，海水是有耗媒质，这决定了平面电磁波在海水中的传播衰减较大。故从岸上对潜艇的通信采用甚低频单向通信，如图6-34所示，从岸上发射点到接收海区 X 之间的传播路径是在大气层中进行的，衰减较小。但从大气进入海面再到海面以下一定深度接收点 Z 的传输过程中，电磁波场强将急剧下降。频率越高，衰减越大，穿透深度越小。当电磁波频率为100 Hz，穿透深度约为25 m，每米衰减约0.34 dB；频率为10 kHz，穿透深度仅为2.5 m左右，每米衰减约3.4 dB。为此，当希望将电磁波信号送入较深的海水时，就需要适当降低工作频率，这决定了水下电磁波通信只能是远距离、低频率、浅深度的水下通信。例如，占地达数平方千米，发射机输出功率上几百千瓦的水下电磁波通信系统，通信距离可达数千千米，但收信深度在甚低频通信时仅几米至几十米，在超低频通信时的收信深度也仅百米左右。由于超长波和极长波发射设施庞大，在潜艇上不可能安装，所以只能建在陆地。对潜艇来说，超长波通信和极长波通信只是单向广播式的通信，如果潜艇要接收岸上指挥机构的指令，必须按规定的时间和频率接收。潜艇在水下接收这种长波信号的深度是依据岸上长波发射台的发射功率大小决定的，水下潜艇的通信往往是只收不发的单向通信。如果要进行双向通信，则潜艇需要上浮到水面上来发信，以免海水对电磁波的吸收。对于收发双方皆在海水中的电磁波通信，虽然由于传播衰减较大，使得通信距离较短，但受水文条件（多径效应）影响相对较小，通信显得相对稳定。在1 m范围内，数据传输率可达到1~10 Mbit/s，但这样近的通信距离没有太大的实用价值。

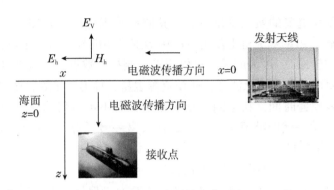

图 6-34　岸对艇单向通信示意

（2）水下光通信

由于海水对波长为 500 nm 左右的蓝绿光的衰减比对其他波段光的衰减要小很多，蓝绿激光的最大穿透深度可达 600 m，因此水下光通信主要采用该波段。蓝绿激光通信的数据率高，传输容量大，可传输数据、语音和图像信号。另外，它还具有波束宽度窄、方向性好、设备轻小、抗截获/抗干扰能力强、不受电磁和核辐射的影响等优点。

制约水下光通信性能的因素包括水对光信号的吸收严重、水中的悬浮粒子和浮游生物使光产生严重的散射作用、水中的环境光对光信号的干扰。在实验室环境中，传输距离为 2 m 的情况下，水下光通信的数据传输率达到了 1 Gbit/s。

水下光通信一般采用水下 FSO 技术，与陆地 FSO 不同，水下目标难于发现，故常在水面上空飞行的直升机上的 FSO 设备输出端加一镜片，使激光散开成一个较大的覆盖面，进入该区域的潜艇汇聚激光后输出到 FSO 的接收设备。

一般蓝绿激光对潜通信系统包括陆基系统、天基系统、空基系统。

1）陆基系统　由陆上基地发出强脉冲激光束，经卫星上的反射镜，将激光束反射至需要照射的海域，实现与水下潜艇的通信。这种方式可通过星载反射镜扩束成宽光束，实现一个大范围内的通信。也可以控制成窄光束，以扫描方式通信。这种系统灵活，通信距离远，可用于全球范围的海域，通信速率高，不容易被敌人截获，安全、隐蔽性好，但实现难度大。

2）天基系统　这种系统把大功率激光器置于卫星上，地面通过电通信系统对星上设备实施控制和联络。还可以借助一颗卫星与另一颗卫星的星际之间的通信，让位置最佳的一颗卫星实现与指定海域的潜艇通信。这种方法是激光对潜通信的最佳体制，实现的难度也很大。天基系统可覆盖全球范围，比较适合对战略导弹核潜艇的通信。

3）空基系统　将大功率激光器置于飞机上，飞机飞越预定海域时，激光束以一定形状（如 15 km 长、1 km 宽的矩形）扫过目标海域，完成对水下潜艇的广播式通信。如果飞机高度为 10 km，以 300 m/s 速度飞过潜艇上空，激光束将在海面上扫过一条 15 km 宽的照射带。在飞机一次飞过潜艇上空约 3 s 的时间内，可完成 40~80 个汉字符号信息量的通信。这种方法实现起来较为容易，在条件成熟时，很容易将这种办法升级到天基系统中。

（3）水声通信技术

声波在海面附近的典型传播速率为 1520 m/s，比电磁波的速率低 5 个数量级。与电磁波和光波相比较，声波在海水中的衰减相对较小，因此，水声是一种有效的水下通信手段。水声信道是由海洋及其边界构成的一个复杂的介质空间，如图 6-35 所示，它具有内部结构独特的上、下表面，能对声波产生许多的影响。这些影响包括声能量在深海的球面扩展和在浅海的柱面扩展传播引起的声波能量的传播损失；海洋中潮汐、湍流、海面波浪、风所形成的噪声，地震、火山活动和海啸产生的噪声，海洋生物所产生的生物噪声，行船及工业噪声等。在不同的时间、深度和频段有不同的噪声源。声波在传播时由于路径长度的差异，到达接收点的声波能量和时间也不相同，从而引起

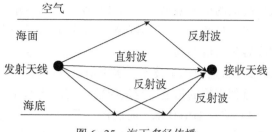

图6-35　海下多径传播

信号的衰落，造成波形畸变，并且使得信号的持续时间和频带被展宽。此外，海水介质（如含盐量）不但在空间分布上不均匀，而且是随机时变的，使得声信号在传输过程中也随机变化。造成变化的主要原因是海面、非均匀介质、温度和内波等，信道的变化造成信道的脉冲响应具有时变性，这种时变性严重影响通信系统的性能。由于海水中内部结构（如内波、水团、湍流等）的影响，多径结构通常是时变的。在数字通信系统中，多径效应造成的码间干扰（ISI）是影响水声通信数据传输率的主要因素。

为了克服水下各种不利因素，并尽可能地提高带宽利用效率，产生了多种水声通信技术。包括：

1）单边带调制技术　载波频段为8~11kHz，工作距离可达几千米。

2）频移键控（FSK）　频移键控需要较宽的频带宽度，单位带宽的通信速率低，并要求有较高的信噪比。

3）相移键控（PSK）　大多使用差分相移键控方式（DPSK）进行调制，接收端可以用差分相干方式解调。采用差分相干的差分调相不需要相干载波，而且在抗频漂、抗多径效应及抗相位慢抖动方面都优于采用非相干解调的绝对调相，但由于参考相位中噪声的影响，抗噪声能力有所下降。

4）多载波调制技术。

5）多输入多输出（MIMO）技术　目前在频道带宽限制在5kHz条件下数据传输速率（可调）分为600bit/s、1200bit/s、2400bit/s，传输距离可达5000~10000m（与海况有关），采用十六进制频移键控（MFSK）技术。

深海快速通信（Communications at Speed and Depth，CSD）是指进行100m以下的深海与陆空间的双向快速通信。CSD系统要求潜艇在海面部署三个浮标：其中两个是与潜艇连接的固定浮标，第三个则是自由漂浮的声呐浮标。固定浮标利用长达数千米的光缆实现数据传输，使得潜艇在任何深度都能利用超高频无线电波（UHF）或通过卫星网络以最快的速度与外界进行交流，这也是"深海快速通信系统"得名的原因。另一个自由移动的声呐浮标则把声学信号转换为无线电频率，它可由飞机从空中投放，或由潜艇在海底发射，与其他潜艇进行水下声学通信。所有的浮标都是消耗型无线电浮标，固定浮标的使用寿命约为1.5h，声呐浮标能使用3天，通信结束后，所有浮标将自动引爆下沉。

CSD系统工作过程是：根据事先设定的程序，浮标在离开母艇后，首先会在水下停留一段时间，待潜艇潜航到安全距离外，它才缓慢浮出水面，并借助通信卫星向千里之外的司令部发出暗号。一旦建立起联系，浮标就会向水下伸出一根天线，将来自岸上的信息予以编码加密，而后经换能器"翻译"成声脉冲形式，发送给170km²范围内的潜艇。

CSD的一些关键技术包括：

1）水声信道编码技术　由于水声信道受到水下环境复杂多变的影响，具有较窄的带宽，

因此高效的信道编码不仅可以增加信道的容量，而且可抗多径效应。为达到高速率的传输，相移键控（PSK）、多相移键控（MPSK）和差分相移键控（DPSK）被广泛用于有限通信带宽内的高容量信道编码。

2）自适应均衡技术　水声信道采用自适应均衡技术来消除严重的多径干扰，深海垂直信道是近似理想的信道，自适应信道均衡技术在深海垂直信道通信中得到了较好的应用效果。

3）时反通信技术　时反镜（TRM）的原理是对于复杂的多径传播环境，不必了解其传输特性，只要对接收基阵实际接收的声场数据按时间反转形式重发，则在声源处就会形成声能的聚焦，聚焦区的尺寸可达到波长的几分之一。由于时间反转相当于频谱取共轭，所以时反通信有时也称为相位共轭通信。

水声通信的技术指标包括：

1）对浅海图像的传输　传输距离不小于 6 km、像素密度 160×100 像素/幅、灰度级 1~16 级、传输速率 8 kbit/s（带宽 5 kHz）、16 kbit/s（带宽 10 kHz）。

2）对浅海语音的传输　传输距离大于 300 km、工作频率 5~8 kHz、带宽 3 kHz、传输速率 60~400 bit/s、误码率 10^{-2}~10^{-4}。

3）对浅海数据的传输　传输距离 300 km、工作频率 5~8 kHz、带宽 3 kHz、传输速率 60~2400 bit/s、误码率 10^{-2}~10^{-4}。

水下无线通信主要应用范围包括：

1）潜艇与潜艇之间的双向通信。

2）潜艇与舰艇编队的双向通信。

3）潜艇与岸基、卫星的双向通信。

4）侦察探测水雷及水中军事设施。

5）遥测、遥控数据。

6）海洋探测。

7）水下救援。

8）水下导航系统。

9）海洋渔业。

4. 地下通信技术

地下通信（Underground Communication）技术是发射机、接收机和天线设置在地下工事、隧道或矿井内的无线电通信。

地下以地壳为传播媒质，地壳指地球表层 70~80 km 厚的坚硬部分，大致可分为三个层区：上区为沉积岩，分布于地面下 3~7 km 和海洋底下 1~2 km，其电导率较高，一般为 10^{-1}~10^{-4} S/m，海水电导率高达 4~5 S/m；中区主要是花岗岩和玄武岩，分布于沉积层以下直至 35~40 km 深的莫霍断层，电导率可低于 10^{-6}~10^{-11} S/m；莫霍层以下，由于温度随深度急剧增高，游离电荷增多，电导率随深度迅速增高，人们将它同地球上空的电离层相比，称之为"热电离层"。在沉积层和"热电离层"之间，形成一个低电导率的同心球壳层，即所谓的地壳波导。大多数地下传播问题只涉及较浅的沉积岩层，波源可能在地表面以上，也可能在地下岩层或某种人为结构（包括矿井、隧道）之中。

地下传播媒质的主要传播方式有以下几种：

1）穿过有损媒质的传播　电波在半导电的沉积岩中传播时，由于存在损耗而严重衰减。假设媒质均匀和导电电流远大于位移电流，则平面波沿传播路径的衰减为指数型。在海水中，

频率为 $10\,\text{kHz}$ 的电波的衰减率高达 $\alpha \approx 3.5 \sim 3.8\,\text{dB/m}$。如要穿透几百米的岩层或海水，一般采用 $10\,\text{kHz}$ 以下直至几十赫的频率。在军事坑道和潜艇等收、发两端（或仅接收端）处于浅地层或海水中时，电波自地下穿出以侧波（或地面发射天线的地表面波）方式沿地面传播，或先以天波传播方式经电离层反射，然后渗入地下（海水）到达接收点。

2）沿低电导率层的传播　在煤、盐等矿层中，常常出现中间层电导率较低而上、下层电导率较高的情况。例如，煤层 $\sigma = 10^{-4}\,\text{S/m}$，岩盐层 $\sigma \approx 10^{-6}\,\text{S/m}$，而上覆盖层和基底层的电导率为 $10^{-2}\,\text{S/m}$ 量级，因而构成有损介质平板波导，可引导中、低频或高频电波以横电磁波模传播。工作频率一般选用 $0.5 \sim 10\,\text{MHz}$。具体选择根据媒层的电导率和厚度而定。试验表明，当存在岩盐层时，发射功率为几瓦的小型短波通信机，其通信距离可达十多千米。在 $3 \sim 5\,\text{km}$ 以下可能存在的厚度为几千米至几十千米的地壳波导，有可能引导几千赫以下的极低频电波，以横电磁波模传播较远的距离。当频率 $f = 100 \sim 1\,\text{Hz}$ 时，此波导模衰减率相应地为 $\alpha \approx 0.2 \sim 0.02\,\text{dB/km}$。虽然地壳波导传播的衰减率较地-电离层波导的衰减率高两个数量级，但因地壳波导中的自然和人为噪声功率比地面上的小 $80\,\text{dB}$ 以上，故若采用钻井，将垂直极化收发天线伸进波导空间，则在理想情况下有可能达到几百千米的传播距离。但有两个主要问题：一是很难将大功率信号输送至几千米深处；二是某些地区的花岗岩层可能出现深陷和断裂，将会严重阻碍电波的传播。

3）以地下人为巷道作为空波导的传播　地下巷道一般可理想化为有损矩形（或半圆形）波导。由于波模耦合而与理想导电壁波导不同，其中不能区分横电波模或横磁波模，理论上难以严格求解。实际上，对应于一般巷道的几何尺寸与电特性，电波的截止频率为几十兆赫左右。当工作频率远高于截频时，波导模衰减率减小，可同时存在大量的波导模。$400 \sim 1000\,\text{MHz}$ 频段的实例研究表明，当频率太高时，巷道壁不光滑的散射损耗，以及障碍和弯曲所引起的衰减会明显增加，故工作波段以 $70 \sim 150\,\text{MHz}$ 为宜。

4）泄漏馈电传输　由于巷道作为空波导时存在截止频率，且频率增高时壁的散射和障碍影响增大，为克服这两个缺点，可沿巷道轴向悬挂泄漏电缆，以引导电磁波的传播。这实质上是一种半有线、半无线的传播方式，能在一定程度上扩展巷道中电波传播的距离，以满足移动业务的需要。泄漏电缆大致可分为两类：一类是连续泄漏电缆，其外导体为带孔的编织线或具有均匀分布的各种形状的开口；另一类是离散泄漏电缆，即采用完全屏蔽的电缆，而在需要的点（或等间距点）上接入各种泄漏单元，称为泄漏节或转换器。最简单的泄漏节为外导体具有环形开口的一段电缆。当泄漏电缆轴向架设于巷道内时，输入端的发生器或移动的发射天线能同时激起两种模：一种为单线模，其主要能量分布于电缆外部，并具有向内部的泄漏，其场结构类似于以巷道壁作回线的单导线所引导的横电磁波模；另一种为同轴模，即一般同轴线内的横电磁波模，其主要能量分布于电缆屏栅内，同时具有向外的泄漏场。因为同轴模的衰减率远小于单线模，经过一段距离后，巷道空间可接收的波场基本上由同轴模的泄漏场维持。因此，减小同轴模的传播衰减和增强收发天线对同轴模的耦合是这种传输的基本问题。工作频率低于巷道截止频率时，同轴模的泄漏场以单线模形式提供耦合场，频率通常选用 $5 \sim 10\,\text{MHz}$；工作频率高于截止频率时，则通过整个系统（包括巷壁的不规则性和泄漏节的间断）的不连续性，引起辐射，从而形成波导模提供耦合场，选用的频率要比空巷道时的频率高，一般为 $400 \sim 1000\,\text{MHz}$。

5）地下不均匀结构和异物的反射和散射　这涉及正散射和逆散射（或反演）问题。所谓正散射问题，即已知媒质的电特性、几何结构以及源特性，求解场的分布特性，亦即经典的电波传播问题。逆散射问题是已知波场特性（通过某些波场参量的测量），求解地层中电参数分布特性，从而获得有关地质构造和埋地特异物体的信息。逆散射的求解基于正散射问题的解决，但由于存在不定性而比正散射问题困难得多。一般需要合理地假定一些结构模式，从理论上求出时域、频域或空域中有关正散射的场特性，通过与相应的测量数据相拟合，从而反演地下目标。在这个问题中结构模式大致分为两类：一类为水平分层有损半空间，有时还考虑水平方向的各向异性；另一类为水平分层半空间有损介质中埋有各种异物。

地下通信主要有岩层通信和电缆漏泄通信两种类型。

岩层通信（Rock Communications）技术的特点是选择电导率适当的岩层或利用高电导率岩层间的"波导"，通过岩层传递电波。这种通信方式的最大优点是不受外界天电、工业和其他无线电台的干扰，信号稳定性好，隐蔽保密，但一般要求有大功率的电台（兆瓦级）和使用长波。

电缆漏泄通信的特点是在矿井或隧道内架设漏泄电缆，依靠电缆漏泄的电磁场和无线电台天线的耦合来进行无线电通信。这种通信方式一般工作在甚高频或特高频频段，只要小功率电台就可以实现。可用于互不连通并且相隔一定距离的地下工事或隧道之间的通信以及矿井内部流动人员、移动车辆的通信和地铁固定台站与列车之间的通信。此外，在铁路或公路隧道中运行的车辆需要接收无线电广播或与隧道外的台站进行通信时，也可采用这种方式，但需要在隧道口加设无线转接站，以便将隧道内的漏泄电缆和隧道外的无线信道连接起来。在矿井内部还可利用中频、低频或甚低频无线电波，使之穿过岩层进行近距离的通信，或在矿井塌陷处发出报警信号，供地面测向定位以进行救生之用。如果在相应的地层中找不到合适的通信岩层，地下电台也可以把天线架设到竖井在地面的开口处，通过地面附近的空间传输电波。但这种方式受地形、地场影响大，信道质量较差。

岩层通信技术按电磁波传播途径可分为透过岩层、通过地下波导和"上–越–下"三种模式。

1）透过岩层模式　采用这种模式需要开凿几百米至两三千米深的竖井，天线穿过高电导率的覆盖层，垂直伸入低电导率的岩层，让电磁波在低电导率的岩层中传播路径，如图 6–36 中的传播路径 a 所示。为了减少电磁波的衰减，需使用较低的频率，一般用长波或甚长波。20 世纪 60 年代初，美国曾对这种传播模式进行多次试验，当发射功率为 100~200 W 时，通信距离达几千米至几十千米。

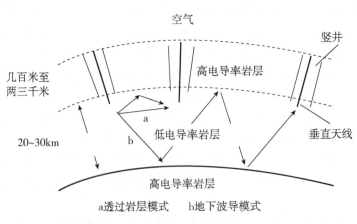

图 6-36　电磁波不穿出地层的传播模式

2）地下波导模式　理论分析表明，若使用兆瓦极的大功率和更低的频率，并且岩层电导率约低于 10^{-7} S/m，电磁波就可在覆盖层下缘与莫霍层上缘间来回反射进行远距离传播，如图 6-36 中的传播路径 b 所示。这种传播模式称为地下波导模式，其通信距离可超过 1000~2000 km。

上述两种模式的主要优点是：高电导率覆盖层有屏蔽作用，通信几乎不受外界天电、工业及其他电台干扰，传输条件不随外界变化，信号稳定可靠，通信隐蔽，保密性好。其主要缺点是：电磁波全在岩层中传播，衰减很大，要达到较远的通信距离，发射功率必须很大，使用的频率很低，故通信容量很小，需要开凿深井。

3）"上-越-下"模式　采用这种模式，天线应水平架设在地下，电磁波自天线辐射出来，首先向上穿出地层，经折射沿地面传播，到达接收地域后，再经折射向下透入地层到达接收天线，如图 6-37 中的传播路径 a 所示。工作频率通常选在中波或长波波段。频率过高则电磁波衰减太大，频率过低则天线效率太低，并且天电干扰也太大，均不利于通信。使用小功率或中功率的发射机，通信距离可达十余千米或百余千米。若利用天波，通信距离可达数百千米，如图 6-37 中的传播路径 b 所示。但此时宜工作于短波低频端，而且天线需要浅埋，埋深仅为 1~2 m。"上-越-下"模式的信号的稳定性、可靠性、隐蔽性，比透过岩层和地下波导两种模式差。但它利用较小的功率就可以获得较远的通信距离，而且天线在隧道内架设方便，因此这种模式已进入实用阶段。在地下工事之间、导弹发射井与地下控制中心之间，有的已建立这种模式的通信系统。

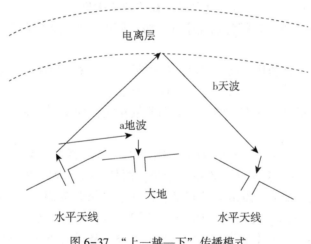

图 6-37　"上—越—下"传播模式

6.2　近距离无线传输技术

6.2.1　ZigBee 技术

ZigBee 技术是一种近距离、低复杂度、低功耗、低速率、低成本的双向无线通信技术。主要用于距离短、功耗低且传输速率不高的各种电子设备之间进行数据传输以及典型的有周期性数据、间歇性数据和低反应时间数据传输的应用。在此之前 ZigBee 也被称为 "HomeRF Lite"、"RF-EasyLink" 或 "fireFly" 无线电技术，目前统称为 ZigBee 技术。

ZigBee 的基础是 IEEE 802.15.4，这是 IEEE 无线个人区域网（Personal Area Network，PAN）

工作组的一项标准，被称为 IEEE 802.15.4（ZigBee）技术标准。

ZigBee 是一个由可多到 65000 个无线数据传输模块组成的无线数据传输网络平台，在整个网络范围内，每一个 ZigBee 网络数据传输模块之间可以相互通信。图 6-38 为一款 ZigBee 模块外观图。

ZigBee 网络主要是为工业现场自动化控制数据传输而建立，因而具有简单、使用方便、工作可靠、价格低的特点。每个 ZigBee 网络节点不仅本身可以作为监控对

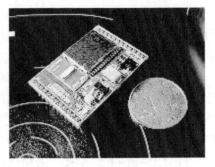

图 6-38　一款 ZigBee 模块外观图

象，例如其所连接的传感器直接进行数据采集和监控，还可以自动中转别的网络节点传过来的数据资料。除此之外，每一个 ZigBee 网络节点（FFD）还可在自己信号覆盖的范围内，与多个不承担网络信息中转任务的孤立的子节点（RFD）进行无线连接。目前 ZigBee 技术广泛应用于物联网中。

ZigBee 技术的主要特点如下：

1）数据传输速率低　只有 10~250 kB/s，专注于低速率传输应用。

2）功耗低　由于 ZigBee 的传输速率低，发射功率仅为 1 mW，而且采用了休眠模式，在低耗电待机模式下，两节普通 5 号干电池可使用 6 个月到 2 年，免去了充电或者频繁更换电池的麻烦。这也是 ZigBee 的支持者所一直引以为豪的独特优势。

3）成本低　因为 ZigBee 数据传输速率低，协议简单，所以大大降低了成本。且 ZigBee 协议免收专利费。

4）时延短　通信时延和从休眠状态激活的时延都非常短，典型的搜索设备时延 30 ms，休眠激活的时延是 15 ms，活动设备信道接入的时延为 15 ms。

5）安全　ZigBee 提供了数据完整性检查和鉴权功能，加密算法采用 AES-128，同时可以灵活确定其安全属性。

6）网络容量大　一个星形结构的 ZigBee 网络最多可以容纳 254 个从设备和一个主设备。一个区域内可以同时存在最多 100 个 ZigBee 网络，而且网络组成灵活。

7）优良的网络拓扑能力　ZigBee 具有星、树和丛网络结构的能力。ZigBee 设备实际上具有无线网络自愈能力，能简单地覆盖广大区域。采取了碰撞避免策略，同时为需要固定带宽的通信业务预留了专用时隙，避免了发送数据的竞争和冲突。MAC 层采用了完全确认的数据传输模式，每个发送的数据包都必须等待接收方的确认信息。如果传输过程中出现问题可以进行重发。

8）有效范围小　有效覆盖范围 10~75 m 之间，具体依据实际发射功率的大小和具体应用模式而定，基本上能够覆盖普通的家庭或办公室环境。

9）工作频段灵活　使用的频段分别为 2.4 GHz（全球）、868 MHz（欧洲）及 915 MHz（美国），均为免执照频段。ZigBee 的信道分配情况如图 6-39 所示。

ZigBee 标准可支持的网络拓扑有三种：星状、网状和丛集树状。根据功能不同，无线网络节点包括协调者节点（ZigBee Coordinator）、路由器节点（ZigBee Router）和终端节点（ZigBee End Device），图 6-40 中，每个 ZigBee 节点都由具有无线收发功能的无线单片机 CC2430 组成，在无线单片机内部安装有 ZigBee 无线网络软件协议栈。在 ZigBee 网络组织结构中，每个个人区域网必须有一个唯一的协调者节点，该节点承担网络时序管理、网络协调、存储网络地图、允许其他设备加入网络、网络组织、路由信息等功能，是一个全功能节点，任何时刻都必须打

开无线收发功能，在 ZigBee 网络中起着非常重要的作用。

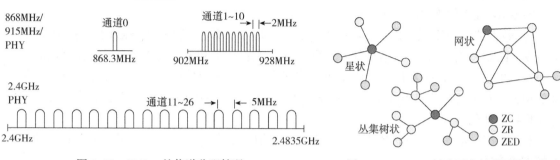

图 6-39 ZigBee 的信道分配情况 　　　图 6-40 ZigBee 标准可支持的网络拓扑

6.2.2　Z-Wave 技术

Z-Wave 是由丹麦公司 Zensys 主导的无线组网规格，Z-Wave 联盟（Z-Wave Alliance）虽然没有 ZigBee 联盟强大，但是 Z-Wave 联盟的成员已经包含 160 多家国际知名公司，范围基本覆盖全球各个国家和地区。图 6-41 为一款 Z-Wave 模块外观图。

图 6-41　Z-Wave 模块外观图

Z-Wave 技术设计用于住宅、照明商业控制以及状态读取应用，例如抄表、照明及家电控制、HVAC、接入控制、防盗及火灾检测等。Z-Wave 可将任何独立的设备转换为智能网络设备，从而可以实现控制和无线监测。

Z-Wave 技术专门针对窄带应用并采用创新的软件解决方案取代成本高的硬件，因此只需花费其他类似技术的一小部分成本就可以组建高质量的无线网络。Z-Wave 协议构架包括应用层（Application Layer）、路由层（Routing Layer）、传输层（Transfer Layer）、媒体介质层（MAC）。

每一个 Z-Wave 网络都拥有自己独立的网络地址（Home ID）。网络内每个节点的地址（Node ID），由控制节点（Controller）分配。每个网络最多容纳 232 个从节点（Slave），包括控制节点在内。控制节点可以有多个，但只有一个主控制节点，即所有网络内节点的分配，都由主控制节点负责，其他控制节点只是转发主控制节点的命令。超出通信距离的节点，可以通过控制器与受控节点之间的其他节点，以路由（Routing）的方式完成控制。

每个从节点内部都存有一个路由表，该路由表由控制节点写入。存储信息为该从节点入网时，周边存在的其他从节点的网络地址。这样每个从节点都知道周围有哪些从节点，而控制节点存储了所有从节点的路由信息。当控制节点与受控从节点的距离超出最大控制距离时，控制节点会调用最后一次正确控制该从节点的路径发送命令，如果该路径失败，则从第一个从节点开始重新检索新的路径。

Z-Wave 技术的主要特征表现在以下方面：

1）数据传输速率低　Z-Wave 专注于低传输应用，采用 FSK（BFSK/GFSK）调制方式，只有 9.6 kbit/s 的传输速率，信号的有效覆盖范围在室内是 30 m，室外露天可超过 100 m。

2）功耗低 Z-Wave 利用轻权协议和压缩帧格式，并采用单模块方案，便于家居控制系统降低功耗。在低耗电待机模式下，两节普通 7 号干电池可使用长达 10 年时间，免去了频繁充电或更换电池的麻烦。

3）网络容量大　单一的 Z-Wave 网络可以容纳 232 个节点，并且它可以通过区域内的组网扩展更多的节点。

4）时延短　Z-Wave 网络中设备的激活时间一般为 5 ms。

5）抗干扰能力强　Z-Wave 使用的是免授权通信频带，Z-Wave 采用双向应答式的传送机制、压缩帧格式、随机式的逆演算法来减小干扰和失真，同时每个 Z-Wave 网络都有独特的网络标识符，从而防止了邻近网络引起的控制问题和干扰，确保了设备之间的高可靠通信。

6）工作频段灵活　Z-Wave 的使用频段可以在 900 MHz（ISM 频带）、868.42 MHz（欧洲），+/−12 kHz、908.42 MHz（美国），+/−12 kHz。

7）有效范围广　Z-Wave 技术基于动态路由选择原理，提供了一个几乎没有限制的信号有效覆盖区域，可以把信号从一台设备反复地传送给另一台设备，确保信号越过屏蔽区和反射区，覆盖整个家居。

8）模块体积很小　可以方便地集成到各种设备中。

9）通用性和可升级性　Z-Wave 技术采用了通用指令类和可变帧结构，同时为 OEM 的某些特殊应用提供了应用编程接口，从而保证了通用性、向后兼容性和更广泛的应用。Z-Wave 是一种可升级的协议。

10）协议简单　由于 Z-Wave 的应用目标为家庭自动化，所以其协议设计得十分紧凑，而 ZigBee 无线技术是基于 IEEE 802.15.4 协议的，其产品不仅应用在家庭自动化中，也会用在生产现场，所以协议较 Z-Wave 更为复杂。图 6-42 示意了 Z-Wave、ZigBee、Bluetooth 协议的比较。由于 Z-Wave 协议简单，所以 Z-Wave 所占的存储空间十分小。ZigBee 和 Bluetooth 所占用的协议栈比 Z-Wave 要大。

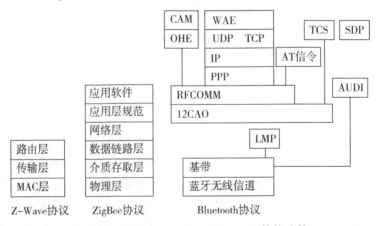

图 6-42　Z-Wave、ZigBee、Bluetooth 协议比较

在家庭应用环境中，两个节点之间进行信号传输时很容易受到像开门/关门、家具阻挡、用户不停走动等因素的影响而不能直接通信，因此家居控制网络必须建成网状网结构，从而可以在两个节点之间使用其他节点作为路由节点。

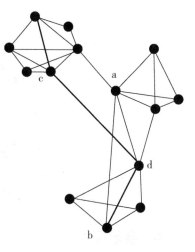

Z-Wave 在家庭网络中定义了三种类型的设备：控制器、路由从设备和从设备。控制器可分为便携式控制器和静态控制器。控制器的主要功能是为建立和启动网络这一过程设置参数，包括选择一个射频信道、唯一的网络标识符以及一系列操作参数。路由从设备同时具有发起通信的能力，而且还可以作为远程设备之间的中继器来通信，能够用来拓展网络的范围。从设备可以参与路由的选择，并可对其他设备发来的通信请求做出反应。图 6-43 所示为

图 6-43 Z-Wave 网状网通信结构

Z-Wave 网状网通信结构，图中如果 a、b 节点间最近接入点的信号被阻断或比较拥挤，那么 a、b 两节点就可以将数据路由到 c、d 节点，从而实现 a、b 节点间的通信。

6.2.3 Wibree 技术

Wibree 是一种超低功耗蓝牙无线技术，又称为"小蓝牙"，是一种能够方便快捷地接入手机和一些诸如翻页控件、个人掌上电脑（PDA）、无线计算机外围设备、娱乐设备和医疗设备等便携式设备的一种低能耗无线局域网（WLAN）互动接入技术。

2006 年 10 月，诺基亚公司在芬兰举行的诺基亚技术大会上宣布率先推出开放的 Wibree 技术，并与 Broadcom、CSR 等一些半导体厂商联合推动该项技术的发展。该项技术类似于蓝牙技术，但是只消耗相当于蓝牙技术一小部分的电池电量。Wibree 技术的信号能够在 2.4 GHz 的无线电频率内以最高 1 Mbit/s 的数据传输速率覆盖方圆 5~10 m 的范围。Wibree 技术可以很方便地和蓝牙技术一起部署到一块独立宿主芯片上或一块双模芯片上。

（1）Wibree 技术的特点

1）短距离通信应用，通信距离为 10 m。

2）传输速率高，可达 1 Mbit/s。

3）功耗低，仅使用一粒纽扣电池就可工作数年，耗电量最低可降至蓝牙的 1/10。

4）开放的频段，采用 2.4 GHz。

5）网络容量大，可容纳 232 个节点。

（2）Wibree 的应用

1）运动和健身传感器 Wibree 可为嵌入鞋中的微小传感器与手表建立无线连接。

2）电脑配件 Wibree 旨在为使用频繁的电脑配件如鼠标、键盘和多媒体遥控器提供无线连接。

3）手机附件 配备 Wibree 的手机将会有一些新的小附件，比如来电控制输入装置、运动和健康传感器、安全与支付设备，而其使用的纽扣电池寿命将会达到三年（视具体应用而定），如图 6-44 所示为一种手机附件的应用。

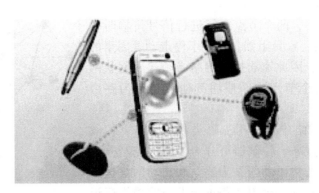

图 6-44　Wibree 在手机附件中的应用

6.2.4　蓝牙技术

蓝牙（Bluetooth）技术是一种短距离无线通信技术，利用"蓝牙"技术，能够有效地简化掌上电脑、笔记本电脑和移动电话等移动通信终端设备之间的通信，也能够成功地简化以上这些设备与互联网之间的通信，从而使这些现代通信设备与互联网之间的数据传输变得更加迅速、高效。借助于蓝牙技术，一些轻易携带的移动通信设备和电脑设备，不必借助电缆就能实现无线上网，其实际应用范围还可以拓展到各种家电产品、消费电子产品和汽车等信息家电，组成一个巨大的无线通信网络。

1994 年，爱立信公司开始进行蓝牙技术的研发，1997 年，爱立信与其他设备生产商联系，并激发了各生产商对该项技术的浓厚兴趣。1998 年 2 月，包括诺基亚、苹果、三星在内的大公司组成了一个特殊兴趣小组（SIG），其目标是建立一个全球性的小范围无线通信方式，即现在的蓝牙。1998 年 5 月，爱立信、诺基亚、东芝、IBM 和英特尔公司，在联合开展短程无线通信技术的标准化活动时提出了蓝牙技术，其宗旨是提供一种短距离、低成本的无线传输应用技术。其中，英特尔公司负责半导体芯片和传输软件的开发，爱立信负责无线射频和移动电话软件的开发，IBM 和东芝负责笔记本电脑接口规格的开发。1999 年下半年，微软、摩托罗拉、三康、朗讯与蓝牙特别小组的五家公司共同发起成立了蓝牙技术推广组织，从而在全球范围推动了"蓝牙"技术的发展与应用。

"蓝牙"名称来自于第十世纪的一位丹麦国王 Harald Blatand，Blatand 在英文里的意思可以被解释为 Bluetooth（蓝牙）。因为国王喜欢吃蓝莓，牙龈每天都是蓝色的，所以叫蓝牙。当时北欧诸侯争霸，丹麦国王哈拉尔德挺身而出，在他的不懈努力下，血腥的战争被制止了，各方都坐到了谈判桌前。通过沟通，诸侯们冰释前嫌，成为朋友。在行业协会筹备阶段，需要一个极具表现力的名字来命名这项高新技术。行业组织人员在经过一夜关于欧洲历史和未来无线技术发展的讨论后，有些人认为用 Blatand 国王的名字命名更好。因为 Blatand 国王将挪威、瑞典和丹麦统一起来，就如同这项即将面世的技术，蓝牙技术被定义为允许不同工业领域之间的协调工作，保持各个系统领域之间的良好交流，例如计算机、手机和汽车行业之间的工作。

蓝牙使用跳频技术把频带分成若干个跳频信道（Hop Channel），在一次连接中，无线电收发器按伪随机码不断地从一个信道跳到另一个信道，只有收发双方是按这个规律进行跳变才能通信，而其他的干扰不可能按同样的规律进行干扰。跳频的瞬时带宽是很窄的，但通过扩展频谱技术使这个窄带宽成百倍地扩展成宽频带，将干扰的影响减到最小。蓝牙技术产品是采用低能耗无线电通信技术来实现语音、数据和视频传输的；其传输速率最高为 1 Mbit/s，以时分方式进行全双工通信，通信距离为 10 m 左右，配置功率放大器可以使通信距离进一步增加。蓝牙产品采用的是跳频技术，能够抗信号衰落；采用快跳频和短分组技术，能够有效减少同频干扰，提高通信的安全性；采用前向纠错编码技术，以便在远距离通信时减少随机噪声的干扰；采用 2.4 GHz 的 ISM（即工业、科学、医学）频段，以省去申请专用许可证的麻烦；采用 FM 调制方式，使设备变得更为简单、可靠；蓝牙技术产品一个跳频频率发送一个同步分组，每组一个分组占用一个时隙，也可以增至 5 个时隙；"蓝牙"技术支持一个异步数据通道，或者 3 个并发的同步语音通道，或者一个同时传送异步数据和同步语音的通道。"蓝牙"的每一个话音通道支持 64 kbit/s 的同步语音，异步通道支持的最大速率为 721 kbit/s、反向应答速率为 57.6 kbit/s 的非对称连接，或者 432.6 kbit/s 的对称连接。

蓝牙的标准是 IEEE 802.15；在北美和欧洲为 2400~2483.5 MHz；使用 79 个频道；载频为 $2402 + k$ MHz$(k = 0, 1, \cdots, 78)$；采用时分双工方式；调制方式为 $BT^{\ominus} = 0.5$ 的 GFSK，调制指数为 0.28~0.35；最大发射功率为 100 mW，2.5 mW 和 1 mW；有效通信距离大约为 10~100 m；蓝牙设备最多可同时支持 3 路全双工的语音通信；蓝牙采用 1600、3200 跳每秒，有高的抗干扰能力；支持 1 Mbit/s、4 Mbit/s、8 Mbit/s 和 12 Mbit/s 多种传输速度。图 6-45 是一种蓝牙模块的外观图。

BTM0704C2P　　　　　BTM0804C2H　　　　　BTM0304C1H

图 6-45　一种蓝牙模块的外观图

（1）蓝牙技术的优势

蓝牙无线技术是在两个设备间进行短距离无线通信的一种简单、便捷的方法。它广泛应用于世界各地，可以无线连接手机、便携式计算机、汽车、立体声耳机、MP3 播放器等多种设备。由于有了"配置文件"这一独特概念，蓝牙产品不再需要安装驱动程序软件。此技术现已推出第四版规格，并在保持其固有优势的基础上继续发展小型化无线电、低功率、低成本、内置安全性、稳固、易于使用并具有即时联网功能。其周出货量已超过五百万件，已安装基站数超过 5 亿个。蓝牙技术的优势体现在以下几方面：

1）全球可用　蓝牙工作在 2.4 GHz 无须申请许可证的工业、科技、医学（ISM）无线电波段。使用蓝牙技术不需要支付任何费用。

2）设备使用范围广　集成蓝牙技术的产品从手机、汽车到医疗设备，使用该技术的用户从消费者、工业市场到企业等。低功耗、小体积以及低成本的芯片解决方案使得蓝牙技术甚至可以应用于极微小的设备中。

3）易于使用　蓝牙技术是一项即时技术，它不要求固定的基础设施，且易于安装和设置。

4）全球通用的协议　蓝牙无线技术是支持范围最广泛、功能最丰富且安全的无线标准。全球范围内的资格认证程序可以测试成员的产品是否符合标准。

$\ominus$　B 为高斯预调制滤波器的 3 dB 带宽，T 为码元占用时间，BT 就是归一化的 3 dB 带宽。

（2）蓝牙的网络组织

利用蓝牙技术的设备以特定方式可以组成一个微微网（Piconet）网络。微微网的建立是由两台设备（如便携式电脑和蜂窝电话）的连接开始，最多由 8 台设备构成。所有的蓝牙设备都是对等的，以同样的方式工作。然而，当一个微微网建立时，只有一台为主设备，其他均为从设备，而且在一个微微网存在期间将一直维持这一状况。蓝牙的网络组织可分为主从网络和分散网络，如图 6-46 所示。分散式网络（Scatternet）是由多个独立、非同步的微微网形成的。主设备（Master unit）是指在微微网中，如果某台设备的时钟和跳频序列用于同步其他设备，则称它为主设备，从设备（Slave unit）是指非主设备的设备均为从设备。在微微网中，一个主设备最多可同时与 7 个从设备进行通信并和最多可超过 200 个从设备保持同步但不通信。一个主设备和一个以上的从设备构成的网络称为蓝牙的主从网络。若两个以上的主从网络之间存在着设备间的通信，则构成了的分散网络。在蓝牙网络中没有基站的概念。任意设备既可作主设备又可作从设备，或同时是主/从设备。另外，所有设备都是可移动的。微微网中的 MAC 地址（MAC address）是用 3 比特表示的地址，用于区分微微网中的设备。休眠设备（Parked units）在微微网中只参与同步，但没有 MAC 地址的设备。监听及保持方式（Sniff and Hold mode）指微微网中从设备的两种低功耗工作方式。

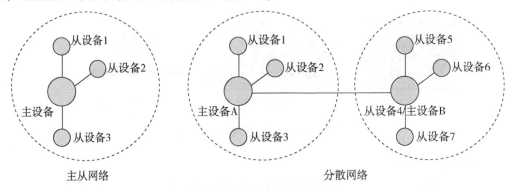

图 6-46 蓝牙的网络组织

（3）蓝牙技术的应用

1）居家生活中的应用　通过使用蓝牙技术产品，鼠标、键盘、打印机、膝上型计算机、耳机和扬声器等均可以在 PC 环境中无线使用，这不但增加了办公区域的美感，还为室内装饰提供了更多创意和自由。

2）工作场所中的应用　通过蓝牙无线技术，办公室里再也看不到凌乱的电线，员工可通过蓝牙耳机在整个办公室内行走时接听电话，启用蓝牙的设备能够创建自己的即时网络，让用户能够共享演示稿或其他文件，蓝牙设备能方便地召开小组会议，通过无线网络与其他办公室进行对话，并将干擦白板上的构思传送到计算机。

3）旅途中的应用　由蓝牙技术支持的手机蓝牙耳机、车载免提蓝牙使驾驶更安全，克服开车时接听电话的不方便和对安全的影响，车载免提系统接听电话比较方便，将双手空出来，让手做它该做的事。

4）多媒体系统运用　支持蓝牙接入功能的车载多媒体信息系统，使车主可以通过蓝牙配对，读取手机中的通讯录，通过 CUE 系统的人声识别功能直接进行语音拨叫，可以读取手机或多媒体播放器中的音乐文件，通过 CUE 系统在车内音响中播放，并在 CUE 系统的显示屏上显示曲目名、歌词和专辑封面图像等。

5）娱乐领域的应用　越来越多的消费者希望能够方便即时地享受各种娱乐活动，如玩游戏、听音乐、结交新朋、与朋友共享照片，蓝牙无线技术是唯一一种能够真正实现无线娱乐的技术。

6）停车场的应用　蓝牙停车场的全称是蓝牙远距离停车场管理系统，蓝牙停车场是利用蓝牙技术完成远距离（现有技术在 3～15 m 范围内）非接触性刷卡的停车场管理系统。蓝牙远距离停车场管理系统是一种理想的车辆便捷管理工具，具有省时、省力、节能、收费、计时准确可靠、保密防伪性好、灵敏度高、使用寿命长、用户不停车刷卡进出门等优点。

6.2.5　UWB 技术

UWB（Ultra Wideband）无线通信是一种使用数 Hz 到数 GHz 的超带宽、使用占空比很低（低达 0.5%）的冲激脉冲作为信息载体，发射功率 100 μW 的无载波通信技术。UWB 也称为脉冲无线电（Impulse Radio）、时域（Time Domain）或无载波（Carrier Free）通信。

设 f_H、f_L、f_C 分别为带宽的高端频率、低端频率和中心频率，B 为相对带宽，B_M 为绝对带宽，则 UWB 在相对带宽为 -10 dB 点处应有

$$B = \frac{f_H - f_L}{f_C} > 20\% \tag{6-1}$$

或

$$B_M > 500\text{MHz} \tag{6-2}$$

在信号调制时，可以采用单个脉冲传递不同的信息，即单脉冲调制；也可以用多个脉冲传递相同的信息，即多脉冲调制。在实际中，为了降低单个脉冲的幅度，提高系统的抗干扰性能，超宽带脉冲无线通信系统往往用多脉冲调制。

UWB 技术的发送和接收脉冲间隔是严格受控的高斯单周期超短时脉冲，超短时单周期脉冲决定了信号的带宽很宽，接收机直接用一级前端交叉相关器就把脉冲序列转换成基带信号，省去了传统通信设备中的中频级，极大地降低了设备复杂性。

UWB 技术采用脉冲位置调制（PPM）单周期脉冲来携带信息和信道编码，一般工作脉宽 0.1～1.5 ns，重复周期在 25～1000 ns，脉冲中心频率为 2 GHz。

调制前脉冲的平均周期和调制量 δ 的数值都极小。因此调制后在接收端需要用匹配滤波技术才能正确接收，即用交叉相关器在达到零相位差的时候就可以检测到这些调制信息，哪怕信号电平低于周围噪声电平。如果适当地选择码组，保证组内各个码字相互正交或接近正交，就可以实现码分多址。

正交编码（Quadrature Encoding）形式以及概念：如果两个周期为 T 的信号 $S_1(t)$ 和 $S_2(t)$ 互相正交，设 $x = (x_1, x_2, x_3 \cdots x_n)$，$y = (y_1, y_2, y_3 \cdots y_n)$，则如果

$$\rho(x, y) = 1/n * \sum x_i y_i$$

必得

$$\rho(x, y) = 0$$

正交编码具有良好的抗噪性能，能有效消除脉冲边缘振荡造成的干扰，在测速时能有效提高准确性。

UWB 系统采用相关接收技术，关键部件称为相关器（Correlator）。相关器用准备好的模板波形乘以接收到的射频信号，再积分就得到一个直流输出电压。相乘和积分只发生在脉冲持续时间内，间歇期则没有，处理过程一般在不到 1 ns 的时间内完成。相关器实质上是改进了的延迟探测器，模板波形匹配时，相关器的输出结果量度了接收到的单周期脉冲和模板波形的相对时间位置差。虽然 UWB 信号几乎不对工作于同一频率的无线设备造成干扰，但是所有带内的

无线电信号都会对 UWB 信号形成干扰，UWB 可以综合运用伪随机编码和随机脉冲位置调制以及相关解调技术来解决这一问题。图 6-47 所示为一种 UWB 通信系统，该系统由 UWB 脉冲发射机/UWB 积分检测电路、调制/解调电路、信道编/解码电路、USB 发/收接口电路、发送/接收端计算机组成。

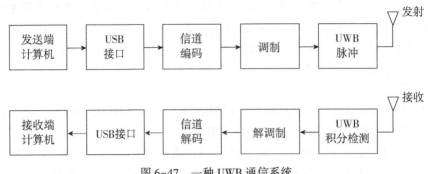

图 6-47　一种 UWB 通信系统

UWB 能实现在室内同时激活 5~10 台 UWB 设备，以 100~500 Mbit/s 的速率传输 1~10 m。UWB 具有抗干扰性能强、传输速率高、带宽极宽、消耗电能小、发送功率小等诸多优势，主要应用于室内通信、高速无线 LAN、家庭网络、无绳电话、安全检测、位置测定、雷达等领域和传感、定位、识别等领域。

UWB 目前最具代表性的技术就是 WUSB 及无线 IEEE 1394。其中 WUSB（Wireless USB）3 m 内最高传送速度 480 Mbit/s，最大传输距离 10 m 左右。其基本特性同 USB，支持对等或混合网络模式，一台 WUSB 主机可以成为两个 WUSB 网络的主控中心，两个网络的 WUSB 设备都可通过这一台 WUSB 主机进行通信，从而帮助用户摆脱了 USB 线缆的束缚。图 6-48 所示为利用 UWB 进行手机与 PC 的通信。

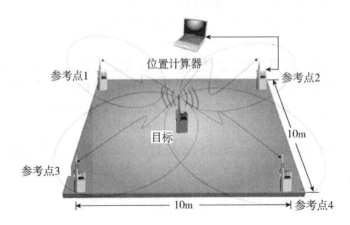

图 6-48　利用 UWB 进行手机与 PC 的通信

6.2.6　NFC 技术

近场通信（Near Field Communication，NFC）技术是一种短距离的高频无线通信技术，允许电子设备之间进行非接触式点对点数据传输（在 10 cm 内）。该技术由免接触式射频识别（RFID）演变而来，并向下兼容 RFID，由于近场通信具有天然的安全性，因此，NFC 技术被认为在手机支付等领域具有很大的应用前景。

NFC 将非接触读卡器、非接触卡和点对点（Peer to Peer，P2P）功能整合进一块单芯片，为消费者的生活方式开创了新机遇。这是一个开放接口平台，可以对无线网络进行快速、主动设置，也是虚拟连接器，服务于现有蜂窝状网络、蓝牙和无线 802.11 设备。

与 RFID 一样，NFC 信息也是通过频谱中无线频率部分的电磁感应耦合方式传递，但两者之间还是存在很大的区别。首先，NFC 是一种提供轻松、安全、迅速通信的无线连接技术，其传输范围比 RFID 小，RFID 的传输范围可以达到几米、甚至几十米，但由于 NFC 采取了独特的信号衰减技术，相对于 RFID 来说 NFC 具有距离近、带宽高、能耗低等特点。其次，NFC 与现有非接触智能卡技术兼容，目前已经成为得到越来越多主要厂商支持的正式标准。再次，NFC 还是一种近距离连接协议。与无线世界中的其他连接方式相比，NFC 是一种近距离的私密通信方式。最后，RFID 更多地被应用在生产、物流、跟踪、资产管理上，而 NFC 则在门禁、公交、手机支付等领域中发挥着巨大的作用。

NFC 还优于红外和蓝牙传输方式。作为一种面向消费者的交易机制，NFC 比红外更快、更可靠而且简单得多，不用向红外那样必须严格对齐才能传输数据。与蓝牙相比，NFC 面向近距离交易，适用于交换财务信息或敏感的个人信息等重要数据；蓝牙能够弥补 NFC 通信距离不足的缺点，适用于较长距离数据通信。因此，NFC 和蓝牙互为补充，共同存在。事实上，快捷轻型的 NFC 协议可以用于引导两台设备之间的蓝牙配对过程，促进了蓝牙的使用。

NFC 手机内置 NFC 芯片，组成 RFID 模块的一部分，可以作为 RFID 无源标签使用，用来支付费用；也可以作为 RFID 读写器使用，用于数据交换与采集。NFC 技术支持多种应用，包括移动支付与交易、对等式通信及移动中信息访问等。通过 NFC 手机，人们可以在任何地点、任何时间，通过任何设备，与他们希望得到的娱乐服务与交易联系在一起，从而完成付款，获取海报信息等。NFC 设备可以作为非接触式智能卡、智能卡的读写器终端以及设备对设备的数据传输链路，其应用主要可分为以下 4 个基本类型：用于付款和购票、用于电子票证、用于智能媒体以及用于交换/传输数据。

NFC 具有成本低廉、方便易用和更富直观性等特点，这让它在某些领域显得更具潜力。NFC 通过一个芯片、一根天线和一些软件的组合，能够实现各种设备在几厘米范围内的通信。图 6-49 为一种整合 NFC 技术的 Micro SD 卡。

图 6-49　整合 NFC 技术的
Micro SD 卡

6.2.7　60 GHz 技术

60 GHz "毫米波" 技术能在客厅中以高达 5 Gbit/s 的速度传送未经压缩的高清视频数据，将同已有的 1394 FireWire、HDMI、802.11n 以及 UWB 等技术进行竞争。60 GHz "毫米波" 技术曾被誉为最有前途的无线技术之一，由 LG、松下、NEC、三星电子、索尼以及东芝公司组成的 WirelessHD 小组，旨在对 60 GHz 技术进行规范。

60 GHz "毫米波" 技术具有以下优点：

1）更高的带宽　60 GHz 无线数据传输技术广受欢迎的一个最重要的原因就是 60 GHz 频段拥有更多的可用带宽。在 60 GHz 频段范围内，各国无须许可就可免费使用的带宽大约为 7~9 GHz，Wireless HD 标准可在此范围内使用 4 路带宽为 2160 MHz 的信道，如此大的带宽可以提供较高的数据传输速率。即使采用低阶调制的方式，60G Hz 毫米波传输速率也可以达到

3~5 Gbit/s 的水平。

2）体积小 外部封装的尺寸也不过 12 mm², 还不如一枚硬币大。这样大小的芯片即可完成在 5 s 内传送大约 10 GB 文件。如果把这种芯片装在便携式高清摄像机中，用户丝毫不会感受到体积和重量的增加，而使用的便利性却可以大幅度提高。

3）抗干扰能力强 目前，2.4 GHz 频段使用最为广泛，大量无线设备和无线技术都使用该频段，而水和金属都会对这一频段造成干扰，微波炉的微波也恰好在这一频段。相比之下，60 GHz 的毫米波数据传输虽会因空气中的氧吸收而造成衰减，但其可用带宽较大，因此它的抗干扰能力更强。此外，毫米波的波束较窄，方向性好，定向传输时相互之间的干扰也可被大大降低。由于 60 GHz 毫米波在大气中传输的衰减较大，数据传输距离一般不超过 10 m，因此在组建无线局域网方面还需要经过一些特殊的技术手段。

4）成本降低 采用 45 nm CMOS 工艺实现 60 GHz 通信芯片设计，可达到低成本和低功耗的目的。利用同样的技术，也可以制造分配器和天线等，可用于 60 GHz 频段毫米波高速 WLAN 设备。预计这一技术可将实现毫米波电路的成本降到一半左右。

5）绕过障碍物 60 GHz 的毫米波容易被氧气吸收，也会被障碍物所阻挡。对于前者可以通过增大发射功率、采用增益天线或增加中继站来解决，而后者则必须依赖特殊的技术解决，如相控阵天线技术，具有这种技术的芯片拥有低成本的多层 16 位带宽的阵列天线，可以覆盖 60 GHz 的 4 个频段。芯片还拥有一项特殊的算法，可对每个信号提供可替代线路，因此当信号突然阻断后，芯片可以很快地切换传输线路，目前证明，在 5 Gbit/s 的传输速率下，毫米波能够可控地"绕过"障碍物。

目前 60 GHz 技术应用领域主要有无线高清多媒体接口（Wireless HDMI）、高速无线网络、P2P 数据传输，以及医疗成像系统。

60 GHz 技术由于波长很短，天线小得足以安装在收发器的芯片上。经过合理的相位调整，这些装置就能共同形成波束，对准某个方向传输信号。这种相控天线还可以用来增强信号的接收，这些操作可以自动进行，从而组成自适应阵列（即"智能"）天线系统。使用 57~64 GHz 波段的无线个人区域网开发 IEEE 802.15.3 标准的延伸版本；可获得高达 5 Gbit/s 的速率，足以在约 1 min 之内传输完一部高清故事片。图 6-50 为乔治亚理工学院的乔治亚电子设计中心制造的一款单片式 CMOS 芯片，它能传输 60 GHz 的无线电信号，在 1 m 范围内它的传输速率为 15 Gbit/s，2 m

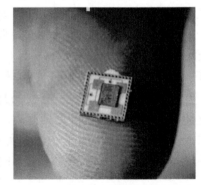

图 6-50 60 GHz CMOS 芯片

范围内的传输速率为 10 Gbit/s，5 m 范围内它的传输速率为 5 Gbit/s，它的每字节传输能耗是业内最低的。

6.2.8 RFID 技术

射频识别（Radio Frequency Identification，RFID）技术，又称电子标签、无线射频识别，是一种非接触式的自动识别技术，它通过射频信号自动识别目标对象并获取相关数据，无须识别系统与特定目标之间建立机械或光学接触，识别工作无须人工干预，可工作于各种恶劣环境。

（1）RFID 技术的基本工作原理

RFID 技术是利用射频信号和空间电感或电磁耦合或雷达反射的传输特性，实现对被识别物体的自动识别。当标签进入磁场后，接收阅读器发出的射频信号，凭借感应电流所获得的能量发送出存储在芯片中的产品信息（Passive Tag，无源标签或被动标签），或者主动发送某一频率的信号（Active Tag，有源标签或主动标签）；阅读器读取信息并解码后，送至中央信息系统进行有关数据处理。

（2）RFID 的基本组成

1）标签（Tag）又称应答器，由耦合元件及芯片组成，每个标签具有唯一的电子编码，附着在物体上标识目标对象。图 6-51 所示为被动式标签。电子标签是一种非接触式的自动识别技术，通过射频信号识别目标对象并获取相关数据，识别工作无须人工干预，作为条形码的无线版本，RFID 技术具有条形码所不具备的防水、防磁、耐高温、使用寿命长、读取距离大、标签上数据可以加密、存储数据容量更大、存储信息更改自如等优点。

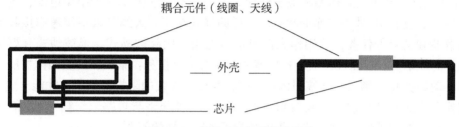

耦合元件（线圈、天线）

外壳

芯片

图 6-51　被动式标签的基本结构

2）阅读器（Reader）　RFID 阅读器（读写器）通过天线与 RFID 电子标签进行无线通信，可以实现对标签识别码和内存数据的读出或写入操作。阅读器是 RFID 系统信息控制和处理中心。阅读器通常由耦合模块、收发模块、控制模块和接口单元组成。阅读器和标签之间一般采用半双工通信方式进行信息交换，同时阅读器通过耦合向无源标签提供能量和时序。在实际应用中，可进一步通过以太网或 WLAN 等实现对物体识别信息的采集、处理及远程传送等管理功能。阅读器可设计为手持式或固定式。

3）天线（Antenna）　在标签和阅读器间传递射频信号。

4）RFID 中间件（Middleware）　可称为 RFID 运作的中枢，可以加速关键应用的问世。

RFID 系统至少包含电子标签和阅读器两部分。电子标签是射频识别系统的数据载体，电子标签由标签天线和标签专用芯片组成。依据电子标签供电方式的不同，电子标签可以分为有源电子标签（Active tag）、无源电子标签（Passive tag）和半无源电子标签（Semi—passive tag）。有源电子标签内装有电池，无源射频标签没有内装电池，半无源电子标签部分依靠电池工作。

（3）射频信号的耦合类型

发生在阅读器和电子标签之间的射频信号的耦合类型有两种。一种是电感耦合通过空间高频交变磁场实现耦合，依据的是电磁感应定律；另一种是电磁反向散射耦合发射出去的电磁波，碰到目标后反射，同时携带回目标信息，依据的是电磁波的空间传播规律。

电感耦合方式一般适合于中、低频工作的近距离射频识别系统。典型的工作频率有 125 kHz、225 kHz 和 13.56 MHz。识别作用距离小于 1 m，典型作用距离为 10~20 cm。

电磁反向散射耦合方式一般适合于高频、微波工作的远距离射频识别系统。典型的工作频率有 433 MHz、915 MHz、2.45 GHz、5.8 GHz。识别作用距离大于 1 m，典型作用距离为 3~10 m。

（4）电子标签的分类

电子标签依据频率的不同可分为低频电子标签、高频电子标签、超高频电子标签和微波电子标签。依据封装形式的不同可分为信用卡标签、线形标签、纸状标签、玻璃管标签、圆形标签及特殊用途的异形标签等。

电子标签是 RFID 系统的信息载体，目前无源标签大多是由线圈、微带天线等耦合元件和微芯片组成无源单元。

RFID 标签也可分为被动、半被动（也称半主动）、主动三类。

1）被动式　被动式标签没有内部供电电源。其内部集成电路通过接收到的电磁波进行驱动，这些电磁波是由 RFID 阅读器发出的。当标签接收到足够强度的信号时，可以向阅读器发出数据。这些数据不仅包括全球唯一的 ID 号，还可以包括预先存于标签内 EEPROM 中的数据。由于被动式标签具有价格低廉、体积小巧、无须电源的优点，目前市场的 RFID 标签主要是被动式的。

2）半被动式　半主动式标签类似于被动式标签，不过它多了一个小型电池，电力恰好可以驱动标签 IC，使得 IC 处于工作的状态。这样的好处在于，天线可以不用考虑接收电磁波为 IC 芯片工作提供能量的任务，只用作为回传信号之用。比起被动式，半被动式有更快的反应速度，更好的效率。一般而言，被动式标签的天线有两个任务：第一，接收阅读器所发出的电磁波，以驱动标签 IC；第二，标签回传信号时，需要靠天线的阻抗作切换，才能产生 0 与 1 的变化。想要有最好的回传效率，天线阻抗必须设计在"开路与短路"，这样会使信号完全反射，无法被标签 IC 接收，半被动式标签就是为了解决这样的问题。

3）主动式　与被动式标签和半被动式标签不同，主动式标签本身具有内部电源供应器，用以供应内部 IC 所需电源以产生对外的信号。一般来说，主动式标签拥有较长的读取距离和较大的记忆体容量，可以用来存储阅读器所传送来的一些附加信息。

与条码（Barcode）技术相比，射频识别具有许多优点。如可容纳较多容量、通信距离长、难以复制、对环境变化有较高的忍受能力、可同时读取多个标签。

（5）RFID 产品的分类

针对 RFID 不同的频率范围，有符合不同标准的各种产品，而且不同频段的 RFID 产品会有不同的特性。

1）低频 RFID（125~135kHz）　该频率主要是通过电感耦合的方式进行工作，即在阅读器线圈和电子标签的感应器线圈间存在着变压器耦合作用。通过阅读器交变磁场的作用在电子标签的天线中感应出电压，该电压被整流后可作标签的供电电压使用，磁场区域能够很好地被定义，但是场强下降较快。

工作在低频的阅读器的一般工作频率为 120~134 kHz，该频段的波长大约为 2500 m。除了金属材料影响外，一般低频能够穿过任意材料的物品而不降低它的读取距离。工作在低频的阅读器在全球没有任何特殊的许可限制，且产品有不同的封装形式。虽然该频率段的磁场区域下降较快，但是能够产生相对均匀的读写区域。相对于其他频段的 RFID 产品，该频段数据传输速率比较慢。标签的价格相对于其他频段来说要贵。

低频 RFID 的主要应用有畜牧业的管理系统、汽车防盗和无钥匙开门系统、马拉松赛跑系统、自动停车场收费和车辆管理系统、自动加油系统、酒店门锁系统、门禁和安全管理系统。

低频 RFID 的相关国际标准包括：①ISO 11784 RFID，畜牧业的应用中的编码结构；②ISO 11785 RFID，畜牧业的应用中的技术理论；③ISO 14223-1 RFID，畜牧业的应用中的空中接口；④ISO 14223-2 RFID，畜牧业的应用中的协议定义；⑤ISO 18000-2，定义低频的物理层、防冲撞和通信协议；⑥DIN 30745，主要是欧洲对垃圾管理应用定义的标准。

2) 高频 RFID（工作频率为 13.56 MHz） 在该频率的电子标签不需要线圈进行绕制，可以通过腐蚀或者印刷的方式制作天线。电子标签一般通过负载调制的方式进行工作，也就是通过电子标签上的负载电阻的接通和断开促使阅读器天线上的电压发生变化，从而实现用远距离电子标签对天线电压进行振幅调制。如果人们通过数据控制负载电压的接通和断开，那么这些数据就能够从电子标签传输到阅读器。

高频 RFID 的工作频率为 13.56 MHz，该频率的波长大约为 22 m。除了金属材料外，该频率的波长可以穿过大多数的材料，但是往往会降低读取距离。电子标签需要离开金属一段距离。该频段在全球都得到认可，并没有特殊的限制。信息的交互主要依靠电感耦合，耦合距离小于 6 m。虽然该频率的磁场区域下降很快，但是能够产生相对均匀的读写区域。该系统具有防冲撞特性，可以同时读取多个电子标签。可以把某些数据信息写入标签中。数据传输速率比低频要快，价格不是很贵。

高频 RFID 的主要应用有图书管理系统的应用、煤气钢瓶的管理应用、服装生产线和物流系统的管理和应用、三表预收费系统、酒店门锁的管理和应用、大型会议人员通道系统、固定资产的管理系统、医药物流系统的管理和应用、智能货架的管理。

高频 RFID 的相关国际标准：①ISO/IEC 14443，近耦合 IC 卡，最大读取距离为 10 cm；②ISO/IEC 15693，疏耦合 IC 卡，最大读取距离为 1 m；③ISO/IEC 18000-3，该标准定义了 13.56 MHz 系统的物理层，防冲撞算法和通信协议；④13.56 MHz ISM Band Class 1，定义 13.56 MHz 符合 EPC 的接口定义。

3) 超高频 RFID（工作频率为 433.92 MHz、860~960 MHz） 超高频系统通过电场来传输能量。电场的能量下降得不是很快，但是读取的区域不能很好地进行定义。860~960 MHz 的 RFID，与无源标签间的通信距离最高可达 10 m 左右。主要是通过电容耦合的方式来实现。

超高频 RFID 的工作频段，全球的定义不尽相同，欧洲和部分亚洲定义的频率为 868 MHz，北美定义的频段为 902~905 MHz，在日本建议的频段为 950~956，该频段的波长大约为 30 cm 左右；目前，该频段输出功率没有统一的定义，美国定义为 4 W，欧洲定义为 500 mW；超高频频段的电波不能通过许多材料，特别是水、灰尘、雾等悬浮颗粒物质，相对于高频的电子标签来说，该频段的电子标签不需要和金属分开；电子标签的天线一般是长条和标签状。天线有线形和圆极化两种设计，满足不同应用的需求；该频段有很好的读取距离，但是对读取区域很难进行定义；有较高的数据传输速率，在很短的时间可以读取大量的电子标签。

超高频 RFID 主要应用有供应链上的管理和应用、生产线自动化的管理和应用、航空包裹的管理和应用、集装箱的管理和应用、铁路包裹的管理和应用、后勤管理系统的应用。

超高频 RFID 的相关国际标准：①ISO/IEC 18000—6，定义了超高频的物理层和通信协议，空中接口定义了 Type A 和 Type B 两部分，支持可读和可写操作；②EPCglobal，定义了电子物品编码的结构和甚高频的空中接口以及通信协议，例如 Class 0、Class 1、UHF Gen2；③Ubiquitous ID，日本的组织，定义了 UID 编码结构和通信管理协议。

4) 微波 RFID（工作频率为 2.45 GHz、5.8 GHz）微波射频标签可分为有源标签与无源标签两类。工作时，射频标签位于阅读器天线辐射场的远区场内，标签与阅读器之间的耦合方式为电磁耦合方式。阅读器天线辐射场为无源标签提供射频能量，将有源标签唤醒。相应的射频识别系统阅读距离一般大于 1 m，典型情况为 4~6 m，最大可达 10 m 以上。阅读器天线一般均为定向天线，只有在阅读器天线定向波束范围内的射频标签可被读/写。

5) 有源电子标签（433 MHz、915 MHz、2.45 GHz、5.8 GHz）频率的有源 RFID 具有低发

射功率、通信距离长、传输数据量大、可靠性高和兼容性好等特点，与无源 RFID 相比，在技术上的优势明显，被广泛地应用于公路收费、港口货运管理等系统中。

有源 RFID 的发射功率小，选用 433 MHz 的频段，发射功率 1 mW 可达 100 m，选用 912 MHz 的频段，约 100 mW。电子标签需要连续工作，必须自己供电。

无源微波射频标签比较成功的产品集中在 902~928 MHz 工作频段上。2.45 GHz 和 5.8 GHz 射频识别系统多以半无源微波射频标签产品为主。半无源标签一般采用纽扣电池供电，具有较远的阅读距离。RFID 的应用系统组成如图 6-52 所示。

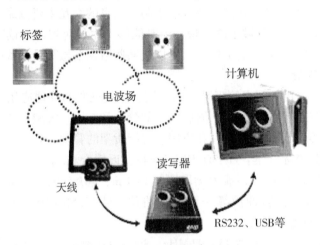

图 6-52　RFID 应用系统的组成

小结

本章介绍了远距离和近距离无线传输技术。包括移动通信技术、无线智能终端技术、无线网络技术、智能无线信道获取技术、卫星导航技术、特殊无线传输技术；ZigBee 技术、Z-Wave 技术、Wibree 技术、蓝牙技术、UWB 技术、NFC 技术、60 GHz 技术、RFID 技术。其中移动通信技术涉及 WiMAX 技术、4G 技术、5G 技术、6G 技术；无线智能终端技术涉及智能手机技术、移动计算技术、移动 IP 技术；无线网络技术涉及 WiFi 技术、LiFi 技术、Ad Hoc 技术、无线网格网技术、WLAN 技术、WMAN 技术、WPAN 技术；智能无线信道获取技术涉及 SDR 技术、CR 技术、OPM 技术；卫星导航技术涉及 GPS 导航和 BD 导航技术、移动 GIS 技术；特殊无线传输技术涉及 FSO 技术、近空通信技术、深空通信技术、水下无线通信技术、地下通信技术。使读者了解信号在无线传输信道中传输时会面临的问题和所涉及的相关技术手段。

思考题

6-1　远距离无线传输技术包含哪些？比较它们各自的特点。

6-2　近距离无线传输技术包含哪些？比较它们各自的特点。

6-3　无线网络技术有哪些？比较它们各自的特点。

6-4　智能无线信道获取技术哪些？比较它们各自的特点。

6-5　卫星导航技术哪些技术？

6-6　特殊无线传输技术？其特点是什么？

参 考 文 献

[1] 黄葆华，沈忠良，张伟明 . 通信原理简明教程 [M]. 北京：机械工业出版社，2012.
[2] 沈越泓，高媛媛，魏以民 . 通信原理 [M].2 版 . 北京：机械工业出版社，2011.
[3] 蔡跃明，吴启晖，田华，等 . 现代移动通信 [M].3 版 . 北京：机械工业出版社，2013.
[4] 崔健双，等 . 现代通信技术概论 [M]. 北京：机械工业出版社，2009.
[5] 范寿康，李进，胡容，等 . 微波技术、微波电路及天线 [M]. 北京：机械工业出版社，2011.
[6] 纪越峰，等 . 现代通信技术 [M].2 版 . 北京：北京邮电大学出版社 .2004.
[7] 樊昌信，张甫翔，徐炳祥，等 . 通信原理 [M].5 版 . 北京：国防工业出版社，2002.
[8] 易培林 . 有线电视技术 [M]. 北京：机械工业出版社，2002.
[9] 张宝富，等 . 全光网络 [M]. 北京：人民邮电出版社，2002.
[10] 徐澄圻 .21 世纪通信发展趋势 [M]. 北京：人民邮电出版社，2002.
[11] 徐荣，龚倩 . 高速宽带光互联网技术 [M]. 北京：人民邮电出版社，2002.
[12] 罗进文，王喆 . 信令网技术教程 [M]. 北京：人民邮电出版社，2003.
[13] 徐福新 . 小灵通（PAS）个人通信接入系统 [M]. 北京：电子工业出版社，2002.
[14] 钮心忻，杨义先 . 软件无线电技术及应用 [M]. 北京：北京邮电大学出版社，2000.
[15] Klaus Finkenzeller. 射频识别（RFID）技术 [M].2 版 . 陈大才，译 . 北京：人民邮电出版社，2002.
[16] 邱玲，朱近康，孙葆根，等 . 第三代移动通信技术 [M]. 北京：人民邮电出版社，2001.
[17] A.S. 坦尼伯姆 . 计算机网络 [M].2 版 . 曾华燊，等译 . 成都：成都科技大学出版社，1989.
[18] 张振川 . 程控电话交换原理 [M]. 沈阳：东北大学出版社，2004.
[19] 李雄杰，施慧莉，韩包海 . 电视技术 [M]. 北京：机械工业出版社，2012.
[20] 何楷，何金阳，陈金鹰 .6G 移动通信发展与应用前景预测分析 [J]. 通信与信息技术，2019（02）：43-44+50.
[21] 李果村，陈金鹰，赵耀 .LEO 通信发展与应用前景分析 [J]. 通信与信息技术，2019（01）：52-53.
[22] 丁松柏，陈金鹰，何楷 .IPv9 应用与发展前景研究 [J]. 通信与信息技术，2018（06）：42-43+66.
[23] 邓鹏，陈金鹰，陈俊凤 . 基于 5G 的物联网应用研究 [J]. 通信与信息技术，2017（06）：37-38+34.